令和06-07年

応用情報
技術者

試験によくでる **問題集** 午前

大滝みや子 著

技術評論社

はじめに

　応用情報技術者試験は，経済産業大臣が行う国家試験である情報処理技術者試験の一区分であり，情報処理技術者試験制度のスキルレベル3に相当する試験です。ご存知のとおり，IT技術者への登竜門となる試験は，なんといっても基本情報技術者試験（スキルレベル2）ですが，IT技術者不足といわれている現在，より高いレベルの情報処理技術者試験に合格することは必須です。そして，その第一歩となるのが，応用情報技術者試験の合格です。

　応用情報技術者試験は，基本情報技術者試験と高度試験（スキルレベル4）の中間に位置する試験であるため，午前試験においては，その出題項目（テーマ）の多くが基本情報技術者試験とオーバラップしていますし，また高度試験の午前Ⅱ試験の一部にもオーバーラップしています。本問題集は，このことを鑑み，過去に出題された全試験区分の問題の中から，応用情報技術者試験に合格するためには何が必要かを徹底研究した上で，合格に必要な項目（テーマ）を203項目，そして，その項目の中でよくでる問題や重要問題を全部で467問選び抜き編集した受験対策問題集です。したがいまして，本問題集をマスターすることにより，午前試験に必要となる知識や応用力を十分につけることができると信じています。"合格"という2文字を常に頭の片隅におき，途中で諦めることなく，本問題集での学習を進めてください。本問題集を手にとってくださった皆様の"合格"を心よりお祈り申し上げます。

令和5年12月　大滝 みや子

●本書ご利用に際してのご注意●

・本書記載の情報は2023年12月現在のものです。内容によっては今後変更される可能性もございます。試験に関する最新・詳細な情報は，情報処理技術者試験センターのホームページをご参照ください。ホームページ：https://www.jitec.ipa.go.jp/

・本書の内容に関するご質問につきましては，最終ページ（奥付）に記載しております『お問い合わせについて』をお読みくださいますようお願い申し上げます。

・本書に掲載されている会社名，製品名などは，それぞれ各社の商標，登録商標，商品名です。なお，本文中に™マーク，®マークは明記しておりません。

contents

第 11 章　開発技術

第 12 章　マネジメント

第13章 システム戦略・経営戦略

第14章 企業活動と法務

学習の手引き

▶ 応用情報技術者試験の概要

　応用情報技術者試験は，「ITを活用したサービス，製品，システム及びソフトウェアを作る人材に必要な応用的知識・技能をもち，高度IT人材としての方向性を確立した人」を対象に行われる，経済産業省の国家試験です。試験は，年に2回(春：4月，秋：10月)実施され，午前試験，午後試験の得点がすべて合格基準点以上の場合にのみ合格となります。

	午前試験	午後試験
試験時間	9:30～12:00(150分)	13:00～15:30(150分)
出題形式	多肢選択式(四肢択一)	記述式
出題数と解答数	出題数は問1～問80までの80問 解答数は80問 (すべて必須解答)	出題数は問1～問11までの11問 解答数は5問 (問1が必須解答，問2～問11の中から4問を 　選択し解答)
配点割合	各1.25点	問1：20点，問2～11：各20点
合格基準	100点満点で60点以上	100点満点で60点以上

※注意：午後試験の分野別出題数は10ページを参照

●受験案内

　実施概要や申込み方法などの詳細は，試験センターのホームページに記載されています。また，出題分野の問題数や配点などは変更される場合があります。受験の際は下記サイトでご確認ください。

　　情報処理技術者試験センターのホームページ ⇒ https://www.ipa.go.jp/shiken/

▶ 午前試験における各分野からの出題数

　午前試験における出題は，テクノロジ系，マネジメント系，ストラテジ系の三つの分野に分類されています。各分野からの出題数は，およそ次のようになっています。

	テクノロジ系	マネジメント系	ストラテジ系
出題数	問1～問50の50問	問51～問60の10問	問61～問80の20問

※注意：年度によって，各分野からの出題数が若干前後する場合があります。

●本問題集との対応

午前試験の出題範囲と本問題集との対応は次のとおりです。

分野	大分類	本問題集の対応する章
テクノロジ系	基礎理論	第1章 基礎理論 第2章 アルゴリズムとプログラミング
テクノロジ系	コンピュータシステム	第3章 コンピュータ構成要素 第4章 システム構成要素 第5章 ソフトウェア 第6章 ハードウェア
テクノロジ系	技術要素	第7章 ヒューマンインタフェースとマルチメディア 第8章 データベース 第9章 ネットワーク 第10章 セキュリティ
テクノロジ系	開発技術	第11章 開発技術
マネジメント系	プロジェクトマネジメント	第12章 マネジメント
マネジメント系	サービスマネジメント	第12章 マネジメント
ストラテジ系	システム戦略	第13章 システム戦略・経営戦略
ストラテジ系	経営戦略	第13章 システム戦略・経営戦略
ストラテジ系	企業と法務	第14章 企業と法務

▶ 本問題集の特徴と学習テクニック

本問題集は，午前試験を突破できる十分な"実力"を身につけることを目的とした受験対策問題集です。次のような特徴があります。

① 出題頻度が高いテーマ（項目）や，近年出題されるようになったテーマ，さらに高度試験からのスライドが考えられるテーマ（応用情報技術者試験においても今後，出題が予想されるテーマ）など，合格のための必須テーマを厳選しています。

② テーマごとに見開きの節構成にし，読み切り完結形式にしています。そのため，通勤時間や休憩時間など細切れ時間を利用した学習が可能です。

③ 各テーマの重要度を近年の出題頻度の観点などから「★(低)，★★(中)，★★★(高)」の三段階で示しています。もちろん，本書に掲載したテーマはどのテーマも重要ではありますが，「勉強時間が確保できない」あるいは「効率よく学習したい」といった場合，まず「★★★」のテーマを学習し，次に「★★」のテーマを学習するといったことも可能です。

④ 高度試験からのスライドが予想される問題には，高度マークを付けています。得点ア

ップにつなげてください。

⑤ 問題の解説については，可能な限り詳細な解説を心掛け，また**コラム**や**参考**などの囲み記事を設けることで，掲載した問題に関連する他の知識問題にも対応できるようサポートしています。そのため，「過去問題を解いて実力をつける」，「知識の確認をする」といった問題集としての使い方だけでなく，「過去問題から学習する」という参考書的な使い方もお薦めします。

参考	解説用語の補足説明，又は当該テーマに関連する技術・用語などの説明をまとめています。
コラム	当該テーマと関連する問題など，「AならばB」感覚で解答可能な問題をプラスαとして掲載しています。

▶ 参考 午後試験の出題と配点

　応用情報技術者試験における午後試験の分野別出題数は，次のとおりです。なお，先述したとおり，問1が必須解答，問2〜問11の中から4問を選択し解答します。また，配点割合は各20点です。

	分野	問1	問2〜11
ストラテジ系	経営戦略	―	○
	情報戦略	―	
	戦略立案・コンサルティング技法	―	
テクノロジ系	システムアーキテクチャ	―	○
	ネットワーク	―	○
	データベース	―	○
	組込みシステム開発	―	○
	情報システム開発	―	○
	プログラミング（アルゴリズム）	―	○
	情報セキュリティ	◎	―
マネジメント系	プロジェクトマネジメント	―	○
	サービスマネジメント	―	○
	システム監査	―	○
	出題数	1	10
	解答数	1	4

＊◎：必須解答問題　○：選択解答問題

第 1 章

基礎理論

1▶1 数値表現と演算誤差

重要度
★★★

本テーマの代表的な問題を掲載しました。特に問2，3 は定期的に出題されています。押さえておきましょう。

問1

あるホテルは客室を1,000部屋もち，部屋番号は，数字4と9を使用しないで0001から順に数字4桁の番号としている。部屋番号が0330の部屋は，何番目の部屋か。

ア　204　　　　　イ　210　　　　　ウ　216　　　　　エ　218

問2

正の整数の10進表示の桁数Dと2進表示の桁数Bとの関係を表す式のうち，最も適切なものはどれか。

ア　$D \fallingdotseq 2 \log_{10} B$　　　イ　$D \fallingdotseq 10 \log_2 B$　　　ウ　$D \fallingdotseq B \log_2 10$　　　エ　$D \fallingdotseq B \log_{10} 2$

問3

桁落ちによる誤差の説明として，適切なものはどれか。

ア　値のほぼ等しい二つの数値の差を求めたとき，有効桁数が減ることによって発生する誤差

イ　指定された有効桁数で演算結果を表すために，切捨て，切上げ，四捨五入などで下位の桁を削除することによって発生する誤差

ウ　絶対値の非常に大きな数値と小さな数値の加算や減算を行ったとき，小さい数値が計算結果に反映されないことによって発生する誤差

エ　無限級数で表される数値の計算処理を有限項で打ち切ったことによって発生する誤差

問1　解説

　基数変換問題です。ポイントとなるのは，数字4と9を使用しないこと，すなわち一つの桁を表す数字が0～3，5～8の8種類であることです。このことから，本問は，一つの桁を8種類の数字(0～8)で表す8進数に置き換えて考えることができます。

　次ページに，部屋番号と8進数及び10進数の対応(一部)を示しました。部屋番号を構成する数字0～3は8進数の0～3に，5～8は4～7に対応することに注意してください。

部屋番号	−	1	2	3	5	6	7	8	10	11	12	13	15	16	17	18	20
8進数	0	1	2	3	4	5	6	7	10	11	12	13	14	15	16	17	20
10進数	0	1	2	3	4	5	6	7	8	9	10	11	12	13	14	15	16

ここで，仮に部屋番号が0015であった場合，"1"は8進数の"1"に，"5"は"4"に対応するので，0015を0014に書き換え，これを10進数に変換すれば部屋番号0015が何番目の部屋であるかが求められます。

部屋番号0015 ⇒ 8進数表記で0014 ⇒ $8^1 \times 1 + 8^0 \times 4 = 12$（番目）

さて，問われている部屋番号は0330です。各桁の数字はいずれも0〜3なので，そのまま8進数と捉えて10進数に変換すると，

部屋番号0330 ⇒ 8進数表記で0330 ⇒ $8^2 \times 3 + 8^1 \times 3 = 192 + 24 = 216$

となり，部屋番号0330の部屋は216番目の部屋であるとわかります。

問2 解説

B桁の2進数の最大値は$2^B - 1$です。この数が10進表示で何桁になるかを調べるため，10を底とする$2^B - 1$の対数をとると，

$$\log_{10}(2^B - 1) \fallingdotseq \log_{10} 2^B = B \log_{10} 2$$

となり，$B \log_{10} 2$桁になることがわかります。このことから，10進表示の桁数Dと2進表示の桁数Bとの関係を表す式としては，**エ**の「$D \fallingdotseq B \log_{10} 2$」が適切です。

問3 解説

桁落ちによる誤差とは，浮動小数点形式で表現される数値の演算において，絶対値のほぼ等しい二つの数値の差を求めたとき，有効桁数が減ることによって発生する誤差のことです。**イ**は丸め誤差，**ウ**は情報落ちによる誤差，**エ**は打ち切り誤差の説明です。

参考 指数・対数の重要公式 Check!

指数・対数の重要公式を覚えておきましょう。ここで，a>0, M>0, N>0です。

$a^1 = a$, $a^0 = 1$, $(a^M)^N = a^{M \times N}$, $a^{-M} = \dfrac{1}{a^M}$, $a^M \times a^N = a^{M+N}$

$\log_a a = 1$, $\log_a 1 = 0$, $\log_a M^k = k \times \log_a M$, $\log_a MN = \log_a M + \log_a N$, $\log_a \dfrac{M}{N} = \log_a M - \log_a N$

解答 問1：ウ 問2：エ 問3：ア

集合と命題

重要度
★★★
集合といったら問1，カルノー図といったら問2です。
どちらも頻出なので，理解しておきましょう。

問1

全体集合S内に異なる部分集合AとBがあるとき，$\overline{A} \cap \overline{B}$に等しいものはどれか。ここで，$A \cup B$はAとBの和集合，$A \cap B$はAとBの積集合，$\overline{A}$はSにおけるAの補集合，$A - B$はAからBを除いた差集合を表す。

ア $\overline{A} - B$

イ $(\overline{A} \cup \overline{B}) - (A \cap B)$

ウ $(S - A) \cup (S - B)$

エ $S - (A \cap B)$

問2

A，B，C，Dを論理変数とするとき，次のカルノー図と等価な論理式はどれか。ここで，・は論理積，＋は論理和，$\overline{X}$はXの否定を表す。

AB＼CD	00	01	11	10
00	1	0	0	1
01	0	1	1	0
11	0	1	1	0
10	0	0	0	0

ア $A \cdot B \cdot \overline{C} \cdot D + \overline{B} \cdot \overline{D}$

イ $\overline{A} \cdot \overline{B} \cdot \overline{C} \cdot \overline{D} + B \cdot D$

ウ $A \cdot B \cdot D + \overline{B} \cdot \overline{D}$

エ $\overline{A} \cdot \overline{B} \cdot \overline{D} + B \cdot D$

問1 解説

　差集合$A - B$は，集合Aの要素のうちBに含まれている要素を取り除いた集合，すなわち「Aの要素であるがBの要素ではない要素の集合」のことなので，$A - B = A \cap \overline{B}$と表すことができます。このことから，$\overline{A} \cap \overline{B}$は，集合$\overline{A}$からBを除いた差集合$\overline{A} - B$と等しくなります。

差集合$A - B$

$\overline{A} \cap \overline{B}$

問2 解説

　カルノー図は，論理式の簡略化に使われる図表です。行と列が交差するマス(セル)の値は，行と列の論理変数(本問の場合は論理式)の論理積であり，1なら真，0なら偽を表します。例えば，1行1列は$\overline{A} \cdot \overline{B}$と$\overline{C} \cdot \overline{D}$の論理積であり，値が1ということは，$\overline{A} \cdot \overline{B} \cdot \overline{C} \cdot \overline{D}$が真であることを表しています。

　カルノー図と等価な論理式とは，値"1"のマスに該当する全ての論理式の論理和のことです。したがって，本問の場合，下図の①〜③の部分をそれぞれ論理式で表し，その論理和を求めることで等価な論理式が得られます。下図①〜③を論理式で表すと，次のようになります。

AB \ CD	00 ①	01	11	10 ②
00	1	0 ③	0	1
01	0	1	1	0
11	0	1	1	0
10	0	0	0	0

① $\overline{A} \cdot \overline{B} \cdot \overline{C} \cdot \overline{D}$
② $\overline{A} \cdot \overline{B} \cdot C \cdot \overline{D}$
③ A及びCの真偽値に関係なくBが1(真)，Dが1(真)であれば1(真)なので，この部分の論理式はB・D

　①〜③の論理式の論理和は，$\overline{A} \cdot \overline{B} \cdot \overline{C} \cdot \overline{D} + \overline{A} \cdot \overline{B} \cdot C \cdot \overline{D} + B \cdot D$です。この式の第1項と第2項を$\overline{A} \cdot \overline{B} \cdot \overline{D}$で括ると，$\overline{A} \cdot \overline{B} \cdot \overline{D} \cdot (\overline{C} + C) + B \cdot D = \overline{A} \cdot \overline{B} \cdot \overline{D} + B \cdot D$となるので，等価な論理式は**エ**です。

補足 上記では①と②を別々に考えましたが，これをまとめて考えることもできます。①と②を合わせた部分は，Cの真偽値に関係なくA，B，Dが0(偽)であれば1(真)です。この点に着目すれば，①，②の部分の論理式は，$\overline{A} \cdot \overline{B} \cdot \overline{D}$であることが導けます。

Check!

参考 **差集合と対称差**

・差集合：集合Aの要素であって，集合Bの要素ではない集合，すなわち「$A \cap \overline{B}$」である集合を，集合AとBの差集合といい，**A−B**で表す。

・対称差：集合Aの要素であってBの要素でない，又は集合Bの要素であってAの要素でない集合を，集合AとBの対称差といい，$A \triangle B$で表す。対称差は，論理演算でいう**排他的論理和**に相当する。

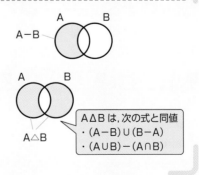

$A \triangle B$は，次の式と同値
・$(A-B) \cup (B-A)$
・$(A \cup B) - (A \cap B)$

1▶3 論理演算

重要度 ★★★ ビット列に対する基本論理演算(AND, OR, XOR)を理解し, 応用できるようにしておきましょう。

問1

　任意のオペランドに対するブール演算Aの結果とブール演算Bの結果が互いに否定の関係にあるとき, AはBの(又は, BはAの)相補演算であるという。排他的論理和の相補演算はどれか。

ア　等価演算

イ　否定論理和

ウ　論理積

エ　論理和

問2

　0以上255以下の整数nに対して,

$$next(n) = \begin{cases} n+1 & (0 \leqq n < 255) \\ 0 & (n = 255) \end{cases}$$

と定義する。next(n)と等しい式はどれか。ここで, x AND y 及び x OR yは, それぞれxとyを2進数表現にして, 桁ごとの論理積及び論理和をとったものとする。

ア　(n+1) AND 255　　　　　イ　(n+1) AND 256

ウ　(n+1) OR 255　　　　　エ　(n+1) OR 256

問3

　8ビットのデータX及びYの値をそれぞれ16進表現で0F, F0とするとき, 8ビットのデータAの下位4ビットを反転させ, 上位4ビットを0にする論理式はどれか。ここで, X・Yは論理積を表し, $\overline{Z}$は否定を表す。

ア　$\overline{A \cdot X}$　　　イ　$\overline{A \cdot Y}$　　　ウ　$\overline{A} \cdot X$　　　エ　$\overline{A} \cdot Y$

問1　解説

　排他的論理和は, 二つの値(A, B)が異なる値であれば「1(真)」, 同じ値であれば「0(偽)」

となる演算です。これをベン図で表すと下左図のようになるので，網掛け部分と白い部分とを逆にした下右図のベン図が排他的論理和の相補演算の結果になります。

 排他的論理和 否定 等価演算

問2 解説

next(n)は，nの次の値を求めるものですが，nが255のときは256ではなく0を返す必要があります。ポイントは，0〜255までは8ビットで表現ができ，256は9ビット表現(100000000)となることです。つまり，n+1と255(2進表現で011111111)との論理積をとることで，n+1が255以下ならそのままn+1を返し，256なら0を返すことができます。

$$n+1 \quad 139 = (010001011)_2$$
$$\underline{AND \quad 255 = (011111111)_2}$$
$$(010001011)_2 = 139$$

$$n+1 \quad 256 = (100000000)_2$$
$$\underline{AND \quad 255 = (011111111)_2}$$
$$(000000000)_2 = 0$$

問3 解説

ビットの値は，1との排他的論理和をとることで反転($0\to1$，$1\to0$)でき，0との論理積をとることで0にできます。このことに着目し，まずデータAとデータX($0F$：2進表現で00001111)との排他的論理和をとり，データAの下位4ビットを反転させます。次に，この結果とデータXとの論理積をとり，上位4ビットを0にします。

つまり，「$(A\oplus X)\cdot X$」を行うことで，データAの下位4ビットを反転させ，上位4ビットを0にできます。ここで，排他的論理和「$S\oplus T$」は「$S\cdot\overline{T}+\overline{S}\cdot T$」と表せることから，「$(A\oplus X)\cdot X = (A\cdot\overline{X}+\overline{A}\cdot X)\cdot X$」となり，右辺の論理式を分配法則で展開し，簡潔にすると次のようになります。

$$(A\cdot\overline{X}+\overline{A}\cdot X)\cdot X \longrightarrow 分配法則 \longrightarrow A\cdot\underbrace{\overline{X}\cdot X}_{0}+\overline{A}\cdot\underbrace{X\cdot X}_{X}=\overline{A}\cdot X$$

参考 基本論理演算と結合法則

基本論理演算(論理和：∨，論理積：∧，排他的論理和：⊕)における結合法則の成立に関する問題も出題されています。結合法則とは，例えば，「$(A\lor B)\lor C=A\lor(B\lor C)$」というように，最初に$(A\lor B)$を演算しても，$(B\lor C)$を演算しても結果が同じになるという性質です。ここで，論理和(∨)，論理積(∧)，排他的論理和(⊕)のいずれにおいても結合法則が成立することを知っておきましょう。

解答 問1：ア 問2：ア 問3：ウ

確率と統計

重要度
★★☆

確率問題は定期的に出題されています。また今後は，問2のような正規分布問題も定期的な出題が予想されます。

問1

3台の機械A，B，Cが良品を製造する確率は，それぞれ60%，70%，80%である。機械A，B，Cが製品を一つずつ製造したとき，いずれか二つの製品が良品で残り一つが不良品になる確率は何%か。

ア 22.4 　　**イ** 36.8 　　**ウ** 45.2 　　**エ** 78.8

問2

受験者1,000人の4教科のテスト結果は表のとおりであり，いずれの教科の得点分布も正規分布に従っていたとする。90点以上の得点者が最も多かったと推定できる教科はどれか。

教科	平均点	標準偏差
A	45	18
B	60	15
C	70	8
D	75	5

ア A 　　　**イ** B 　　　**ウ** C 　　　**エ** D

問1　解説

機械A，B，Cが製造した製品のいずれか二つの製品が良品で，残り一つが不良品になるパターン（事象）は，次に示す3通りです。また，機械A，B，Cが良品を製造する確率は，それぞれ60%，70%，80%であることから，各パターン（事象）が起こる確率は次のようになります。

*○：良品，×：不良品

	Aの製品	Bの製品	Cの製品	確率
①	○	○	×	0.6×0.7×(1−0.8)＝0.084
②	○	×	○	0.6×(1−0.7)×0.8＝0.144
③	×	○	○	(1−0.6)×0.7×0.8＝0.224

①，②，③の三つのパターンは互いに排反であり，いずれか一つのパターンが起これば，他のパターンは絶対に起こりません。したがって，①，②，③の起こる確率を合計した，

$$0.084＋0.144＋0.224＝0.452（45.2％）$$

が，「いずれか二つの製品が良品で残り一つが不良品になる確率」となります。

問2　解説

正規分布の性質から，ある値Xについて「（X－平均）／標準偏差」の値が，

1×標準偏差であれば，X以上の割合は，（1－0.68）／2＝0.16（16.0％）

2×標準偏差であれば，X以上の割合は，（1－0.95）／2＝0.025（2.5％）

3×標準偏差であれば，X以上の割合は，（1－0.997）／2＝0.0015（0.15％）

です。つまり，「（X－平均）／標準偏差」の値が小さいほどX以上の割合が多いことになります。このことから，90点以上の得点者が最も多いと推測できるのは，「（90－平均）／標準偏差」の値が最も小さい教科です。教科ごとに，「（90－平均）／標準偏差」を計算すると，

教科A：（90－45）／18＝2.5

教科B：（90－60）／15＝2.0

教科C：（90－70）／8 ＝2.5

教科D：（90－75）／5 ＝3.0

となるので，教科Bが90点以上の得点者が最も多いと推測できます。

参考　正規分布

正規分布は連続型の確率分布です。正規分布の形は平均と標準偏差によって決まることから，平均がμで標準偏差がσである正規分布を$N(\mu, \sigma^2)$と表します。なかでも，平均が0で標準偏差が1である正規分布を標準正規分布といい，これを$N(0, 1^2)$と表します。また，正規分布を表す曲線を確率密度関数といい，確率密度関数とX軸とで囲まれた部分の割合は，次のようになることが知られています。

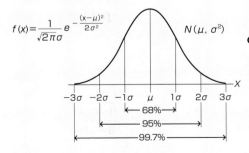

$$f(x)=\frac{1}{\sqrt{2\pi}\sigma}e^{-\frac{(x-\mu)^2}{2\sigma^2}} \qquad N(\mu, \sigma^2)$$

Check!

・$\mu\pm1\sigma$の範囲に，
全体の約68％が含まれる。

・$\mu\pm2\sigma$の範囲に，
全体の約95％が含まれる。

・$\mu\pm3\sigma$の範囲に，
全体の約99.7％が含まれる。

近似計算

重要度
★☆☆

本テーマの代表的な問題を掲載しました。出題率はそれほど高くないので，確認程度でOKです。

 問1

$(1+\alpha)^n$の計算を，$1+n\times\alpha$で近似計算ができる条件として，適切なものはどれか。

ア $|\alpha|$が1に比べて非常に小さい。

イ $|\alpha|$がnに比べて非常に大きい。

ウ $|\alpha\div n|$が1よりも大きい。

エ $|n\times\alpha|$が1よりも大きい。

問2

$0\leqq x\leqq1$の範囲で単調に増加する連続関数$f(x)$が$f(0)<0\leqq f(1)$を満たすときに，区間内で$f(x)=0$であるxの値を近似的に求めるアルゴリズムにおいて，(2)は何回実行されるか。

〔アルゴリズム〕

(1) $x_0\leftarrow0$，$x_1\leftarrow1$とする。

(2) $x\leftarrow\dfrac{x_0+x_1}{2}$ とする。

(3) $x_1-x<0.001$ならばxの値を近似値として終了する。

(4) $f(x)\geqq0$ならば$x_1\leftarrow x$として，そうでなければ$x_0\leftarrow x$とする。

(5) (2)に戻る。

ア 10 　　　　**イ** 20 　　　　**ウ** 100 　　　　**エ** 1,000

問1 ▶ 解説

$(1+\alpha)^n$の計算は，**二項定理**を用いて次のように展開できます。

$$(1+\alpha)^n={}_nC_0\alpha^0+{}_nC_1\alpha^1+{}_nC_2\alpha^2+{}_nC_3\alpha^3+\cdots+{}_nC_n\alpha^n$$

ここで，${}_nC_r$は「n個の中からr個を取り出す組合せの数」を表します。つまり，第1項目の${}_nC_0$は「n個の中から0個を取り出す組合せの数」なので1，第2項目の${}_nC_1$は「n個の中から1個を取り出す組合せの数」なのでnになります。また，$\alpha^0=1$，$\alpha^1=\alpha$なので，上記の式は次ページの①式のように表すことができます。

したがって，$(1+\alpha)^n$の計算を「$1+n\times\alpha$」で近似計算ができるのは，①式の第3項以降

の和が無視できるほど小さいとき，つまり「第3項以降の和≒0」であるときです。

$$(1+\alpha)^n = 1 + n \times \alpha + {}_nC_2\alpha^2 + {}_nC_3\alpha^3 + \cdots + {}_nC_n\alpha^n \quad \cdots ①$$

$\underbrace{\qquad\qquad}_{\doteqdot 0}$

そこで，第3項以降の項を見ると，項を追うごとにαの乗数が一つずつ増えていきます。α^Nの値は，$|\alpha|$が1よりも大きければ乗数Nが増加するほど大きな値になり，$|\alpha|$が1よりも小さければ値は小さくなります。このことから，$|\alpha|$が1に比べて非常に小さければ，第3項以降の和が無視できるほど小さくなり，「第3項以降の和≒0」と近似できることになります。したがって，$(1+\alpha)^n$の計算を「$1+n\times\alpha$」で近似計算ができる条件は **ア** です。

問2 解説

f(x)=0であるxの値(根)を近似的に求める二分法の問題です。**二分法**では，根を含む区間の中間点を求める操作を繰り返し行い，区間幅を$\frac{1}{2}$ずつ狭めていくことによって近似根を求めます。本問における根を含む区間は$[0, 1]$なので，まず最初にx_0の初期値を0，x_1の初期値を1とします。そして，操作(2)〜(5)を繰り返すごとに，x_0とx_1の中間点xを求め，「$x_1-x<0.001$」になったら終了します。

本問のポイントは，xは区間$[x_0, x_1]$の中間点であり，終了判定に用いる「x_1-x」の値は，区間幅(x_1-x_0)の$\frac{1}{2}$になることです。

このことから，繰り返し1回目の区間幅は1，終了判定値は$x_1-x=\frac{1}{2}$

以下同様に，繰り返し2回目の区間幅は$\frac{1}{2}$，終了判定値は$x_1-x=\frac{1}{2^2}$

繰り返し3回目の区間幅は$\frac{1}{2^2}$，終了判定値は$x_1-x=\frac{1}{2^3}$

:

繰り返しN回目の区間幅は$\frac{1}{2^{N-1}}$，終了判定値は$x_1-x=\frac{1}{2^N}$

となり，「$\frac{1}{2^N}<0.001$」を満たしたとき処理を終了することになります。

ここで，$2^{10}=1024$であり，「$\frac{1}{2^{10}}=\frac{1}{1024}<0.001$」になることから，「$\frac{1}{2^N}<0.001$」を満たすNは10です。したがって，(2)が実行されるのは10回です。

参考 二項定理

$$(A+B)^n = {}_nC_0A^nB^0 + {}_nC_1A^{n-1}B^1 + {}_nC_2A^{n-2}B^2 + \cdots + {}_nC_rA^{n-r}B^r + \cdots + {}_nC_nA^{n-n}B^n$$

$$= \sum_{r=0}^{n}{}_nC_rA^{n-r}B^r$$

解答 問1:ア 問2:ア

グラフ問題

グラフ問題は，午後試験では必須です。ここでは，隣接行列とグラフとの関係を理解しておきましょう。

問1

三つのグラフA〜Cの同形関係に関する記述のうち，適切なものはどれか。ここで，二つのグラフが同形であるとは，一方のグラフの頂点を他方のグラフの頂点と1対1に漏れなく対応付けることができ，一方のグラフにおいて辺でつながれている頂点同士は他方のグラフにおいても辺でつながれていて，一方のグラフにおいて辺でつながれていない頂点同士は他方のグラフにおいても辺でつながれていないことをいう。

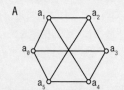
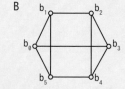
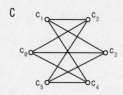

ア AはCと同形であるが，Bとは同形でない。

イ BはCと同形であるが，Aとは同形でない。

ウ どの二つのグラフも同形である。

エ どの二つのグラフも同形でない。

問2

ノードとノードの間のエッジの有無を，隣接行列を用いて表す。ある無向グラフの隣接行列が次の場合，グラフで表現したものはどれか。ここで，ノードを隣接行列の行と列に対応させて，ノード間にエッジが存在する場合は1で，エッジが存在しない場合は0で示す。

$$
\begin{array}{c c}
 & \begin{array}{cccccc} a & b & c & d & e & f \end{array} \\
\begin{array}{c} a \\ b \\ c \\ d \\ e \\ f \end{array} &
\left[
\begin{array}{cccccc}
0 & 1 & 0 & 0 & 0 & 0 \\
1 & 0 & 1 & 1 & 0 & 0 \\
0 & 1 & 0 & 1 & 1 & 0 \\
0 & 1 & 1 & 0 & 0 & 0 \\
0 & 0 & 1 & 0 & 0 & 1 \\
0 & 0 & 0 & 0 & 1 & 0
\end{array}
\right]
\end{array}
$$

ア

イ

ウ

エ

問1 解説

同じ個数の頂点をもった二つのグラフに対し，頂点と辺のつながり方が同じ時，両グラフは同形(同型)であるといいます。三つのグラフA，B，Cの中で同形なのは，グラフAとCです。これは，グラフCのC_0とC_3の位置を入れ替えると，Aと同じグラフになることからもわかります。

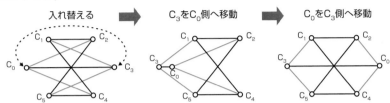

入れ替える　→　C_3をC_0側へ移動　→　C_0をC_3側へ移動

なお，グラフA，Cはどの頂点から出発しても元の頂点に戻るまでに必ず(最短でも)四辺を通りますが，グラフBは三辺で戻ることができます。したがって，グラフBは，頂点と辺のつながり方がグラフA，Cとは異なり同形ではありません。

問2 解説

無向グラフを表した**隣接行列**は，i行j列の要素がj行i列の要素と等しい対称行列となります。そのため，対角要素であるi行i列を除く上の三角形部分の要素を調べることで，ノード間に存在するエッジを重複しないで読み取ることができます。

問題に与えられた隣接行列(対角要素を除く上の三角形部分)を見ると，要素が1になっているのは，「a行b列，b行c列，b行d列，c行d列，c行e列，e行f列」の六つです。このことから，グラフには六つのエッジ(a-b，b-c，b-d，c-d，c-e，e-f)が存在することになり，このことに着目して各選択肢を確認すると，正しいグラフは**ウ**だとわかります。

ア：ノードb，c間にエッジ(b-c)がなく，ノードd，e間にエッジ(d-e)が存在します。
イ：ノードc，d間にエッジ(c-d)がなく，ノードd，e間にエッジ(d-e)が存在します。
エ：ノードd，e間にエッジ(d-e)が存在します。

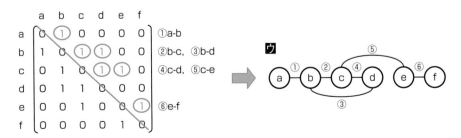

待ち行列理論

重要度
★★★

待ち行列問題は定期的に出題されています(問1は頻出)。
問3は高度問題ですが理解しておいた方がよいでしょう。

問1

通信回線を使用したデータ伝送システムにM/M/1の待ち行列モデルを適用すると，平均回線待ち時間，平均伝送時間，回線利用率の関係は，次の式で表すことができる。

$$平均回線待ち時間 = 平均伝送時間 \times \frac{回線利用率}{1 - 回線利用率}$$

回線利用率が0から徐々に上がっていく場合，平均回線待ち時間が平均伝送時間よりも最初に長くなるのは，回線利用率が幾つを超えたときか。

ア 0.4 　　イ 0.5 　　ウ 0.6 　　エ 0.7

問2

M/M/1の待ち行列モデルにおいて，窓口の利用率が25%から40%に増えると，平均待ち時間は何倍になるか。

ア 1.25 　　イ 1.60 　　ウ 2.00 　　エ 3.00

問3

高度

プリントシステムには1時間当たり平均6個のファイルのプリント要求がある。1個のプリント要求で送られてくるファイルの大きさは平均7,500バイトである。プリントシステムは1秒間に50バイト分印字できる。プリント要求後プリントが終了するまでの平均時間は何秒か。ここで，このシステムはM/M/1の待ち行列モデルに従うものとする。

ア 150 　　イ 175 　　ウ 200 　　エ 225

問1 解説

平均回線待ち時間が平均伝送時間よりも最初に長くなる回線利用率は，次ページに示す不等式(網掛部分)から求めることができます。ここで，T_W は平均回線待ち時間，T_S は平均伝送時間，ρ は回線利用率を表します。

$$T_W = T_S \times \frac{\rho}{1-\rho} > T_S$$

この不等式を整理すると，「$\frac{\rho}{1-\rho} > 1$」⇒「$\rho > 1-\rho$」⇒「$\rho > 0.5$」

となり，回線利用率が0.5を超えると平均回線待ち時間が平均伝送時間よりも長くなります。

問2 解説

平均待ち時間は，利用率と平均サービス時間を用いて，次の式で求められます。

Check!

$$\text{平均待ち時間}(T_W) = \frac{\text{利用率}(\rho)}{1-\text{利用率}(\rho)} \times \text{平均サービス時間}(T_S)$$

サービスを受けている
時間を除いた待ち時間

したがって，

利用率が25%のときの平均待ち時間 ＝ {0.25／(1−0.25)}×T_S ＝ (1／3)×T_S

利用率が40%のときの平均待ち時間 ＝ { 0.4／(1−0.4)}×T_S ＝ (2／3)×T_S

となるので，窓口の利用率が25%から40%に増えると，平均待ち時間は2倍になります。

問3 解説

　プリント要求後プリントが終了するまでの平均時間とは，「平均待ち時間＋平均サービス時間」のことです。まず，平均サービス時間(1ファイルの印字に要する時間)を求めます。1ファイルの大きさが7,500バイトであり，1秒間に50バイト分印字できるので，平均サービス時間は「7,500／50＝150秒」です。次に，利用率を求めます(下記「参考」を参照)。1時間(3,600秒)当たり平均6個のファイルのプリント要求があり，1ファイルに対するサービス時間が150秒なので，利用率は「(6／3,600)×150＝0.25」です。したがって，プリント要求後プリントが終了するまでの平均時間は，次のようになります。

平均待ち時間＋平均サービス時間 ＝ {0.25／(1−0.25)}×150＋150＝200秒

参考 **利用率の公式**
Check!

$$\text{利用率}(\rho) = \frac{\text{平均到着率}(\lambda)}{\text{平均サービス率}(\mu)} = \text{平均到着率}(\lambda) \times \text{平均サービス時間}(T_S)$$

＊平均到着率(λ)：単位時間当たりに到着するトランザクション数
　平均サービス率(μ)：単位時間当たりにサービス可能なトランザクション数

解答 問1：イ 問2：ウ 問3：ウ

BNF

重要度
★☆☆

近年は出題が減ってはいますが，BNF(バッカス・ナウア記法)の基本事項は確認しておいた方がよいでしょう。

問1

次のBNFにおいて，非終端記号<A>から生成される文字列はどれか。

$$<R_0> ::= 0 \mid 3 \mid 6 \mid 9$$
$$<R_1> ::= 1 \mid 4 \mid 7$$
$$<R_2> ::= 2 \mid 5 \mid 8$$
$$<A> ::= <R_0> \mid <A><R_0> \mid <B><R_2> \mid <C><R_1>$$
$$<B> ::= <R_1> \mid <A><R_1> \mid <B><R_0> \mid <C><R_2>$$
$$<C> ::= <R_2> \mid <A><R_2> \mid <B><R_1> \mid <C><R_0>$$

ア 123　　イ 124　　ウ 127　　エ 128

問2

あるプログラム言語において，識別子(identifier)は，先頭が英字で始まり，それ以降に任意個の英数字が続く文字列である。これをBNFで定義したとき，aに入るものはどれか。

$$<digit> ::= 0 \mid 1 \mid 2 \mid 3 \mid 4 \mid 5 \mid 6 \mid 7 \mid 8 \mid 9$$
$$<letter> ::= A \mid B \mid C \mid \cdots \mid X \mid Y \mid Z \mid a \mid b \mid c \mid \cdots \mid x \mid y \mid z$$
$$<identifier> ::= \boxed{\quad a \quad}$$

ア　<letter> | <digit> | <identifier><letter> | <identifier><digit>

イ　<letter> | <digit> | <letter><identifier> | <identifier><digit>

ウ　<letter> | <identifier><digit>

エ　<letter> | <identifier><digit> | <identifier><letter>

問1　解説

　各選択肢の文字列は，いずれも最初の文字(記号)が1で，2番目の文字が2であることに着目し，文字1，2がどのように評価されていくのかを見ていきます。

　まず，最初の文字1は<R_1>と評価され，さらに<B>と評価されます。次に，2番目の文字2は<R_2>と評価され，この時点で文字列12は<B><R_2>，さらに<A>と評価されます。

そこで，次の3番目の文字も含めた文字列が＜A＞と評価されるためには，3番目の文字が＜R_0＞と評価される必要があり，0，3，6，9のいずれかでなければなりません。このことから，＜A＞と評価される，すなわち＜A＞から生成される文字列は，**ア**の123です。

識別子(identifier)は，先頭が英字(letter)で始まり，それ以降に任意個(0個以上)の英数字(letter又はdigit)が続く文字列です。この識別子(identifier)を解釈・評価する**構文図**は，次のようになります。

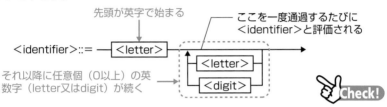

先頭が英字で始まる

ここを一度通過するたびに＜identifier＞と評価される

＜identifier＞::= ＜letter＞

＜letter＞
＜digit＞

それ以降に任意個（0以上）の英数字（letter又はdigit）が続く

Check!

この構文図から，＜identifier＞の定義は，次のようになります。

＜identifier＞::= ＜letter＞ | ＜identifier＞＜digit＞ | ＜identifier＞＜letter＞

これにより，例えば，文字列AB1の場合，"A"が入力されると＜letter＞と評価され，さらに＜identifier＞と評価されます。続いて，"B"が入力されると＜letter＞と評価され，この時点で"AB"は＜identifier＞＜letter＞，さらに＜identifier＞と評価されます。続いて，"1"が入力されると＜digit＞と評価され，この時点で"AB1"は＜identifier＞＜digit＞，さらに＜identifier＞と評価されます。

参考 BNF

BNF(Backus-Naur Form：バッカス・ナウア記法)は，形式言語の一つである**文脈自由言語**の構文規則(文法)を定義する代表的な表記法です。字句(トークン)の並びが文法に合致した正しい表現になっているか否かを判断するとき，この構文規則を参照し，再帰的に規則を適用していきます。

〔記号の意味〕
① "::="(is defined asと読む)：左辺と右辺の区切り。右辺で左辺を定義する。
② "|"：「又は(OR)」を意味する。
③ "["と"]"で囲まれた構文要素は省略可能を意味する。
④ "＜"と"＞"で囲まれたものを**非終端記号**といい，書換えの対象となる(さらに分解できる)ものを意味する。これに対して，書換えを行えない(これ以上分解できない)ものを**終端記号**という。

有限オートマトンと正規表現

前テーマ同様，近年出題が少なくなりましたが，問1と問2は基本問題なので理解しておきましょう。

問1

次の表は，入力記号の集合が{0，1}，状態集合が{a，b，c，d}である有限オートマトンの状態遷移表である。長さ3以上の任意のビット列を左（上位ビット）から順に読み込んで最後が110で終わっているものを受理するには，どの状態を受理状態とすればよいか。

	0	1
a	a	b
b	c	d
c	a	b
d	c	d

ア	a	イ	b
ウ	c	エ	d

問2

次の状態遷移図で表現されるオートマトンで受理されるビット列はどれか。ここで，ビット列は左から順に読み込まれるものとする。

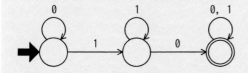

ア	0000	イ	0111
ウ	1010	エ	1111

問3

次の有限オートマトンが受理する文全体を正規表現で表したものはどれか。ここで，正規表現に用いるメタ記号は，次のとおりとする。

$r_1 \mid r_2$：正規表現r_1又は正規表現r_2

$(r)*$：正規表現rの0回以上の繰返し

ア	(010)*1	イ	(01 | 101)*
ウ	(0 | 10)*1	エ	(1 | 01)*

問1 解説

　受理状態とは，入力ビット列が受理されたときの状態のことです。長さ3以上で最後が110であるビット列を受理するということから，入力ビット列を「110」とし，これを入力したとき，どの状態で終了するのかを状態遷移表から求めれば受理状態がわかります。

　まず，状態a，b，c，dのそれぞれの状態で"1"を入力したときに遷移する状態は，順に状態b，d，b，dです。次に，状態b，dで"1"を入力すると状態dに遷移します。最後に，状態dで"0"を入力すると状態cに遷移します。したがって，状態cが受理状態となります。

問2 解説

　状態遷移図の➡で示された状態が初期状態，◯が受理状態です。初期状態から遷移して受理状態で終了するためには，入力ビット列の中に"10"が含まれなければなりません。このことから，受理されるビット列は **ウ** の「1010」だけです。

問3 解説

　受理状態で終了するためには，最後の一つ前の入力で初期状態に遷移し，最後の入力"1"で受理状態に遷移しなければなりません。このことから，有限オートマトンが受理する入力列は，下記に示す①の正規表現と②の正規表現の和になります。

> ① 「初期状態 $\overset{0}{\to}$ 初期状態」を0回以上繰り返した後，"1"で受理状態に遷移する
> 　⇒ 正規表現：(0)∗1
> ② 「初期状態 $\overset{1}{\to}$ 受理状態 $\overset{0}{\to}$ 初期状態」を0回以上繰り返した後，"1"で受理状態に遷移する
> 　⇒ 正規表現：(10)∗1

　①と②の正規表現の和は，「(0)∗1｜(10)∗1」と表現できます。ここで，①と②の最後の"1"に着目すると「((0)∗｜(10)∗)1」と整理でき，さらに，「((0)∗｜(10)∗)1」の下線部分を整理すると「(0｜10)∗1」になります。したがって，**ウ** が適切な正規表現です。

参考 正規表現

　正規表現は記号による言語の表現方法の一つであり，言語にどのような語が含まれているかを分かりやすく表現したものです。例えば，正規表現(0｜1)∗は，「0と1の任意の列の集合（長さ0の空列を含む）」を表します。また，(1｜10)∗は，「0と1の列で，1で始まり二つ連続した0を含まない列と，空列からなる集合」を表します。ここで，"｜"は「又は」を表し，"∗"は直前の正規表現の0回以上の繰返しを表します。

逆ポーランド表記法

重要度
★★★

定期的に出題されるテーマです。後置表記法とスタックを用いた式の評価方法を理解しておきましょう。

問1

後置表記法(逆ポーランド表記法)では,例えば,式Y=(A−B)×CをYAB−C×=と表現する。次の式を後置表記法で表現したものはどれか。

Y=(A+B)×(C−(D÷E))

ア YAB+C−DE÷×=　　**イ** YAB+CDE÷−×=

ウ YAB+EDC÷−×=　　**エ** YBA+CD−E÷×=

問2

逆ポーランド表記法で表された式を評価する場合,途中の結果を格納するためのスタックを用意し,式の項や演算子を左から右に順に入力し処理する。スタックが図の状態のとき,入力が演算子となった。このときに行われる演算はどれか。ここで,演算は中置表記法で記述するものとする。

ア A 演算子 B
イ B 演算子 A
ウ C 演算子 D
エ D 演算子 C

問1 解説

一般に算術式は,「1+2」というように,二つのオペランド(項)の間に演算子を記述する中置表記法で表現されますが,後置表記法(逆ポーランド表記法)では,二つのオペランドの後に演算子を記述します。中置表記法で表現された式から,後置表記法で表現した式を得るための方法にはいくつかありますが,その一つに構文木(算術木)を利用する方法があります。次に,その手順を示します。

① 式から"Y="を除いた部分(A+B)×(C−(D÷E))の演算順序を考える。

・AとBを加算する　(A+B)

・Cから,DをEで除算した結果を減算する　(C−(D÷E))

・上記の結果を乗算する　(A+B)×(C−(D÷E))

② ①の演算順序に従って構文木を作成し，**後行順**に探索した結果，得られた式の先頭に"Y"，末尾に"＝"を付ける。なお，後行順探索については，「2-2 2分木の探索」の「参考」を参照。

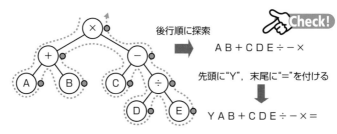

後行順に探索

Check!

A B＋C D E÷－×

先頭に"Y"，末尾に"＝"を付ける

Y A B＋C D E÷－×＝

以上，$Y=(A+B)\times(C-(D\div E))$ を後置表記法で表した式はYAB＋CDE÷－×＝です。

問2　解説

中置表記法で表される式，例えば，「C＋D」を逆ポーランド表記法で表すと「CD＋」となります。スタックを用いて，この「CD＋」を評価(計算)する場合，式の左から右に順に入力し，入力が項(オペランド)ならスタックにプッシュし，演算子ならスタックからポップした項の内容を，次にポップした項に演算し，結果を再びスタックにプッシュします。

したがって，スタックが図の状態のとき，入力が演算子(例えば"＋")となったときに行われる演算は「C＋D」です。

参考　スタックの利用　Check!

逆ポーランド表記法で表された式は，スタックを用いて次の法則①，②により計算できます。
① 式の左から順に入力し，項(オペランド)ならスタックにプッシュする。
② 演算子なら，スタックからポップした項の内容を，次にポップした項に演算し，結果を再びスタックにプッシュする。

例えば，「16＋8×(4－2)」は逆ポーランド表記法で「16 8 4 2 －×＋」となりますが，この式を規則にしたがって評価(計算)すると次のようになります。

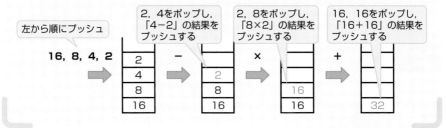

AI（人工知能）

1 ▶ 11

重要度
★★★

出題が増えてきているテーマです。ディープラーニング，及び機械学習の三つの方式を覚えておきましょう。

問1

AIにおけるディープラーニングに最も関連が深いものはどれか。

ア ある特定の分野に特化した知識を基にルールベースの推論を行うことによって，専門家と同じレベルの問題解決を行う。

イ 試行錯誤しながら条件を満たす解に到達する方法であり，場合分けを行い深さ優先で探索し，解が見つからなければ一つ前の場合分けの状態に後戻りする。

ウ 神経回路網を模倣した方法であり，多層に配置された素子とそれらを結ぶ信号線で構成され，信号線に付随するパラメタを調整することによって入力に対して適切な解が出力される。

エ 生物の進化を模倣した方法であり，与えられた問題の解の候補を記号列で表現して，それらを遺伝子に見立てて突然変異，交配，とう汰を繰り返して逐次的により良い解に近づける。

問2

AIの機械学習における教師なし学習で用いられる手法として，最も適切なものはどれか。

ア 幾つかのグループに分かれている既存データ間に分離境界を定め，新たなデータがどのグループに属するかはその分離境界によって判別するパターン認識手法

イ 数式で解を求めることが難しい場合に，乱数を使って疑似データを作り，数値計算をすることによって解を推定するモンテカルロ法

ウ データ同士の類似度を定義し，その定義した類似度に従って似たもの同士は同じグループに入るようにデータをグループ化するクラスタリング

エ プロットされた時系列データに対して，曲線の当てはめを行い，得られた近似曲線によってデータの補完や未来予測を行う回帰分析

問1 解説

ディープラーニング（深層学習）は，人間が行う意思決定や行動などをコンピュータに学習させる機械学習をさらに発展させたものです。人間の脳の神経回路網を数理モデル化し

たものをニューラルネットワークといいますが，ディープラーニングでは，入力層と出力層の間を多層化し複数の中間層をもたせた**DNN**(Deep Neural Network：**ディープニューラルネットワーク**)を用います。すなわち，DNNに大量のデータを与え，出力と正解(目標値)の誤差が最小になるように信号線の重みを最適な値に調整することに

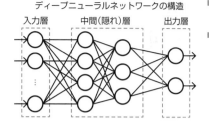

よって入力に対する最適解が出力されるようにするというのがディープラーニングです。

　したがって，**ウ**が正しい記述です。なお，重み調整のためのアルゴリズムには，出力層から入力層に向かって順に各重みの局所誤差が小さくなるよう調整していく**誤差逆伝播法**(**バックプロパゲーション**)が使われます。

ア：エキスパートシステムに関する記述です。

イ：木の深さ優先探索によって解を求める，バックトラック(後戻り)法に関する記述です。

エ：遺伝的アルゴリズム(Genetic Algorithm：GA)に関する記述です。

問2　解説

　教師なし学習は，"データの構造・パターン"を学習させる手法であり，代表例としては，**ウ**の**クラスタリング**があります。**ア**のパターン認識手法や，**エ**の回帰分析は，教師あり学習で用いられる手法です。**イ**の**モンテカルロ法**は，強化学習における状態価値や行動価値の推定に用いられる手法です(「14-6 業務分析手法」の問2を参照)。

参考　AIにおける機械学習の三つの方式 👉Check!

教師あり学習	入力と正解がセットになったトレーニングデータを与え，未知のデータに対して正解を導き出せるようトレーニングする。用途としては，過去の実績から未来を予測する**回帰**や，与えられたデータの**分類・判別**などがある
教師なし学習	膨大な入力データからコンピュータ自身にデータの特徴や規則を発見させる。用途としては，類似性を基にデータをグループ化する**クラスタリング**や，データの意味をできるだけ残しながらより少ない次元の情報に落とし込む**次元削減**(例えば，データの圧縮，データの可視化など)がある
強化学習	強化学習には，「環境，エージェント(学習者)，行動」という三つの主な構成要素があり，ある環境内におけるエージェントに，どの行動を取れば価値(報酬)が最大化できるかを，試行錯誤を通じて学習させる。用途としては，将棋や碁などのソフトウェア，株の売買などがある

補足　AIにおける過学習，転移学習も知っておこう！

・**過学習**：訓練データを学習しすぎた結果，訓練データに対しては予測・推定の精度が高い結果となる一方で，未知のデータに対しては精度が低くなること。

・**転移学習**：ある領域で学習したモデルを別の領域に適応させて効率的に学習させる手法のこと。

誤り検出・訂正

重要度
★★☆

問1は定期的に出題されます。パリティチェック及び
CRC方式の特徴と仕組みを確認しておきましょう。

問1

図のように16ビットのデータを4×4の正方形状に並べ，行と列にパリティビットを付加することによって何ビットまでの誤りを訂正できるか。ここで，図の網掛け部分はパリティビットを表す。

1	0	0	0	1
0	1	1	0	0
0	0	1	0	1
1	1	0	1	1
0	0	0	1	

  1   2

ウ 3   エ 4

問2

誤り検出方式であるCRCに関する記述として，適切なものはどれか。

ア 検査用データは，検査対象のデータを生成多項式で処理して得られる1ビットの値である。

イ 受信側では，付加されてきた検査用データで検査対象のデータを割り，余りがなければ送信が正しかったと判断する。

ウ 送信側では，生成多項式を用いて検査対象のデータから検査用データを作り，これを検査対象のデータに付けて送信する。

エ 送信側と受信側では，異なる生成多項式が用いられる。

問1 解説

　チェックするビット列に対して誤り検出用の**パリティビット**を付加する方式を**パリティチェック**(奇偶検査)といいます。1のビット数が偶数になるようにパリティビットを付加する方式を偶数パリティ，奇数になるように付加する方式を奇数パリティといい，また，パリティビットを付加する方向により，垂直パリティと水平パリティがあります。

　垂直パリティ，水平パリティのどちらか一方のパリティチェックだけでは，1ビットの誤り検出しかできませんが，この二つを併用することで，次のページの例に示すように，誤りのある行と列の交差するビットが誤りであると判断でき，訂正することができます。

例 偶数パリティの場合

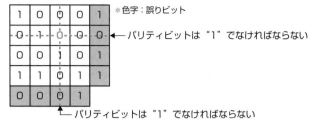

＊色字：誤りビット

← パリティビットは"1"でなければならない

← パリティビットは"1"でなければならない

CRCは，検査対象のデータ（ビット列）を多項式と見なし，これをあらかじめ定められた生成多項式で除算した余りを検査用データとして検査対象のデータに付加する方式です。受信側では，受信したビット列が同じ生成多項式で割り切れるか否かで誤りの発生を判断します。CRCは巡回冗長検査とも呼ばれ，連続する誤り（バースト誤り）の検出に適しますが，CRC符号自体は誤り検出のみの機能しかなくビットの誤り訂正はできません。

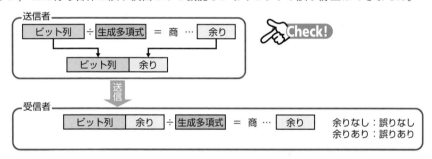

参考 パリティビットの付加 Check!

パリティビットPは，入力の排他的論理和（XOR）で求められます。例えば，入力データが3ビット（x_1, x_2, x_3）であるとき，「$x_1 \oplus x_2 \oplus x_3$」の値が1であれば1の個数は奇数，0であれば偶数と判断できるため，偶数パリティの場合は「$x_1 \oplus x_2 \oplus x_3$」の値をパリティビットとし，奇数パリティの場合は「$x_1 \oplus x_2 \oplus x_3$」の否定値をパリティビットとして付加します。

偶数パリティPを付加する回路   奇数パリティPを付加する回路

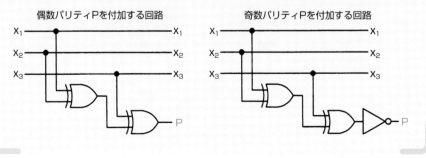

解答 問1：ア 問2：ウ

誤り検出・訂正（ハミング符号）

重要度
★★☆

ハミング符号の問題は，出題パターンが決まっています。
問1と問2を理解しておけばよいでしょう。

問1

　ハミング符号とは，データに冗長ビットを付加して，1ビットの誤りを訂正できるようにしたものである。ここでは，X_1，X_2，X_3，X_4の4ビットから成るデータに，3ビットの冗長ビット P_3，P_2，P_1を付加したハミング符号$X_1X_2X_3X_4P_3P_2P_1$を考える。付加ビットP_1，P_2，P_3は，それぞれ

$$X_1 \oplus X_3 \oplus X_4 \oplus P_1 = 0$$
$$X_1 \oplus X_2 \oplus X_4 \oplus P_2 = 0$$
$$X_1 \oplus X_2 \oplus X_3 \oplus P_3 = 0$$

となるように決める。ここで，$\oplus$は排他的論理和を表す。

　ハミング符号1110011には1ビットの誤りが存在する。誤りビットを訂正したハミング符号はどれか。

ア　0110011　　イ　1010011　　ウ　1100011　　エ　1110111

問2

　符号長7ビット，情報ビット数4ビットのハミング符号による誤り訂正の方法を，次のとおりとする。受信した7ビットの符号語$x_1x_2x_3x_4x_5x_6x_7$（$x_k = 0$又は1）に対して

$$
\begin{aligned}
c_0 &= x_1 && + x_3 && + x_5 && + x_7 \\
c_1 &= && x_2 + x_3 && && + x_6 + x_7 \\
c_2 &= && && x_4 + x_5 + x_6 + x_7
\end{aligned}
$$

　　（いずれもmod 2での計算）

を計算し，c_0，c_1，c_2の中に少なくとも一つは0でないものがある場合には，

　　$i = c_0 + c_1 \times 2 + c_2 \times 4$

を求めて，左からiビット目を反転することによって誤りを訂正する。

　受信した符号語が1000101であった場合，誤り訂正後の符号語はどれか。

ア　1000001　　イ　1000101　　ウ　1001101　　エ　1010101

問1 解説

　ビット列に対して冗長ビットを付加することで，誤りの検出とその自己訂正を行うことができる方式を**ハミング符号方式**といい，4ビットのデータに対して3ビットの冗長ビッ

トを付加することで，2ビットの誤り検出と1ビットの誤り訂正ができます。

本問のハミング符号$X_1 X_2 X_3 P_3 X_4 P_2 P_1$は，元のデータ$X_1$，$X_2$，$X_3$，$X_4$に対して，

① $X_1 \oplus X_3 \oplus X_4 \oplus P_1 = 0$

② $X_1 \oplus X_2 \oplus X_4 \oplus P_2 = 0$

③ $X_1 \oplus X_2 \oplus X_3 \oplus P_3 = 0$

となるよう付加ビットP_3，P_2，P_1が決められたものです。

そこで，ハミング符号1110011の各ビットを上記三つの式に当てはめると，

① $1 \oplus 1 \oplus 0 \oplus 1 = 1$

② $1 \oplus 1 \oplus 0 \oplus 1 = 1$

③ $1 \oplus 1 \oplus 1 \oplus 0 = 1$

1ビットの誤りが存在するハミング符号

X_1	X_2	X_3	P_3	X_4	P_2	P_1
1	1	1	0	0	1	1

となり，全ての式の値が1なので，三つの式に共通に使用されている$X_1(=1)$が誤っていることになります。したがって，これを訂正したハミング符号は0110011です。

問2　解説

まず，受信した符号語1000101からc_0，c_1，c_2を求めます。ここで，「a mod b」は，aをbで割った余りを表します。

受信した符号語→

x_1	x_2	x_3	x_4	x_5	x_6	x_7
1	0	0	0	1	0	1

$c_0 = (x_1 + x_3 + x_5 + x_7) \bmod 2 = (1 + 0 + 1 + 1) \bmod 2 = 1$

$c_1 = (x_2 + x_3 + x_6 + x_7) \bmod 2 = (0 + 0 + 0 + 1) \bmod 2 = 1$

$c_2 = (x_4 + x_5 + x_6 + x_7) \bmod 2 = (0 + 1 + 0 + 1) \bmod 2 = 0$

次に，c_0及びc_1が0でないので，iの値を求めると，

$i = c_0 + c_1 \times 2 + c_2 \times 4 = 1 + 2 = 3$

となります。したがって，左から3ビット目を反転した1010101が誤り訂正後の符号語です。

コラム　こんな問題も出る?!

問　メモリの誤り検出及び訂正を行う方式のうち，2ビットの誤り検出機能と，1ビットの誤り訂正機能をもつものはどれか。

ア　奇数パリティ　　イ　水平パリティ　　ウ　チェックサム　　エ　ハミング符号

答え：エ

解答　問1:ア　問2:エ

データ圧縮（ハフマン符号）

重要度
★★★

ハフマン符号の特徴，及び符号化されたビット列の平均
長（平均符号長）の計算方法を理解しておきましょう。

問1

a，b，c，dの4文字からなるメッセージを符号化してビット列にする方法として表のア～エの4通りを考えた。この表はa，b，c，dの各1文字を符号化するときのビット列を表している。メッセージ中でのa，b，c，dの出現頻度は，それぞれ50%，30%，10%，10%であることが分かっている。符号化されたビット列から元のメッセージが一意に復号可能であって，ビット列の平均長が最も短くなるものはどれか。

	a	b	c	d
ア	0	1	00	11
イ	0	01	10	11
ウ	0	10	110	111
エ	00	01	10	11

問1　解説

ハフマン符号に関する問題です。**ハフマン符号**は，発生確率が分かっている記号群に対し，1記号当たりの平均符号長が最小になるように符号化する方式です。選択肢の中で，元のメッセージが復号可能であって，平均符号長が最も短くなるのは**ウ**です。

ア：符号化されたビット列が"11"である場合，"bb"であるか"d"であるか判断できないので一意に復号不可能です。

イ：符号化されたビット列が"0110"である場合，"bc"であるか"ada"であるか判断できないので一意に復号不可能です。

ウ：一意に復号可能です。また，1文字当たりの平均ビット長は，次のように求められます。

文字	a	b	c	d
符号	0	10	110	111
出現頻度（確率）%	50	30	10	10

1文字当たりの平均ビット長
$= 1 \times 0.5 + 2 \times 0.3 + 3 \times 0.1 + 3 \times 0.1$
$= 1.7[ビット]$

エ：一意に復号可能です。また，1文字当たりの平均ビット長は，次のように求められます。

文字	a	b	c	d
符号	00	01	10	11
出現頻度（確率）%	50	30	10	10

1文字当たりの平均ビット長
$= 2 \times 0.5 + 2 \times 0.3 + 2 \times 0.1 + 2 \times 0.1$
$= 2[ビット]$

解答　問1：ウ

第2章

アルゴリズムと
プログラミング

リストの処理

2 ▶ 1

重要度 ★★★ ポインタを用いた線形リストの特徴，及び線形リストへの要素の追加や削除の方法を理解しておきましょう。

問1

　先頭ポインタと末尾ポインタをもち，多くのデータがポインタでつながった単方向の線形リストの処理のうち，先頭ポインタ，末尾ポインタ又は各データのポインタをたどる回数が最も多いものはどれか。ここで，単方向のリストは先頭ポインタからつながっているものとし，追加するデータはポインタをたどらなくても参照できるものとする。

ア 先頭にデータを追加する処理　　　**イ** 先頭のデータを削除する処理

ウ 末尾にデータを追加する処理　　　**エ** 末尾のデータを削除する処理

問2

　リストには，配列で実現する場合とポインタで実現する場合とがある。リストを配列で実現した場合の特徴として，適切なものはどれか。ここで，配列を用いたリストは配列に要素を連続して格納することによってリストを構成し，ポインタを用いたリストは要素と次の要素へのポインタを用いることによってリストを構成するものとする。

ア リストにある実際の要素数にかかわらず，リストに入れられる要素の最大個数に対応した領域を確保し，実際には使用されない領域が発生する可能性がある。

イ リストの中間要素を参照するには，リストの先頭から順番に要素をたどっていくことから，要素数に比例した時間が必要となる。

ウ リストの要素を格納する領域の他に，次の要素を指し示すための領域が別途必要となる。

エ リストへの挿入位置が分かる場合には，リストにある実際の要素数にかかわらず，要素の挿入を一定時間で行うことができる。

問1　解説

　下図の単方向リストを参考に，各選択肢の処理を考えていきます。ここで，先頭ポインタをfront，末尾ポインタをrearとします。

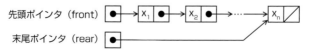

先頭ポインタ（front）

末尾ポインタ（rear）

ア：先頭にデータを追加するには，追加データのポインタ部にfrontがもつ先頭データ（x_1）のアドレスを設定し，frontに追加データのアドレスを設定します。したがって，ポインタをたどる回数（ポインタを使って参照する回数）は0回です。

イ：先頭のデータを削除するには，frontから先頭データ（x_1）をたどり，x_1のポインタ部がもつ値（x_2のアドレス）をfrontに設定します。したがって，ポインタをたどる回数は「front→x_1」の1回です。

ウ：末尾にデータを追加するには，rearからたどった末尾データ（x_n）のポインタ部とrearに追加データのアドレスを設定します。したがって，ポインタをたどる回数は「rear→x_n」の1回です。

エ：末尾のデータを削除するには，frontから順にx_1→x_2→…→x_{n-1}とたどって得られたx_{n-1}のポインタ部にnullを設定し，rearにx_{n-1}のアドレスを設定します。したがって，ポインタをたどる回数は，線形リストのデータ数とほぼ等しい回数になります。

以上，ポインタをたどる回数が最も多いのは，**エ**の末尾のデータを削除する処理です。

問2　解説

リストとは，同じ種類のデータが1列に並んだ「列」のことです。リストを**配列**で実現する場合，予想される最大要素数に応じた領域をあらかじめ確保する必要があります。このため，実際の要素数がそれよりも少ない場合には使用されない無駄な領域が発生します。

一方，ポインタ（すなわち，**単方向の線形リスト**）で実現する場合には，要素を格納する領域を，必要になった時点で動的確保できるため無駄な領域は発生しません。

以上，**ア**が適切な記述です。その他の選択肢は，ポインタで実現する場合の特徴です。

参考 Check!
よく問われる「ポインタを用いた線形リストの特徴」

配列は，個々の要素の位置を固定して，要素が格納されているアドレスを簡単に計算できるようにしたデータ構造です。要素番号を用いることで任意の要素への参照が可能である反面，要素を挿入したり削除したりする場合には，当該位置以降の要素を一つずつ後ろ（あるいは前）にずらす必要があるため処理効率が悪くなります。

これに対して，ポインタを用いた**線形リスト**では，個々の要素の位置が固定されていないため要素番号を用いた任意の要素への参照はできません。しかし，要素の挿入や削除は，その位置が分かっている場合には，ポインタ値の付け替えだけで行えます。このため，挿入や削除に要する時間は要素数にかかわらず一定です。例えば，問1の解説にある線形リストにおいて，x_1の後ろに新たな要素を追加する処理は，次の①，②で行えます。

〔問1の線形リストにおいて，x1の後ろに新たな要素を追加する処理〕
　① x_1のポインタ部がもつ値（x_2のアドレス）を新たな要素のポインタ部に設定する。
　② 新たな要素のアドレスをx_1のポインタ部に設定する。

解答　問1：エ　問2：ア

2分木の探索

重要度
★★★
2分木の深さ優先探索(先行順，中間順，後行順)及び幅優先探索は基本事項です。確認しておきましょう。

問1

図の2分木を深さ優先の先行順で探索を行ったときの探索順はどれか。ここで，図中の数字はノードの番号を表す。

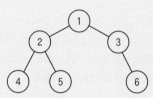

- **ア** 1, 2, 3, 4, 5, 6
- **イ** 1, 2, 4, 5, 3, 6
- **ウ** 4, 2, 5, 1, 3, 6
- **エ** 4, 5, 2, 6, 3, 1

問2

配列A[1]，A[2]，…，A[n]で，A[1]を根とし，A[i]の左側の子をA[2i]，右側の子をA[2i+1]とみなすことによって，2分木を表現する。このとき，配列を先頭から順に調べていくことは，2分木の探索のどれに当たるか。

- **ア** 行きがけ順(先行順)深さ優先探索
- **イ** 帰りがけ順(後行順)深さ優先探索
- **ウ** 通りがけ順(中間順)深さ優先探索
- **エ** 幅優先探索

問1 解説

2分木の探索方法には，深さ優先探索(深さ優先順)と幅優先探索(幅優先順)があります。深さ優先探索は，根から順に枝をたどり，葉に達したら一つ前の節点に戻って他方の枝をたどるといった探索法です。この深さ優先探索において，先行順で探索を行うと，「節点，左部分木，右部分木」の順に探索することになります。

つまり，本問の2分木を深さ優先の先行順で探索を行うと，まず節点①，次に節点①の左部分木を訪れ，節点②→節点④→節点⑤の順に探索した後，節点①の右部分木を訪れ，節点③→節点⑥の順に探索するので，探索順は「1，2，4，5，3，6」となります。

探索順：1, ①の左部分木 2, 4, 5, ①の右部分木 3, 6

②の左部分木　②の右部分木　③の右部分木

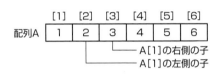

問2 解説

　例えば，問1の2分木を配列Aで表現すると，次のようになります。この配列Aを先頭から順に調べていくことは，2分木を次の右図に示すように探索することになります。この2分木の探索法を**幅優先探索**といいます。

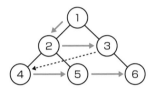

参考 深さ優先探索における三つの探索順 Check!

　深さ優先探索には，根から順に枝をたどりながら，節点をどのタイミングで探索するかの順序により，次の三つの方法があります。
　① 先行順（行きがけ順）：節点，左部分木，右部分木の順に探索
　② 中間順（通りがけ順）：左部分木，節点，右部分木の順に探索
　③ 後行順（帰りがけ順）：左部分木，右部分木，節点の順に探索

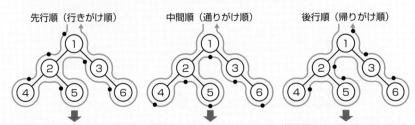

先行順（行きがけ順）　　　中間順（通りがけ順）　　　後行順（帰りがけ順）

探索順：1, 2, 4, 5, 3, 6　　探索順：4, 2, 5, 1, 3, 6　　探索順：4, 5, 2, 6, 3, 1

＊●は節点を探索するタイミング

解答 問1：イ　問2：エ

完全2分木

重要度
★☆☆
完全2分木問題は，出題される問題がほぼ決まっています。
問1，2を押さえておけばよいでしょう。

問1

　葉以外の節点は全て二つの子をもち，根から葉までの深さが全て等しい木を考える。この木に関する記述のうち，適切なものはどれか。ここで，木の深さとは根から葉に至るまでの枝の個数を表す。また，節点には根及び葉も含まれる。

ア 枝の個数がnならば，節点の個数もnである。
イ 木の深さがnならば，葉の個数は$2n^{-1}$である。
ウ 節点の個数がnならば，木の深さは$\log_2 n$である。
エ 葉の個数がnならば，葉以外の節点の個数は$n-1$である。

問2

　全ての葉が同じ深さであり，かつ，葉以外の全ての節点が二つの子をもつ要素数nの完全2分木がある。どの部分木をとっても左の子孫は親より小さく，右の子孫は親より大きいという関係が保たれている。2分木で探索する場合，ある要素を探索するときの最大比較回数のオーダはどれか。

ア $\log_2 n$　　　**イ** $n \log_2 n$　　　**ウ** n　　　**エ** n^2

問1　解説

　葉以外の節点は全て二つの子をもち，根から葉までの深さが全て等しい木を**完全2分木**といいます。下図に示した深さが3の完全2分木を基に，各選択肢を吟味していきます。

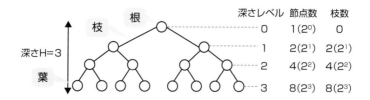

ア：深さが3のとき，枝の個数は$0+2^1+2^2+2^3=14$，節点の個数は$1+2^1+2^2+2^3=15$です。つまり，枝の個数がnならば，節点の個数は$n+1$です。

イ：深さが3のとき，葉の個数は2^3です。つまり，深さがnならば，葉の個数は2^nです。

ウ：深さが3のとき，節点の個数は$1+2^1+2^2+2^3=15$です。$\log_2 15$の値の範囲は，「$\log_2 2^3 < \log_2 15 < \log_2 2^4$」つまり「$3 < \log_2 15 < 4$」であり，$\log_2 15 \neq 3$です。

エ：深さが3のとき，葉の個数は$2^3=8$，葉以外の節点の個数は$1+2^1+2^2=7$です。つまり，葉の個数がnならば，葉以外の節点の個数はn−1なので，適切な記述です。

問2 解説

「どの部分木をとっても左の子孫は親より小さく，右の子孫は親より大きいという関係が保たれている」とあるので，本問の完全2分木は**2分探索木**です。2分探索木における探索は，まず，根の値と探索データを比較し「根の値＞探索データ」ならば左部分木の頂点となる節点へ進み，「根の値＜探索データ」ならば右部分木の頂点となる節点へ進みます。次に，進んだ先の節点に対しても同様な操作を行い，これを探索データが見つかるか，あるいは進む節点がなくなるまで繰り返します。

問われているのは節点数(要素数)がnである完全2分木を探索するときの最大比較回数のオーダです。つまり，探索が葉まで進んだとき比較回数が最大になるので，このときの比較回数を求めればよいことになります。完全2分木の場合，1回の比較で探索対象の要素数が半分の$\frac{n}{2}$(小数点以下切り捨て)になり，2回の比較でさらに半分の$\frac{n}{2^2}$になります。例えば，左ページ図の完全2分木の場合，最初の探索対象は15個ですが1回の比較で$\frac{15}{2}=7$個になり，2回の比較で3個，3回の比較で1個(探索対象が葉)になります。したがって，探索が葉に至るまでの比較回数がMなら，概ね「$\frac{n}{2^M} \fallingdotseq 1$」すなわち，「$n \fallingdotseq 2^M$」が成り立つことになり，この式から「$M = \log_2 n$」と求められるので，最大比較回数のオーダは$\log_2 n$です。

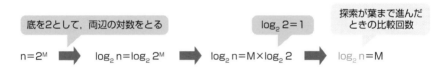

底を2として，両辺の対数をとる		$\log_2 2=1$	探索が葉まで進んだときの比較回数
$n=2^M$	$\log_2 n=\log_2 2^M$	$\log_2 n=M\times\log_2 2$	$\log_2 n=M$

参考 完全2分木における葉と葉以外の節点の数

木の深さがHであるとき，葉の数は2^Hです。また，葉を除いた深さH−1までの節点の数は，$2^0+2^1+\cdots+2^{H-1}$であり，これは初項が$2^0(=1)$で公比が2の等比配列の和なので，

$$2^0+2^1+\cdots+2^{H-1}=\frac{初項\times(1-公比^H)}{1-公比}=\frac{初項\times(1-2^H)}{1-2}=2^H-1$$

Check!

となります。このことから，葉以外の節点数は，葉の数より一つ少ないことがわかります。

解答 問1：エ　問2：ア

2▶4 ハッシュ法

重要度
★★★
ハッシュ法問題の中でも，特に問2は超頻出です。キーaとbが衝突する条件を理解しておきましょう。

問1

2整数X，Yをキーとするデータを，ハッシュ関数h(X, Y)を使って，要素数256の1次元配列に格納する。Xは値1～256を一様にとり，Yは値1～16を一様にとる。ハッシュ関数として**最も不適切なもの**はどれか。ここで，N＝256であり，A mod BはAをBで割った剰余を表す。

ア X mod N   **イ** Y mod N

ウ （X＋Y）mod N   **エ** （X×Y）mod N

問2

自然数をキーとするデータを，ハッシュ表を用いて管理する。キーxのハッシュ関数h(x)を
$$h(x) = x \bmod n$$
とすると，任意のキーaとbが衝突する条件はどれか。ここで，nはハッシュ表の大きさであり，x mod nはxをnで割った余りを表す。

ア a＋bがnの倍数   **イ** a－bがnの倍数

ウ nがa＋bの倍数   **エ** nがa－bの倍数

問3

自然数を除数とした剰余を返すハッシュ関数がある。値がそれぞれ571，1168，1566である三つのレコードのキー値を入力値としてこのハッシュ関数を施したところ，全てのハッシュ値が衝突した。この時使用した除数は幾つか。

ア 193   **イ** 197   **ウ** 199   **エ** 211

問1 ▶ 解説

異なるキー値から同一のハッシュ値が求められる**シノニムの発生**（衝突）が多いハッシュ関数は不適切といえます。そこで，各選択肢のハッシュ関数から求められるハッシュ値の範囲をみると，**ア**，**ウ**，**エ**のハッシュ値は0～255，**イ**は1～16です。したがって，**イ**のハッシュ関数ではシノニムの発生が多くなり，不適切です。

問2　解説

　キーaとbが衝突するのは，aをnで割ったときの余りと，bをnで割ったときの余りが同じときです。この余りをrとすると，a，bはそれぞれ次の式で表すことができます。

　　　$a = Q_1 \times n + r$　　　　＊Q_1，Q_2は商，rは余り

　　　$b = Q_2 \times n + r$

　そこで，この二つの式の差を求めると，

　　　$a - b = (Q_1 - Q_2) \times n$

となり，a−bはnの倍数であることがわかります。つまり，a−bがnの倍数であれば，キーaとbは衝突します。

問3　解説

　全てのハッシュ値が衝突したということは，キー値571，1168，1566のそれぞれのハッシュ値が同じ値であったということです。各キー値を，選択肢の除数で除算したときの剰余は次のようになるため，使用した除数は**ウ**の199です。

	ア　除数193	**イ**　除数197	**ウ**　除数199	**エ**　除数211
571	185	177	173	149
1168	10	183	173	113
1566	22	187	173	89

別解

　問2の規則から，キー値1168と571が衝突するのは「1168−571がn（除数）の倍数」のときであり，キー値1566と1168が衝突するのは「1566−1168がn（除数）の倍数」のときです。そして，1168−571＝597＝3×199，1566−1168＝398＝2×199であることから，597と398の約数は199だけです。このことからも正解は**ウ**だとわかります。

参考　シノニムの発生を最少とするハッシュ値の分布

　キー値が左図のような分布に従って発生する場合でも，ハッシュ関数により導き出されるハッシュ値に偏りがなく，ハッシュ値の分布が一様なとき，シノニムの発生が最少となります。

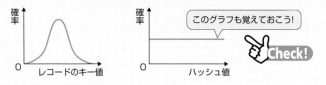

このグラフも覚えておこう！

Check!

2▶5 探索法

重要度 ★★★

2分探索，線形探索，ハッシュ表探索それぞれの特徴と
比較回数(実行時間のオーダ)を押さえておきましょう。

問1

　探索表の構成法を例とともにa〜cに示す。最も適した探索手法の組合せはどれか。ここで，
探索表のコードの空欄は表の空きを示す。

a　コード順に格納した探索表	b　コードの使用頻度順に格納した探索表	c　コードから一意に決まる場所に格納した探索表

a　コード順に格納した探索表

コード	データ
120380	……
120381	……
120520	……
140140	……

b　コードの使用頻度順に格納した探索表

コード	データ
120381	……
140140	……
120520	……
120380	……

c　コードから一意に決まる場所に格納した探索表

コード	データ
	……
120381	……
	……
120520	……
140140	……
	……
120380	……
	……

	a	b	c
ア	2分探索	線形探索	ハッシュ表探索
イ	2分探索	ハッシュ表探索	線形探索
ウ	線形探索	2分探索	ハッシュ表探索
エ	線形探索	ハッシュ表探索	2分探索

問2

　異なるn個のデータが昇順に整列された表がある。この表をm個のデータごとのブロックに
分割し，各ブロックの最後尾のデータだけを線形探索することによって，目的のデータの存
在するブロックを探し出す。次に，当該ブロック内を線形探索して目的のデータを探し出す。
このときの平均比較回数を表す式はどれか。ここで，mは十分に大きく，nはmの倍数とし，目
的のデータは必ず表の中に存在するものとする。

ア $m + \dfrac{n}{m}$　　　　　イ $\dfrac{m}{2} + \dfrac{n}{2m}$　　　　　ウ $\dfrac{n}{m}$　　　　　エ $\dfrac{n}{2m}$

問3

　従業員番号と氏名の対がn件格納されている表に線形探索法を用いて，与えられた従業員番号から氏名を検索する。この処理における平均比較回数を求める式はどれか。ここで，検索する従業員番号はランダムに出現し，探索は常に表の先頭から行う。また，与えられた従業員番号がこの表に存在しない確率をaとする。

ア $\dfrac{n+1}{2} + \dfrac{na}{2}$

イ $\dfrac{(n+1)(1-a)}{2}$

ウ $\dfrac{(n+1)(1-a)}{2} + \dfrac{n}{2}$

エ $\dfrac{(n+1)(1-a)}{2} + na$

問1 解説

　各探索法の特徴から，それぞれに適する探索表を見ていきます。

　2分探索は，対象データがあらかじめ整列されている場合に適用される探索法です。データをコード順に格納したaの探索表のみが適し，b，cの探索表は使用できません。なお，2分探索では1回の比較ごとに探索範囲を$\dfrac{1}{2}$ずつ狭めていくため，探索が終了するまでのおおよその比較回数は，データがn個なら$\log_2 n$となります（実行時間のオーダ：$\log_2 n$）。

　線形探索は，対象データの先頭から順に探索する方法です。データがn個のときの平均比較回数は，一般には$\dfrac{(n+1)}{2}$ですが（実行時間のオーダ：n），コードの使用頻度順（探索の多い順）に格納したbの探索表を用いれば，使用頻度の高いデータを探索するための比較回数が少なくてすむため，平均比較回数も少なくできます。

　ハッシュ表探索は，ハッシュ関数を用いてデータのコード（キー値）からデータの格納場所（ハッシュ値）を求めることにより，目的データを探索する方法です。コードから一意に決まる場所に格納したcの探索表のみが適します。なお，ハッシュ表探索では，ハッシュ値が衝突する（同じ値になる）確率が無視できるほど小さければ，ほぼ1回のハッシュ計算で目的データを探索できます（実行時間のオーダ：1）。

　以上から，**ア**が適切な組合せです。

問2 解説

　線形探索は，対象データの先頭から順に目的のデータを探索していく方法です。対象データがN個であれば，探索が終了するまでの最小比較回数は1回，最大比較回数はN回となり，平均比較回数は$\dfrac{(N+1)}{2}$回です。しかし，対象データ内に目的のデータが必ず存在するのであれば，N−1番目までに目的のデータがなければN番目のデータが目的のデータであると判断できるため，最大比較回数はN−1回，平均比較回数は$\dfrac{N}{2}$回と考えることができます。このことを念頭に，本問における平均比較回数を考えます（次ページ）。

n個のデータをm個ごとのブロックに分割すると，ブロック数は$\frac{n}{m}$個となるので，各ブロックの最後尾のデータも$\frac{n}{m}$個です。この最後尾のデータを線形探索するときの平均比較回数は$(\frac{n}{m}) \div 2 = \frac{n}{2m}$です。次に，目的のデータが存在する該当ブロック内のデータm個を線形探索するときの平均比較回数は$\frac{m}{2}$です。

　したがって，目的のデータを探索するまでの平均比較回数は，$\frac{n}{2m} + \frac{m}{2}$となります。

各ブロック内のデータ数はm個
ブロックの最後尾のデータ
・・・
＊ブロックの最後尾のデータ数はn／m 個

問3　解説

　与えられた従業員番号から氏名が検索できたときの平均比較回数は$\frac{(n+1)}{2}$ですが，検索できなかったとき（与えられた従業員番号が表に存在しなかったとき）の比較回数はnです。また，与えられた従業員番号が表に存在する確率が1－a，存在しない確率がaなので，この検索処理における平均比較回数は，次の式で表すことができます。

Check!

$$\frac{(n+1)}{2} \times (1-a) + n \times a = \frac{(n+1)(1-a)}{2} + n \times a$$

表に存在しない確率
表に存在する確率

参考　アルゴリズムの計算量とオーダ記法

　処理するデータ数によって，アルゴリズムの実行時間がどのように変化するかを考えるときオーダという概念を用います。これは，アルゴリズムの実行時間をある尺度をもって定量化するもので，例えば，n個のデータを処理する時間がcn^2+d（c，dは定数）で表されるとき，実行時間のオーダはn^2であるといい，$O(n^2)$と表します。

　O記法（オーダ記法）は，データ数を大きくしていったときの漸化的計算量を示します。例えば，計算量が2^n+n^2と表されても，nを大きくしていくと次第に2^n+n^2の値は2^nに大きく影響されるため，この場合の計算量のオーダは2^n，つまり$O(2^n)$であるといいます。なお，nのオーダに関する増加率の大きさは，次のようになります。

$$O(1) < O(\log_2 n) < O(n) < O(n \cdot \log_2 n) < O(n^2) < O(2^n) < O(n!)$$

Check!

2▸6 整列法

重要度 ★★★ 代表的な整列法の特徴と計算量を押さえましょう。また ここでは，ヒープの再構成方法も理解しておきましょう。

問1

ヒープソートの説明として，適切なものはどれか。

ア ある間隔おきに取り出した要素から成る部分列をそれぞれ整列し，更に間隔を詰めて同様の操作を行い，間隔が1になるまでこれを繰り返す。

イ 中間的な基準値を決めて，それよりも大きな値を集めた区分と，小さな値を集めた区分に要素を振り分ける。次に，それぞれの区分の中で同様な処理を繰り返す。

ウ 隣り合う要素を比較して，大小の順が逆であれば，それらの要素を入れ替えるという操作を繰り返す。

エ 未整列の部分を順序木にし，そこから最小値を取り出して整列済の部分に移す。この操作を繰り返して，未整列の部分を縮めていく。

問2

データ列が整列の過程で図のように上から下に推移する整列方法はどれか。ここで，図中のデータ列中の縦の区切り線は，その左右でデータ列が分割されていることを示す。

6	1	7	3	4	8	2	5

1	6	3	7	4	8	2	5

1	3	6	7	2	4	5	8

1	2	3	4	5	6	7	8

ア クイックソート　　**イ** シェルソート　　**ウ** ヒープソート　　**エ** マージソート

問3

整列済みの列の末尾から比較して，次の要素の挿入位置を決める単純挿入整列法について考える。昇順に整列済みの大きさnのデータ列を，改めて昇順に整列する処理を行う場合の比較回数のオーダは，どれか。

ア n　　　　**イ** n^2　　　　**ウ** log n　　　　**エ** n log n

　ヒープは，「親の節の値≦子の節の値」あるいは「親の節の値≧子の節の値」という関係をもつ2分木(順序木)を配列上に表現したもので，木の根を配列の先頭A[1]に置き，i番目の節点A[i]の左の子はA[2×i]に，右の子はA[2×i+1]に置きます。例えば，「親の節の値≦子の節の値」という関係をもつ2分木(下図左)を配列上に表現すると，次のようになり，このときA[1](根の値)が最小となります。

　ヒープソートはこの性質を利用した整列法です。つまり，ヒープから最小値(根)を取り出して整列済み部分列に移し(実際にはA[1]と最後尾の要素を交換する)，ヒープの大きさを一つ減らしてヒープを再構成し，再び最小値を取り出すといった操作を繰り返すことで，整列データ列を作成していきます。したがって，**エ**が適切な記述です。**ア**はシェルソート，**イ**はクイックソート，**ウ**はバブルソート(隣接交換法)の説明です。

補足　根の要素①と最後尾の⑦を交換した後，「親の節の値≦子の節の値」の関係が保たれるよう，ヒープを再構成すると次のようになります。

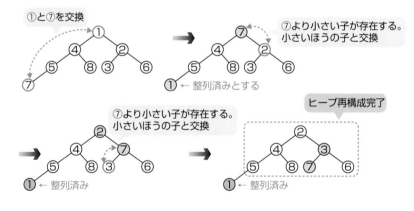

　1段目の大きさ1に分割された部分データ列を二つずつ併合し整列したものが2段目のデータ列です。また，2段目，3段目のデータ列においても部分データ列を二つずつ併合し整列して次の段のデータ列を作っています。このように，整列対象データ列をデータの個

数が一つになるまで分割した後，分割した部分データ列の併合・整列を繰返しながら，最終的に全体の整列を行う方法を**マージソート**といいます。

> **補足** 大きな問題を小さな問題に分割し，各問題ごとに求めた解を結合することによって全体の解を求めようとする考え方を**分割統治**といいます。マージソートやクイックソートは，この分割統治法の考え方に基づいた整列法です。

問3 解説

　単純挿入整列法（単純挿入法）は，未整列データ列の先頭要素を，整列済みデータ列の中の正しい位置に挿入するという操作を繰り返すことによってデータを整列する整列法です。

挿入する

	1	2	3	…	i−2	i−1	i			…	n
	25	34	53	…	87	91	40	13	58	17	…	10

整列済みデータ列　　　　　　未整列データ列

　一般に，大きさnのデータ列を単純挿入整列法で整列する場合，未整列データ列の先頭であるi($i=2$〜n)番目の要素の挿入位置を決めるために，$i-1$番目から1番目の要素に向かって順に比較していきます。そのため，比較回数は最大で$i-1$回，最小で1回です。

　単純挿入整列法では，この操作を$i=2$番目の要素から$i=n$番目の要素まで行うので，整列完了までの最大比較回数は$\sum_{i=2}^{n}(i-1)=\frac{1}{2}(n^2-n)$であり，オーダは$n^2$となります。

　しかし本問のように，すでに整列済みのデータ列であれば，「$i-1$番目の要素の値≦i番目の要素の値」という関係が成り立っているため，i番目の要素の処理における比較回数は常に1回ですみます。したがって，整列完了までの比較回数は$\sum_{i=2}^{n}1=n-1$であり，オーダはnです。

参考 整列法の計算量（比較回数のオーダ）

　　整列アルゴリズムは計算量により，低速アルゴリズムと高速アルゴリズムに分類できます。隣接交換法（バブルソート），単純選択法，単純挿入法は，低速アルゴリズムに分類され，計算量のオーダは$O(n^2)$です。ただし，単純挿入法においては，データ列がすでに整列済みである場合には最良の$O(n)$となります。

　　クイックソート，ヒープソート，マージソートは，高速アルゴリズムに分類され，計算量のオーダは$O(n \log_2 n)$です。ただし，クイックソートにおいては，データ列がすでに整列済みで，基準値を先頭あるいは末尾の要素とした場合など，分割した結果，要素が一方にのみ偏る場合の計算量のオーダは最悪の$O(n^2)$になります。

解答 問1：エ　問2：エ　問3：ア

2 ▶ 7 再帰関数

重要度
★☆☆

出題は少なくなりましたが，午後のアルゴリズム問題では必須です。再帰関数の考え方を理解しておきましょう。

問1

次の関数g(x)の定義に従ってg(4)を再帰的に求めるとき，必要な加算の回数は幾らか。

```
g(x)  =  if  x < 2  then  1
         else  g(x−1)  +  g(x−2)
```

ア 3   **イ** 4   **ウ** 5   **エ** 7

問2

再帰的に定義された手続procで，proc(5)を実行したとき，印字される数字を順番に並べたものはどれか。

```
proc(n)
  n=0 ならば戻る
  そうでなければ
  {
    n を印字する
    proc(n−1) を呼び出す
    n を印字する
  }
  を実行して戻る
```

ア 543212345   **イ** 5432112345

ウ 54321012345   **エ** 543210012345

問1　解説

関数g(x)の定義に従ってg(4)を展開していくと，次のようになります。

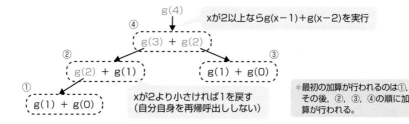

関数g(x)では，渡されたxの値が2以上なら自分自身を再帰的に呼び出します。図からもわかるように，g(4)を再帰的に求めたときの加算の回数は4回です。

2

アルゴリズムとプログラミング

問2 解説

proc(5)を実行したときの様子を下図に示します。proc(5)を実行すると，proc(4)，proc(3)，…，proc(0)と自分自身を再帰的に呼び出していきますが，呼出しの前にproc(5)では「5」，proc(4)では「4」というように，procに渡された値を印字します。そして，proc(0)の呼出しを最後に呼び出し側に戻っていきますが，呼出し側に戻ったらproc(1)では「1」，proc(2)では「2」，…と印字します。

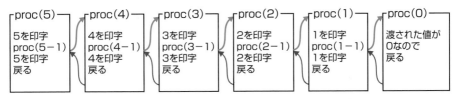

したがって，proc(5)を実行すると「5 4 3 2 1 1 2 3 4 5」の順に数字が印刷されます。

参考 階乗関数の再帰的な定義

再帰関数問題でよく出る問題の一つに，「非負の整数nに対してnの階乗を返す，関数fact(n)の再帰的な定義」があります。nの階乗とは，1からnまでの自然数の積「n×(n−1)×…×3×2×1」のことで，これをn！と表します。

例えば，3！(3の階乗)は3×2×1です。ここで，3！を3×(2×1)と考えれば，3！＝3×2！と表すことができます。つまり，4！＝4×3！，5！＝5×4！，…であるので，n！＝n×(n−1)！と定義できます。

再帰関数で難しいのは，「いつ戻るか」です。いくら再帰関数でも延々と自分自身を呼び出すわけではなく，いつかは必ず呼出し元に戻ります。階乗の場合，n！(nの階乗)のnは非負の整数と定義されていますが，例外的に「0！＝1」を定めています。このため，nの階乗を求める再帰関数は，nの値が0でなければn×(n−1)！を実行し，n＝0なら1を返すことになり，これを機に呼び出し元に戻っていきます。再帰関数fact(n)の定義を問1にならって書くと，次のようになります。

Check! 👉

nが0なら1を返す

nが0でないとき，fact(n−1)を再帰的に計算した値にnを乗じた値を返す

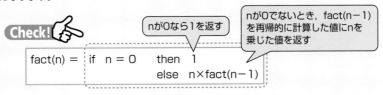

```
fact(n) =  if  n = 0    then  1
                        else  n×fact(n−1)
```

解答 問1:イ　問2:イ

055

流れ図の解釈

重要度 ★☆☆　ここでは流れ図の解釈方法に加え，「参考」に示した最大公約数を求めるアルゴリズムを押さえておきましょう。

問1

　次の流れ図において，① → ② → ③ → ⑤ → ② → ③ → ④ → ② → ⑥ の順に実行させるために，①においてmとnに与えるべき初期値aとbの関係はどれか。ここで，a，bはともに正の整数とする。

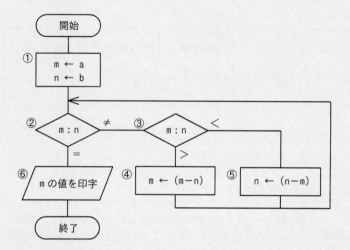

ア　a ＝ 2b

イ　2a ＝ b

ウ　2a ＝ 3b

エ　3a ＝ 2b

問2

　変数xの初期値がある正の整数であるとき，次の流れ図で表される手続を実行したところ，xの値はxの初期値と等しくなり終了した。xの初期値として考えられるものは全部で幾つあるか。

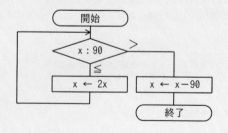

ア　1　　　　イ　2

ウ　3　　　　エ　4

問1　解説

　問題文に示された実行順に見ていきます。①でm, nの初期値を設定し，「② → ③ → ⑤」の順に実行すると，nの値が$n-m$に更新されます。次に，②に戻り「③ → ④」と実行すると，mの値が$m-n$に更新されます。このときのnの値は，⑤で更新された$n-m$です。したがって，mの値は$m-(n-m)$，すなわち$2m-n$になります。

　そして，②に戻り「② → ⑥」と実行するためには，条件「m＝n」を満たす必要があり，このときのmの値は$2m-n$，nの値は$n-m$なので，m, nの関係は次のようになります。

　　$2m-n=n-m \Rightarrow 3m=2n$

　mとnには初期値としてa及びbが設定されるので，初期値aとbの関係は「$3a=2b$」です。

問2　解説

　xの初期値（x_0とする）が90より大きければ「x ← x－90」を実行後，手続を終了しますが，このときのxの値は初期値x_0と等しくなりません。このことから，初期値x_0は90以下であり，少なくとも1回は「x ← 2x」が実行されることになります。

　ここで，「x ← 2x」がn回実行されたときのxの値は$2^n x_0$なので，$2^n x_0 - 90 = x_0$を満たし，x_0が正の整数となる場合を見ると，次のようになります。

　　$n=1$：　$2x_0-90=x_0 \rightarrow x_0=90$　　　　　　$n=5$：　$32x_0-90=x_0 \rightarrow x_0=2.903\cdots$

　　$n=2$：　$4x_0-90=x_0 \rightarrow x_0=30$　　　　　　$n=6$：　$64x_0-90=x_0 \rightarrow x_0=1.428\cdots$

　　$n=3$：　$8x_0-90=x_0 \rightarrow x_0=12.857\cdots$　　$n=7$：　$128x_0-90=x_0 \rightarrow x_0=0.708\cdots$

　　$n=4$：　$16x_0-90=x_0 \rightarrow x_0=6$

　以上から，x_0の初期値として考えられるのは90，30，6の3個です。

参考　最大公約数を求めるアルゴリズム

　　問1は，次の①～③の性質を利用して，正の整数mとnの最大公約数を求める流れ図です。

> ① mとnが等しいとき，mとnの最大公約数はmである。
> ② mがnより大きいとき，mとnの最大公約数は，（m－n）とnの最大公約数と等しい。
> ③ nがmより大きいとき，mとnの最大公約数は，（n－m）とmの最大公約数と等しい。

　　最大公約数を求める別の方法に，「二つの正の整数m, n（m≧n）について，mをnで割ったときの余りをrとするとき，mとnの最大公約数は，nとrの最大公約数である」という性質を繰返し適用するユークリッド互除法があります。この方法によって，mとnの最大公約数を求める関数gcd(m, n)は，次のように定義できます。ここで，m mod nは，mをnで割った余りです。

　　gcd(m, n)：if n = 0 then m else gcd(n, m mod n)　

解答　問1：エ　問2：ウ

並行処理の流れ図

重要度
★☆☆
忘れた頃に，問1，問2，そして「参考」の流れ図のうち，いずれかが出題されます。確認程度でもOKです。

問1

次の流れ図による処理を複数回実行した場合，途中に出現し得る実行順序はどれか。ここで，二重線は，並列処理の同期を表す。

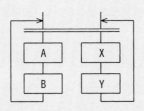

ア　B→A→B→A　　　イ　B→X→A→Y
ウ　X→B→A→Y　　　エ　Y→X→B→A

問2

流れ図に示す処理の動作の記述として，適切なものはどれか。ここで，二重線は並列処理の同期を表す。

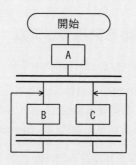

ア　ABC又はACBを実行してデッドロックになる。
イ　AB又はACを実行してデッドロックになる。
ウ　Aの後にBC又はCB，BC又はCB，…と繰り返して実行する。
エ　Aの後にBの無限ループ又はCの無限ループになる。

問1　解説

二重線で左右の処理の同期がとられることに注意して，各選択肢を吟味していきます。

ア：右処理がXの実行前(二重線)で待っていたと考えると，Bの実行後に同期がとれ，A→Bと実行されることはありますが，その後，右処理がX→Yと実行されなければAの実行はできません。

イ：右処理がXの実行前(二重線)で待っていたと考えると，Bの実行後に同期がとれ，X→A→Yと実行されることがあります。

ウ：同期がとれ左処理のAが終了した時点を考えれば，X→Bと実行されることはありますが，その後Yの終了を待たなければAの実行はできません。

エ：左処理がAの実行前(二重線)で待っていたと考えると，Yの実行後に同期がとれ，Xが実行されることはありますが，左処理で次に実行されるのはAです。

問2　解説

　Aの実行後，一つ目の二重線で同期がとられ(この場合Aが終了すれば同期がとれる)，BC又はCBと実行されます。その後，二つ目の二重線で同期がとられ，再びBC又はCBと実行されます。つまり，Aの実行後は，BC又はCBを繰り返して実行することになるので**ウ**が正しい記述です。

　なお，デッドロックとは，互いに相手の終了を待ち合わせて永久に処理が進まないことをいいます。本問の流れ図では，Aの実行後，BC又はCBを繰り返すので，デッドロックにはなりません。また，B又はCのどちらかが無限ループになることもありません。

参考　処理1と処理2が交互に繰り返される流れ図

　処理1と処理2が交互に繰り返される流れ図問題も出題されます。下図の二つの流れ図のうち，処理1と処理2が交互に繰り返される流れ図はどちらでしょう？

　正解は右の流れ図です。左の流れ図は，二つ目の二重線で同期後，処理1→処理2又は処理2→処理1と実行される場合があるので，処理1と処理2が交互に繰り返されるとは限りません。右の流れ図は，二つ目の二重線で同期後，処理2が実行され，三つ目の二重線で同期後，処理1が実行されるので，処理1と処理2が交互に繰り返し実行されます。

解答　問1:イ　問2:ウ

プログラムの実行

プログラムの実行問題といったら問1，2です。値呼出し／
参照呼出し，auto/staticの違いを理解しておきましょう。

問1

　メインプログラムを実行した後，メインプログラムの変数X，Yの値は幾つになるか。ここ
で，仮引数Xは値呼出し(call by value)，仮引数Yは参照呼出し(call by reference)である
とする。

メインプログラム

```
X=2;
Y=2;
add(X,Y);
```

手続き add(X,Y)

```
X=X+Y;
Y=X+Y;
return;
```

	X	Y
ア	2	4
イ	2	6
ウ	4	2
エ	4	6

問2

　次のメインプログラムを実行した結果はどれか。ここで，staticは静的割当てを，autoは
動的割当てを表す。

メインプログラム

```
auto int x,y;
X=f(2)+f(2);
Y=g(2)+g(2);
```

関数 f(u)

```
auto int u;
auto int v=1;
v=v+u;
return v;
```

関数 g(u)

```
auto int u;
static int v=1;
v=v+u;
return v;
```

	X	Y
ア	6	6
イ	6	8
ウ	8	6
エ	8	8

問1 　解説

　メインプログラムの変数X，Yと手続addに定義された仮引数X，Yは，それぞれが独立
した別々の変数です。また，仮引数Xは値呼出し(call by value)なので，メインプログラ
ムからXの値（＝2）そのものが渡されるだけです。したがって，手続add内でXを変更して

もメインプログラムのXの値は変わりません。一方，仮引数Yは**参照呼出し**(call by reference)なので，メインプログラムからYのアドレスが渡されます。手続addでは，この渡されたアドレスを基にメインプログラムのYを参照・更新します。したがって，手続add内でYを変更するとメインプログラムのYが変更されます。

　以上のことを念頭に，メインプログラムを実行すると次のようになります。

> ① メインプログラムの変数X，Yにそれぞれ2が代入される。
> ② 手続addが呼び出されると，手続addの仮引数Xには2，Yにはメインプログラムの変数Yのアドレスが渡される。
> ③ 「X＝X＋Y」の実行で，手続addのXに4(＝2＋2)が代入される。
> ④ 「Y＝X＋Y」の実行で，メインプログラムのYに6(＝4＋2)が代入される。

　つまり，メインプログラムのXの値はそのまま2ですが，Yの値は6となります。

問2 　解説

　auto及びstaticは，変数の格納場所とその存続期間を指定する**記憶クラス指定子**です。**auto**を付けて宣言された変数は**自動変数**あるいはauto変数と呼ばれ，関数が呼び出されたとき，すなわち変数が宣言されているブロックの開始でスタック上に記憶域が確保され，関数(ブロック)の終了で解放されます。また，「auto int v＝1」のように変数の初期化が指定されている場合，その初期化は記憶域が確保された時点でその都度行われます。

　一方，**static**を付けて宣言された変数は**静的変数**あるいはstatic変数と呼ばれ，プログラムの実行を通して(プログラムが終了するまで)記憶域が存在します。また，「static int v＝1」と初期化が指定された場合，その初期化はプログラム実行開始時に一度だけ行われます。

　以上のことに注意して，x＝f(2)＋f(2)，及びy＝g(2)＋g(2)を実行すると次のようになり，xには6(＝3＋3)，yには8(＝3＋5)が代入されます。

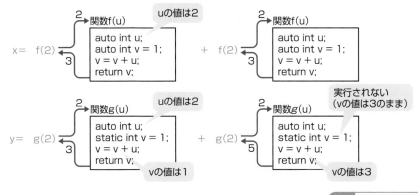

プログラムの特性と記憶領域

重要度
★★☆

プログラムの四つの特性(四つの再)と,スタック領域及びヒープ領域の用途・特徴を押さえておきましょう。

問1

プログラム特性に関する記述のうち,適切なものはどれか。

ア 再帰的プログラムは再入可能な特性をもち,呼び出されたプログラムの全てがデータを共有する。

イ 再使用可能プログラムは実行の初めに変数を初期化する,又は変数を初期状態に戻した後にプログラムを終了する。

ウ 再入可能プログラムは,データとコードの領域を明確に分離して,両方を各タスクで共有する。

エ 再配置可能プログラムは,実行の都度,主記憶装置上の定まった領域で実行される。

問2

プログラムの実行時に利用される記憶領域にスタック領域とヒープ領域がある。それらの領域に関する記述のうち,適切なものはどれか。

ア サブルーチンからの戻り番地の退避にはスタック領域が使用され,割当てと解放の順序に関連がないデータにはヒープ領域が使用される。

イ スタック領域には未使用領域が存在するが,ヒープ領域には未使用領域は存在しない。

ウ ヒープ領域はスタック領域の予備領域であり,スタック領域が一杯になった場合にヒープ領域が動的に使用される。

エ ヒープ領域も構造的にはスタックと同じプッシュとポップの操作によって,データの格納と取出しを行う。

問1 解説

選択肢**イ**が正しい記述です。**再使用可能プログラム**とは,一度実行したプログラムを主記憶装置上にロードし直さずに再度実行できるプログラムです。これを可能にするためには,プログラム実行の最初あるいは最後で各変数の値を初期化します。なお,再使用可能プログラムは,順次的にしか実行できないため**逐次再使用可能**ともいいます。

ア:「呼び出されたプログラムの全てがデータを共有する」との記述が誤りです。**再帰的プログラム**は,自分自身を呼び出すことができるプログラムです。呼び出されたプログ

ラムは，並列に実行ができるため再入可能な特性（**ウ**の解説を参照）をもっています。したがって，呼び出されたプログラムがデータを共有することはありません。

ウ：**再入可能プログラム**は，複数のタスクから同時に呼び出されたときに，並列に実行できるプログラムです。データとコード（手続き）の領域を明確に分離し，コードのみを各タスクで共有します。

エ：**再配置可能プログラム**は，主記憶装置上のどの領域にロードされても実行できるプログラムです。

問2 　解説

　スタック領域は，局所変数など実行途中の状態の保持，及び関数呼出しの際の戻り番地の退避に使用されるメモリ領域です。データの格納と取出しは，プッシュ及びポップ操作で行う**LIFO**(Last In First Out)方式で制御されます。そのため，領域の割当て順とは無関係に解放されるようなデータには使用できません。

　ヒープ領域は，プログラム実行中に必要となった領域の割当てと解放を行える領域です。割り当てた順序と解放の順序には決まりがなく，プログラム側で自由に決められるのが特徴です。例えば，領域A，Bの順に割当てを行ったとき，その領域の解放は，領域A，Bの順でも，領域B，Aの順でもよいわけです。ヒープ領域のもう一つの特徴は，可変長領域の割当てが可能であることです。そのため割当てと解放を繰り返すと，どこからも利用されない未使用領域が発生してしまうことがあります。以上から，**ア**が適切な記述です。

補足 局所変数とは，関数内で定義された自動変数（auto変数）のことです。ローカル変数ともいいます。

参考 **スタックオーバフロー**

　関数が呼び出されると，局所変数などのデータセットがスタック領域に積み上げられ，関数が終了し呼出し元に戻るとき取り除かれます。そのため，関数を連続して呼び出している間は，スタックを消費するだけになり，場合によっては使用可能なスタックサイズを超えてしまう**スタックオーバフロー**が発生する可能性があります。

　スタックオーバフローが発生すると予期しない様々な問題が起こります。そこで，これを防止するため，プログラム全体で使用するスタックのサイズをあらかじめ検証することがあります。具体的には，各関数の呼出し関係（呼出しツリー）を確認し，各関数で使用するサイズの合計値がプログラム全体で使用できるサイズに収まるかを検証します。例えば，関数fの中で関数gを呼び出し，関数gの中で関数hを呼び出している場合，「関数fで使用するサイズ ＋ 関数gで使用するサイズ ＋ 関数hで使用するサイズ」の合計値を検証します。合計値が大きい場合は，スタックのサイズそのものを大きくするか，あるいは大きなサイズの局所変数を静的変数（static変数）に変更するなどしてスタックの使用量を減らします。

解答 問1：イ　問2：ア

2▶12 プログラム言語のデータ型

重要度
★☆☆

出題率は低いですが，基本事項なので理解しておくのがベストです。「参考」に示した2の補数表現も重要です。

問1

プログラム言語におけるデータ型に関する記述のうち，適切なものはどれか。

ア 実数型は，有限長の2進数で表現され，数学での実数集合と一致する。
イ 整数型は，2の補数表示を使用すると8ビットでは−128〜127が扱える。
ウ 文字型は，英文字と数字の集合を定めたものである。
エ 論理型は，AND，OR，NOTの三つの値をもつ。

問1 解説

ア：実数型は，浮動小数点数データを扱うデータ型です。表現できるのは有限個なので，数学での実数集合とは一致しません。なお，浮動小数点数の表現形式には，いくつかの形式がありますが，最も多く採用されているのがIEEE 754規格です。

イ：整数型は，整数データを扱うデータ型です。2の補数表示は，負の整数を表現する最も代表的な方法です。この表現では，最上位ビットが符号を表すビットとなり，8ビットでは「$-2^7 \sim 2^7 - 1$」つまり「$-128 \sim 127$」が表現できます。

最大値：$01111111_2 = 127$
最小値：$10000000_2 = -128$

ウ：文字型は，文字データを扱うデータ型です。英文字と数字の他に，記号("#"，"%"など)や制御文字(特別な動作をさせるために使う文字)などが扱えます。

エ：論理型は，真理値(TRUEとFALSE)を扱うデータ型です。AND，OR，NOTは値ではなく，論理演算です。

参考 2の補数表現 Check!

負数を表現する2進数を符号付き2進数といい，負数を**2の補数**で表現する符号付き2進数 n ビットで表現できる範囲は，**$-2^{n-1} \sim 2^{n-1} - 1$**です。また，2の補数を使用する理由は，「減算を，負数の作成と加算処理で行うことができる」からです。覚えておきましょう。

解答 問1：イ

第 **3** 章

コンピュータ構成要素

3 ▶ 1 プロセッサの動作原理

重要度 ★☆☆ 命令の実行順序や，命令実行に必要な各種レジスタ，割込みの種類は，基本事項です。確認しておきましょう。

問1

コンピュータの命令実行順序として，適切なものはどれか。

ア オペランド読出し → 命令の解読 → 命令フェッチ → 命令の実行

イ オペランド読出し → 命令フェッチ → 命令の解読 → 命令の実行

ウ 命令フェッチ → オペランド読出し → 命令の解読 → 命令の実行

エ 命令フェッチ → 命令の解読 → オペランド読出し → 命令の実行

問2

CPUのスタックポインタが示すものとして，最も適切なものはどれか。

ア サブルーチン呼出し時に，戻り先アドレス，レジスタの内容などを格納するメモリのアドレス

イ 次に読み出す機械語命令が格納されているアドレス

ウ メモリから読み出された機械語命令

エ 割込みの許可状態，及び条件分岐の判断に必要な演算結果の状態

問3

外部割込みの要因となるものはどれか。

ア 仮想記憶管理における存在しないページにアクセスしたときのページフォールト

イ システム管理命令を一般ユーザモードで実行したときの特権命令違反

ウ ハードウェア異常などによるマシンチェック

エ 浮動小数点演算命令でのオーバフローなどの演算例外

問1 解説

コンピュータの命令実行順序は次のとおりです。

①命令フェッチ(命令の取出し)：**プログラムカウンタ**(プログラムレジスタともいう)で示される主記憶上のアドレスにある命令を**命令レジスタ**に格納する。

②命令の解読（デコード）：命令レジスタ内の命令コードを**命令デコーダ**により解読する。

③オペランドのアドレス計算：解読された命令が主記憶上のデータを参照する場合，命令のアドレス部を基に，処理対象データの格納アドレスを計算する（有効アドレス計算）。

④オペランド読出し：③で計算されたアドレスを基に，主記憶からデータを取り出す。

⑤命令の実行：演算，比較など命令の内容に従った処理を実行する。

問2 解説

　サブルーチン呼出し時に，戻り先アドレス，レジスタの内容などを格納する領域をスタックといい，**スタックポインタ**は，スタックの最上段のアドレスを保持するレジスタです。したがって，正しい記述は**ア**です。

イ：プログラムカウンタが保持する内容です。

ウ：メモリから読み出された機械語命令は，命令レジスタに格納されます。

エ：ステータスレジスタ（フラグレジスタ）が保持する内容です。

問3 解説

　割込みには，実行中の命令とは関係なくCPU外部から生じる**外部割込み**と，命令を実行した結果としてCPU内部から生じる**内部割込み**があります。

ア：仮想記憶管理において存在しないページへのアクセスによって生じる割込みをページフォールトといい，内部割込みに分類されます。

イ：通常，アプリケーションプログラムはユーザモードで実行されますが，このユーザモードでOSの機能であるシステム管理命令の実行はできません。ユーザモードでシステム管理命令を実行すると特権命令違反となり，これは内部割込みに分類されます。

ウ：電源異常や主記憶障害などのハードウェア異常で生じる割込みを，マシンチェック（機械チェック）割込みといい，外部割込みに分類されます。

エ：オーバフローやゼロによる除算などの演算例外で生じる割込みをプログラム割込みといい，内部割込みに分類されます。

参考 割込み発生時のCPUの処理も知っておこう！

〔割込み発生時のCPUの処理〕

① ユーザモードから特権（スーパバイザ）モードへ移行する。

② プログラムカウンタなど，プログラム実行途中の情報を退避する。

③ 割込みベクタテーブル（割込み番号ごとにその処理ルーチンの開始番地を格納したテーブル）を参照し，当該処理ルーチンの開始番地をプログラムカウンタにセットする。

④ 割込み処理ルーチンを実行する。

解答 問1：エ　問2：ア　問3：ウ

問1

動作周波数1.25GHzのシングルコアCPUが1秒間に10億回の命令を実行するとき，このCPUの平均CPI(Cycles Per Instruction)として，適切なものはどれか。

ア　0.8　　イ　1.25　　ウ　2.5　　エ　10

問2

表に示す命令ミックスによるコンピュータの処理性能は，約何MIPSか。

命令種別	実行速度（ナノ秒）	出現頻度（%）
整数演算命令	10	50
移動命令	40	30
分岐命令	40	20

ア　11　　イ　25　　ウ　40　　エ　90

問3

100MIPSのCPUで動作するシステムにおいて，タイマ割込みが1ミリ秒ごとに発生し，タイマ割込み処理として1万命令が実行される。この割込み処理以外のシステムの処理性能は，何MIPS相当になるか。ここで，CPU稼働率は100%，割込み処理の呼出し及び復帰に伴うオーバヘッドは無視できるものとする。

ア　10　　イ　90　　ウ　99　　エ　99.9

問1 解説

CPI(Cycles Per Instruction)とは，1命令の実行に必要なクロック数のことです。動作周波数が1.25GHzのCPUでは，1秒間に1.25×10^9回のクロック信号が発生します。したがって，1秒間に10億回(10^9回)の命令を実行するときのCPIは，「$(1.25 \times 10^9) \div 10^9 = 1.25$」になります。

各命令の実行速度と出現頻度から平均命令実行時間を求めると，次のようになります。

$(10 \times 0.5) + (40 \times 0.3) + (40 \times 0.2) = 5 + 12 + 8 = 25$ [ナノ秒]

次に，求めた平均命令実行時間の逆数をとりMIPS値を求めます。このとき，MIPS値は1秒間に実行できる命令数を百万(10^6)単位で表したものなので，平均命令実行時間の単位もナノ秒から秒に直して計算します（1ナノ秒＝10^{-9}秒）。

$$\frac{1}{25 \times 10^{-9}} = 0.04 \times 10^9 = 40 \times 10^6 = 40 \text{[MIPS]}$$

タイマ割込みは，1ミリ秒(10^{-3}秒)ごとに発生するので，1秒間では1,000回発生します。また，1回のタイマ割込み処理として1万(10^4)命令が実行されます。したがって，1秒間におけるタイマ割込み処理の命令数は，

$10^4 \times 1,000 = 10 \times 10^6 = 10$ [MIPS]

相当となります。ここで，CPUの処理性能は100MIPS，CPU稼働率は100％なので，割込み処理以外のシステムの処理性能は，単純に100MIPSからタイマ割込み処理分の10MIPSを引いた，

$100 - 10 = 90$ [MIPS]

相当となります。

参考　平均命令実行時間とCPI，及びクロック周波数の関係式

平均命令実行時間とCPI，及びクロック周波数の関係式も押さえておきましょう。

Check!

> 平均命令実行時間 ＝ CPI × 1クロック時間
> 　　　　　　　　　＝ CPI × （1／クロック周波数）

CPUに代わって高速に処理するGPUも知っておこう！

GPU(Graphics Processing Unit)は，3Dグラフィックスの画像処理などをCPUに代わって高速に実行できる高性能演算装置です。単純な演算処理を，多数のデータに対して，並列に，繰り返し適用する処理を得意としていることから，近年では，大量のデータを基に膨大な計算処理（行列演算）を必要とするディープラーニングにも利用されています。

解答　問1:イ　問2:ウ　問3:イ

パイプライン

3 ▶ 3

重要度
★★☆

パイプライン処理の特徴，及びパイプラインの性能を向上させるための技法を確認しておきましょう。

問1

CPUのパイプライン処理を有効に機能させるプログラミング方法はどれか。

ア CASE文を多くする。 　　**イ** 関数の個数をできるだけ多くする。

ウ 分岐命令を少なくする。 　　**エ** メモリアクセス命令を少なくする。

問2

パイプラインの性能を向上させるための技法の一つで，分岐条件の結果が決定する前に，分岐先を予測して命令を実行するものはどれか。

ア アウトオブオーダ実行 　　**イ** 遅延分岐

ウ 投機実行 　　**エ** レジスタリネーミング

問3

全ての命令が5ステージで完了するように設計された，パイプライン制御のCPUがある。20命令を実行するには何サイクル必要となるか。ここで，全ての命令は途中で停止することなく実行でき，パイプラインの各ステージは1サイクルで動作を完了するものとする。

ア 20 　　**イ** 21 　　**ウ** 24 　　**エ** 25

問1 解説

　命令の実行は，「命令読出し，解読，メモリアクセス」などいくつかの処理単位（ステージ）から構成されます。この各々のステージ処理を行う機構（機能ユニット）を独立に動作できるようにし，そこへ次々に命令を送り込むことで複数命令を並列実行する方式を**パイプライン処理**といいます。パイプライン処理では，一つの命令の実行が終了する前に次の命令を先読みして実行するため，分岐命令が発生すると，先読み実行しているパイプライン中の命令を破棄して分岐先の命令の実行を開始しなければならず，このときパイプライン制御が乱れます。これを**制御ハザード（分岐ハザード）**といいます。パイプライン処理を有効に機能させるためには，分岐命令を少なくすることが重要です。

問2　解説

　分岐命令によってパイプライン制御が乱れると，パイプラインによる性能向上の期待ができません。そこで，投機実行や遅延分岐といった技法を使って，パイプラインの性能向上を図ります。**投機実行**は，分岐条件の結果(分岐する／分岐しない)が決定する前に，分岐先を予測し，分岐先の命令を実行する方式です。予測が当たればスムーズに処理が継続でき性能向上が期待できます。

ア：**アウトオブオーダ実行**は，依存関係がない命令を，プログラムに記述された命令の並びに関係なく次々と実行する方式です。順序を守らないことで性能向上を図ります。

イ：**遅延分岐**は，分岐命令に引き続くいくつか(通常は一つ)の命令を実行してから，実際の分岐を行う方式です。すでに先読みされている命令を無駄にしないことで性能向上を図ります。

エ：**レジスタリネーミング**は，レジスタの付け替えにより性能向上を図る方式です。例えば，命令1と命令2で同じレジスタが使われていた場合，命令1がレジスタを使い終わるまで命令2は待たされます。そこで，命令2が命令1の実行結果であるレジスタの値を使わないのであれば，命令2で使用するレジスタを別のレジスタに割り当てます。

問3　解説

　命令実行ステージ数が5なので，同時実行できる命令数(パイプラインの深さ)は5になります。この場合，5サイクル目に1番目の命令が終了し，その後，1サイクルごとに残りの19命令(2番目から20番目の命令)が一つずつ終了していきます。このことから，20番目の命令は，$5+(20-1)=24$サイクル目に終了します。

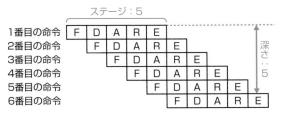

F：命令読出し
D：解読
A：アドレス計算
R：オペランド読出し
E：実行

参考　N個の命令をパイプラインで実行するのに要する時間

　パイプラインの深さをD，パイプラインピッチ(各ステージの実行時間)をPとすると，N個の命令を実行するのに要する時間は，次の式で求めることができます。

$$D \times P + (N-1) \times P = (D+N-1) \times P$$ Check!

解答　問1:ウ　問2:ウ　問3:ウ

3▶4 スーパスカラとVLIW

重要度
★★☆ スーパスカラとVLIWそれぞれの特徴，及び両者の違いをしっかり理解しておきましょう。

問1

スーパスカラの説明はどれか。

ア 処理すべきベクトルの長さがベクトルレジスタより長い場合，ベクトルレジスタ長の組に分割して処理を繰り返す方式である。

イ パイプラインを更に細分化することによって，高速化を図る方式である。

ウ 複数のパイプラインを用い，同時に複数の命令を実行可能にすることによって，高速化を図る方式である。

エ 命令語を長く取り，一つの命令で複数の機能ユニットを同時に制御することによって，高速化を図る方式である。

問2

VLIWに関する記述として，適切なものはどれか。

ア 同時に複数の命令が独立して実行され，どの命令が同時に実行されるのかは，ハードウェア制御で動的に決定される。

イ パイプラインの段数を増やすことで，高い周波数での動作を可能とし，処理を高速化する。

ウ 一つの命令語で複数の命令を同時に実行する。

エ 命令を処理するためのフェッチ，デコード，実行などの段階を，それぞれ並列に処理する。

問1 解説

スーパスカラは，命令を並列実行するためのアーキテクチャです。複数のパイプラインを用いて，命令の各ステージを並列に実行することで処理の高速化を図ります。

命令1	F	D	A	R	E		
命令2	F	D	A	R	E		
命令3		F	D	A	R	E	
命令4		F	D	A	R	E	

スーパスカラ度＝2
（パイプライン本数）

F：命令読出し
D：解読
A：アドレス計算
R：オペランド読出し
E：実行

なお，スーパスカラでは，プログラムの実行段階で命令の依存関係をチェックし，依存関係のない命令を同時実行可能数分パイプラインステージに送ります。このとき，**アウトオブオーダ実行**なら実行される命令の順序は，プログラムに記述された命令順と異なる可能性があり，**インオーダ実行**ならプログラムの命令順が守られます。

ア：**ベクトルコンピュータ**（ベクトル計算機）に関する記述です。ベクトルコンピュータは，一次元的に並んだ複数のデータ（ベクトルデータ）をひとまとめに演算する高速なベクトル命令を使って並列処理を行う科学技術計算向けのコンピュータです。ベクトルレジスタという特殊なレジスタを用いて演算対象となるベクトルデータを演算しますが，ベクトルデータの長さがベクトルレジスタより長い場合は，ベクトルレジスタの長さに分割し，何度かに分けて演算を行います。

イ：スーパパイプラインの説明です。

エ：VLIW（Very Long Instruction Word）の説明です。

問2 解説

VLIW（Very Long Instruction Word：超長命令語）は，同時に実行可能な複数の動作を，コンパイルの段階でまとめて一つの複合命令とする方式です。一つの命令語で複数の命令（動作）を同時に実行することで高速化を図ります。**ウ**が正しい記述です。

なお，VLIWでは，コンパイラによって命令（動作）間の依存関係がチェックされ最適化されます。そのため，実行時の並列制御はスーパスカラに比べ容易になりますが，実行性能はコンパイラの最適化機能に影響されます。

ア，**エ**はスーパスカラ，**イ**はスーパパイプラインの説明です。

参考 スーパスカラとVLIW Check!

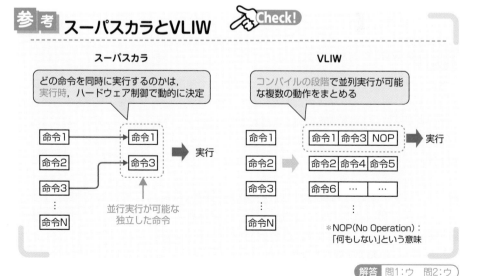

3 ▶ 5 マルチプロセッサシステム

重要度 ★★☆

プロセッサ数と処理能力の関係，特にアムダールの法則は午後試験でも扱われるので理解しておきましょう。

問1

複数の同種のプロセッサが主記憶を共有することによって処理能力を高めるコンピュータシステムの構成はどれか。

ア オーバドライブプロセッサ
イ コプロセッサ
ウ 疎結合マルチプロセッサ
エ 密結合マルチプロセッサ

問2

プロセッサ数と，計算処理におけるプロセスの並列化が可能な部分の割合とが，性能向上へ及ぼす影響に関する記述のうち，アムダールの法則に基づいたものはどれか。

ア 全ての計算処理が並列化できる場合，速度向上比は，プロセッサ数を増やしてもある水準に漸近的に近づく。
イ 並列化できない計算処理がある場合，速度向上比は，プロセッサ数に比例して増加する。
ウ 並列化できない計算処理がある場合，速度向上比は，プロセッサ数を増やしてもある水準に漸近的に近づく。
エ 並列化できる計算処理の割合が増えると，速度向上比は，プロセッサ数に反比例して減少する。

問1 解説

複数のプロセッサが主記憶を共有し，一つのOSで制御される構成を**密結合マルチプロセッサ**といいます。システム内にある各タスクは基本的にどのプロセッサでも実行できるため，負荷分散による処理能力向上が図れます。ただし，主記憶へのアクセスが競合すると期待した処理能力向上は望めません。

ア：**オーバドライブプロセッサ**とは，本来組み込まれているCPUの代わりに搭載する，より高性能なプロセッサのことです。

イ：**コプロセッサ**は，CPUの演算処理を補助する目的で搭載され，CPUと並行動作するプロセッサです。FPU(Floating Point Unit：浮動小数点演算処理装置)などがあります。

ウ：**疎結合マルチプロセッサ**は，複数のプロセッサが自分専用の主記憶をもち，それぞれが独立したOSで制御される構成です。

問2 解説

アムダールの法則とは，「性能向上策を適用した部分の割合によって，システム性能向上比が決まる」という法則です。この法則に基づくと，マルチプロセッサによる並列処理において，1プロセッサのときに対する性能向上比(速度向上比)は，次の式で説明できます。

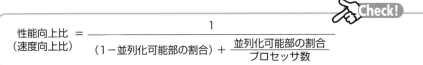

$$\text{性能向上比} \atop (\text{速度向上比}) = \cfrac{1}{(1-\text{並列化可能部の割合}) + \cfrac{\text{並列化可能部の割合}}{\text{プロセッサ数}}}$$

全ての計算処理が並列化できる場合(すなわち，上式において並列化可能部の割合を1としたとき)，「速度向上比＝1／(1／プロセッサ数)＝プロセッサ数」となるので，速度向上比はプロセッサ数に比例して増加します。このことから，**ア**の「全ての計算処理が並列化できる場合，プロセッサ数を増やしてもある水準に漸近的に近づく」との記述は誤りです。

一方，並列化できない計算処理がある場合，プロセッサ数を増やしていくと，分母にある「並列化可能部の割合／プロセッサ数」の値が徐々に小さくなり，やがて無視できるほどの非常に小さな値になります。このときの速度向上比は，「1／(1－並列化可能部の割合)」であり，これ以上プロセッサを増やしても速度向上比は変わりません。

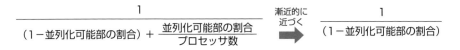

$$\cfrac{1}{(1-\text{並列化可能部の割合}) + \cfrac{\text{並列化可能部の割合}}{\text{プロセッサ数}}} \quad \xrightarrow[\text{近づく}]{\text{漸近的に}} \quad \cfrac{1}{(1-\text{並列化可能部の割合})}$$

このことから，**ウ**の「プロセッサ数を増やしてもある水準に漸近的に近づく」との記述は正しく，逆に**イ**の「プロセッサ数に比例して増加する」との記述は誤りです。なお，並列化できる計算処理の割合が増えると，速度向上比は増加することはあっても減少することはないため**エ**の記述も誤りです。

参考 並列処理方式

並列処理方式は，命令(Instruction)とデータ(Data)の流れが，単一(Single)か複数(Multiple)かによって，「SISD，SIMD，MISD，MIMD」の四つに分類できます。このうち，SIMDとMIMDは選択肢によく出てくるので押さえておきましょう。
- **SIMD**：単一命令ストリームで複数のデータストリームを処理する方式。単一の命令を基に，複数のデータに対して複数のプロセッサが同期をとりながら並列にそれぞれのデータを処理する。
- **MIMD**：複数の命令ストリームで複数のデータストリームを処理する方式。複数のプロセッサが，それぞれ独自の命令を基に複数のデータを処理する。

解答 問1：エ 問2：ウ

メモリの種類

3 ▶ 6

重要度 ★★★　SRAMとDRAMの特徴を問う問題は頻出です。また，フラッシュメモリに関する問題も押さえておきましょう。

問1

SRAMと比較した場合のDRAMの特徴はどれか。

ア 主にキャッシュメモリとして使用される。

イ データを保持するためのリフレッシュ又はアクセス動作が不要である。

ウ メモリセル構成が単純なので，ビット当たりの単価が安くなる。

エ メモリセルにフリップフロップを用いてデータを保存する。

問2

NAND型フラッシュメモリに関する記述として，適切なものはどれか。

ア バイト単位で書込み，ページ単位で読出しを行う。

イ バイト単位で書込み及び読出しを行う。

ウ ページ単位で書込み，バイト単位で読出しを行う。

エ ページ単位で書込み及び読出しを行う。

問3

フラッシュメモリにおけるウェアレベリングの説明として，適切なものはどれか。

ア 各ブロックの書込み回数がなるべく均等になるように，物理的な書込み位置を選択する。

イ 記憶するセルの電子の量に応じて，複数のビット情報を記録する。

ウ 不良のブロックを検出し，交換領域にある正常な別のブロックで置き換える。

エ ブロック単位でデータを消去し，新しいデータを書き込む。

問1　解説

　1ビットの情報を記憶する単位をメモリセル（記憶セル）といいます。SRAMとDRAMは，ともに読み書きができるRAM（Random Access Memory）ですが，メモリセルの構造の違いによりメモリとしての性能が異なるため，それぞれ目的に応じて使い分けられています。
　SRAM（Static RAM）は，主にキャッシュメモリに用いられるRAMです。フリップフロップを用いて1ビットの情報を保持します。フリップフロップ回路は，通常トランジスタ

で構成されていて，6トランジスタ型(トランジスタ6個)，4トランジスタ型，TFT負荷型などに分類されます。アクセスは高速ですが，メモリセル構成が複雑なので，ビット当たりの単価が高く高集積化に適さないという欠点があります。

DRAM(Dynamic RAM)は，主に主記憶に用いられるRAMです。メモリセルは，1個のコンデンサ(キャパシタ)と1個のトランジスタで構成されていて，コンデンサに蓄えた電荷の有無によって1ビットの情報を表します。そのため，SRAMに比べてメモリセル構成は単純であり，ビット当たりの単価も安価で高集積化しやすいですが，コンデンサに蓄えた電荷は時間経過とともに減衰してしまうため，記憶された情報を保持するためには一定時間ごとにリフレッシュ動作(電荷を再注入する処理)を行う必要があります。

以上，**ウ**がDRAMの特徴です。その他の選択肢はSRAMの特徴です。

問2 解説

フラッシュメモリは，電源を切っても記憶内容を保持できる不揮発性メモリです。NAND型とNOR型の2種類があり，データの消去は両型ともページを複数まとめたブロック単位で行われますが，データの読み書きについてはNAND型がページ単位，NOR型はバイト単位で行われます。したがって，**エ**が適切な記述です。

なお，NAND型フラッシュメモリは，書込み速度が速く，また集積度が高いため安価に大容量化でき，USBメモリやSSD，携帯用機器のメモリカードなどに使用されています。一方，NOR型フラッシュメモリは，読出しが高速で，ランダムアクセスが得意ですが，高集積化には不向きです。ファームウェアの格納を主目的として使用されています。

問3 解説

フラッシュメモリは書換え(消去→書込み)ができる回数に制限があるため，同じブロックへの書換えが集中すると，そのブロックだけが劣化してしまい使用できなくなります。そこで，各ブロックの書換え回数がなるべく均等になるようにして，フラッシュメモリ全体の寿命を延ばす技術がウェアレベリングです。

参考 フラッシュメモリのSLC型とMLC型

SLC(Single-Level-Cell)型は，電荷の有無を0と1の2値に対応付けて，1メモリセル(以下，セルという)に1ビットの情報を記録する従来型のフラッシュメモリです。これに対して，記憶するセルの電子の量に応じて，複数のビット情報を記録するのがMLC(Multi-Level-Cell)型です(問3の選択肢**イ**)。なお，通常は1セルに2ビット(4値)の情報を記録するものをMLCといい，3ビット(8値)のものはTLC(Triple-Level-Cell)，4ビット(16値)のものはQLC(Quad-Level Cell)と呼ばれます。

解答 問1:ウ 問2:エ 問3:ア

キャッシュメモリ I

重要度
★★★

キャッシュメモリの役割，及びヒット率や平均アクセス時間の求め方を確認しておきましょう。

問1

キャッシュメモリに関する記述のうち，適切なものはどれか。

ア キャッシュメモリのアクセス時間が主記憶と同等でも，主記憶の実効アクセス時間は短縮される。

イ キャッシュメモリの容量と主記憶の実効アクセス時間は，反比例の関係にある。

ウ キャッシュメモリは，プロセッサ内部のレジスタの代替として使用可能である。

エ 主記憶全域をランダムにアクセスするプログラムでは，キャッシュメモリの効果は小さくなる。

問2

L1，L2と2段のキャッシュをもつプロセッサにおいて，あるプログラムを実行したとき，L1キャッシュのヒット率が0.95，L2キャッシュのヒット率が0.6であった。このキャッシュシステムのヒット率は幾らか。ここでL1キャッシュにあるデータは全てL2キャッシュにもあるものとする。

ア 0.57 　　　**イ** 0.6 　　　**ウ** 0.95 　　　**エ** 0.98

問3

容量がaMバイトでアクセス時間がxナノ秒の命令キャッシュと，容量がbMバイトでアクセス時間がyナノ秒の主記憶をもつシステムにおいて，CPUからみた，主記憶と命令キャッシュとを合わせた平均アクセス時間を表す式はどれか。ここで，読み込みたい命令コードがキャッシュに**存在しない確率**をrとし，キャッシュ管理に関するオーバヘッドは無視できるものとする。

ア $\dfrac{(1-r) \cdot a}{a+b} \cdot x + \dfrac{r \cdot b}{a+b} \cdot y$

イ $(1-r) \cdot x + r \cdot y$

ウ $\dfrac{r \cdot a}{a+b} \cdot x + \dfrac{(1-r) \cdot b}{a+b} \cdot y$

エ $r \cdot x + (1-r) \cdot y$

問1 解説

キャッシュメモリは，CPUの処理速度と主記憶へのアクセス速度の差を埋めるための，主記憶より高速にアクセスができる記憶装置です。CPUがこれからアクセスすると予想されるデータやプログラムの一部を主記憶からキャッシュメモリにコピーしておき，CPUはキャッシュメモリをアクセスするようにすることで処理の高速化を図ります。

主記憶全域をランダムにアクセスするプログラムでは，必要データがキャッシュメモリ上に存在する確率（**ヒット率**）が低くなりキャッシュメモリの効果は期待できません。キャッシュメモリの効果が期待できるのは，一度アクセスされたデータが近い将来に再びアクセスされる可能性が高い場合や連続領域にあるデータを連続アクセスするといった**局所参照性**がある場合です。したがって，**エ**が適切な記述です。

ア：キャッシュメモリのアクセス時間が主記憶と同等なら，主記憶の実効アクセス時間は短縮されません（変わらない）。

イ：キャッシュメモリの容量が増えればヒット率が高くなり，主記憶の実効アクセス時間は短くなりますが，容量が2倍になったからといってアクセス時間が1／2になるといった反比例の関係にはなりません。

ウ：キャッシュメモリは，レジスタの代替として使用できません。

問2 解説

キャッシュシステムが2段のキャッシュから構成される場合，プロセッサに近く高速で容量の少ない方のキャッシュから順に1次キャッシュ，2次キャッシュといいます。本問においては「L1キャッシュにあるデータは全てL2キャッシュにもある」ことから，キャッシュ容量は「L1＜L2」と捉えることができ，L1が1次キャッシュ，L2が2次キャッシュです。

プロセッサは近い方から順にアクセスするので，まずL1キャッシュでヒットする確率が0.95です。また，L1キャッシュでヒットしなくてもL2キャッシュでヒットする確率が（1－0.95）×0.6＝0.03です。したがって，キャッシュシステム全体としてのヒット率は，0.95＋0.03＝0.98になります。

問3 解説

読み込みたい命令コードが命令キャッシュ（キャッシュメモリ）に存在しない確率がrなので，ヒット率は1－rです。したがって，平均アクセス時間は次の式で表すことができます。

平均アクセス時間＝$(1-r) \times x + r \times y$

> **Check!**
>
> 平均アクセス時間＝ヒット率×キャッシュメモリアクセス時間
>   ＋（1－ヒット率）×主記憶アクセス時間

解答 問1：エ 問2：エ 問3：イ

3 コンピュータ構成要素

キャッシュメモリ Ⅱ

重要度
★★★

ここでは，ライトスルーとライトバックの違いを確認しておきましょう。また問2も押さえておきましょう。

問1

キャッシュメモリへの書込み動作には，ライトスルー方式とライトバック方式がある。それぞれの特徴のうち，適切なものはどれか。

ア ライトスルー方式では，データをキャッシュメモリだけに書き込むので，高速に書込みができる。

イ ライトスルー方式では，データをキャッシュメモリと主記憶の両方に同時に書き込むので，主記憶の内容は常にキャッシュメモリの内容と一致する。

ウ ライトバック方式では，データをキャッシュメモリと主記憶の両方に同時に書き込むので，速度が遅い。

エ ライトバック方式では，読出し時にキャッシュミスが発生してキャッシュメモリの内容が追い出されるときに，主記憶に書き戻す必要が生じることはない。

問2

高度

図に示すマルチプロセッサシステムにおいて，各MPUのキャッシュメモリの内容を正しく保つために，共有する主記憶の内容が変化したかどうかを監視する動作はどれか。

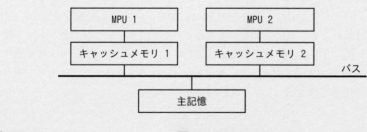

ア データハザード　　　　**イ** バススヌープ
ウ ライトスルー　　　　　**エ** ライトバック

問1　解説

ライトスルー方式は，書込み命令が実行されたとき，データをキャッシュメモリと主記憶の両方に書き込む方式です。キャッメモリ上のデータとそれに対応する主記憶上のデ

ータは常に一致する(一貫性が保たれる)という利点がある一方，キャッシュメモリと主記憶の両方に書き込むので，ライトバック方式に比べて速度は遅くなります。なお，キャッシュメモリと主記憶のデータの一貫性を保証することを**キャッシュコヒーレンシ**といいます。

　一方，**ライトバック方式**は，キャッシュメモリだけに書き込んでおき，主記憶への書戻しは，当該データがキャッシュメモリから追い出されるときに行う方式です。一時的にキャッシュメモリ上のデータと主記憶上のデータとの間で不一致が生じますが，ライトスルー方式に比べて高速に書込みができ，また同一番地のデータを繰返し書き込むなどの場合は，主記憶への書込み頻度が格段に少なくてすみます。以上，**イ**が適切な記述です。

ア：ライトスルー方式ではなく，ライトバック方式の特徴です。

ウ，**エ**：ライトバック方式ではなく，ライトスルー方式の特徴です。

問2 解説

　主記憶を共有するマルチプロセッサシステムにおいて，同じデータを各々のキャッシュメモリに保持している場合，他方によって主記憶のデータが更新されると，自身のキャッシュメモリ上のデータと主記憶のデータに不一致が生じます(最新データではなくなる)。

　このようなコヒーレンシ問題のハードウェアによる解決策の一つに**スヌープ方式**があります。スヌープ方式とは，「各々のキャッシュ機構は，バスを介して主記憶に対する書込み命令を監視し(この動作を**バススヌープ**という)，自分自身に影響を及ぼすと判断した場合は，新しく書き込まれる値で自身の当該データを更新する，あるいは自身の当該データを無効にする」といった方式です。

参考 **メモリインタリーブも知っておこう!**

　メモリインタリーブは，主記憶を複数の独立して動作するバンク(区画)に分割し，各バンクを並列的にアクセスすることで連続メモリへのアクセスを高速化する方式です。例えば，主記憶を四つのバンクに分割し，連続した番地を隣接するバンクへ順番に割り当てます。この四つのバンクそれぞれがアクセス単位となるので，バンク0へのアクセスを開始したら，それに続くバンクもできるだけ並列に(連続的に)アクセスします。これにより連続した四つのデータをほぼ同時に読み込むことができ，主記憶への実効アクセス時間は短縮されます。

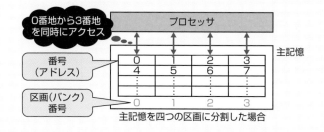

主記憶を四つの区画に分割した場合

主記憶とキャッシュの対応付け

重要度

主記憶とキャッシュメモリを対応付ける三つの方式，それぞれの特徴を理解しておきましょう。

問1

CPUと主記憶との間に置かれるキャッシュメモリにおいて，主記憶のあるブロックを，キャッシュメモリの複数の特定ブロックに対応付ける方式はどれか。

ア セットアソシアティブ方式　　　　**イ** ダイレクトマッピング方式
ウ フルアソシアティブ方式　　　　　**エ** ライトスルー方式

問1　解説

主記憶とキャッシュメモリは，ブロックという単位で分割され管理されます。そして，主記憶上のブロックをキャッシュメモリ上のどのブロックに対応させるか(割り当てるか)，その割付(マッピング)方式には，次の三つの方式があります。

・ダイレクトマッピング(ダイレクトマップ)方式

主記憶上のブロックをキャッシュメモリ上の特定のブロックに対応付ける方式です。どのブロックに対応させるかは，下記の式で求めます。

この方式では，主記憶上のブロックが，キャッシュメモリ上のどこに置かれるか決まっているので，キャッシュのヒット／ミス判定には時間がかかりませんが，主記憶上の複数のブロックがキャッシュメモリ上の同じブロックに対応するため，キャッシュメモリ上のブロックが書き換えられる可能性が高くミスヒットの確率は高くなります。

> キャッシュメモリのブロック番号
> 　　＝主記憶のブロック番号　mod　キャッシュメモリの総ブロック数

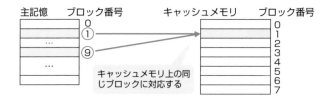

・フルアソシアティブ方式

主記憶上のブロックが，キャッシュメモリ上のどのブロックにも任意に対応付けられる

方式です。主記憶のブロック番号とキャッシュメモリ上のブロック番号は対応表で管理されます。この方式では，キャッシュのヒット／ミス判定に時間がかかりますが，ミスヒットの確率は低くなります。

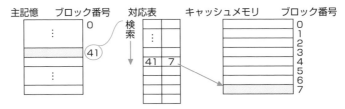

・セットアソシアティブ方式

　ダイレクトマッピングとフルアソシアティブの中間的な方式です。キャッシュメモリ上の連続した複数のブロックをセットとしてまとめ，主記憶上のブロックをその中の特定のセットと対応付けます。どのセットに対応させるかは，次の式で求めます。なお，主記憶上のブロックは，セット内のどのブロックにも格納できます。

> キャッシュメモリのセット番号
> 　＝主記憶のブロック番号　mod　キャッシュメモリの総セット数

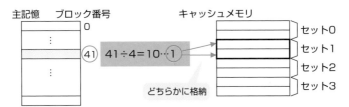

Check!

参考 バイトオーダ（エンディアン）も知っておこう！

　多バイトのデータを主記憶上に配置する方式には，最上位／最下位どちらのバイトから順に配置するかによって，ビッグエンディアンとリトルエンディアンの二つの方式があります。下図は，16進数ABCD1234を主記憶上の4バイトに配置した例です。最上位のバイトから順にABCD1234と配置する方式をビッグエンディアンといい，最下位のバイトから順に3412CDABと配置する方式をリトルエンディアンといいます。

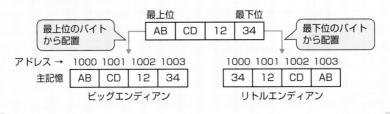

解答 問1：ア

バスの容量と性能

重要度
★☆☆ 出題率は低いですが，バスに関する基本事項なので，確認しておいた方がよいでしょう。

問1

バス幅が16ビット，メモリサイクルタイムが80ナノ秒で連続して動作できるメモリがある。このメモリのデータ転送速度は何Mバイト／秒か。ここで，Mは10^6を表す。

ア 12.5 イ 25 ウ 160 エ 200

問1 解説

バス幅とは，一度の転送で同時に送ることができるデータ量（ビット数）のことです。バス幅が16ビットであれば，1回の転送量は16ビット（＝2バイト）です。また，メモリサイクルタイムが80ナノ秒（＝80×10^{-9}秒）ということは，1秒間に$1／(80 \times 10^{-9}) = 0.0125 \times 10^9$回，転送できることになります。したがって，データ転送速度は，次のようになります。

$$2 \times (0.0125 \times 10^9) = 0.025 \times 10^9 = 25 [\text{Mバイト／秒}]$$

参考 アドレスバス

CPU（MPU）が読み書きしたいデータの，メモリ上のアドレス（番地）を伝達するための信号伝達経路を**アドレスバス**といいます。アドレスバスは，下図に示すように複数の信号線から構成されていて，n本の信号線で2^n種類のアドレスが表現できます。そのため，信号線が16本（これを16ビット幅という）の場合は2^{16}バイトまで，32本では2^{32}バイトまで，単一の領域として管理することができます。

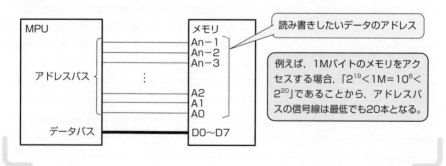

読み書きしたいデータのアドレス

例えば，1Mバイトのメモリをアクセスする場合，「$2^{19}<1\text{M}=10^6<2^{20}$」であることから，アドレスバスの信号線は最低でも20本となる。

解答 問1:イ

第 4 章

システム構成要素

クライアントサーバシステム

4▶1

重要度
★★☆

ストアドプロシージャやRPCなど，クライアントサーバシステム関連技術の特徴を押さえておきましょう。

問1

クライアントサーバシステムにおけるストアドプロシージャの記述として，誤っているものはどれか。

ア アプリケーションから一つずつSQL文を送信する必要がなくなる。

イ クライアント側のCALL文によって実行される。

ウ サーバとクライアントの間での通信トラフィックを軽減することができる。

エ データの変更を行うときに，あらかじめDBMSに定義しておいた処理を自動的に起動・実行するものである。

問2

クライアントサーバシステムのクライアントにおいて，遠隔サーバ内の手続をクライアントにある手続と同様の方法で呼び出すことを可能とした機能はどれか。

ア ACID　　**イ** NFS　　**ウ** RPC　　**エ** TCP/IP

問3

高度

WebブラウザやHTTPを用いず，独自のGUIとデータ転送機構を用いた，ネットワーク対戦型のゲームを作成する。仕様の(2)の実現に用いることができる仕組みはどれか。

〔仕様〕

(1) ゲームは囲碁や将棋のように2人プレーヤの間で行われ，ゲームの状態はサーバで管理する。プレーヤはそれぞれクライアントプログラムを操作してゲームに参加する。

(2) プレーヤが新たな手を打ったとき，クライアントプログラムはサーバにある関数を呼び出す。サーバにある関数は，その手がルールに従っているかどうかを調べて，ルールに従った手であればゲームの状態を変化させ，そうでなければその手が無効であることをクライアントプログラムに知らせる。

(3) ゲームの状態に変化があれば，サーバは各クライアントプログラムにその旨を知らせることによってGUIに反映させる。

ア CGI　　**イ** PHP　　**ウ** RPC　　**エ** XML

問1 解説

　ストアドプロシージャとは，一連のSQL文からなる処理手続（プロシージャ）を，実行可能な状態でサーバのデータベース（DBMS）内に格納したものです。クライアントは，必要なときに必要なプロシージャをCALL文によって呼出し実行できるため，一つずつSQL文を送信する必要はなく，またこれによりクライアントとサーバ間の通信量及び通信回数が軽減できます。

　以上，**ア**，**イ**，**ウ**はストアドプロシージャに関する記述です。**エ**は関係データベースのトリガに関する記述です。

> 補足　関係データベースの**トリガ**(trigger)とは，データの更新処理(INSERT，UPDATE，DELETE)を引き金に動作する機能のことです。例えば，受注処理において，受注表にデータが挿入(INSERT)されると，あらかじめ定義・登録しておいた「在庫表の在庫量から受注量を減算する処理」を自動的に起動・実行するというものです。なお，トリガは，CREATE TRIGGER文で定義します。

問2 解説

　ネットワーク上の他のコンピュータ内の手続を，あたかも自身のコンピュータの手続であるかのように呼び出すことができる機能を**RPC**(Remote Procedure Call)といいます。RPCは，"要求－応答"型の通信モデルを用いたプログラム間通信方式の一つで，処理の一部を他のコンピュータに任せるといった方式です。

問3 解説

　仕様の(2)は，「プレーヤが新たな手を打ったときに，クライアントプログラムがサーバにある関数を呼び出し，サーバにある関数がその処理結果をクライアントプログラムに知らせる」というものです。これを実現するために用いられる機能は**RPC**です。

参考　チェックしておきたい関連用語

- **NFS**：Network File Systemの略で，RPCの上に実現されるファイル共有システム。他のコンピュータのファイルをあたかも自身のコンピュータ内にあるファイルのように扱うことができる。
- **SOAP**：他のコンピュータ上にあるデータの取出しやサービスの呼出し(RPC)を行うためのプロトコル。メッセージがXMLで記述されたヘッダとボディで構成されているため，言語やプラットフォームに依存しないのが特徴。

解答　問1：エ　問2：ウ　問3：ウ

4 ▸ 2 Webシステム

重要度
★★☆

3層クライアントサーバシステムの特徴，及び「参考」に
示したWeb3層構造を確認しておきましょう。

問1

3層クライアントサーバシステム構成で実現したWebシステムの特徴として，適切なものは
どれか。

ア HTMLで記述されたプログラムをサーバ側で動作させ，クライアントソフトはその結果を
画面に表示する。

イ 業務処理の変更のたびに，Webシステムを動作させるための業務処理用アプリケーショ
ンをクライアント端末に送付し，インストールする必要がある。

ウ 業務処理はサーバ側で実行し，クライアントソフトはHTMLの記述に従って，その結果を
画面に表示する。

エ クライアント端末には，サーバ側からのHTTP要求を待ち受けるサービスを常駐させてお
く必要がある。

問2

Webサーバ，アプリケーション(AP)サーバ及びデータベース(DB)サーバが各1台で構成され
るWebシステムにおいて，次の3種類のタイムアウトを設定した。タイムアウトに設定する時
間の長い順に並べたものはどれか。ここで，トランザクションはWebリクエスト内で処理を完
了するものとする。

〔タイムアウトの種類〕
① APサーバのAPが，処理を開始してから終了するまで
② APサーバのAPにおいて，DBアクセスなどのトランザクションを開始してから終了する
まで
③ Webサーバが，APサーバにリクエストを送信してから返信を受けるまで

ア ①，③，②　　**イ** ②，①，③　　**ウ** ③，①，②　　**エ** ③，②，①

問1 解説

3層クライアントサーバシステムとは，システムを，ユーザインタフェース部分の処理
を行うプレゼンテーション層，業務処理を行うファンクション層(アプリケーション層)，
データベース処理を行うデータ層(データベースアクセス層)の三つの層に分けて構築する

形態です。Webシステムを3層クライアント
サーバシステム構成で実現する場合，一般に
は，右図のような構成になり，業務処理はサ
ーバ側で実行し，クライアントソフト(Web
ブラウザ)がユーザインタフェース部分の処
理を行います。

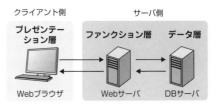

したがって，**ウ**が正しい記述です。

ア：サーバ側で動作させるのはJavaなどで記述されたプログラムです。

イ：業務処理はサーバ側で行うので，変更が発生しても業務処理用アプリケーションをクライアント端末にインストールする必要はありません。

エ：HTTP要求を待ち受けるサービスはサーバ側(Webサーバ)に常駐させます。

問2 解説

Webサーバ，APサーバ，DBサーバが各1台で構成されるWebシステムの場合，処理手順は下図のようになり，各サーバの処理時間は長い順に「Webサーバ，APサーバ，DBサーバ」となります。したがって，設定するタイムアウト時間も長い順に「③，①，②」となります。

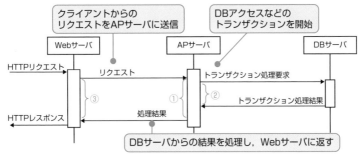

参考 Web3層構造 ☞Check!

問2のWebシステムのように，Webシステムを構築する際，WebサーバとAPサーバを異なる物理サーバに配置することがあります。これは，両サーバの役割を分離し処理にかかる負荷を分散するためです。Webサーバの主な役割は，クライアントとの通信(HTTPリクエストの受付とレスポンスの返却)ですが，両サーバを別々の物理サーバに配置し，静的HTMLや画像など負荷が軽い静的コンテンツの処理はWebサーバが行い，CGIプログラムなど負荷が重い動的コンテンツの処理はAPサーバが行うというように処理を分担します。これにより，同一の物理サーバに配置するよりも処理負荷の低減ができ，多くのリクエストを効率よく処理することができます。

解答 問1：ウ 問2：ウ

4▶3 ハイパフォーマンスコンピューティング

重要度 ★★★ 本テーマから出題される問題は，問1と問2の二つです。「参考」に示した関連用語も含め押さえておきましょう。

問1

グリッドコンピューティングの説明はどれか。

ア OSを実行するプロセッサ，アプリケーションを実行するプロセッサというように，それぞれの役割が決定されている複数のプロセッサによって処理を分散する方式である。

イ PCから大型コンピュータまで，ネットワーク上にある複数のプロセッサに処理を分散して，大規模な一つの処理を行う方式である。

ウ カーネルプロセスとユーザプロセスを区別せずに，同等な複数のプロセッサに処理を分散する方式である。

エ プロセッサ上でスレッド(プログラムの実行単位)レベルの並列化を実現し，プロセッサの利用効率を高める方式である。

問2

現状のHPC(High Performance Computing)マシンの構成を，次の条件で更新することにした。更新後の，ノード数と総理論ピーク演算性能はどれか。ここで，総理論ピーク演算は，コア数に比例するものとする。

〔現状の構成〕
(1) 一つのコアの理論ピーク演算性能は10GFLOPSである。
(2) 一つのノードのコア数は8である。
(3) ノード数は1,000である。

〔更新条件〕
(1) 一つのコアの理論ピーク演算性能を現状の2倍にする。
(2) 一つのノードのコア数を現状の2倍にする。
(3) 総コア数を現状の4倍にする。

	ノード数	総理論ピーク演算性能(TFLOPS)
ア	2,000	320
イ	2,000	640
ウ	4,000	320
エ	4,000	640

問1 解説

グリッドコンピューティングは，HPC（High Performance Computing）を可能にする代表的な技術の一つです。ネットワーク上にある複数のコンピュータ（仕様の異なるPCから大型コンピュータまで）を統一的に扱い，処理を分散することで高性能なコンピュータシステムを作り出します。例えば，中央のサーバで処理を並列可能な単位に分割し，それらを個々のコンピュータで並列処理することで高性能処理を実現します。

ア：非対称型マルチプロセッシング（AMP：Asymmetric Multi Processing）の説明です。

ウ：対称型マルチプロセッシング（SMP：Symmetric Multi Processing）の説明です。

エ：マルチスレッドの説明です。

問2 解説

現状の構成では，一つのノードのコア数が8，ノード数が1,000なので総コア数は8,000（＝8×1,000）ですが，更新後の総コア数は現状の4倍の32,000になります。ここで更新後は，一つのノードのコア数が現状の2倍の16になることに注意すると，更新後のノード数は，

ノード数＝32,000÷16＝2,000

となります。

次に，現状では一つのコアの理論ピーク演算性能は10GFLOPSですが，更新後には2倍の20GFLOPSになります。したがって，更新後の総理論ピーク演算性能は，次のようになります。

総理論ピーク演算性能＝一つのコアの理論ピーク演算性能×総コア数

$$= 20\text{GFLOPS} \times 32,000$$
$$= 640 \times 10^{12}\text{FLOPS}$$
$$= 640\text{TFLOPS}$$

※FLOPS：1秒間に実行可能な浮動小数点演算の回数を示す単位

参考 HPCクラスタとHAクラスタ 👉Check!

複数のコンピュータを連携させて1台のコンピュータのように利用する技術を**クラスタリング**といいます。**HPCクラスタ**とは，クラスタリング技術を使って高い処理能力（パフォーマンス）を得られるようにしたシステムのことです。一方，**HAクラスタ**（High Availability Cluster）は高可用性を目的としたシステムです。代表的なHA構成には次のものがあります。

・**フェールオーバクラスタ構成（ホットスタンバイ形式）**：主系サーバと待機系サーバ（群）を用意し，主系サーバと同じシステムを待機系サーバでも起動しておく。そして，主系サーバに障害が発生したときは，待機系サーバに自動的に切り替える。

・**負荷分散クラスタ構成**：同じ処理を行える複数のサーバを用意し処理を振り分ける。これにより，サーバにかかる負荷を分散させ，過剰な負荷によるサーバダウンを防ぐ。

解答 問1：イ 問2：イ

RAIDの種類と特徴

重要度
★★★

ストライピングやミラーリング技術，またRAID構成(データや冗長ビットの記録方法と位置)を押さえましょう。

問1

データを分散して複数の磁気ディスク装置に書き込むことによって，データ入出力の高速化を図る方式はどれか。

ア ストライピング　　**イ** スワッピング　　**ウ** ディスクキャッシュ　　**エ** ミラーリング

問2

RAIDの分類において，ミラーリングを用いることで信頼性を高め，障害発生時には冗長ディスクを用いてデータ復元を行う方式はどれか。

ア RAID1　　**イ** RAID2　　**ウ** RAID3　　**エ** RAID4

問3

8Tバイトの磁気ディスク装置6台を，予備ディスク(ホットスペアディスク)1台込みのRAID5構成にした場合，実効データ容量は何Tバイトになるか。

ア 24　　**イ** 32　　**ウ** 40　　**エ** 48

問1　解説

独立した磁気ディスク装置を複数台用いて，高速で大容量の，さらに信頼性の高いディスクシステム(ディスクアレイ)を構築する技術をRAIDといいます。RAIDは，複数の磁気ディスク装置に，データを分散して書き込むストライピング技術を用いて，入出力性能の高いディスクシステムを実現しています。

なお，RAIDにはデータ及び冗長ビットの記録方法と記録位置の組合せによっていくつかのレベルがあり，代表的なものがRAID0～RAID5です。このうち，ストライピングにより，入出力の高速化のみを図った方式がRAID0です。RAID0では，いずれか1台にでも障害が発生すると，ディスクアレイは稼働不可能になるため信頼性には欠けます。

問2　解説

複数の磁気ディスク装置に同じデータを書き込む**ミラーリング**技術によって，いずれかの磁気ディスク装置に障害が発生してもディスクアレイとして稼働するようにし，信頼性を高める方式を**RAID1**といいます。

イ：RAID2は，RAID0にエラー訂正符号(ハミング符号)用の複数の磁気ディスク装置を追加することで，障害が発生した際の復元ができるようにした方式です。

ウ，**エ**：RAID3，4は，RAID0にパリティと呼ばれるエラー訂正情報を保持するパリティディスクを追加し，いずれか1台の磁気ディスク装置に障害が発生した場合でも，正常な磁気ディスク装置間で復元できる方式です。読込みはストライピング効果で高速ですが，書込みはパリティディスクにアクセスが集中するためあまり速くありません。なお，RAID3はビット単位，RAID4はブロック単位でストライピングを行います。

問3　解説

RAID5はRAID4を改良し，データブロックとパリティを複数の磁気ディスク装置に分散させることで，パリティディスクへのアクセスの集中を防ぎ高速化を実現した方式です。1台の磁気ディスク装置の障害までは，正常な磁気ディスク装置間で復元することができます。

8Tバイトの磁気ディスク装置6台のうち1台は予備ディスクなので，残りの5台でRAID5を構成することになり，全容量は，

8Tバイト×5＝40Tバイト

このうち，各磁気ディスク装置に分散されたパリティデータの合計が磁気ディスク装置1台分の8Tバイトとなるので，実効データ容量は，次のとおりです。

40Tバイト－8Tバイト＝32Tバイト

参考　RAID0〜5の構成　Check!

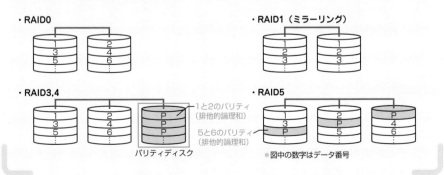

・RAID0

・RAID1（ミラーリング）

・RAID3,4

1と2のパリティ
(排他的論理和)

5と6のパリティ
(排他的論理和)

パリティディスク

・RAID5

※図中の数字はデータ番号

解答　問1:ア　問2:ア　問3:イ

4 ▶ 5 仮想化技術

重要度 ★★★ 　近年，コンテナ型仮想化が多く出題されています。ホスト型，ハイパバイザ型との違いを押さえておきましょう。

問1

コンテナ型仮想化の説明として，適切なものはどれか。

ア 物理サーバと物理サーバの仮想環境とがOSを共有するので，物理サーバか物理サーバの仮想環境のどちらかにOSをもてばよい。

イ 物理サーバにホストOSをもたず，物理サーバにインストールした仮想化ソフトウェアによって，個別のゲストOSをもった仮想サーバを動作させる。

ウ 物理サーバのホストOSと仮想化ソフトウェアによって，プログラムの実行環境を仮想化するので，仮想サーバに個別のゲストOSをもたない。

エ 物理サーバのホストOSにインストールした仮想化ソフトウェアによって，個別のゲストOSをもった仮想サーバを動作させる。

問2

仮想サーバの運用サービスで使用するライブマイグレーションの概念を説明したものはどれか。

ア 仮想サーバで稼働しているOSやソフトウェアを停止することなく，他の物理サーバに移し替える技術である。

イ データの利用目的や頻度などに応じて，データを格納するのに適したストレージへ自動的に配置することによって，情報活用とストレージ活用を高める技術である。

ウ 複数の利用者でサーバやデータベースを共有しながら，利用者ごとにデータベースの内容を明確に分離する技術である。

エ 利用者の要求に応じてリソースを動的に割り当てたり，不要になったリソースを回収して別の利用者のために移し替えたりする技術である。

問1　解説

　仮想化の方式は，ホスト型，ハイパバイザ型，コンテナ型に大きく分けられます(次ページの図を参照)。

　コンテナ型仮想化は，アプリケーションの実行環境を，ホストOS上のコンテナという互いに独立した単位で構築できる方式です。アプリケーションやライブラリなどをコンテナ

単位にまとめ，ホストOSで動作させるので，コンテナ毎に個別のゲストOSはもちません。

以上，**ウ**が適切な記述です。なお，個別のゲストOSをもたないことによる利点としては，少ないシステムリソースで仮想環境が構築でき，オーバヘッドが少なく軽量で高速に動作できるという点が挙げられます。

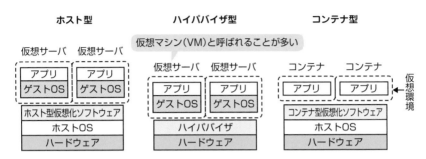

補足 コンテナ型の仮想環境を実現する，すなわちアプリケーションの構築，実行，管理を行うためのプラットフォームを提供するOSS(コンテナ型仮想化ソフトウェアに該当)の一つにDockerがあります。試験で問われることがあるので押さえておきましょう。

ア：コンテナ型仮想化では，OSは物理サーバ上で動作し，仮想環境であるコンテナは物理サーバのOSを利用します。つまり，OSは物理サーバがもちます。

イ：「物理サーバにホストOSをもたない」との記述から，**ハイパバイザ型仮想化**の説明です。ハイパバイザ型では，仮想マシン(VM：Virtual Machine)環境を実現するための制御機能をもったソフトウェア(**ハイパバイザ**という)をハードウェアの上で直接動かし，その上で個別のゲストOSをもった仮想サーバを動作させます。

エ：ホスト型仮想化の説明です。

問2 解説

ライブマイグレーションとは，仮想サーバ上で稼働しているOSやソフトウェアを停止させずに，別の物理サーバへ移し処理を継続させる技術です。移動対象となる仮想サーバのメモリイメージがそのまま移動先の物理サーバへ移し替えられるため，可用性を損なうことがなく，また利用者は仮想サーバの移動を意識することなく継続利用ができます。

イ：**ストレージ自動階層化**の説明です。ストレージ自動階層化とは，複数の異なる性能のストレージ階層を仮想化し，その間でデータを利用目的や頻度などに応じて自動的に配置する技術です。例えば，アクセス頻度が高いデータは上位の高速なストレージ階層に，アクセス頻度が低いデータは下位の低速階層に自動的に移動されます。

ウ：**マルチテナント**に関する説明です。マルチテナントは"雑居"という意味で，複数の利用者が，データベースやソフトウェア，サーバを共同で利用する方式です。

エ：リソースオンデマンドの説明です。

解答 問1:ウ 問2:ア

システムの信頼性設計

重要度 ★★★　フォールトトレランスやヒューマンエラー回避など，信頼性設計に関する考え方を整理しておきましょう。

問1

システムの信頼性設計に関する記述のうち，適切なものはどれか。

ア　フェールセーフとは，利用者の誤操作によってシステムがダウンしてしまうことのないように，単純なミスを発生させないようにする設計方法である。

イ　フェールソフトとは，故障が発生した場合でも機能を縮退させることなく稼働を継続する概念である。

ウ　フォールトアボイダンスとは，システム構成要素の個々の品質を高めて故障が発生しないようにする概念である。

エ　フォールトトレランスとは，故障が生じてもシステムに重大な影響が出ないように，あらかじめ定められた安全状態にシステムを固定し，全体として安全が維持されるような設計方法である。

問2

信頼性設計においてフールプルーフを実現する仕組みの一つであるインタロックの例として，適切なものはどれか。

ア　ある機械が故障したとき，それを停止させて代替の機械に自動的に切り替える仕組み

イ　ある条件下では，特定の人間だけが，システムを利用することを可能にする仕組み

ウ　システムの一部に不具合が生じたとき，その部分を停止させて機能を縮小してシステムを稼働し続ける仕組み

エ　動作中の機械から一定の範囲内に人間が立ち入ったことをセンサが感知したとき，機械の動作を停止させる仕組み

　システムの信頼性設計の考え方の一つに，システムを構成する要素自体の信頼性を高めて，故障そのものの発生を防ぐことでシステム全体の信頼性を向上させようという考え方があります。これを**フォールトアボイダンス**（fault avoidance：故障排除）といいます。

　一方，故障の発生を前提とし，システムの構成要素を二重化あるいは多重化するなどして故障に備えるという考え方が**フォールトトレランス**（fault tolerance：耐故障）です。フォ

ールトトレランスを実現したシステムをフォールトトレラントシステムといい，その実現方法の考え方にはフェールセーフやフェールソフトなどがあります。

ア：フールプルーフ(問2の解説参照)の説明です。**フェールセーフ**は，システムの誤動作あるいは故障が発生したとき，その影響範囲を最小限にとどめ，あらかじめ定められた安全状態にシステムを制御するという考え方です。例えば，フェールセーフを採用した例としては，「システムに異常が起きた際には，データや装置を損なうことなく運転を停止する」，「交通管制システムが故障したときには，信号機に赤色が点灯するようにする」などが挙げられます。

イ：**フェールソフト**は，故障が発生した部分を切り離して機能を縮退させても，システムの最低限必要な機能は維持させるという考え方です。故障が発生した部分を切り離し，機能が低下した状態で処理を続行することを**縮退運転(フォールバック)**といいます。

エ：フェールセーフの説明です。

問2 解説

フールプルーフとは，利用者が誤った操作をしてもシステムに異常が起こったり，機器が故障したりしないようにする，言い換えれば，利用者が誤った操作をしようとしてもできないようにするという設計の考え方です。フールプルーフを採用した例としては，「メニュー画面上の使用権限のない機能は，実行できないようにする」などが挙げられます。

インタロックは，フールプルーフを実現する安全装置・安全機構の一つであり，「一定の条件を満たさなければ動作しないようにする」というものです。例えば，電子レンジのドアが空いたまま動作してしまうと危険なので，「ドアが閉まっている状態で動作する」という条件を満たさなければ動作しないようにする機構がインタロックです。

選択肢の中では，**エ**の「動作中の機械から一定の範囲内に人間が立ち入ったことをセンサが感知したとき，機械の動作を停止させる仕組み」，すなわち一定の範囲内に人間がいないときにだけ機械を動作させる仕組みがインタロックに該当します。

ア：フェールオーバ(「参考」を参照)の説明です。

イ：権限制限に関する記述です。

ウ：縮退運転(フォールバック)の説明です。

参考 信頼性向上のための冗長構成

・**アクティブ／アクティブ構成**：例えば，2台のサーバで負荷分散し，どちらかのサーバで障害が発生した場合，残ったサーバだけで継続稼働させるという方式。

・**アクティブ／スタンバイ構成**：通常はアクティブ側だけで処理を行い，アクティブ側に障害が発生したときは，スタンバイ側が処理を引き継いで継続稼働させる方式。障害時に，アクティブ側からスタンバイ側に切り替える動作を**フェールオーバ**という。また，障害が回復した後，元のシステムに処理を戻す(元の状態に戻す)ことを**フェールバック**という。

解答 問1：ウ 問2：エ

4▶7 MTBFとMTTR

重要度
★★★
MTBF(平均故障間隔)とMTTR(平均修理時間)，そして
稼働率公式MTBF÷(MTBF＋MTTR)を確認しましょう。

問1

MTBFがx時間，MTTRがy時間のシステムがある。使用条件が変わったので，MTBF，MTTRがともに従来の1.5倍になった。新しい使用条件での稼働率はどうなるか。

ア x，yの値によって変化するが，従来の稼働率よりは大きい値になる。

イ 従来の稼働率と同じ値である。

ウ 従来の稼働率の1.5倍になる。

エ 従来の稼働率の2／3倍になる。

問2

MTBFが1,500時間，MTTRが500時間であるコンピュータシステムの稼働率を1.25倍に向上させたい。MTTRを何時間にすればよいか。

ア 100 **イ** 125 **ウ** 250 **エ** 375

問3

あるシステムでは，平均すると100時間に2回の故障が発生し，その都度復旧に2時間を要していた。機器を交換することによって，故障の発生が100時間で1回になり，復旧に要する時間も1時間に短縮した。機器を交換することによって，このシステムの稼働率は幾ら向上したか。

ア 0.01 **イ** 0.02 **ウ** 0.03 **エ** 0.04

問1 解説

MTBFは平均故障間隔，MTTRは平均修理時間のことです(次ページの「参考」を参照)。この二つの値がともに1.5倍になったときの稼働率(新しい使用条件での稼働率)は，

新しい使用条件での稼働率 $= \dfrac{1.5x}{1.5x + 1.5y} = \dfrac{x}{x+y}$

であり，従来の稼働率と同じ値です。

問2 解説

稼働率を1.25倍に向上させたときのMTTRをXとすると，次の式が成立します。

$$\frac{1,500}{1,500+500} \times 1.25 = \frac{1,500}{1,500+X}$$

この式からXを求めると，次のようになります。

$$1,500 \times 1.25 \times (1,500+X) = (1,500+500) \times 1,500$$

$$X = 100 [時間]$$

問3 解説

100時間に2回の故障が発生し，その都度復旧に2時間を要していたときの稼働率は，

$$\frac{(100-2\times2)}{100} = \frac{96}{100} = 0.96$$

次に，機器を交換することによって，故障の発生が100時間で1回になり，復旧に要する時間も1時間に短縮されたときの稼働率は，

$$\frac{(100-1\times1)}{100} = \frac{99}{100} = 0.99$$

したがって，システム稼働率は0.03（＝0.99−0.96）向上したことになります。

参考 MTBF，MTTRと稼働率

システムの稼働モデルが図のように表されるとき，システムのMTBFとMTTR，及び稼働率を表す式は次のようになります。ここで，t_iはシステムの稼働時間，r_iは修理時間を表しています（$i = 1, 2, \cdots, n$）。

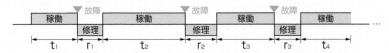

・MTBF（平均故障間隔）：稼働している時間の平均＝$t_1 \sim t_n$の平均＝$\frac{1}{n}\sum_{i=1}^{n}t_i$

・MTTR（平均修理時間）：修理にかかる時間の平均＝$r_1 \sim r_n$の平均＝$\frac{1}{n}\sum_{i=1}^{n}r_i$

・稼働率＝$\dfrac{MTBF}{MTBF+MTTR} = \dfrac{平均故障間隔}{平均故障間隔+平均修理時間}$

補足 MTBFを長くしてMTTRを短くすれば稼働率は高くなります。

　・MTBFを長くする施策：冗長度の高いシステム構成，自動誤り訂正機能などの導入，予防保守の実行

　・MTTRを短くする施策：エラーログ取得機能，遠隔保守，保守センタの分散配置

解答 問1：イ　問2：ア　問3：ウ

4 ▶ 8 故障発生率

★☆☆　MTBFと故障発生率の関係，システムの故障発生率の求め方を押さえましょう。なお問2は解答丸暗記でOKです。

三つの装置A〜Cで構成されるシステムがある。三つの装置全てが正常に稼働しないとシステムは機能しない。各装置のMTBFは表のとおりである。システム全体のMTBFは何時間か。

装置	MTBF（時間）
A	600
B	900
C	1,800

ア 300　　**イ** 600　　**ウ** 900　　**エ** 1,100

故障発生率が1.0×10⁻⁶回／秒である機器1,000台が稼働している。200時間経過後に，故障していない機器の平均台数に最も近いものはどれか。

必要であれば，故障発生率をλ回／秒，稼働時間をt秒とする次の指数関数のグラフから値を読み取って，計算に使用してよい。

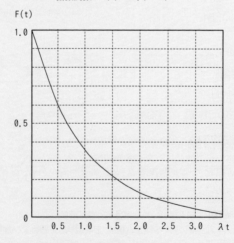

指数関数　$F(t)=\exp(-\lambda t)$

ア 50　　**イ** 500　　**ウ** 950　　**エ** 995

問1　解説

MTBFは**故障発生率の逆数**で求められます。

まずシステム全体の故障発生率を考えます。このシステムは三つの装置全てが稼働しないと機能しないので，三つの装置が直列に接続された構成です。複数の装置が直列に接続されたシステム全体の故障発生率は，それぞれの装置の故障発生率の和で求められます。

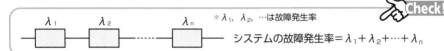

$* \lambda_1, \lambda_2, \cdots$は故障発生率

システムの故障発生率＝$\lambda_1 + \lambda_2 + \cdots + \lambda_n$

したがって，このシステム全体の故障発生率は，

$$\frac{1}{600} + \frac{1}{900} + \frac{1}{1,800} = \frac{3+2+1}{1,800} = \frac{1}{300}$$

となり，システム全体のMTBFは故障発生率の逆数なので300時間となります。

問2　解説

指数関数F(t)は，t時間の間（t時間経過後）に機器が故障しない確率を表しています。難易度の高い問題ですが，次の手順で解答を得ることができます。

① 横軸の値λtを求める。

② 指数関数F(t)のグラフから，求めたλtに対応するF(t)の値を求める。

③ 求めたF(t)の値に機器の台数を乗じ，故障していない機器の平均台数を求める。

まず，故障発生率$\lambda = 1.0 \times 10^{-6}$回／秒，経過時間t＝200時間から，

$\lambda t = 1.0 \times 10^{-6} \times 200 [時間] = 1.0 \times 10^{-6} \times 200 \times 3,600 [秒] = 0.72$

となります。次に，グラフから 0.72に対応するF(t)の値を見ると，およそ0.5です。これは200時間経過後に機器が故障していない確率が0.5であることを意味するので，この0.5に台数1,000を乗じ，故障していない機器の平均台数を求めます。

1,000台×0.5＝500[台]

コラム　こんな問題も出る?!

問　システムの単位時間あたりの故障発生数（故障発生率）はどれか。ここで，MTTRはMTBFに比べて十分に小さいものとする。

ア 1－MTBF／（MTBF＋MTTR）　　**イ** 1－MTTR／MTBF

ウ 1／MTBF　　**エ** MTTR／（MTBF＋MTTR）

答え：**ウ**

解答　問1：ア　問2：イ

システムの稼働率 I

重要度
★★★
システムの稼働率計算は午後試験でも必須です。基本公式を理解し，応用できるようにしておきましょう。

問1

2台のプリンタがあり，それぞれの稼働率が0.7と0.6である。この2台のプリンタのいずれか一方が稼動していて，他方が故障している確率は幾らか。ここで，2台のプリンタの稼動状態は独立であり，プリンタ以外の要因は考慮しないものとする。

ア 0.18 　　**イ** 0.28 　　**ウ** 0.42 　　**エ** 0.46

問2

稼働率がxである装置を四つ組み合わせて，図のようなシステムを作ったときの稼働率を$f(x)$とする。区間$0 \leqq x \leqq 1$における$y = f(x)$の傾向を表すグラフはどれか。ここで，破線は$y = x$のグラフである。

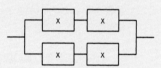

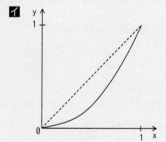

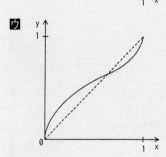

問1　解説

2台のプリンタのいずれか一方が稼動していて，他方が故障している確率は，

① 稼働率0.7のプリンタが稼働していて，稼働率0.6のプリンタが故障している確率
② 稼働率0.7のプリンタが故障していて，稼働率0.6のプリンタが稼働している確率

の和になります。したがって，$0.7×(1-0.6) + (1-0.7)×0.6 = 0.46$ です。

　　　　　　　　　　　　①の確率　　　　　②の確率

別解

2台のプリンタのいずれか一方が稼動していて，他方が故障している確率(すなわち，片方だけが稼働している確率)は，「1-(両方が稼働している確率+両方が故障している確率)」でも求められます。両方が稼働している確率は$0.7×0.6=0.42$，両方が故障している確率は$(1-0.7)×(1-0.6)=0.12$なので，片方だけが稼働している確率は$1-(0.42+0.12)$ $=0.46$です。

問2　解説

図のシステムの稼働率は，$1-(1-x^2)^2$です。この稼働率をf(x)としたときの，y=f(x)のグラフの傾向は，y=xのグラフとの関係で判断できます。

まず，xが0に近い値(例えばx=0.1)であるとき，f(0.1)の値は「$f(0.1)=1-(1-0.1^2)^2=0.0199<0.1$」となり，y=xのグラフより下にあることがわかります。

次に，xが1に近い値(例えばx=0.9)であるとき，f(0.9)の値は「$f(0.9)=1-(1-0.9^2)^2=0.9639>0.9$」

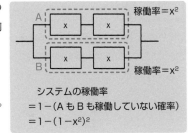

システムの稼働率
$=1-(A も B も稼働していない確率)$
$=1-(1-x^2)^2$

となり，y=xのグラフより上にあることがわかります。以上のことから，y=f(x)の傾向を表すグラフは**エ**です。

参考 ## 直列・並列構成の稼働率公式　👉Check!

直列構成の稼働率

R₁ — R₂

稼働率=R₁×R₂

並列構成の稼働率

R₁
R₂

＊R₁，R₂:装置の稼働率

稼働率=1-(1-R₁)×(1-R₂)

複数の装置から構成されるシステムの稼働率を求める場合，並列又は直列の稼働率公式が適用できる部分から，徐々にシステム全体の稼働率を計算していくようにしましょう。

解答 問1:エ　問2:エ

システムの稼働率 Ⅱ

重要度 ★★★ 稼働率の比較問題が定期的に出題されます。稼働率の差を求め，その符号(正，負)で判断するのがポイントです。

問1

稼働率の等しい装置を直列や並列に組み合わせたとき，システム全体の稼働率を高い順に並べたものはどれか。ここで，各装置の稼働率は0より大きく1未満である。

A 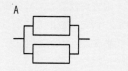　B 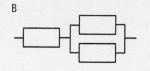　C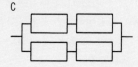

ア A, B, C　　**イ** A, C, B　　**ウ** C, A, B　　**エ** C, B, A

問2

3台の装置X～Zを接続したシステムA，Bの稼働率に関する記述のうち，適切なものはどれか。ここで，3台の装置の稼働率は，いずれも0より大きく1より小さいものとし，並列に接続されている部分は，どちらか一方が稼働していればよいものとする。

A 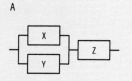　B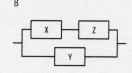

ア 各装置の稼働率の値によって，AとBの稼働率のどちらが高いかは変化する。

イ 常にAとBの稼働率は等しい。

ウ 常にAの稼働率はBより高い。

エ 常にBの稼働率はAより高い。

問1 解説

各装置の稼働率をRとすると，システムA，B，Cの稼働率は次のようになります。

- システムAの稼働率 $= 1-(1-R)^2$
- システムBの稼働率 $= R \times (1-(1-R)^2)$
- システムCの稼働率 $= 1-(1-R^2)^2$

ここで，Rを0.9として各システムの稼働率を求めると，

システムAの稼働率 $= 1-(1-0.9)^2 = 0.99$

システムBの稼働率 $= 0.9×(1-(1-0.9)^2) = 0.9×0.99 = 0.891$

システムCの稼働率 $= 1-(1-0.9^2)^2 = 1-(1-0.81)^2 = 0.9639$

となるので，「A，C，B」の順に稼働率が高いことになります。

問2　解説

まず，装置X，Y，Zの稼働率をx，y，zとして，システムA，Bの稼働率を求めます。

システムAの稼働率 $=(1-(1-x)(1-y))z$

$=(1-(1-x-y+xy))z$

$=(x+y-xy)z = xz+yz-xyz$

システムBの稼働率 $=1-(1-xz)(1-y)$

$=1-(1-xz-y+xyz) = xz+y-xyz$

次に，システムAの稼働率とシステムBの稼働率の差をとると，次のようになります。

$(xz+yz-xyz)-(xz+y-xyz) = yz-y = y(z-1)$

ここで，求めた差の符号を判断すると，$y>0$，$z-1<0$なので，$y(z-1)<0$となり，システムBの稼働率のほうが高いことがわかります。

参考　2 out of 3 システムの信頼性

2 out of 3システムとは，3個の構成要素のうち2個以上が正常ならば正しい結果が得られるシステムのことです。このシステムの信頼性は，個々の構成要素の信頼性をpとすると，$3p^2-2p^3$で表すことができます。

システム全体の信頼性 $=(p×p×p)+ 3×(1-p)×p×p = p^3 + 3p^2-3p^3 = 3p^2-2p^3$

構成要素1	構成要素2	構成要素3	システム信頼性
○	○	○	$p×p×p$
○	○	×	$p×p×(1-p)$
○	×	○	$p×(1-p)×p$
×	○	○	$(1-p)×p×p$

○：正常
×：故障

2個が正常

また，個々の構成要素の信頼性pが時間の経過とともに破線のグラフで示すように低下する場合，システム全体の信頼性は実線のグラフのように変化します。過去に出題されたことがあるので，覚えておきましょう。

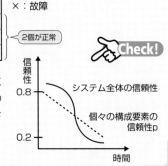

Check!

信頼性

0.8

システム全体の信頼性

個々の構成要素の信頼性p

0.2

時間

4▶11 システムの性能指標 I

重要度
★☆☆
スループット，ターンアラウンドタイムは，システム性能指標の基本事項です。確認しておきましょう。

問1

スループットの説明として，適切なものはどれか。

ア ジョブがシステムに投入されてからその結果が完全に得られるまでの経過時間のことであり，入出力の速度やオーバヘッド時間などに影響される。

イ ジョブの稼働率のことであり，"ジョブの稼働時間÷運用時間"で求められる。

ウ ジョブの同時実行可能数のことであり，使用されるシステムの資源によって上限が決まる。

エ 単位時間当たりのジョブの処理件数のことであり，スプーリングはスループットの向上に役立つ。

問2

ジョブの多重度が1で，到着順にジョブが実行されるシステムにおいて，表に示す状態のジョブA〜Cを処理するとき，ジョブCが到着してから実行が終了するまでのターンアラウンドタイムは何秒か。ここで，OSのオーバヘッドは考慮しないものとする。

単位 秒

ジョブ	到着時刻	処理時間 （単独実行時）
A	0	5
B	2	6
C	3	3

ア 11   **イ** 12   **ウ** 13   **エ** 14

問3

複数のクライアントから呼び出されるサーバのタスク処理時間は，タスクの多重度が2以下の場合，常に4秒である。このサーバのタスクに1秒間隔で4件の処理要求が到着した場合，全ての処理が終わるまでの時間はタスクの多重度が1のときと2のときで，何秒の差があるか。

ア 6   **イ** 7   **ウ** 8   **エ** 9

問1　解説

スループットとは，単位時間当たりに処理できる仕事量のことです。バッチ処理においては単位時間当たりのジョブの処理件数，オンライントランザクション処理においては，トランザクションの処理件数が該当します。一方，**スプーリング**とはジョブ実行の際に，入力データや出力データを一時的に高速な磁気ディスク装置に蓄えておき，入出力処理とCPU処理とを別々に並行して行う機能です。スプーリング機能を使うと，単位時間当たりに処理できるジョブ数が多くなるため，システム全体のスループットが向上します。

問2　解説

　ジョブがシステムに投入されてからその結果が全て出終わるまでの時間を**ターンアラウンドタイム**(TAT：Turn Around Time)といいます。問われているのは，ジョブCのターンアラウンドタイムです。ジョブCは下図に示すように，到着の8秒後に実行されるため，終了するのは到着の11秒後です。したがって，ターンアラウンドタイムは11秒です。

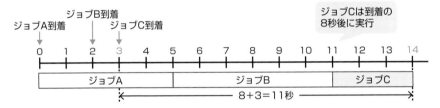

補足 一つのジョブについての，ターンアラウンドタイム，CPU時間，入出力時間及び処理待ち時間の四つの時間の関係を表わす次の式も覚えておきましょう。

ターンアラウンドタイム＝処理待ち時間＋CPU時間＋入出力時間 Check!

問3　解説

　タスクの多重度が1の場合，サーバは到着したタスクを順番に処理します。ここで，1件当たりの処理時間が4秒であることから，4件の処理時間は4秒×4＝16秒です。
　一方，多重度が2の場合，同時に二つのタスクが処理できるため4件の処理時間は9秒ですみます。したがって，多重度が1のときと2のときの処理時間の差は7秒です。

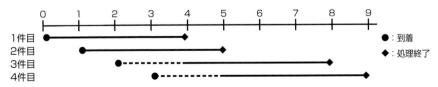

解答 問1：エ　問2：ア　問3：イ

システムの性能指標 Ⅱ

重要度
★☆☆

ここでは，ベンチマークやモニタリングのほか，「参考」に示した代表的な性能指標を確認しておきましょう。

問1

3種類のコンピュータX～Zにおいて，ベンチマークプログラム1，2の処理時間が次のとおりであった。コンピュータを性能の高い順に並べたものはどれか。ここで，コンピュータの性能値は相乗平均値を用いるものとする。

単位 秒

コンピュータ	ベンチマークプログラム1	ベンチマークプログラム2
X	10	40
Y	20	30
Z	25	25

ア X, Y, Z　　イ X, Z, Y　　ウ Y, X, Z　　エ Z, Y, X

問2

コンピュータシステムの性能評価法の一つであるモニタリングの説明として，適切なものはどれか。

ア　各プログラムの実行状態や資源の利用状況を測定し，システムの構成や応答性能を改善するためのデータを得る。

イ　システムの各構成要素に関するカタログ性能データを収集し，それらのデータからシステム全体の性能を算出する。

ウ　典型的なプログラムを実行し，入出力や制御プログラムを含めたシステムの総合的な処理性能を測定する。

エ　命令を分類し，それぞれの使用頻度を重みとした加重平均によって全命令の平均実行速度を求める。

問1　解説

　ベンチマークとは，コンピュータの使用目的に適した，あるいは評価対象となる業務の典型的な処理形態をモデル化した標準的なプログラムを用いて実行時間などを測定し，その結果によりコンピュータ性能の比較と評価を行うことをいいます。

問題の表に示されたベンチマークプログラム1, 2の処理時間から, コンピュータX, Y, Zの性能値は次のようになります。ここで**相乗平均**とは, 「n個の正の数a_1, a_2, …, a_nがあるとき, これら全部の積のn乗根」のことです。

- コンピュータXの性能値＝$\sqrt{10 \times 40}$＝$\sqrt{400}$＝20
- コンピュータYの性能値＝$\sqrt{20 \times 30}$＝$\sqrt{600}$＝$\sqrt{100 \times 6}$＝$10\sqrt{6}$≒24.5
- コンピュータZの性能値＝$\sqrt{25 \times 25}$＝$\sqrt{625}$＝25

この問題では処理時間が短いほど, すなわち相乗平均値が小さいほどコンピュータ性能が高いので, コンピュータ性能の高い順は「X, Y, Z」となります。

> 補足 Xの性能値＝$\sqrt{400}$, Yの性能値＝$\sqrt{600}$, Zの性能値＝$\sqrt{625}$であるので, ルート($\sqrt{}$)の中の数値の小さい順に並べることで解答が得られます。

問2 解説

モニタリングとは, 測定用ソフトウェアや特別なハードウェアを用いて, 各プログラムの実行状態や資源の利用状況を測定することです。

イはカタログ性能, **ウ**はベンチマーク, **エ**は命令ミックスの説明です。

> 補足 命令ミックスは, プログラム中でよく使われる各命令に対して, その実行速度とプログラム中における出現頻度に応じた重みづけを表したものです。命令ミックスには, 事務計算向けの**コマーシャルミックス**と科学技術計算向けの**ギブソンミックス**があります。

参考 チェックしておきたいシステムの性能指標 Check!

MIPS	1秒間に実行可能な命令数を百万(10^6)単位で表したもの。同一コンピュータメーカ, 同一アーキテクチャのコンピュータシステム間のCPU性能比較に用いられる
FLOPS	1秒間に実行可能な浮動小数点演算回数を表したもの。科学技術計算用コンピュータなどの演算性能指標として用いられる
SPECint SPECfp	SPECはベンチマークの標準化のため創設された非営利団体。SPECが定める整数演算性能評価用プログラムから得られた性能値をSPECint, 浮動小数点演算性能評価用プログラムから得られた性能値をSPECfpという
Dhrystone	整数演算性能を評価するベンチマークテスト。Dhrystoneで示される評価値はMIPS値であり, Dhrystone/MIPSとも表す
TPC-C TPC-E	TPCはオンライントランザクション処理(OLTP)システムの性能を評価するベンチマークモデルを定めている非営利団体。TPC-Cは, 現実の受発注トランザクション処理に近い環境におけるOLTPシステムの評価用。TPC-EはTPC-Cの後続ベンチマークモデルで, 証券会社の業務をモデルとしたOLTPシステムの評価用

解答 問1:ア 問2:ア

キャパシティプランニング

重要度
★★★

ここでは，キャパシティプランニングの目的，スケールアウトやスケールインなどの用語を押さえましょう。

問1

キャパシティプランニングの目的の一つに関する記述のうち，最も適切なものはどれか。

ア 応答時間に最も影響があるボトルネックだけに着目して，適切な変更を行うことによって，そのボトルネックの影響を低減又は排除することである。

イ システムの現在の応答時間を調査し，長期的に監視することによって，将来を含めて応答時間を維持することである。

ウ ソフトウェアとハードウェアをチューニングして，現状の処理能力を最大限に引き出して，スループットを向上させることである。

エ パフォーマンスの問題はリソースの過剰使用によって発生するので，特定のリソースの有効利用を向上させることである。

問2

システムの性能を向上させるための方法として，スケールアウトが適しているシステムはどれか。

ア 一連の大きな処理を一括して実行しなければならないので，並列処理が困難な処理が中心のシステム

イ 参照系のトランザクションが多いので，複数のサーバで分散処理を行っているシステム

ウ データを追加するトランザクションが多いので，データの整合性を取るためのオーバヘッドを小さくしなければならないシステム

エ 同一のマスタデータベースがシステム内に複数配置されているので，マスタを更新する際にはデータベース間で整合性を保持しなければならないシステム

問3

スケールインの説明として，適切なものはどれか。

ア 想定されるCPU使用率に対して，サーバの能力が過剰なとき，CPUの能力を減らすこと

イ 想定されるシステムの処理量に対して，サーバの台数が過剰なとき，サーバの台数を減らすこと

ウ 想定されるシステムの処理量に対して，サーバの台数が不足するとき，サーバの台数を増やすこと

エ 想定されるメモリ使用率に対して，サーバの能力が不足するとき，メモリの容量を増やすこと

問1 解説

キャパシティプランニングとは，システムの新規開発や再構築において，ユーザの業務要件や業務処理量，サービスレベルなどから，システムに求められるリソース(CPU性能，メモリ容量，ディスク容量など)を見積り，経済性及び拡張性を踏まえた上で最適なシステム構成を計画することです。**イ**の「システムの現在の応答時間を調査し，長期的に監視することによって，将来を含めて応答時間を維持すること」は，キャパシティプランニングの目的の一つです。

問2 解説

スケールアウトとは，既存のシステムにサーバを追加導入することによって，サーバ群としての処理能力や可用性を向上させることをいいます。参照系のトランザクションが多く，複数のサーバで分散処理を行っているシステムの場合，サーバの台数を増やして負荷分散させることで処理能力向上が図れます。

問3 解説

スケールインとは，**イ**の記述にあるように「想定されるシステムの処理量に対して，サーバの台数が過剰なとき，サーバの台数を減らすこと」をいいます。**ア**はスケールダウン，**ウ**はスケールアウト，**エ**はスケールアップの説明です。

	増やす	減らす
サーバ台数	スケールアウト	スケールイン
サーバ当たりの処理能力（CPUやメモリの能力）	スケールアップ	スケールダウン

参考 キャパシティプランニングにおける作業の実施順序

1. 現行システムにおけるシステム資源の稼働状況データ(CPU使用率，メモリ使用率，ディスク使用率など)やトランザクション数，応答時間などを収集する。
2. 将来的に予測される業務処理量やデータ量，利用者数の増加などを分析する。
3. 分析結果からシステム能力の限界時期を検討する。
4. 要求される性能要件を満たすためのハードウェア資源などを検討して，最適なシステム資源増加計画を立てる。

解答 問1:イ 問2:イ 問3:イ

システムの性能計算 I

重要度
★★★

示された条件を整理し何を求めるのかを明確にしてから計算に取りかかりましょう。なお，問2と問3は頻出です。

問1

1件のトランザクションについて80万ステップの命令実行を必要とするシステムがある。プロセッサの性能が20MIPSで，プロセッサの使用率が80%のときのトランザクションの処理能力（件／秒）は幾らか。

ア 2 　　**イ** 20 　　**ウ** 25 　　**エ** 31

問2

あるクライアントサーバシステムにおいて，クライアントから要求された1件の検索を処理するために，サーバで平均100万命令が実行される。1件の検索につき，ネットワーク内で転送されるデータは，平均$2×10^5$バイトである。このサーバの性能は100MIPSであり，ネットワークの転送速度は，$8×10^7$ビット／秒である。このシステムにおいて，1秒間に処理できる検索要求は何件か。ここで，処理できる件数は，サーバとネットワークの処理能力だけで決まるものとする。また，1バイトは8ビットとする。

ア 50 　　**イ** 100 　　**ウ** 400 　　**エ** 800

問3

1件のデータを処理する際に，読取りには40ミリ秒，CPU処理には30ミリ秒，書込みには50ミリ秒掛かるプログラムがある。このプログラムで，n件目の書込みと並行してn+1件目のCPU処理とn+2件目の読取りを実行すると，1分当たりの最大データ処理件数は幾つか。ここで，OSのオーバヘッドは考慮しないものとする。

ア 500 　　**イ** 666 　　**ウ** 750 　　**エ** 1,200

問1 　解説

プロセッサの性能は20MIPSですが使用率が80%なので，1秒当たりに処理できるステップ数は$20×10^6×0.8$（ステップ）です。また，1件のトランザクションでは80万ステップの命令実行を必要とするため，1秒当たりに処理できるトランザクション件数は，

$$\frac{1秒当たりに処理できるステップ数}{トランザクション1件のステップ数}=\frac{20\times10^{6}\times0.8}{80\times10^{4}}=20[件/秒]$$

となります。

問2 解説

1件の検索を処理するための平均命令数が100万($=100\times10^{4}$)命令，サーバの性能が100MIPS($=100\times10^{6}$命令／秒)なので，検索要求1件当たりのサーバでの処理時間は，

$$\frac{100\times10^{4}}{100\times10^{6}}=\frac{1}{10^{2}}=\frac{1}{100}[秒]$$

となり，サーバでは1秒間に100件の検索要求を処理できます。しかし，1件の検索につき転送されるデータは平均2×10^{5}バイト($=2\times10^{5}\times8$ビット)であり，ネットワークの転送速度が8×10^{7}ビット／秒なので，検索要求1件当たりのデータ転送時間は，

$$\frac{2\times10^{5}\times8}{8\times10^{7}}=\frac{2}{10^{2}}=\frac{1}{50}[秒]$$

です。つまり，このネットワークでは1秒間に50件の検索要求しか転送することができません。したがって，ネットワーク性能がボトルネックとなり，システムで処理できる検索要求は1秒間に最大50件です。

問3 解説

n件目の書込み(50ミリ秒)と並行して，n＋1件目のCPU処理(30ミリ秒)とn＋2件目の読取り(40ミリ秒)を実行するため，CPU処理(E)と読取り(R)は，書込み(W)の時間内で完了できます。

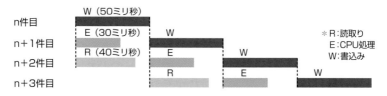

したがって，1分(60×10^{3}ミリ秒)当たりの最大データ処理件数は，

（60×10^{3}ミリ秒）÷50ミリ秒＝1200[件]

となります。

解答 問1:イ 問2:ア 問3:エ

システムの性能計算Ⅱ

重要度
★★★

前テーマ同様，示された条件を整理し何を求めるのかを
明確にしてから計算に取りかかりましょう。

問1

　次のシステムにおいて，ピーク時間帯のCPU使用率は何%か。ここで，トランザクション
はレコードアクセス処理と計算処理から成り，レコードアクセスはCPU処理だけで入出力は
発生せず，OSのオーバヘッドは考慮しないものとする。また，1日のうち発生するトランザク
ション数が最大になる1時間をピーク時間帯と定義する。

〔システムの概要〕
　(1) CPU数：1個
　(2) 1日に発生する平均トランザクション数：54,000件
　(3) 1日のピーク時間帯におけるトランザクション数の割合：20%
　(4) 1トランザクション当たりの平均レコードアクセス数：100レコード
　(5) 1レコードアクセスに必要な平均CPU時間：1ミリ秒
　(6) 1トランザクション当たりの計算処理に必要な平均CPU時間：100ミリ秒

ア 20 　　　**イ** 30 　　　**ウ** 50 　　　**エ** 60

問1 　解説

　ピーク時間帯(1時間)におけるトランザクション数は，
　　1日に発生する平均トランザクション数×0.2
　= 54,000件×0.2 = 10,800件
です。次に，1トランザクション当たりの平均CPU時間は，
　　レコードアクセス処理に掛かる時間＋計算処理に掛かる時間
　= (1ミリ秒×100)＋100ミリ秒 = 200ミリ秒
です。
　したがって，ピーク時間帯(1時間)におけるCPU使用時間は，
　　ピーク時間帯におけるトランザクション数×1トランザクション当たりの平均CPU時間
　= 10,800×200ミリ秒 = 2,160,000ミリ秒 = 2,160秒
になるので，ピーク時間帯(1時間)のCPU使用率は，
　　2,160秒÷1時間 = 2,160秒÷3,600秒 = 0.6
つまり，60%となります。

解答 問1：エ

第 5 章

ソフトウェア

ジョブの実行

重要度
★★★
定期的に出題されます。問題文に示された条件を図に整理してから，計算に取りかかるのがポイントです。

問1

CPUと磁気ディスク装置で構成されるシステムで，表に示すジョブA，Bを実行する。この二つのジョブが実行を終了するまでのCPUの使用率と磁気ディスク装置の使用率との組合せのうち，適切なものはどれか。ここで，ジョブA，Bはシステムの動作開始時点ではいずれも実行可能状態にあり，A，Bの順で実行される。CPU及び磁気ディスク装置は，ともに一つの要求だけを発生順に処理する。ジョブA，Bとも，CPUの処理を終了した後，磁気ディスク装置の処理を実行する。

単位　秒

ジョブ	CPUの処理時間	磁気ディスク装置の処理時間
A	3	7
B	12	10

	CPUの使用率	磁気ディスク装置の使用率
ア	0.47	0.53
イ	0.60	0.68
ウ	0.79	0.89
エ	0.88	1.00

問2

五つのジョブA～Eに対して，ジョブの多重度が1で，処理時間順方式のスケジューリングを適用した場合，ジョブBのターンアラウンドタイムは何秒か。ここで，OSのオーバヘッドは考慮しないものとする。

単位　秒

ジョブ	到着時間	単独実行時の処理時間
A	0	2
B	1	4
C	2	3
D	3	2
E	4	1

ア 8　　　イ 9　　　ウ 10　　　エ 11

問1 解説

問題文に示された条件でジョブA，Bを実行すると，CPU及び磁気ディスク装置の使用状況は次のようになります。ここで，カッコ内の数値は処理時間です。

上図から，ジョブA及びBの実行が終了するまでの時間は25（＝3＋12＋10）秒で，このうちCPUの使用時間は15（＝3＋12）秒，磁気ディスク装置の使用時間は17（＝7＋10）秒です。したがって，それぞれの使用率は次のようになります。

CPUの使用率＝15÷25＝0.6

磁気ディスク装置の使用率＝17÷25＝0.68

問2 解説

処理時間順方式のスケジューリングを適用することから，到着している（ジョブ待ち行列の）ジョブの中から処理時間の一番短いジョブが選ばれて実行されます。したがって，ジョブの実行順序は，下図のようになり，ジョブBの**ターンアラウンドタイム**（ジョブを投入してから，その結果が全て出終わるまでの時間）は11秒です。

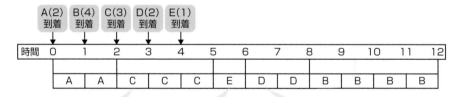

参考 試験に出題される主なスケジューリング方式 Check!

FCFS方式	First Come First Servedの略。到着順方式ともいい，ジョブは優先度をもたず，到着順に処理を行う方式
SPT方式	Shortest Processing Time Firstの略。処理時間順方式ともいい，処理時間の短いジョブに高い優先度を与え，最初に実行する方式
優先度順方式	ジョブに優先度を与え，優先度の高い順に実行する方式

解答 問1：イ 問2：エ

スケジューリング方式

重要度
★★☆

ラウンドロビン方式や，プリエンプティブ/ノンプリエンプティブ方式に関する問題が多く出題されています。

問1 ▐▌▌▌

プロセスのスケジューリングに関する記述のうち，ラウンドロビン方式の説明として，適切なものはどれか。

ア　各プロセスに優先度が付けられていて，後に到着してもプロセスの優先度が処理中のプロセスよりも高ければ，処理中のものを中断し，到着プロセスを処理する。

イ　各プロセスに優先度が付けられていて，イベントの発生を契機に，その時点で最高優先度のプロセスを実行する。

ウ　各プロセスの処理時間に比例して，プロセスのタイムクウォンタムを変更する。

エ　各プロセスを待ち行列の順にタイムクウォンタムずつ実行し，終了しないときは待ち行列の最後につなぐ。

問2 ▐▌▌▌

スケジューリング方式をプリエンプティブな処理とノンプリエンプティブな処理に区分するとき，適切に分類されている組合せはどれか。

	プリエンプティブ	ノンプリエンプティブ
ア	処理時間順	残り処理時間順
イ	到着順	処理時間順
ウ	残り処理時間順	ラウンドロビン
エ	ラウンドロビン	到着順

問1　解説

　ラウンドロビン方式は，CPU割当て要求があったプロセスの順に実行可能待ち行列（CPU待ち行列）に置き，待ち行列の先頭のプロセスから順にCPU時間（**タイムクウォンタム**）を割り当て実行する方式です。ラウンドロビン方式では，設定されたタイムクウォンタム（一定時間）ごとにタイマ割込みを発生させて，待ち行列の先頭のプロセスにCPUを割り当てますが，タイムクウォンタム内に処理が終了しない場合は，実行を中断して待ち行列の最後尾に回します。そのため，タイムクウォンタムを長くすればするほど到着順方

式に近くなり，また適切に短くすれば**タイムシェアリングシステム**のスケジューリングに適します。以上，**エ**が適切な記述です。

ア：優先度が高いプロセスから実行する**優先度順方式**の説明です。この方式には，あらかじめ決められた優先度順に処理する静的優先度順方式と，優先度を動的に変更する動的優先度順方式があります。**静的優先度順方式**では，優先度の低いプロセスにCPUがなかなか割り当てられないといった現象（スタベーション）が起こる可能性があります。そこで，これを回避するためCPU待ち時間の長さに応じて優先度を徐々に上げていくというのが**動的優先度順方式**です。

イ：**イベントドリブンプリエンプション方式**の説明です。この方式では，例えば，コマンド入力といった事象（イベント）が発生したとき，それをトリガとしてプロセスの切替えを行います。

ウ：ラウンドロビン方式におけるタイムクウォンタムは一定です。

問2　解説

　実行中のプロセスからCPU権限を奪って一時的に処理を中断させ，ほかのプロセスにCPUを割り当てることを**プリエンプション**といい，プリエンプションを行う方式を**プリエンプティブ方式**，プリエンプションを行わない方式を**ノンプリエンプティブ方式**といいます。

　ラウンドロビン方式は，タイマ割込みを使用して一定時間ごとに強制的にプロセスの切替えを行うのでプリエンプティブ方式に分類できます。

　到着順方式は，CPU割当て要求のあったプロセスから順に実行する方式です。いったん実行を開始すると実行が完了するまでプリエンプションは発生しないので，ノンプリエンプティブ方式に分類できます。以上から，**エ**が正しい組合せです。

　なお，処理時間順方式は処理時間の短いプロセスに，また残り処理時間順方式は残り時間の短いプロセスに高い優先度を与え，優先度の高いプロセスから実行する方式です。両方式ともプリエンプティブ方式です。

参考　ノンプリエンプティブなマルチタスクOS　🖐Check!

　　プリエンプティブなマルチタスクOSは，OSがタスクを強制的に切り替えて実行する機構によりプリエンプションを実現しますが，**ノンプリエンプティブ**なマルチタスクOSは，プリエンプションの機能をもっていないため，このOS下では，実行中のタスク自らOSに制御を戻す命令を発行しない限り（タスクの終了は除いて），OSに制御が戻ることはありません。つまり，プログラムが永久ループの状態に陥ると，OSには制御が戻らないことになります。

解答　問1：エ　問2：エ

5▶3 タスクの実行

重要度 ★★★ タスクの状態遷移，及びタスクの優先度と状態(READY，RUN，WAIT)の関係を理解しましょう。

問1

タスクが実行状態(RUN)，実行可能状態(READY)，待ち状態(WAIT)の三つの状態で管理されるリアルタイムOSにおいて，三つのタスクA～Cの状態がプリエンプティブなスケジューリングによって，図に示すとおりに遷移した。各タスクの優先度の関係のうち，適切なものはどれか。ここで，優先度の関係は，"高い＞低い"で示す。

タスクA	RUN	WAIT		READY	RUN	READY
タスクB	WAIT	RUN	WAIT	RUN	WAIT	
タスクC	WAIT	READY	RUN	WAIT		RUN

時間 →

ア　タスクA ＞ タスクB ＞ タスクC
イ　タスクB ＞ タスクA ＞ タスクC
ウ　タスクB ＞ タスクC ＞ タスクA
エ　タスクC ＞ タスクB ＞ タスクA

問2

イベントドリブンプリエンプション方式を用いたリアルタイムシステムのタスクA，B，Cそれぞれの処理時間と，イベントが発生してから応答するまでに許容される時間(許容応答時間)を表に示す。タスクの優先順位は，全てのタスクが許容応答時間以内に応答できるように定めた。

タスクA，B，Cが同時に実行可能状態になったとき，発生する状況はどれか。

タスク	処理時間(ミリ秒)	許容応答時間(ミリ秒)
A	30	100
B	80	300
C	100	200

ア　タスクAが実行状態になり，タスクB，Cは実行可能状態のまま。
イ　タスクAが実行状態になり，タスクB，Cは待ち状態になる。
ウ　タスクBが実行状態になり，タスクA，Cは実行可能状態のまま。
エ　タスクCが実行状態になり，タスクA，Bは待ち状態になる。

問1 解説

　プリエンプティブなスケジューリング方式(**プリエンプティブ方式**)では，実行状態のタスクよりも高い優先度のタスクが実行可能状態になると，**プリエンプション**が発生し，実行状態のタスクは実行可能状態に遷移します。このことから，"RUNのタスクの優先度>READYのタスクの優先度"であり，これに着目して下図の①，②，③部分を見ると，

　　①タスクB>タスクC　　　②タスクB>タスクA　　　③タスクC>タスクA

であることがわかります。したがって，優先度の関係はB>C>Aです。

			②		
タスクA	RUN	WAIT	READY	RUN	READY
タスクB	WAIT	RUN	WAIT	RUN	WAIT
タスクC	WAIT	READY	RUN	WAIT	RUN

①　　　　　　　　　　　　　③

問2 解説

　イベントドリブンプリエンプション方式とは，発生したイベント(事象)をトリガとしてタスクの切替えを行う方式です。まず，タスクの優先順位を考えます。

　タスクAの処理時間は30ミリ秒，許容応答時間は100ミリ秒です。タスクB，Cの処理時間が80ミリ秒，100ミリ秒なので，タスクAを最初に実行しないと，タスクAは許容応答時間内に応答できません。次に，タスクCの処理時間は100ミリ秒，許容応答時間は200ミリ秒です。タスクAが終了した時点で30ミリ秒が経過しているので，タスクBより先にタスクCを実行しなければ，タスクCは許容応答時間内に応答できません。

　以上から，タスクの優先順位はA>C>Bであり，この三つのタスクが同時に実行可能状態になると，まず優先順位の高いタスクAが実行状態になり，タスクB，Cは実行可能状態でCPU割当てを待ちます。

参考 タスクの状態遷移

　生成されたタスクは，タスク管理プログラムの制御のもと，処理を終えて消滅するまで次の三つの状態の遷移を繰り返します。

Check!

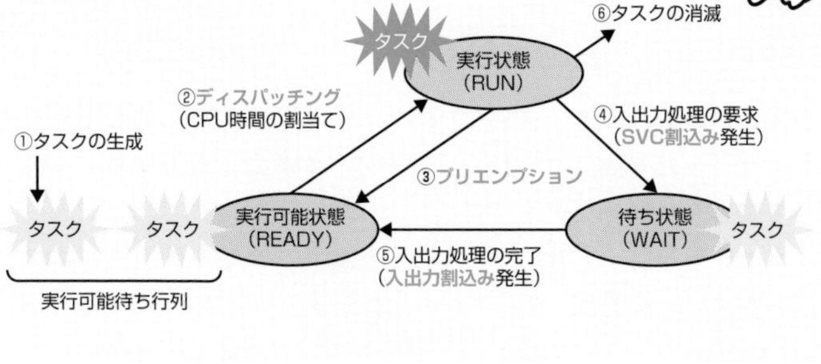

タスク　実行状態(RUN)
②ディスパッチング(CPU時間の割当て)
⑥タスクの消滅
④入出力処理の要求(SVC割込み発生)
①タスクの生成
タスク　タスク
実行可能状態(READY)
③プリエンプション
⑤入出力処理の完了(入出力割込み発生)
待ち状態(WAIT)　タスク
実行可能待ち行列

解答　問1:ウ　問2:ア

5▸4 デッドロック

重要度
★★★

デッドロック発生の要因とその防止策，さらに「参考」に
示した待ちグラフを押さえておきましょう。

問1

二つのタスクが共用する二つの資源を排他的に使用するとき，デッドロックが発生するお
それがある。このデッドロックの発生を防ぐ方法はどれか。

ア 一方のタスクの優先度を高くする。
イ 資源獲得の順序を両方のタスクで同じにする。
ウ 資源獲得の順序を両方のタスクで逆にする。
エ 両方のタスクの優先度を同じにする。

問2

三つの資源X〜Zを占有して処理を行う四つのプロセスA〜Dがある。各プロセスは処理の進
行に伴い，表中の数値の順に資源を占有し，実行終了時に三つの資源を一括して解放する。
プロセスAとデッドロックを起こす可能性のあるプロセスはどれか。

プロセス	資源の専有順序		
	資源X	資源Y	資源Z
A	1	2	3
B	1	2	3
C	2	3	1
D	3	2	1

ア B, C, D   **イ** C, D   **ウ** Cだけ   **エ** Dだけ

問1   解説

デッドロックとは，複数のタスク（プロセス）が，複数の資源に対して異なる順で資源獲
得（ロック制御）を行ったとき，互いに相手のタスクが資源を解放するのを待って，永久に
処理が中断してしまう状態をいいます。

デッドロックの発生を防ぐ方法の一つに，資源獲得の順序を両方のタスクで同じにする
という方法があります。例えば，次ページの図に示すようにタスクAとBにおいて，資源X，
Yの獲得の順序がともに「X→Y」であれば，デッドロックは発生しません。

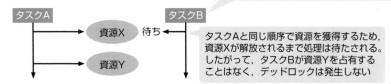

資源獲得の順序は，タスクAと同じ「X→Y」

タスクA　タスクB

資源X　待ち

資源Y

タスクAと同じ順序で資源を獲得するため，
資源Xが解放されるまで処理は待たされる。
したがって，タスクBが資源Yを占有する
ことはなく，デッドロックは発生しない

問2 解説

　資源を占有する(ロックする)順序が等しいプロセス間では，デッドロックは発生しません。したがって，プロセスAとデッドロックを起こす可能性があるのは，CとDです。なお，プロセスAとC，D間でデッドロックが発生する資源占有順序は図のようになります。

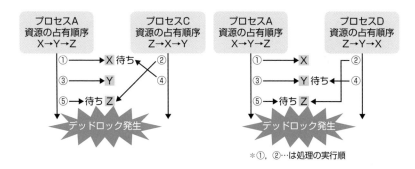

＊①，②…は処理の実行順

参考 デッドロック検出に用いられる待ちグラフ Check!

　DBMS(DataBase Management System)において，デッドロックを検出するために使われるデータ構造に待ちグラフがあります。待ちグラフは有向グラフの一種であり，グラフ中の矢印は，「X→Y」のとき，トランザクションXはトランザクションYがロックしている資源の解放を待っていることを表します。

　下図に示す例のように，グラフに閉路(ループ)があればデッドロックが発生していると判断できます。

Aは，Cがロックしている資源の解放を待っている
Cは，Bがロックしている資源の解放を待っている
Bは，Aがロックしている資源の解放を待っている

この部分が閉路になっているので，
トランザクションA，B，C間でデッドロックが発生

解答 問1:イ 問2:イ

主記憶管理 I

重要度
★☆☆

記憶領域の割当てアルゴリズム，及び「参考」に示した空き領域管理のデータ構造を押さえておきましょう。

 問1

　主記憶割当てのアルゴリズムが最初適合(first-fit)である可変区画方式において，次の条件で領域を要求した場合,割り当てた後の空き領域のリストはどのようになるか。ここで，領域の大きさの単位はkバイトである。

〔条件〕

(1) 現在の空き領域のリストは200, 100, 160, 140, 130である。

(2) 要求する大きさは，順に90, 130, 140, 100である。

(3) 要求する大きさを上回る空き領域を確保したときは，余った領域を，リストの最後に追加する。

(4) そのほかの条件は考慮しないものとする。

ア 100, 110, 30　　**イ** 130, 110, 30　　**ウ** 160, 110　　**エ** 200, 10, 60

問2

　固定区画方式を使用した主記憶において，大きさが100kバイト，200kバイト，300kバイト，400kバイトの区画をそれぞれ一つ設定する。この主記憶に，大きさが250kバイト，250kバイト，50kバイトのプログラムをベストフィット方式で割り当てた。この時点で，使用できない領域は合計で何kバイト生じているか。

ア 200　　**イ** 250　　**ウ** 350　　**エ** 450

問1 解説

　最初適合(first-fit：ファーストフィット)とは，要求量以上の大きさをもつ空き領域のうちで最初に見つかったものを割り当てる方式です。問題文に示された空き領域のリストを先頭から検索し，大きさ90, 130, 140, 100kバイトの順に割当てを行うと，次のようになります。

現在の空き領域のリスト：200, 100, 160, 140, 130

① 90kバイトの領域：リストの先頭の200kバイトの領域を割り当て，余った110kバイトを リストの最後に追加する ⇒ 空き領域のリスト：100，160，140，130，**110**

② 130kバイトの領域：リストの2番目の160kバイトの領域を割り当て，余った30kバイト をリストの最後に追加する ⇒ 空き領域のリスト：100，140，130，110，**30**

③ 140kバイトの領域：リストの2番目の140kバイトの領域を割り当てる（余りなし）
  ⇒ 空き領域のリスト：100，130，110，30

④ 100kバイトの領域：リストの先頭の100kバイトの領域を割り当てる（余りなし）
  ⇒ 空き領域のリスト：130，110，30

問2 **解説**

ベストフィット（best-fit：**最適適合**）とは，要求量以上の大きさをもつ空き領域のうちで最小のものを割り当てる方式です。固定区画方式を使用した場合，区画の大きさとプログラムの大きさが一致しなければ区画内に未使用領域（使用できない領域）が発生します。

主記憶に，100kバイト，200kバイト，300kバイト，400kバイトの区画をそれぞれ一つ設定し，ベストフィット方式によって，①250kバイト，②250kバイト，③50kバイトのプログラムを割り当てると下図のようになります。このときの，使用できない領域の合計は，50＋150＋50＝250kバイトです。

参考 空き領域の管理

空き領域を管理する代表的な方法に**リスト方式**があります。例えば，問1の場合には下図のような単方向リストで管理されます。

空き領域リストのヘッダ

記録位置 →
大きさ →

アドレス	アドレス	アドレス	アドレス	NULL アドレス
200k	100k	160k	140k	130k

記憶領域割当てアルゴリズムに**ファーストフィット**が用いられる場合，一般にリスト要素の順序づけには何らの基準もありません。一方，**ベストフィット**が用いられる場合，各要素は空き領域の大きさによって順序づけられます。なお，ベストフィットの場合には，単方向リストで管理するよりも，**空き領域の大きさをキーとする**2分探索木で管理する方が領域割当て時の平均処理時間が短くなります。

Check!

解答 問1：イ 問2：イ

主記憶管理 Ⅱ

重要度
★★☆

フラグメンテーション，ガーベジコレクションなど，ここに掲載されている用語は押さえておきましょう。

問1

フラグメンテーションに関する記述のうち，適切なものはどれか。

ア　可変長ブロックのメモリプール管理方式では，様々な大きさのメモリ領域の獲得や返却を行ってもフラグメンテーションは発生しない。

イ　固定長ブロックのメモリプール管理方式では，可変長ブロックのメモリプール管理方式よりもメモリ領域の獲得と返却を速く行えるが，フラグメンテーションが発生しやすい。

ウ　フラグメンテーションの発生によって，合計としては十分な空きメモリ領域があるにもかかわらず，必要とするメモリ領域を獲得できなくなることがある。

エ　メモリ領域の獲得と返却の頻度が高いシステムでは，フラグメンテーションの発生を防止するため，メモリ領域が返却されるたびにガーベジコレクションを行う必要がある。

問2

プログラム実行時の主記憶管理に関する記述として，適切なものはどれか。

ア　主記憶の空き領域を結合して一つの連続した領域にすることを，可変区画方式という。

イ　プログラムが使用しなくなったヒープ領域を回収して再度使用可能にすることを，ガーベジコレクションという。

ウ　プログラムの実行中に主記憶内でモジュールの格納位置を移動させることを，動的リンキングという。

エ　プログラムの実行中に必要になった時点でモジュールをロードすることを，動的再配置という。

問1　解説

フラグメンテーション（断片化）とは，メモリ上に細切れの未使用領域が多数できてしまい，連続した空き領域が少なくなってしまう現象のことです。フラグメンテーションが発生すると，使用可能なメモリの合計が獲得要求を満たす十分な大きさであっても，一つ一つは不連続であるため，要求に応えられないという問題が生じます。

したがって，**ウ**が正しい記述です。なお，フラグメンテーション問題に対する一つの解決方法に，メモリコンパクションがあります（次ページ「参考」を参照）。

ア，イ：メモリプールとは，プログラムの実行に伴って動的な割当て及び解放を繰り返すことができるメモリ領域のことです。プログラム起動時にシステムによって提供される**ヒープ領域**もメモリプールの一種です。メモリプールは，複数のメモリブロックから構成されていて，そのブロックの管理方法には可変長方式と固定長方式があります。

可変長方式	要求量を満たす空きブロックを割り当て，余った部分を新たな空きブロックとして分割する。このため，余った小さな空きブロックが発生することになり，これがフラグメンテーション発生の原因になる
固定長方式	要求量を満たす空きブロックをそのまま（必要に応じて複数リンクして）割り当てる。そのため，獲得及び返却の処理速度は速く一定であり，またフラグメンテーションは発生しない。ただし，非常に小さいサイズの獲得要求に対しても固定長のブロックが割り当てられるため，ブロック内に未使用領域が発生しメモリ効率は悪い

エ：フラグメンテーションの発生を防止するためには，動的割当てを行うメモリ領域（メモリプール）を固定長方式で管理するか，あるいは予測できるある程度大きなメモリ領域をあらかじめ一括で確保しておき，その領域を切り分けながら動的割当てを行うといった方法があります。

問2 解説

　プログラム実行時，動的なメモリ割り当てを行っていると，どこからも参照されないメモリ領域が発生してしまうことがあります。例えば，不要になった領域は解放すべきですが，これを怠った場合，どこからも参照されないままいつまでも残ります。このような領域をゴミ（garbage：ガーベジ）といい，ゴミとなった領域を解放・回収して再び使用可能にする処理を**ガーベジコレクション**といいます。したがって，**イ**が正しい記述です。**ア**はメモリコンパクション，**ウ**は動的再配置，**エ**は動的リンキングの説明です。

補足　不要になったメモリ領域を解放すると，その領域は空き領域リストに追加されます。このとき，メモリ上で隣接している空き領域があればそれを結合して一つの大きな空き領域にすることで，より効率よくメモリ領域が利用できます。**ガーベジコレクション**は，この処理（すなわち，メモリコンパクション）を行う場合もあるため，"メモリコンパクション"を含めて"ガーベジコレクション"ということがあります。

参考 メモリコンパクション

　右の図①のようにフラグメンテーションが発生すると主記憶の利用効率が低下します。そこで，適切なタイミングで主記憶上のモジュールを移動（**動的再配置**）し，未使用領域を一つの連続した領域にまとめる**メモリコンパクション**を行います。

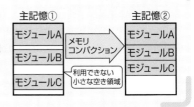

仮想記憶管理（ページング方式）

重要度
★☆☆

動的アドレス変換の仕組みを理解し，また「参考」に示したページ読込みの方式も押さえておきましょう。

問1

仮想記憶方式において，論理アドレスから物理アドレスへの変換を行うのはいつか。

ア 主記憶に存在するページをアクセスするとき
イ ページフォールトが発生したとき
ウ ページを主記憶にページインするとき
エ ページを補助記憶にページアウトするとき

問2

高度

セグメンテーションページング方式の仮想記憶において，セグメントテーブルに格納される情報はどれか。

ア 当該セグメントに含まれるページの仮想アドレス
イ 当該セグメントに含まれるページの実アドレス
ウ 当該セグメントに含まれるページを管理するページテーブルの仮想アドレス
エ 当該セグメントに含まれるページを管理するページテーブルの実アドレス

問1 解説

　仮想記憶方式の最大の特徴の一つは，プログラムの分割読み込み(ローディング)です。分割の仕方によっていくつかの方式がありますが，**ページング方式**では，プログラムをページという固定長の大きさに分割し，必要なつど主記憶に読み込みます。このページング方式において，プログラム内で扱われるアドレスはページ番号とページ内変位から構成される論理アドレスです。そのため命令実行の際(すなわち，主記憶上のデータをアクセスするとき)には，論理アドレスから主記憶上の物理アドレスへの変換が行われます。したがって，正しい記述は**ア**です。

　なお，アドレス変換は**MMU**(Memory Management Unit)の機能の一つである**動的アドレス変換**(**DAT**：Dynamic Address Translation)によって行われ，このとき参照されるのがページテーブルです。ページテーブルには，「ページ番号，主記憶上の格納位置，ページフォールトビット」などの情報が格納されていて，アドレス変換は次の手順で行われます。

① ページテーブルを検索し，対象ページの状態を調べる。

② ページフォールト（ページ不在）の場合
　・主記憶上に空きページ枠があれば対象ページをそのページ枠にページインする。
　・空きページ枠がなければ，ページ置換えアルゴリズムにより決定された不要ページを
　　ページアウトしたあとで対象ページをページインする。
　・主記憶上の物理アドレスとの対応をページテーブルに格納する。

③ 対象ページの主記憶上の格納位置（下図m）に論理アドレスのページ内変位（下図n）を加
　えて，主記憶上の物理アドレスを得る。

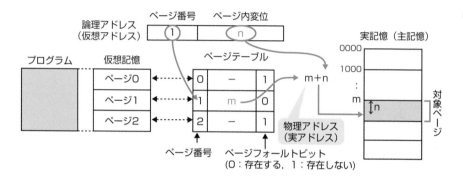

　セグメンテーションページング方式は，セグメンテーション方式（主記憶に読込む単位を可変長のセグメント単位にしたもの）とページング方式を組み合わせた方式です。論理アドレスは「セグメント番号，ページ番号，ページ内変位」から構成され，アドレス変換は，セグメントテーブルとページテーブルの二段階で行います。**エ**が正しい記述です。

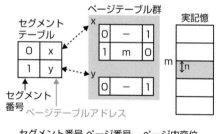

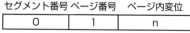

参考　ページ読込みの方式　Check!

どのページをいつ主記憶に読み込むのかを決めるための方式には，次の二つがあります。
・**デマンドページング**：ページフォールトが発生したときに，当該ページを主記憶に読み込む
・**プリページング**：実行に際して必要となるページをあらかじめ予測し主記憶上に読み込む

解答　問1：ア　問2：エ

仮想記憶管理（ページ置換え）

5 ▶ 8

ページ置換えアルゴリズムとしては，LRUとFIFOがよく出題されています。なお，問3のスラッシングは頻出。

問1

仮想記憶管理における主記憶のページ枠が4のとき，プログラムが参照するページ番号によって，次のようにページを置き換える方式はどれか。

参照するページ番号	1	→ 2	→ 3	→ 2	→ 4	→ 3	→ 5	→ 3	→ 4	→ 1	→ 2
ページ枠1	1	1	1	1	1	1	5	5	5	5	5
ページ枠2		2	2	2	2	2	2	2	2	1	1
ページ枠3			3	3	3	3	3	3	3	3	2
ページ枠4					4	4	4	4	4	4	4

ア FIFO(First In First Out)　　イ LFU(Least Frequently Used)

ウ LIFO(Last In First Out)　　エ LRU(Least Recently Used)

問2

仮想記憶管理におけるページ置換えアルゴリズムとして，LRU方式を採用する。参照かつ更新されるページ番号の順番が，1，2，3，4，1，2，5，1，2，3，6，5で，ページ枠が4のとき，ページフォールトに伴って発生するページアウトは何回か。ここで，初期状態では，いずれのページも読み込まれていないものとする。

ア 3　　　　イ 4　　　　ウ 5　　　　エ 6

問3

ページング方式の仮想記憶において，ページ置換えの発生頻度が高くなり，システムの処理能力が急激に低下することがある。このような現象を何と呼ぶか。

ア スラッシング　　　　イ スワップアウト

ウ フラグメンテーション　　エ ページフォールト

各選択肢のページ置換え方式(アルゴリズム)は,次のとおりです。

FIFO方式	最初に主記憶にページインした(主記憶に最も古くから存在する)ページを追出しの対象とする
LFU方式	参照(使用)された頻度が最も少ないページを追出しの対象とする
LIFO方式	最後に主記憶にページインしたページを追出しの対象とする
LRU方式	最も長い間参照されていない(参照されてから最も時間が経過している)ページを追出しの対象とする

問題の図を見ると(下図を参照),主記憶のページが置き換えられたのは①,②,③のときです。そこで,この①,②,③部分を順に見ていきます。

※色字：参照,□：ページイン

参照するページ番号	1 → 2 → 3 → 2 → 4 → 3 → **5** → 3 → 4 → **1** → **2**
ページ枠1	1　1　1　1　1　1　⎣5⎦　5　5　5　5
ページ枠2	⎣2⎦　2　2　2　2　2　2　2　⎣1⎦　1
ページ枠3	⎣3⎦　3　3　3　3　3　3　3　⎣2⎦
ページ枠4	⎣4⎦　4　4　4　4　4　4　4

①ページ5が参照されたとき,ページ枠1の ページ1 がページ5に置き換えられています。

図のA時点において,

- ・FIFO：最初にページインしたページ＝ページ1
- ・LFU ：参照された頻度が最も少ないページ＝ページ1とページ4
- ・LIFO：最後にページインしたページ＝ページ4
- ・LRU ：参照されてから最も時間が経過しているページ＝ページ1

であるため,ページ置換え方式は,FIFO方式,LFU方式,LRU方式のどれかです。

②ページ1が参照されたとき,ページ枠2の ページ2 がページ1に置き換えられています。

図のB時点において,

- ・FIFO：最初にページインしたページ＝ページ2
- ・LFU ：参照された頻度が最も少ないページ＝ページ5
- ・LRU ：参照されてから最も時間が経過しているページ＝ページ2

であるため,ページ置換え方式は,FIFO方式,LRU方式のどちらかです。

③ページ2が参照されたとき,ページ枠3の ページ3 がページ2に置き換えられています。

図のC時点において,

- ・FIFO：最初にページインしたページ＝ページ3
- ・LRU ：参照されてから最も時間が経過しているページ＝ページ5

であるため,ページ置換え方式はFIFO方式です。

　ページフォールトとは，アクセスしたページが主記憶上に存在しないこと，あるいはその際に発生する割込みのことです。ページフォールトが発生したとき，主記憶上に空きページ枠があればそこへ該当ページを読み込みますが(ページイン)，空きページ枠がなければ，ページ置換えアルゴリズムにより決定された不要なページをページアウトし，該当ページをページインします。

　本問で採用される**LRU(Least Recently Used)方式**は，参照されてから最も時間が経過しているページを追出しの対象とする方式なので，ページの参照・更新，及びページイン／ページアウトは次のようになります。

*色字：参照・更新，□：ページイン

参照かつ更新されるページ番号	1	2	3	4	1	2	5	1	2	3	6	5
ページ枠1	1	1	1	1	1	1	1	1	1	1	1	5
ページ枠2		2	2	2	2	2	2	2	2	2	2	2
ページ枠3			3	3	3	3	5	5	5	5	6	6
ページ枠4				4	4	4	4	4	4	3	3	3

(ページアウト)　　　　　　　3　　　　4　5　1

　ページング方式の仮想記憶において，ページ置換え，すなわちページング(ページイン／ページアウト)の発生頻度が高くなり，システムの処理能力が急激に低下する現象を**スラッシング**といいます。

　例えば，主記憶の容量が十分でない場合，アプリケーション(プログラム)の多重度を増加させるとページングが多発します。ページングが多発すると，CPUはページイン／ページアウトを行うため，本来実行すべきアプリケーションの実行ができず，アプリケーションのCPU使用率が極端に低下するといった現象が発生します。この現象がスラッシングです。なお，ページングが多発すると主記憶と補助記憶との間のページ転送量が増加することも知っておきましょう。

イ：**スワップアウト**とは，スワップと呼ばれる，主記憶の容量不足を補うために確保された補助記憶上の領域に，主記憶上にあるプログラムを実行状態のまま(プログラム単位)で退避する動作のことです。逆に，スワップに退避したプログラムを主記憶に読み込むことを**スワップイン**といいます。

ウ：**フラグメンテーション**は断片化とも呼ばれ，記憶領域の割当てと解放を繰り返すことによって，不連続な未使用領域が多く発生する現象のことです。

エ：**ページフォールト**については，問2の解説を参照。

解答　問1:ア　問2:イ　問3:ア

5▶9 仮想記憶管理（ページフォールト）

重要度
★★☆

条件の整理と，何を求めるのかの把握がポイントです。
単位を合わせ，計算ミスをしないよう注意しましょう。

問1

主記憶への1回のアクセスが200ナノ秒で，ページフォールトが発生すると1回当たり100ミリ秒のオーバヘッドを伴うコンピュータがある。ページフォールトが主記憶アクセスの50万回中に1回発生する場合，ページフォールトは1秒当たり最大何回発生するか。ここで，ページフォールトのオーバヘッド以外の要因は考慮しないものとする。

ア 3 **イ** 4 **ウ** 5 **エ** 6

問2

主記憶へのアクセスを1命令当たり平均2回行い，ページフォールトが発生すると1回当たり40ミリ秒のオーバヘッドを伴うシステムがある。ページフォールトによる命令実行の遅れを1命令当たり平均0.4マイクロ秒以下にするために許容できるページフォールト発生率は最大幾らか。ここで，ほかのオーバヘッドは考慮しないものとする。

ア 5×10^{-6} **イ** 1×10^{-5} **ウ** 5×10^{-5} **エ** 1×10^{-4}

問3

ページング方式の仮想記憶において，あるプログラムを実行したとき，1回のページフォールトの平均処理時間は30ミリ秒であった。ページフォールト発生時の処理時間が次の条件であったとすると，ページアウトを伴わないページインだけの処理の割合は幾らか。

〔ページフォールト発生時の処理時間〕
(1) ページアウトを伴わない場合，ページインの処理時間は20ミリ秒である。
(2) ページアウトを伴う場合，置換えページの選択，ページアウト，ページインの合計処理時間は60ミリ秒である。

ア 0.25 **イ** 0.33 **ウ** 0.67 **エ** 0.75

問題文に与えられた条件は，次のとおりです。

・主記憶への1回のアクセス時間：200ナノ秒（＝200×10^{-9}秒）
・ページフォールトに伴うオーバヘッド：1回当たり100ミリ秒（＝100×10^{-3}秒）
・ページフォールトの発生回数：主記憶アクセスの50万（＝50×10^{4}）回中に1回

このことから，ページフォールトが1回発生するまでの時間を，ページフォールトに伴うオーバヘッド時間を含めて求めると，次のようになります。

　　主記憶へのアクセス50万回の時間　＋　オーバヘッド時間
$=200$ナノ秒$\times50\times10^{4}$　＋　100ミリ秒
$=200\times10^{-9}\times50\times10^{4}$　＋　100×10^{-3}［秒］
$=100\times10^{-3}$　＋　100×10^{-3}［秒］
$=200\times10^{-3}$［秒］

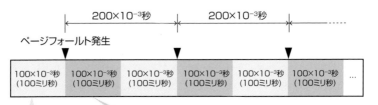

したがって，1秒間にページフォールトが発生する回数は，

$$\frac{1}{200\times10^{-3}}=\frac{1}{2\times10^{-1}}=5［回］$$

です。

「主記憶へのアクセスを1命令当たり平均2回行い，ページフォールトが発生すると1回当たり40ミリ秒のオーバヘッドを伴う」とあります。ここで，ページフォールト発生率をPとすると，主記憶へのアクセス**1回**に対しての平均遅れ時間は，

　　40ミリ秒$\times P=40\times10^{-3}\times P$［秒］

と表すことができ，1命令当たりの遅れ時間は，

　　$2\times40\times10^{-3}\times P$［秒］

となります。この遅れ時間を0.4マイクロ秒（＝0.4×10^{-6}秒）以下にするためには，ページフォールト発生率Pは次の不等式を満たさなければなりません。

　　$2\times40\times10^{-3}\times P\leqq0.4\times10^{-6}$

この不等式からPを求めると，

$$P \leq \frac{0.4 \times 10^{-6}}{2 \times 40 \times 10^{-3}} = 0.005 \times 10^{-3} = 5 \times 10^{-6}$$

となり，許容できるページフォールト発生率Pは5×10^{-6}となります。

> 補足　1回当たりのページフォールト処理時間をT，ページフォールト発生率をP，1命令当たりの平均主記憶アクセス回数をNとおくと，ページフォールト発生時のオーバヘッドによる1命令当たりの平均遅れ時間は，「T×P×N」で求められます。

問3 解説

1回のページフォールトの平均処理時間は，次の式で求めることができます。

> **Check!**
> 1回のページフォールトの平均処理時間
> ＝ページアウトを伴わない割合×ページアウトを伴わないときの処理時間
> ＋ページアウトを伴う割合×ページアウトを伴うときの処理時間

そこで，ページアウトを伴わないページインだけの処理の割合をxとして，問題文に与えられた処理時間(ミリ秒)を上式に代入すると，次のようになります。

$$30 = x \times 20 + (1-x) \times 60$$
$$30 = x \times 20 + 60 - x \times 60$$
$$x = 0.75$$

以上から，ページアウトを伴わない場合の割合は0.75です。

参考　ページ置換えアルゴリズムFIFOの特徴

ページ置換えアルゴリズムの一般的な特性として，割当て主記憶容量を増やすと，ページフォールト回数は減少するという傾向がありますが，FIFO方式においては，「ある種のページ参照列に対して，割当て主記憶量を増やすと，かえってページフォールトの回数が**増加する**」といった特徴があります。

例えば，初期状態では，いずれのページも読み込まれていない状態で，プログラムが参照するページ番号の順が「1，2，3，4，1，2，5，1，2，3，4，5」のとき，主記憶のページ枠を3から4に変更すると，発生する**ページフォールトの回数は1回多く**なります。

ページアクセス時に発生する事象とその回数の関係

試験では，ページアクセス時に発生する三つの事象(ページフォールト，ページイン，ページアウト)の発生回数の関係が問われることがあります。次の関係式を確認しておきましょう。

ページフォールトの回数 ＝ ページインの回数 ≧ ページアウトの回数

Check!

解答　問1:ウ　問2:ア　問3:エ

言語処理ツール

出題は少ないですが，コンパイラの処理（「参考」も含む）は，基本事項です。押さえておきましょう。

問1

コンパイラによる最適化において，オブジェクトコードの所要記憶領域が削減できるものはどれか。

ア　関数のインライン展開
イ　定数の畳込み
ウ　ループ内不変式の移動
エ　ループのアンローリング

問2

あるコンピュータ上で，異なる命令形式のコンピュータで実行できる目的プログラムを生成する言語処理プログラムはどれか。

ア　エミュレータ
イ　クロスコンパイラ
ウ　最適化コンパイラ
エ　プログラムジェネレータ

問3

組込みシステムの開発におけるソースコードの品質向上のために，C言語のコーディング規則をまとめたものはどれか。

ア　CSS
イ　GCC
ウ　MISRA-C
エ　SystemC

問1　解説

　コンパイラによる最適化の主な目的は，プログラムの実行時間の短縮と，オブジェクトサイズ（オブジェクトコードの所要記憶領域）の削減です。

ア：**関数のインライン展開**は，関数呼出しを行っている箇所に関数のコードを展開することで，関数呼出しにかかるオーバヘッドをなくす手法です。実行時間は短縮できますが，オブジェクトサイズは増えます。

イ：**定数の畳込み**は，定数同士の計算式をその計算結果で置き換えるという手法です。例えば，「x＝1＋2」といった式は「x＝3」に置き換えます。この置換えによって，オブジェクトサイズが削減でき，さらに実行時間も短縮できます。

ウ：**ループ内不変式の移動**は，実行時間短縮のための手法です。ループ内で値の変わらない式(すなわち，ループの外に出しても処理内容が変わらない式)を，ループの外に出すことで無駄な処理をなくします。オブジェクトサイズは変わりません。

エ：**ループのアンローリング**は，オブジェクトサイズを犠牲にして実行時間を短縮する手法です。ループ処理では，毎回のループごとにループ終了判定が行われます。この判定回数を減らして実行時間を短縮しようという手法がループのアンローリング(ループの展開ともいう)です。例えば，二重ループの内側のループを展開して一重ループにしたり，要素数100の配列の初期化を行う場合には，ループ内で五つの要素を初期化するようにしてループ回数(すなわち，ループ判定回数)を減らします。

以上，オブジェクトサイズの削減ができるのは**イ**の定数の畳込みです。

問2 解説

命令形式が異なるコンピュータ用の目的プログラムを生成する言語処理プログラムは，**クロスコンパイラ**です。クロスコンパイラは，実行するコンピュータとは異なるコンピュータ上でプログラム開発を行う場合に用いられます。

問3 解説

C言語のコーディング規則をまとめたものは，**MISRA-C**です。MISRA-Cは，車載製品のソフトウェアなど，C言語で記述する組込みシステムの品質(安全性と信頼性)を確保することを目的に作成された，C言語のためのソフトウェア設計標準規格です。

ア：**CSS**(Cascading Style Sheets)は，HTMLやXHTMLなどで作成されるWebページのスタイルを指定するための言語です。

イ：**GCC**(GNU Compiler Collection)は，GNUプロジェクトが開発・配布している，複数の言語(C，C++，Objective-C，Objective-C++など)のコンパイラ集です。

エ：**SystemC**は，ハードウェア記述言語よりも抽象度の高い記述ができる，C++を基としたシステムレベル記述言語です。システムLSI設計フローの初期段階で利用することで，ハードウェアとソフトウェアとの協調設計(コデザイン)が可能になります。

参考 コンパイラが行う処理(四つのフェーズ)

① **字句解析**：プログラムを字句規則に基づいて検査し，字句の切出しを行う。

② **構文解析**：字句解析が出力する字句を読み込みながら，構文規則に従って構文木を生成し，その字句の列が文法で許されているかどうかを解析する。

③ **意味解析**：変数の宣言と使用との対応付けや，演算におけるデータ型の整合性チェックを行う。

④ **最適化**：プログラム実行時間やオブジェクトコードの所要記憶容量が少なくなるよう，プログラム変換(再編成)を行う。

解答 問1：イ 問2：イ 問3：ウ

開発ツール

重要度
★★☆

プロファイラ，アサーションチェックなど，ここに掲載
されている用語は押さえておきましょう。

問1

プログラムの性能を改善するに当たって，関数，文などの実行回数や実行時間を計測して
統計を取るために用いるツールはどれか。

ア コンパイラ **イ** デバッガ **ウ** パーサ **エ** プロファイラ

問2

プログラム実行中の特定の時点で成立していなければならない変数間の関係や条件を記
述した論理式を埋め込んで，その論理式が成立していることを確認することによって，プロ
グラムの処理の正当性を動的に検証する手法はどれか。

ア アサーションチェック **イ** コード追跡
ウ スナップショットダンプ **エ** テストカバレージ分析

問3

ソフトウェア開発に使われるIDEの説明として，適切なものはどれか。

ア エディタ，コンパイラ，リンカ，デバッガなどが一体となったツール
イ 専用のハードウェアインタフェースでCPUの情報を取得する装置
ウ ターゲットCPUを搭載した評価ボードなどの実行環境
エ タスクスケジューリングの仕組みなどを提供するソフトウェア

問1 解説

　プログラムの性能を分析するためのツールに**プロファイラ**があります。プロファイラは，
プログラムを構成するモジュールや関数の呼出し回数及び呼出しにかかる時間，また実行
時におけるメモリ使用量やCPU使用量など，プログラムの性能改善のための分析に役立
つ各種情報を収集します。例えば，「プログラムの動作が遅い」，「"メモリ不足"エラーが
出る」といった場合，プログラムのどの部分で処理が遅くなっているのか，何がメモリを
消費しているのかなど，プログラムのボトルネックを検出するのに役立ちます。

問2 解説

　プログラムのある特定の位置で成立しているべき関係あるいは条件のことを**アサーション**といいます。例えば，要素番号が1から始まる要素数100の配列を処理するプログラムの場合，変数iについて，プログラム開始直後の位置では「iの値は1である」とか，プログラム終了直前の位置では「iの値は100よりも大きい」といった条件がアサーションです。このアサーションを論理式で記述し，それをプログラムの中に埋め込んで，実行時に評価する手法を**アサーションチェック**といいます。

イ：**コード追跡**とは，プログラムをトレース（追跡）することであり，プログラム処理の正当性を静的に検証する手法です。

ウ：**スナップショットダンプ**は，プログラム実行中のある特定の時点におけるメモリの内容やレジスタの内容を出力したものです。プログラムの動作の確認に使います。

エ：**テストカバレージ分析**とは，カバレージ（網羅率）を測定・分析することです。テストカバレージ分析を行うことで，テストの進捗状況の確認，及びテストそのものの品質測定ができます。なお，カバレージ（網羅率）とは，プログラム全体の中で，テストが行われた部分が占める割合のことです。例えば，カバレージ基準を命令網羅としたテストでは，全ての命令のうち，テストで実行された命令の割合を意味します。

問3 解説

　IDE（Integrated Development Environment）とは，ソフトウェアの開発に必要なツール（エディタ，コンパイラ，リンカ，デバッガなど）をひとまとめにし，開発作業全体を一つの環境で統一的に行えるようにした**統合開発環境**のことです。**ア**が適切な記述です。

参考 チェックしておきたい関連用語 Check!

- **トレーサ**（追跡プログラム）：命令単位，あるいは指定した範囲でプログラムを実行し，実行直後のレジスタの内容やメモリの内容など必要な情報が逐次得られるツール。
- **ICE**："In-Circuit Emulator（インサーキットエミュレーター）"の略。MPUをエミュレートする（模擬的に動作させる）機能をもったハードウェアで，プログラムを1ステップずつ実行する機能，実行途中で一時停止させるブレークポイント機能，さらにレジスタやメモリの値を表示したり変更したりする機能などを備えている。デバッグ対象システムのMPUの代わりにICEプローブと呼ばれるソケットを接続し，MPUの動作をエミュレートすることでソフトウェアやハードウェアのデバッグを行う。
- **バージョン管理ツール**：ソースコードのバージョンや変更履歴を管理するためのツール。中央集中型の**Apache Subversion**，分散型の**Git**などがある。Gitでは，全履歴を含んだ中央リポジトリの完全な複製を各開発者のローカル環境にコピーして運用できる。

解答 問1：エ　問2：ア　問3：ア

ソフトウェアの標準

重要度
★☆☆

「参考」に示した用語も含め，ここで取り上げた用語を押さえておけばよいでしょう。

問1

　サーバアプリケーションの開発のための，オブジェクト指向技術に基づいたコンポーネントソフトウェアの仕様はどれか。

ア EAI(Enterprise Application Integration)
イ EJB(Enterprise JavaBeans)
ウ ERP(Enterprise Resource Planning)
エ UML(Unified Modeling Language)

問1　解説

　EJB(Enterprise JavaBeans)は，サーバでの実行を前提とした，オブジェクト指向技術に基づいたコンポーネントソフトウェアの仕様であり，Java言語で作成されたプログラムをソフトウェア部品(コンポーネント)として取り扱うためのJavaBeansに，エンタープライズ向け(サーバ側の処理)の機能を追加したものです。

ア：EAI(Enterprise Application Integration)は，企業内の異なるシステムを互いに連結し，データやプロセスの効率的な統合を図ることによって，企業経営に活用しようとする手法です。

ウ：ERP(Enterprise Resource Planning)は，企業全体の経営資源を有効かつ総合的に計画・管理し，経営の効率化を図るための手法あるいは概念です(**企業資源計画**)。

エ：UML(Unified Modeling Language)は，オブジェクト指向における分析・設計で用いられるモデリング言語です。なお，UML仕様の一部を流用して機能拡張したグラフィカルなモデリング言語にSysML(Systems Modeling Language)があります。

参考　チェックしておきたい関連用語　Check!

・**SVG**(Scalable Vector Graphics)：矩形や円，直線，文字列などの図形オブジェクトをXML形式で記述し，Webページでの図形描画にも使うことができる画像フォーマット。SVGは，ベクター形式の画像フォーマットであり，拡大縮小しても輪郭が粗くならないといった特徴がある。また，XMLをベースとしているためメモ帳などのテキストエディタでも作成ができる。

・**SMIL**(Synchronized Multimedia Integration Language)：動画や音声などのマルチメディアコンテンツのレイアウトや再生のタイミングを表現するためのXMLベースのマークアップ言語。

解答　問1:イ

第6章

ハードウェア

6▶1 組合せ論理回路

重要度 ★★★　論理回路問題はほぼ毎回出題されています。演算則を適用し等価な論理式が求められるようにしておきましょう。

問1

　1桁の2進数A，Bを加算し，Xに桁上がり，Yに桁上げなしの和（和の1桁目）が得られる論理回路はどれか。

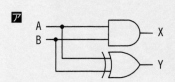

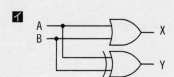

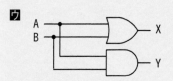

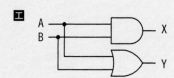

問2

　図の論理回路と等価な回路はどれか。

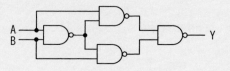

問1　解説

　半加算器の論理回路を求める問題です。1桁の2進数A，Bを加算したとき，和の1桁目は，AとBがともに0のとき0，どちらか一方が1のとき1，そして，AとBがともに1のとき0となり，このとき桁上がりが発生します。これを真理値表で表すと，次のようになります。

142

和の1桁目（Y）が1になるのは，$\overline{A} \cdot B$又はA・$\overline{B}$のときなので，Yは論理式「$\overline{A} \cdot B + A \cdot \overline{B}$」で表すことができ，この論理式は**排他的論理和**の論理式です。また，桁上がり（X）が1になるのは，A・Bのときなので，Xは**論理積「A・B」**で表すことができます。したがって，正しい論理回路は**ア**です。

A	B	和の1桁目 （Y）	桁上がり （X）
0	0	0	0
0	1	1	0
1	0	1	0
1	1	0	1

問2 解説

は，NAND素子（否定論理積素子）なので，入力A，Bに対する出力は$\overline{A \cdot B}$となります。この点に注意して，左側から順に各NAND素子の出力を見ていきます。

最も左にあるNAND素子からの出力は$\overline{A \cdot B}$です。中央上方のNAND素子へは，Aと$\overline{A \cdot B}$が入力されるため，出力は$\overline{A \cdot \overline{A \cdot B}}$です。また，中央下方のNAND素子へは，Bと$\overline{A \cdot B}$が入力されるため，出力は$\overline{B \cdot \overline{A \cdot B}}$です。ここで，$\overline{A \cdot \overline{A \cdot B}}$，及び$\overline{B \cdot \overline{A \cdot B}}$をそれぞれド・モルガンの法則を用いて整理すると，$\overline{A \cdot \overline{A \cdot B}} = \overline{A} + (A \cdot B)$，$\overline{B \cdot \overline{A \cdot B}} = \overline{B} + (A \cdot B)$になります。

したがって，最も右にあるNAND素子からの出力は，$\overline{(\overline{A} + (A \cdot B)) \cdot (\overline{B} + (A \cdot B))}$と表すことができ，これを整理すると次のようになります。

$$\overline{(\overline{A} + (A \cdot B)) \cdot (\overline{B} + (A \cdot B))}$$
$$= \overline{(A \cdot B) + (\overline{A} \cdot \overline{B})}$$
$$= \overline{(A \cdot B)} \cdot \overline{(\overline{A} \cdot \overline{B})}$$
$$= \overline{(A \cdot B)} \cdot (A + B)$$

$(\overline{A} + (A \cdot B)) \cdot (\overline{B} + (A \cdot B))$を，$(A \cdot B)$で括ると，「$(A \cdot B) + (\overline{A} \cdot \overline{B})$」になる。

求められた式は，**排他的論理和**の論理式です。つまり，等価な回路は**ウ**です。

〔排他的論理和を表す論理式〕

① A⊕B
② $A \cdot \overline{B} + \overline{A} \cdot B$
③ $(A + B) \cdot \overline{(A \cdot B)}$

参考 論理演算の基本法則 Check!

べき等則	A+A=A，A・A=A
同一則	A+0=A，A+1=1，A・0=0，A・1=A
補元・復元則	$A + \overline{A} = 1$，$A \cdot \overline{A} = 0$，$\overline{\overline{A}} = A$
結合法則	(A+B)+C=A+(B+C)，(A・B)・C=A・(B・C)
分配法則	A・(B+C)=(A・B)+(A・C)，A+(B・C)=(A+B)・(A+C)
ド・モルガンの法則	$\overline{A \cdot B} = \overline{A} + \overline{B}$，$\overline{A + B} = \overline{A} \cdot \overline{B}$

解答 問1:ア　問2:ウ

6▸2 フリップフロップ回路

重要度 ★★★　定期的に出題されます。フリップフロップ回路の特徴を理解し，トレースできるようにしておきましょう。

問1

　図の論理回路において，S=1，R=1，X=0，Y=1のとき，Sを一旦0にした後，再び1に戻した。この操作を行った後のX，Yの値はどれか。

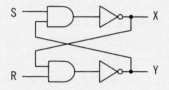

- **ア** X=0，Y=0
- **イ** X=0，Y=1
- **ウ** X=1，Y=0
- **エ** X=1，Y=1

問1　解説

　問題の論理回路は，**フリップフロップ**と呼ばれる回路です。フリップフロップは，二つの安定状態をもつ回路で，過去の入力による状態と現在の入力とで出力が決まる**順序回路**の基本構成要素です。レジスタやSRAMの記憶セルに使用されています。

　では，入力S=1，R=1，出力X=0，Y=1である状態から，Sを一旦0にしたときの回路状態，そして再びSを1に戻したときの回路状態を見ていきます。ここで，上方のAND回路をA，NOT回路をC，下方のAND回路をB，NOT回路をDと表すことにします。

①入力S=1，R=1，出力X=0，Y=1である状態

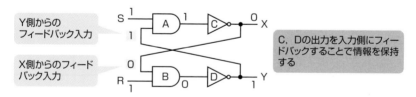

Y側からの
フィードバック入力

X側からのフィード
バック入力

C，Dの出力を入力側にフィードバックすることで情報を保持する

　出力Y=1なので，AへのY側からのフィードバック入力は1です。このときAの出力は1，Cの出力は0（X=0）となります。また，出力X=0なので，BへのX側からのフィードバック入力は0です。このときBの出力は0，Dの出力は1（Y=1）となります。したがって，この回路は，A→C→B→D→A→C→…というループにより，X=0，Y=1の安定状態を保持します。

②Sを一旦0にした状態(入力S=0，R=1)

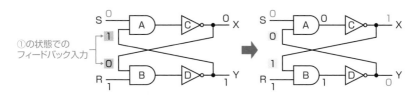

①の状態での
フィードバック入力

　Y側からのフィードバック入力が1(①の状態)のとき，Sを0にすると，上右図に示すように，Aの出力は0，Cの出力は1(X=1)となります。また，BへのX側からのフィードバック入力が1となるので，Bの出力は1，Dの出力は0(Y=0)となります。このとき，AへのY側からのフィードバック入力が0となりますが，Aの出力は変わりません。したがって，Sを0にすると，この回路の状態は，X=1，Y=0の安定状態に変わります。

③再びSを1に戻した状態(入力S=1，R=1)

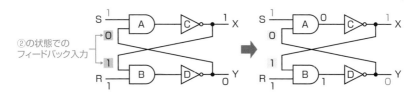

②の状態での
フィードバック入力

　Y側からのフィードバック入力が0(②の状態)のとき，Sを1にしても，上右図に示すように，Aの出力は0，Cの出力は1(X=1)と変わりません。また，BへのX側からのフィードバック入力も1なので，Bの出力は1，Dの出力は0(Y=0)と変わりません。したがって，Sを1にしても，この回路の状態は，X=1，Y=0の安定状態のままです。

参考 RSフリップフロップ Check!

　問1の論理回路と下図に示す論理回路はどちらもRSフリップフロップと呼ばれる，等価な論理回路です。Rはリセット，Sはセットの意味で，「S=0，R=1」の入力で「X=1，Y=0」，「S=1，R=0」の入力で「X=0，Y=1」の状態になります。また，「S=1，R=1」の入力では前の状態を保持し，「S=0，R=0」の入力は出力が不定となるため禁止されています。

　問1では，②において入力S(セット)が0，R(リセット)が1になるので，状態は「X=1，Y=0」に変わり，この状態でSを1に戻すと「S=1，R=1」になり前の状態を保持します。

S	R	X	Y
0	0	不定	
0	1	1	0
1	0	0	1
1	1	保持	

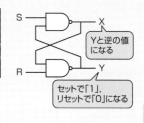

Yと逆の値
になる

セットで「1」，
リセットで「0」になる

解答 問1:ウ

6

ハードウェア

半導体素子

重要度
★★☆
近年出題が多くなってきているテーマです。ダイオード，LED，コンデンサの特性は押さえておきましょう。

問1

次の電子部品のうち，整流作用をもつ素子はどれか。

ア コイル　　**イ** コンデンサ　　**ウ** ダイオード　　**エ** 抵抗器

問2

　マイコンの汎用入出力ポートに接続されたLED1を，LED2の状態を変化させずに点灯したい。汎用入出力ポートに書き込む値として，適切なものはどれか。ここで，使用されている汎用入出力ポートのビットは全て出力モードに設定されていて，出力値の読出しが可能で，この操作の間に汎用入出力ポートに対する他の操作は行われないものとする。

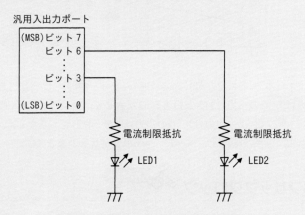

ア 汎用入出力ポートから読み出した値と16進数の08との論理積
イ 汎用入出力ポートから読み出した値と16進数の08との論理和
ウ 汎用入出力ポートから読み出した値と16進数の48との論理積
エ 汎用入出力ポートから読み出した値と16進数の48との論理和

問1　解説

　整流作用とは，ある一方向にしか電流を流さない作用のことです。一般に，電子部品は，能動素子と受動素子の二つに大別できます。**能動素子**は，供給された電流（信号）を増幅し

たり整流したりするなど，その性質を変える能力をもった素子です。**ダイオード**やトランジスタが能動素子の代表となります。一方，**受動素子**は，供給されるものを消費・蓄積・放出する素子であり，増幅したり整流したりする機能はありません。コイル，コンデンサ，抵抗器は，受動素子の代表です。以上，選択肢の中で整流作用をもつのは**ウ**のダイオードのみです。

ダイオードは，順方向には電流を流しますが，逆方向には電流を流しません。右図にダイオード記号を示しましたが，図の左側(三角形の底辺側)をアノード，右側をカソードといい，電流が流れるのは「アノード → カソード」方向です。

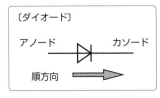

〔ダイオード〕

アノード　　　　　カソード

順方向

6

ハードウェア

問2　解説

LED(Light Emitting Diode：**発光ダイオード**)は，電流を流して発光させる電子部品です。ダイオードと同様，電流を流す方向が決まっていて，アノードからカソードに向かって電流を流すと発光します。

図のLED1を点灯させるためには，ビット3が"1"になる値を汎用入出力ポートに書き込めばよいわけですが，このときLED2の状態が変化しないようビット6の値はそのまま(現状態のまま)にしなければいけません。

これを行うためには，現在の状態値(すなわち，汎用入出力ポートから読み出した値)のビット3のみを"1"にして汎用入出力ポートに書き込みます。ビット3のみを"1"にするためには，16進数の08(2進数の00001000)との論理和をとればよいので，**イ**が適切です。

参考　整流回路　👉Check!

ダイオードの整流特性を利用することで，電流を常に一方向にしか流れないようにする**整流回路**を作ることができます。例えば，単一のダイオードを用いた整流回路に(回路の詳細は省略)，下図左の電圧波形の信号を入力すると，入力が正(＋)のときにだけ電流が流れます。このため，出力される電圧は負(−)部分がカットされた波形になります。なお，入力波形の半分(正の部分)だけを取り出すため，厳密にはこれを**半波整流回路**といいます。

周期的に電流の方向が変わる
入力電圧波形　　　　　　整流回路　　　　　　　　整流後の電圧波形
　　　　　　　　　　入力　(半波整流回路)　出力
0V　　　　　　　　(交流)　　　　　　　　(直流)　0V

電圧が正(＋)のときは順方向の電流が流れ，
負(−)のときは逆方向なので流れない

カスタムIC・システムLSI

問1

SoCの説明として，適切なものはどれか。

ア　システムLSIに内蔵されたソフトウェア

イ　複数のMCUを搭載したボード

ウ　複数のチップで構成していたコンピュータシステムを，一つのチップで実現したLSI

エ　複数のチップを単一のパッケージに封入してシステム化したデバイス

問2

FPGAなどに実装するデジタル回路を記述して，直接論理合成するために使用されるものはどれか。

ア　DDL　　　イ　HDL　　　ウ　UML　　　エ　XML

問3

組込みシステムの開発における，ハードウェアとソフトウェアのコデザインを適用した開発手法の説明として，適切なものはどれか。

ア　ハードウェアとソフトウェアの切分けをシミュレーションによって十分に検証し，その後もシミュレーションを活用しながらハードウェアとソフトウェアを並行して開発していく手法

イ　ハードウェアの開発とソフトウェアの開発を独立して行い，それぞれの完了後に組み合わせて統合テストを行う手法

ウ　ハードウェアの開発をアウトソーシングし，ソフトウェアの開発に注力することによって，短期間に高機能の製品を市場に出す手法

エ　ハードウェアをプラットフォーム化し，主にソフトウェアで機能を差別化することによって，短期間に多数の製品ラインナップを構築する手法

問1　解説

SoCは"System on a Chip"の略で，システムに必要な機能(CPUコア，メモリ，I/Oなど)を一つのチップ上に実現したシステムLSIです。したがって，**ウ**が適切な記述です。

ア：SoCはハードウェアであり，ソフトウェアではありません。

イ：MCUは"Micro Controller Unit"の略で，マイクロプロセッサを用いた制御装置のことです。MCUの中には制御装置として必要な機能が全て搭載されていて，一つのチップで一つのシステムとして機能します。このため，MCU自体はSoCに分類されますが，MCUをボード(基板)上に搭載したものはSoCではありません。

エ：複数のチップを一つのパッケージにまとめたのはSiP(System in a Package)です。

問2　解説

FPGA(Field Programmable Gate Array)は，現場(フィールド)で論理回路の構成を自由にプログラムでき，また実装した後でも再プログラムできるIC(集積回路)のことです。FPGAに実装する回路を記述する際には，HDL(Hardware Description Language：ハードウェア記述言語)を使用します。下記に，FPGA実装の主な流れを示します。

---

① FPGAが担う機能・動作を，HDLを用いて記述する(機能の記述)。

② 記述したソース・コードを回路に変換する(論理合成)。

③ ②で変換した回路の配置位置や，回路同士をつなぐ配線経路を決定する(配置配線)。

④ 生成された回路情報をFPGAに書込み，動作検証を行う。

⑤ 動作不良や回路仕様の変更が発生したときは①へ戻る。

問3　解説

コデザインは"協調設計"という意味で，ハードウェアとソフトウェアの設計・開発を，協調しながら同時進行で行うというものです。したがって，**ア**が適切な記述です。

参考　チェックしておきたい関連用語　☞Check!

- **IPコア**：Intellectual Property Coreの略。SoCなどのLSIを構成するための部分回路情報であり，既に開発・検証されている機能単位の部品。ソフトウェアにおける"ライブラリ"に相当する。IPコアを利用することでSoC全体を一から設計するよりも開発期間を短縮できる。
- **オープンソースハードウェア**：設計図が公開されたハードウェア。公開された設計図やそれに基づくハードウェアを誰もが作り，改変し，頒布し，利用できる。

ハードウェアタイマ

重要度 ★★★ 定期的に出題されます。ウォッチドッグタイマの機能を理解し，問2の計算ができるようにしておきましょう。

問1

組込みシステムにおける，ウォッチドッグタイマの機能はどれか。

ア あらかじめ設定された一定時間内にタイマがクリアされなかった場合，システム異常とみなしてシステムをリセット又は終了する。

イ システム異常を検出した場合，タイマで設定された時間だけ待ってシステムに通知する。

ウ システム異常を検出した場合，マスカブル割込みでシステムに通知する。

エ システムが一定時間異常であった場合，上位の管理プログラムを呼び出す。

問2

16ビットのダウンカウントのカウンタを用い，そのカウンタの値が0になると割込みを発生するハードウェアタイマがある。カウンタに初期値として10進数の150をセットしてタイマをスタートすると，最初の割込みが発生するまでの時間は何マイクロ秒か。ここで，タイマクロックは16MHzを32分周したものとする。

ア 0.3 　イ 2 　ウ 150 　エ 300

問1 解説

ウォッチドッグタイマ(watchdog timer)は，システムの異常や暴走など予期しない動作を検知するための時間計測機構です。システムが正常に動作しているかどうかや，プログラムが無限ループの状態に陥っていないかどうかを検出するときなどに用いられます。

ウォッチドッグタイマはハードウェアタイマの一種です。最初にセットされた値から，一定時間間隔でタイマ値(カウンタ値)を減少あるいは増加させ，タイマ値の下限値あるいは上限値に達するとタイムアウトとなり，このとき割込みを発生させて例外処理ルーチンを実行します。通常，この例外処理ルーチンによりシステムをリセット又は終了させます。

例えば，右ページの図では，ウォッチドッグタイマに初期値100をセットしています。正常に処理されている，すなわちプログラムが無限ループ状態に陥っていなければ，タイマ値が下限値の0になる前にリセットできます(左図)。しかし，右図のように無限ループに陥っていて一定時間を経過してもタイマがリセットされなければ，タイマ値が0になるので，このとき異常とみなして割込みを発生させます。以上，アが正しい記述です。

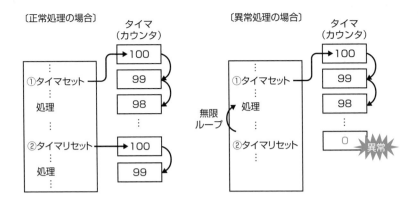

〔正常処理の場合〕　　　タイマ
　　　　　　　　　　（カウンタ）

①タイマセット → 100
　　　　　　　　　　 99
　処理　　　　　　　 98
②タイマリセット → 100
　処理　　　　　　　 99

〔異常処理の場合〕　　　タイマ
　　　　　　　　　　（カウンタ）

①タイマセット → 100
　　　　　　　　　　 99
　処理　　　　　　　 98
無限
ループ
②タイマリセット　　 0　異常

問2　解説

　本問で問われているのは，カウンタの初期値を150としたとき，何マイクロ秒後に最初の割込みが発生するかです。まず次の点を確認しておきましょう。

- ・1クロックサイクルでカウンタの値が1減少し，0となったとき割込みが発生する。
- ・1クロックサイクル時間は，タイマクロックの逆数で求められる。

　注意すべきは，「タイマクロックは16MHzを32分周したもの」との記載です。**分周**とは，"周波数を1/nにする"という意味なので，本問におけるタイマのクロック（周波数）は，

$$16\text{MHz} / 32 = (16 \times 10^6) / 32 = 0.5 \times 10^6 \text{Hz}$$

です。そして，周波数が0.5×10^6Hzであれば，その1クロックサイクル時間は，

$$1 / (0.5 \times 10^6) = 2 \times 10^{-6} \text{秒} = 2 \text{マイクロ秒}$$

です。したがって，初期値150にセットしたカウンタの値が0になるまでの時間，すなわち初期値設定後，最初の割込みが発生するまでの時間は，

$$2 \text{マイクロ秒} \times 150 = 300 \text{マイクロ秒}$$

となります。

参考　マスカブル割込みとノンマスカブル割込み

　マスカブル割込みとは，割込みの発生を抑制（マスク）できる割込みのことです。例えば，ある割込みが発生したとき，その割込みを無視してそのまま処理を継続しても支障がないという場合に用いられる割込みです。ウォッチドッグタイマで用いられる割込みは，マスク不可能な**ノンマスカブル割込み**です。

解答　問1：ア　問2：エ

クロック分周器

重要度
★★☆

定期的に出題されます。「クロック分周器」といったら問1が頻出ですが, 問2も押さえておいた方がよいでしょう。

問1

ワンチップマイコンにおける内部クロック発生器のブロック図を示す。15MHzの発振機と, 内部のPLL1, PLL2及び分周器の組合せでCPUに240MHz, シリアル通信(SIO)に115kHzのクロック信号を供給する場合の分周器の値は幾らか。ここで, シリアル通信のクロック精度は±5%以内に収まればよいものとする。

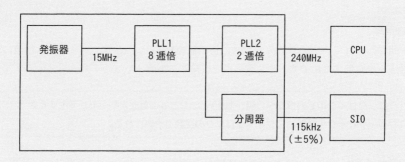

ア 1／2^4 イ 1／2^6 ウ 1／2^8 エ 1／2^{10}

問2

高度

マイコンに供給するクロックとシリアル通信ポートに使用するクロックを供給するマイコンシステムがある。nが自然数のとき, クロックを2^n分の1に分周して57.6kビット/秒の通信速度が得られるクロック周波数は何MHzか。ここで, シリアル通信ポートのクロックの誤差は5%以内とする。

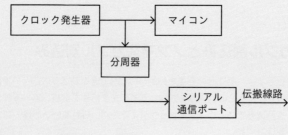

ア 52 イ 60 ウ 66 エ 72

問1 解説

PLLは"Phase Locked Loop：位相同期回路"の略で，PLL1（8逓倍）は入力クロック信号を8倍の高い周波数に上げる回路です。またPLL2（2逓倍）は，2倍に上げる回路です。このように，クロック周波数をn（整数）倍に上げる回路を**逓倍器**といいます。一方，**分周器**はクロック周波数を1／n倍に下げる回路です。

問題の内部クロック発生器の場合，発振器から出力された15MHzはPLL1で8倍されるので，PLL1の出力は15MHz×8＝120MHzになります。シリアル通信（SIO）には，この120MHzが分周器により分周され，115kHz（クロック精度±5%以内）のクロック信号が供給されます。問われているのは分周器の値です。すなわち120MHzを何分の1にすれば115kHzになるかです。ここで，分周器の値をxとおき次の式を解くと，

$$120\text{MHz} \times x = 115\text{kHz}$$
$$x = (115 \times 10^3) / (120 \times 10^6)$$
$$x = (115/120)/10^3$$
$$x = 0.95833\cdots/10^3$$

となり，分周器の値はおおよそ1／10^3（＝1／1000）であることがわかります。そして，この値に最も近いのは**エ**の1／2^{10}（＝1／1024）です。念のため，115kHzの±5%の範囲内に収まるかどうかを検算してみると，120MHzを1／2^{10}に分周した値は，120MHz／2^{10}＝（120×10^6）／1024＝117.1875kHzであり，この値は115kHzの±5%である109.25kHz～120.75kHzの間に収まっています。

問2 解説

通信速度が57.6kビット/秒ということは，1秒間に57.6kビットの信号を送出することになり，これに必要なクロック周波数は57.6kHzです。この57.6kHzの元となる周波数は，選択肢の値から52MHz～72MHzの間にあります。そこで，選択肢の中の一番小さな値52MHzと一番大きな値72MHzを，1／2^n倍して57.6kHzにする2^nを求めると，

$$52\text{MHz}/2^n = 57.6\text{kHz} \quad \rightarrow \quad 2^n = (52 \times 10^6)/(57.6 \times 10^3) \fallingdotseq 903$$
$$72\text{MHz}/2^n = 57.6\text{kHz} \quad \rightarrow \quad 2^n = (72 \times 10^6)/(57.6 \times 10^3) = 1250$$

となり，「$2^9 = 512$，$2^{10} = 1024$，$2^{11} = 2048$」であることから，n＝10，すなわち分周比は1／2^{10}であることがわかります。次に，分周比が1／2^{10}であるとき，クロック発生器から出力されるクロック周波数（xとする）は，次の不等式を満たす必要があります。

$$57.6\text{kHz} \times 0.95 \leq x \times (1/2^{10}) \leq 57.6\text{kHz} \times 1.05 \qquad \text{※クロックの誤差は±5%以内}$$

この不等式を整理すると，

$$57.6\text{kHz} \times 0.95 \times 2^{10} \leq x \leq 57.6\text{kHz} \times 1.05 \times 2^{10}$$
$$56033.28\text{kHz} \leq x \leq 61931.52\text{kHz} \quad \Rightarrow \quad 56.03328\text{MHz} \leq x \leq 61.93152\text{MHz}$$

となるので，クロック周波数xは**イ**の60MHzです。

解答 問1：エ 問2：イ

センサー

問2は高度問題ですが，I²Cについては応用情報でも出題されています。I²Cの基本事項も押さえておきましょう。

問1

車の自動運転に使われるセンサーの一つであるLiDARの説明として，適切なものはどれか。

ア 超音波を送出し，その反射波を測定することによって，対象物の有無の検知及び対象物までの距離の計測を行う。

イ 道路の幅及び車線は無限遠の地平線で一点（消失点）に収束する，という遠近法の原理を利用して，対象物までの距離を計測する。

ウ ミリ波帯の電磁波を送出し，その反射波を測定することによって，対象物の有無の検知及び対象物までの距離の計測を行う。

エ レーザー光をパルス状に照射し，その反射光を測定することによって，対象物の方向，距離及び形状を計測する。

問2

高度

マイコンと，表に示す二つのセンサーとをI²Cで接続した。センサーからマイコンへのデータの読込みは，センサーアドレス，内部アドレス，センサーアドレスの順にアドレスを送信した後に行う。最初のセンサーアドレスは対象センサーアドレスを左に1ビットシフトして，LSBを0にしたものであり，二つ目のセンサーアドレスは対象センサーアドレスを左に1ビットシフトしてLSBを1にしたものである。4A，01，4Bの順にアドレスを送信したときにマイコンに読み込まれるデータはどれか。ここで，リスタートコンディションは自動的に行われるものとし，アドレスは16進数表記である。

センサー	センサーアドレス	内部アドレス	データ
ジャイロセンサー	25	00	X軸角速度
		01	Y軸角速度
加速度センサー	2A	00	X軸加速度
		01	Y軸加速度

ア X軸角速度　　**イ** X軸加速度　　**ウ** Y軸角速度　　**エ** Y軸加速度

問1　解説

　LiDARは"Light Detection And Ranging"の略で，レーザー光を照射して，その反射光の情報を基に対象物までの距離や方向及び形状を計測する技術です。**エ**が適切です。

ア：**ソナーセンサー**(超音波センサーあるいは超音波ソナーともいう)の説明です。ソナーセンサーは，車体近傍の障害物の検出に利用されているセンサーです。超音波の発信から受信までの時間を測定することで対象物までの距離を算出します。

イ：遠近法の原理を利用して対象物までの距離を計測する方式は，**単眼カメラ方式**です。なお，二つのカメラを使う**ステレオカメラ方式**もありますが，この方式では，二つのカメラで撮影した映像の差(両眼視差)を基に対象物までの距離を計算します。

ウ：ミリ波レーダーの説明です。

問2　解説

　本問で問われているのは，マイコンが4A，01，4Bの順にアドレスを送信したとき，どちらのセンサーの，どのデータが読み込まれるかです。

　マイコンが送信した最初のセンサーアドレス(4A)は対象センサーアドレスを左に1ビットシフトしてLSB(最下位ビット)を0にしたものであり，二つ目のセンサーアドレス(4B)は対象センサーアドレスを左に1ビットシフトしてLSBを1にしたものです。ここで，データの読込み対象センサーをジャイロセンサー(センサーアドレス25)と仮定すると，

$$25_{(16)} = 00100101_{(2)} \Rightarrow \text{左に1ビットシフトしてLSBを0にすると} 01001010_{(2)} = 4A_{(16)}$$
$$\Rightarrow \text{左に1ビットシフトしてLSBを1にすると} 01001011_{(2)} = 4B_{(16)}$$

となるので，データの読込み対象センサーはジャイロセンサーです。そして，マイコンが送信した内部アドレスが01であることから，読み込まれるデータは，Y軸角速度です。

参考　I²C(Inter-Integrated Circuit)

　I²Cは，データとクロック(同期を取るための信号)の2本の信号線を用いて通信を行うシリアルインタフェースです。I²Cバスに接続されるデバイスは，その役割によりマスターとスレーブに分けられます。通常，マスターが，送受信を行いたいスレーブのアドレスを指定し，アドレス指定されたスレーブのみが送受信を継続する仕組みになっています。

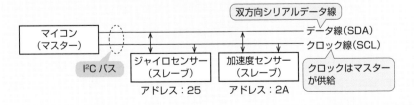

A/D変換器とD/A変換器

6▶8

重要度
★☆☆　近年は出題が減ってはいますが，A/D変換及びD/A変換の基本事項は確認しておいた方がよいでしょう。

問1

8ビットD/A変換器を使って，負でない電圧を発生させる。使用するD/A変換器は，最下位の1ビットの変化で出力が10ミリV変化する。データに0を与えたときの出力は0ミリVである。データに16進表示で82を与えたときの出力は何ミリVか。

ア 820　　**イ** 1,024　　**ウ** 1,300　　**エ** 1,312

問2

入力電圧レンジが−5〜+5Vで出力が8ビットのA/D変換器において，入力電圧−5Vの変換値が16進数で00，入力電圧0Vの変換値が16進数で80であった。入力電圧+2.5Vの16進数での変換値はどれか。ここで，量子化誤差以外の誤差は生じないものとする。

ア 40　　**イ** 60　　**ウ** A0　　**エ** C0

問1　解説

D/A変換器は，0と1のビット列であるデジタル値をアナログ信号（通常は電圧）に変換する機器です。本問のD/A変換器は，デジタル値の最下位ビットが1変化すると，出力が10ミリV変化します。また，データに0を与えたときの出力は0ミリVです。

したがって，データに16進表示で82，つまり10進数で130を与えたときの出力は，

$$130 \times 10 = 1,300 [ミリV]$$

となります。

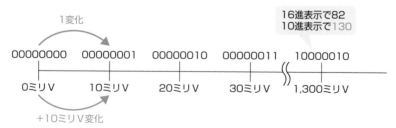

補足　最下位の1ビットの変化による出力の変化を「変換の最小単位（最小の刻み）」といい，これは最下位ビットの重みを意味します。

A/D変換器は，アナログ信号をデジタル値に変換する機器です。入力電圧－5Vの変換値が0，0Vの変換値が16進数で80（10進数で128）なので，このA/D変換器では5Vの幅を128に分割していることになります。したがって，変換の最小単位（最小の刻み）は，5÷128＝0.0390625Vとなり，入力電圧＋2.5Vの変換値は，次のようになります。

7.5V÷0.0390625V＝192＝(C0)$_{16}$

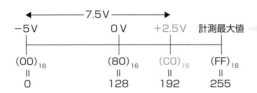

8ビットのA/D変換器のデジタル出力値は「(00)$_{16}$～(FF)$_{16}$」の256段階なので,計測できる最大値は「5－0.0390625V」

参考　A/D変換の誤差とD/A変換の精度

A/D変換では，アナログ値をデジタル値に変換する際に誤差が生じます。例えば，入力電圧レンジが0V～10Vで出力が8ビットのA/D変換器では，レンジ幅（10V）を2^8（＝256）に分割してデジタル値に対応させます。そのため，入力電圧が＋10/256V（＝0.0390625V）変化したときデジタル値が1増えることになり，入力電圧差が10/256Vより小さいときはデジタル値は変化しません。ここで，入力電圧が5Vのときの変換値と，入力電圧が10/256より小さい0.03V増えた5.03Vの変換値を計算すると次のようになり，両者の変換値は同じになります。このとき5.03Vの変換で生じる誤差を量子化誤差といいます。

入力電圧5V　　　→　5÷(10/256)＝128
入力電圧5.03V　→　5.03÷(10/256)＝128.768　→　128

D/A変換ではデジタル値をアナログ値に変換しますが，変換の精度は，入力値のビット数で決まります。例えば，入力が3ビットのD/A変換の場合，3ビットで表せる数は(000)$_2$～(111)$_2$の8個（＝2^3）なので，最大電圧が10Vであれば変換の最小単位は10÷8＝1.25Vとなり，デジタル値が1変化すると1.25V変化することになります。一方，入力が8ビットのD/A変換の場合，8ビットで表せる数は2^8＝256個なので，変換の最小単は10÷256＝0.0390625Vとなり，3ビットのD/A変換よりもきめ細かに変換できます。

ここで，午後試験（組込みシステム開発）に出題された次の問題を考えてみましょう。

問：最下位ビットが1／2,048Vの重みであり，負の値を2の補数表現として－1,024V～1,024－(1／2,048)Vの範囲の電圧を計測できるA/D変換器に必要な最小のビット数は？

答：最下位ビットの重みが1／2,048Vなので，電圧が＋1／2,048V増えるとデジタル値が1増えることになります。また負数を2の補数表現する場合，1ビットの重みが1／2,048であれば，Nビットで表現できる範囲は，「$-2^{N-1} \times (1／2,048) \sim (2^{N-1}-1) \times (1／2,048)$」です。このことから最小のビット数Nは，**22ビット**と求められます。

解答　問1：ウ　問2：エ

低消費電力化技術

重要度
★☆☆

出題は少ないですが，高度試験ではよく出題されている
テーマです。押さえておいた方がよいでしょう。

問1

LSIの省電力制御技術であるパワーゲーティングの説明として，適切なものはどれか。

ア　異なる電圧値の電源を複数もち，動作周波数が低い回路ブロックには低い電源電圧を供給することによって，消費電力を減らす。

イ　動作する必要がない回路ブロックに供給しているクロックを停止することによって，消費電力を減らす。

ウ　動作する必要がない回路ブロックへの電源供給を遮断することによって，消費電力を減らす。

エ　半導体製造プロセスの微細化から生じるリーク電流の増大を，使用材料などの革新によって抑える。

問2

高度

組込みシステムに適用されるCPUの低消費電力化技術に関する説明として，適切なものはどれか。

ア　トランジスタのしきい値電圧を低くすることによって，回路の動作は遅くなるがリーク電流が抑えられるので，低消費電力になる。

イ　トランジスタの消費電力は電源電圧の2乗に反比例するので，電圧を高くすることによって低消費電力になる。

ウ　パワーゲーティングを用いることによって，ダイナミックな消費電力は少なくなるが，リーク電流に起因する消費電力は抑えることができない。

エ　レジスタに供給するクロックがダイナミックな消費電力を増加させる要因の一つなので，不要なブロックへのクロックの供給を止めることによって低消費電力になる。

問1　解説

LSIの消費電力は，次の二つに大別できます。

・ダイナミック電力：回路ブロックの動作(スイッチング動作)などに伴い消費される電力
・スタティック電力：動作の有無にかかわらず漏れ出す電流(リーク電流)によって常に消費される電力

パワーゲーティングはリーク電流対策の一つです。リーク電流は，回路ブロックが動作しなくても流れるため電力を無駄に消費してしまいます。そこで，スイッチ（パワースイッチという）を用いて，使用されていない回路ブロックへの電源供給を遮断し，リーク電流の削減を図る技術がパワーゲーティングです。**ウ**が正しい記述です。

ア：**マルチVdd**（マルチ電源電圧）の説明です。ダイナミック電力の大きさは電源電圧の2乗に比例するため，電源電圧を下げることでダイナミック電力を低減できますが，電源電圧を下げると動作速度が遅くなります。そこで，低速で動作する回路ブロックには低い電源電圧を使い，高速動作が必要な回路ブロックには従来の電源電圧を使うことによりチップ全体の消費電力を減らす技術がマルチVddです。

イ：**クロックゲーティング**の説明です。クロックゲーティングは，古くから利用されてきた手法であり，ダイナミック電力の低減を目的とした手法です。動作させる必要がない回路ブロック，すなわちクロックが不要な回路ブロックへのクロック供給を停止することによって消費電力を削減します。

エ：半導体製造プロセスの改良によるリーク電流削減についての説明です。

問2 解説

ア：**しきい値電圧**とは，入力デジタル信号の論理値（H：1，L：0）を判定するための電圧基準のことです。トランジスタのしきい値電圧を低くすると，回路は高速動作し，リーク電流は大きくなります。

イ：消費電力は，ダイナミック電力とスタティック電力の総和です。「電源電圧の2乗に反比例する」ものではありません。

ウ：パワーゲーティングは，リーク電流に起因する消費電力を抑える技術です。

エ：不要なブロックへのクロックの供給を止めることによって，ダイナミックな消費電力を低減する技術を**クロックゲーティング**といいます。正しい記述です。

参考 マルチVth（マルチしきい値電圧）も知っておこう！

しきい値電圧と動作速度，及びリーク電流には，次のような関係があります。
・しきい値電圧が高い ⇒ 動作速度は遅いが，リーク電流は少ない
・しきい値電圧が低い ⇒ 動作速度は速いが，リーク電流が多い

マルチVth（マルチしきい値電圧）は，高速動作とリーク電流の削減の両立を実現する技術です。具体的には，しきい値電圧が異なるトランジスタを用意して，高速動作が要求される主要部分，つまりチップ全体の動作速度に影響のある経路（クリティカルパス）には，しきい値電圧が低いトランジスタを使い，それ以外のところには，低速だけどリーク電流が少ない，しきい値電圧が高いトランジスタを使うことで高速動作とリーク電流削減を実現します。

解答 問1：ウ 問2：エ

PWM制御

重要度
★☆☆

ここでは，代表的な機械・制御方式であるPWM制御を押さえておきましょう。解答丸暗記でもOKです。

問1

モータの速度制御などにPWM(Pulse Width Modulation)制御が用いられる。PWMの駆動波形を示したものはどれか。ここで，波形は制御回路のポート出力であり，低域通過フィルタを通していないものとする。

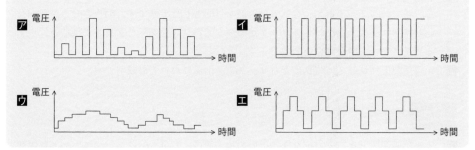

問1 解説

PWM(Pulse Width Modulation：パルス幅変調)制御は，パルス信号のONとOFFの一定周期に対するONの時間の割合(**デューティ比**という)を変化させることによって，入力電圧を変えずに供給電圧を制御する方式です。パルス幅 (ONの時間) を長くすれば高い電圧となりモータは速く回転します。逆に，パルス幅を短くすれば低い電圧となりモータはゆっくり回転します。

選択肢の波形のうち，電圧の振り幅の大きさが一定で，パルス幅を変化させている**イ**の波形が，PWMの駆動波形を示したものです。

解答 問1：イ

第7章

ヒューマンインタフェースとマルチメディア

重要度
★☆☆

それほど出題率は高くありません。問1，問2の内容を押さえておけばよいでしょう。

問1

アクセシビリティ設計に関する規格であるJIS X 8341-1:2010(高齢者・障害者等配慮設計指針－情報通信における機器，ソフトウェア及びサービス第1部：共通指針)を適用する目的のうち，適切なものはどれか。

ア　全ての個人に対して，等しい水準のアクセシビリティを達成できるようにする。

イ　多様な人々に対して，利用の状況を理解しながら，多くの個人のアクセシビリティ水準を改善できるようにする。

ウ　人間工学に関する規格が要求する水準よりも高いアクセシビリティを，多くの人々に提供できるようにする。

エ　平均的能力をもった人々に対して，標準的なアクセシビリティが達成できるようにする。

問2

Webページの設計の例のうち，アクセシビリティを高める観点から最も適切なものはどれか。

ア　音声を利用者に確実に聞かせるために，Webページの表示時に音声を自動的に再生する。

イ　体裁の良いレイアウトにするために，表組みを用いる。

ウ　入力が必須な項目は，色で強調するだけでなく，項目名の隣に"(必須)"などと明記する。

エ　ハイパリンク先の内容が予測できるように，ハイパリンク画像のalt属性にリンク先のURLを付記する。

問1　解説

JIS X 8341-1:2010は，情報通信機器及びサービスに対するアクセシビリティを確保し改善し，様々な能力をもつ最も幅広い層の人々が，その能力，障害，制限及び文化にかかわらず利用できるようにする指針として作成された規格です。この規格の適用目的については，「4.2 適用の枠組み」に，「この規格の指針が支援できることは，(一般的な)アクセシビリティを多様な人々に対して達成し，利用の状況を理解しながら，多くの個人のアクセシビリティ水準を改善することである」と記述されています。

したがって，**イ**が正しい記述です。なお，その他の選択肢については，次のとおりです。

ア, **エ**：JIS X 8341-1：2010は，「全ての個人」や「平均的能力をもった人々」に対してではなく，多様な人々（様々な能力をもつ人々を含む最も幅広い層の人々）に対して，少なくともある程度の(一般的な)アクセシビリティを達成することを目的としたものです。

ウ：人間工学規格は，アクセシビリティやユーザビリティの側面を確保する点で重要であり配慮すべきですが，JIS X 8341-1：2010は，これらの規格が要求する水準よりも高いアクセシビリティの提供を目的としたものではありません。

問2 解説

　Webページのアクセシビリティを高めるための設計例が問われています。Webページの設計においては，年齢や身体的条件にかかわらず様々な人々がWebを利用すること，及び利用者の利用環境を考慮することが重要です。例えば，入力が必須な項目を色で強調することで視覚的により分かり易くなりますが，視覚に障害をもつ人が音声読み上げ機能を利用してWebを閲覧する場合，読み上げられるのはテキスト情報だけなので文字色を変えただけの情報は伝わりません。誰もが利用しやすいWebページにするためには，音声読み上げでもその情報が正しく伝えられるようテキストによる補足情報を提供する必要があります。したがって，**ウ**が適切な記述です。

ア：音声自動再生は，視覚にハンデをもつ人にとっては有効です。しかし，聴覚にハンデをもつ人は音声を認識できませんし，音声が聞き取りにくい環境だったり，PCのスピーカをOFFにしている場合もあるので，望ましいとはいえません。

イ：表組みを用いた場合，コンテンツ制作者が意図した情報の順番と，音声で読み上げられる順番とが異なる場合があるので，表組みを用いるのは望ましいとはいえません。

エ：URLは単なる文字情報(文字や記号の羅列)です。音声読み上げ機能では，画像の代わりにalt属性の情報が読み上げられるため，リンク先のURLを指定しても内容を予測することはできません(難しい)。リンク先のページの内容を指定すべきです。

参考 **Webコンテンツのアクセシビリティに関する規格**

　JIS X 8341の規格群の第3部は，Webコンテンツのアクセシビリティに関する規格です。正式名称は，「高齢者・障害者等配慮設計指針－情報通信における機器，ソフトウェア及びサービス－第3部：ウェブコンテンツ」であり，一般に，JIS X 8341-3：2016と表記されます。この規格は，高齢者や障害のある人を含む全ての利用者が，使用している端末，Webブラウザ，支援技術などに関係なく，Webコンテンツを利用することができるようにすることを目的としたもので，Webアクセシビリティの土台となる，「**知覚可能・操作可能・理解可能・堅牢**」の四つの原則の下に，いくつかのガイドラインを定めています。なお，JIS X 8341-3：2016は，WCAG 2.0の一致規格であるため，規格本文は，WCAG 2.0と同じ内容になっています。

解答　問1：イ　問2：ウ

ユーザビリティ評価

重要度
★★★
問1は頻出です。また，ここでは「参考」に示した，ユーザビリティの定義も押さえておきましょう。

問1

ユーザインタフェースのユーザビリティを評価するときの，利用者が参加する手法と専門家だけで実施する手法の適切な組みはどれか。

	利用者が参加する手法	専門家だけで実施する手法
ア	アンケート	回顧法
イ	回顧法	思考発話法
ウ	思考発話法	ヒューリスティック評価法
エ	認知的ウォークスルー法	ヒューリスティック評価法

問2

ヤコブ・ニールセンのユーザインタフェースに関する10か条のヒューリスティックスの一つである"システム状態の視認性"に該当するものはどれか。

ア　異なる画面間でも，操作は類似の手順で実行できる。

イ　実行中に処理の進捗度を表示する。

ウ　入力フォームの必須項目に印を付けて目立たせる。

エ　表示する文字の大きさや色が適切で，効果的に画像も使用する。

問1　解説

ユーザインタフェースの**ユーザビリティ**とは，システムの「使いやすさ」や「便利さ」などを意味する用語です。ユーザビリティの評価手法(選択肢に挙げられている手法)を，専門家だけで実施する手法と利用者が参加する手法に分けると，次のようになります。

〔専門家だけで実施する手法〕

認知的ウォークスルー法	専門家がユーザになったつもりで実際にシステムを使用し，ユーザビリティを評価する
ヒューリスティック評価法	ヒューリスティックとは，"経験則"という意味。ヒューリスティック評価法では，評価者(専門家)が自身の経験則に照らしたり，あるいは様々なユーザインタフェース設計によく当てはまる経験則を基にしたりして，ユーザビリティの評価を行う

〔利用者が参加する手法〕

アンケート	評価項目についての，選択式又は記述式の質問票を利用者(以下，被験者という)に配布し，回答してもらうことでユーザビリティを評価する
回顧法	"回顧"とは，「過ぎ去ったことを思い起こす」という意味。回顧法では，被験者にシステムを使用してもらい，その様子を評価者(専門家)が観察し，また，事後に評価に関する質問に答えてもらうことでユーザビリティを評価する
思考発話法	"発話"とは，「口に出してものを言う」という意味。思考発話法では，被験者にシステムを使用してもらい，その都度感じたことを声に出してもらう。評価者(専門家)は，被験者の様子と発話を観察することでユーザビリティを評価する

問2 解説

　ヒューリスティック評価における具体的な評価項目を検討する際のベースとしてよく使われるのが，ヤコブ・ニールセンの"**ユーザインタフェースに関する10か条のヒューリスティックス**"です(下記)。"システム状態の視認性"とは，ユーザが常にシステムの処理状況を把握・確認できることをいい，これに該当するのは**イ**です。

① システムの状態がわかるようにする(**イ**が該当) ── 実行中に「○○処理は××%終了」といった表示をすることで，利用者は安心して処理の終了を待つことができ，ユーザビリティが向上する

② 実環境にあったシステムを作る

③ ユーザに操作の主導権と自由度を与える

④ 一貫性を保ち標準にならう(**ア**が該当)

⑤ エラーを事前に防止する(**ウ**が該当)

⑥ ユーザがエラーを認識，診断，回復できるようにする

⑦ 記憶しなくても，見ればわかるデザインにする

⑧ 柔軟性と効率性をもたせる

⑨ 美的で最小限のデザインにする(**エ**が該当)

⑩ ヘルプやマニュアルを用意する

参考 JIS Z 8521:2020におけるユーザビリティの定義

　ユーザの目標は，製品，システム又はサービスを利用することではなく，これらを利用して意図した成果を達成することです。つまり，ユーザビリティは"利用の成果"の一つの構成要素であることから，JIS Z 8521:2020(人間工学ー人とシステムとのインタラクションーユーザビリティの定義及び概念)では，ユーザビリティを，「特定のユーザが特定の利用状況において，システム，製品又はサービスを利用する際に，**効果，効率及び満足を伴って特定の目標を達成する度合い**」と定義し，ユーザビリティには，「効果・効率・満足」の三つの要素が含まれるとしています。JIS Z 8521:2020におけるユーザビリティの定義が問われることがあるので覚えておきましょう。

解答 問1:ウ 問2:イ

7

ヒューマンインタフェースとマルチメディア

問1

　列車の予約システムにおいて，人間とコンピュータが音声だけで次のようなやり取りを行う。この場合に用いられるインタフェースの種類はどれか。

〔凡例〕P：人間　C：コンピュータ
　P　"5月28日の名古屋駅から東京駅までをお願いします。"
　C　"ご乗車人数をどうぞ。"
　P　"大人2名でお願いします。"
　C　"ご希望の発車時刻をどうぞ。"
　P　"午前9時頃を希望します。"
　C　"午前9時3分発，午前10時43分着の列車ではいかがでしょうか。"
　P　"それでお願いします。"
　C　"確認します。大人2名で，5月28日の名古屋駅午前9時3分発，東京駅午前10時43分着の
　　　列車でよろしいでしょうか。"
　P　"はい。"

ア　感性インタフェース
イ　自然言語インタフェース
ウ　ノンバーバルインタフェース
エ　マルチモーダルインタフェース

問2

高度

　システムの要件を検討する際に用いるUXデザインの説明として，適切なものはどれか。

ア　システム設計時に，システム稼働後の個人情報保護などのセキュリティ対策を組み込む設計思想のこと

イ　システムを構成する個々のアプリケーションソフトウェアを利用者が享受するサービスと捉え，サービスを組み合わせることによってシステムを構築する設計思想のこと

ウ　システムを利用する際にシステムの機能が利用者にもたらす有効性，操作性などに加え，快適さ，安心感，楽しさなどの体験価値を重視する設計思想のこと

エ　接続仕様や仕組みが公開されている他社のアプリケーションソフトウェアを活用してシステムを構築することによって，システム開発の生産性を高める設計思想のこと

問1 解説

問題文に示された例を見ると，人間とコンピュータが音声だけであたかも人間同士が会話しているようなやり取りを行っています。これは**自然言語インタフェース**です。

ア：**感性インタフェース**は，言語的なやり取りをしなくても，コンピュータが人間の感性や感情を的確にくみ取り，より自然に，かつ快適に使用できるようにしたインタフェースです。

ウ：**ノンバーバルインタフェース**は，表情，身振り，手振り，視線といった言葉以外の情報を基に，コンピュータとやり取りを行うインタフェースです。

エ：**マルチモーダルインタフェース**は，会話や文字などの言葉だけでなく，表情や身振り，手振りなど複数の方法でコンピュータとやり取りを行うインタフェースです。

問2 解説

UXデザインとは，システムの利用を通じてユーザが感じる快適さ，安心感，楽しさなどの体験価値を重視し，単なるユーザビリティではなく，ユーザにとって価値のある体験を提供しようという設計思想です。したがって，**ウ**が正しい記述です。

なお，システムの有効性や操作性だけを追求した設計では，他との差別化が難しくなってきた現在，ユーザの体験価値を重視したUXデザインは，システムの要件を検討する際に欠かせない重要な要素になっています。

ア：システム設計時に，システム稼働後に発生する可能性がある個人情報の漏えいや目的外利用などのリスクに対する予防的な機能を検討し，その機能をシステムに組み込むことを**プライバシバイデザイン**といいます。これに対し，システムの企画・設計段階からセキュリティを確保するという考え方を**セキュリティバイデザイン**といいます。

イ：SOAの説明です。SOAについては，「13-5 ソリューションサービス」の問1を参照。

エ：オープンAPIに関する説明です。オープンAPIについては，「13-15 e-ビジネスⅠ」の問2を参照。

参考 JIS Z 8530:2021におけるUXの定義

UX（User Experience：**ユーザエクスペリエンス**）は，"ユーザ経験・ユーザ体験"と訳され，「システムの利用を通じて，ユーザが得る経験・体験」を意味します。JIS Z 8530:2021（人間工学－インタラクティブシステムの人間中心設計）では，UX（ユーザエクスペリエンス）を，「システム，製品又はサービスの利用前，利用中及び利用後に生じるユーザの知覚及び反応」と定義しています。一応，押さえておきましょう。

解答 問1：イ 問2：ウ

画面・コード設計

重要度
★☆☆

出題率は低いですが基本事項なので，「参考」に示したチェック方法も含め押さえておいた方がよいでしょう。

問1

業務システムの利用登録をするために，利用者登録フォーム画面(図1)から登録処理を行ったところ，エラー画面(図2)が表示され，再入力を求められた。このコントロールはどれか。

図1　利用者登録フォーム画面

図2　エラー画面

ア　アクセスコントロール

イ　エディットバリデーションチェック

ウ　コントロールトータルチェック

エ　プルーフリスト

問2

コードの値からデータの対象物が連想できるものはどれか。

ア　シーケンスコード

イ　デシマルコード

ウ　ニモニックコード

エ　ブロックコード

問3

顧客に，英大文字A〜Zの26種類を用いた顧客コードを割り当てたい。現在の顧客総数は8,000人であって，新規顧客が毎年2割ずつ増えていくものとする。3年後まで顧客全員にコードを割り当てられるようにするための，顧客コードの最も少ない桁数は幾つか。

ア　3　　　イ　4　　　ウ　5　　　エ　6

問1 解説

　エラー画面に表示されたメッセージを見ると，入力したデータが正しい内容かどうかのチェックが行われたことがわかります。このような入力データの妥当性チェックを**エディットバリデーションチェック**といいます。

ア：**アクセスコントロール**とは，利用者に応じてアクセスできる範囲や機能を事前に設定し，その権限内だけの処理しかできないようにするコントロールのことです。

ウ：**コントロールトータルチェック**とは，コンピュータに入力したデータの合計値と，事前に計算した合計値とが一致していることを確認するためのコントロールです。

エ：**プルーフリスト**とは，コンピュータに入力したデータを処理・加工せず，そのままの状態で印刷したリストのことです。

問2 解説

　コードの値からデータの対象物が連想できるのは**ニモニックコード**です。ニモニックコードは**表意コード**ともいい，商品の略称などをコードとして割り当てたものです。たとえば，国名コードなら，JP（日本），US（米国）などがニモニックコードです。

問3 解説

　現在の顧客総数が8,000人で，新規顧客が毎年2割ずつ増えていくと，

・1年後の顧客総数は，8,000＋8,000×0.2＝9,600人
・2年後の顧客総数は，9,600＋9,600×0.2＝11,520人
・3年後の顧客総数は，11,520＋11,520×0.2＝13,824人

となります。また，英大文字A～Zの26種類を用いたN桁のコードで表現できるコード数は26^Nです。したがって，3年後の予想顧客総数13,824人全員にコードを割り当てるためには，桁数Nは「$26^N \geqq 13,824$」を満たす必要があり，N＝2なら$26^2＝676$，N＝3なら$26^3＝17,576$となるので，必要な最少桁数は3桁です。

参考 入力データの妥当性チェック方法

・**フォーマットチェック**：指定されたフォーマット（形式）に合っているかを検査する。
・**ニューメリックチェック**：数字以外のデータが入っていないかを検査する。
・**リミットチェック**：あらかじめ決められた上限値／下限値の中に収まっているかを検査する（レンジチェック，範囲チェックともいう）。
・**シーケンスチェック**：キー項目の値の順番になっているか，抜けはないかを検査する。
・**論理チェック**：入力内容が論理的に正しいかを検査する。

解答 問1：イ　問2：ウ　問3：ア

コンピュータグラフィックス

コンピュータグラフィックス関連としては，問1，2の選択肢に出てくる用語を押さえておけばよいでしょう。

問1

　液晶ディスプレイなどの表示装置において，傾いた直線の境界を滑らかに表示する手法はどれか。

ア アンチエイリアシング　　　　**イ** シェーディング
ウ テクスチャマッピング　　　　**エ** バンプマッピング

問2

　コンピュータグラフィックスに関する記述のうち，適切なものはどれか。

ア テクスチャマッピングは，全てのピクセルについて，視線と全ての物体との交点を計算し，その中から視点に最も近い交点を選択することによって，陰面消去を行う。

イ メタボールは，反射・透過方向への視線追跡を行わず，与えられた空間中のデータから輝度を計算する。

ウ ラジオシティ法は，拡散反射面間の相互反射による効果を考慮して拡散反射面の輝度を決める。

エ レイトレーシングは，形状が定義された物体の表面に，別に定義された模様を張り付けて画像を作成する。

問1 解説

　傾いた直線の境界を滑らかに表示する手法は**アンチエイリアシング**です。画像は，画素（ピクセル）の色を変えることで表示するため，傾いた直線の場合，その境界（すなわち，輪郭）が階段状のギザギザになってしまいます。このギザギザをジャギーといい，ジャギーを目立たなくするための処理がアンチエイリアシングです。アンチエイリアシングでは，描画色と背景色から中間の色を計算し（平均化演算という），境界近くのピクセルに中間色を補うことで滑らかな線に見えるようにします。

イ：**シェーディング**は，立体感を生じさせるため，物体（すなわち，コンピュータグラフィックスの3Dモデル）の表面に陰付けを行う処理です。

ウ：**テクスチャマッピング**は，物体の表面に柄や模様などを貼り付ける処理です。

エ：**バンプマッピング**は，物体表面に凹凸があるかのように見せる処理です。

選択肢**ウ**が正しい記述です。**ラジオシティ法**は，光の相互反射を表現する手法です。各物体間の光エネルギーの放射・反射を計算することで表面の明るさを決定します。

ア：陰面消去（隠れていて見えない部分を消去する）方法の一つである**Zバッファ法**に関する記述です。Zバッファ法では，視線と全ての物体との交点について，その奥行き情報（視点から物体までの距離データ）を一時的な記憶領域（**Zバッファ**という）に記憶しておき，この奥行き情報を基に，視点に最も近い（最も手前の）交点を選択することで陰面消去を行います。**深度バッファ法**とも呼ばれます。

イ：**レイキャスティング**に関する記述です。レイキャスティングの基本的な考え方は，スクリーンを通して何が見えるかを調べることです。視点からの光線（視線）をスクリーン上の画素ごとに一つずつ追跡し，物体との交差判定を行うことで見える物体を判断します。レイキャスティングでは，反射や透過方向への視線追跡を行わないため，スクリーン上の画素の表示値は，単純に視線との交点がもつ色情報を拾うだけです。

メタボールは，球や楕円といった単純な曲面をもつオブジェクト（数学的には，関数形式で定義された曲面）のことです。特徴的なのは，メタボール同士を近づけると，それらが繋がって形が変わることです。このため複数のメタボールを使って球体を変形させることで滑らかな形状を表現できます。なお，複数の球体や楕円体を組み合わせて物体を表現（モデル化）する手法そのものをメタボールということがあります。

エ：テクスチャマッピングに関する記述です。

参考 レイトレーシングも知っておこう！ 👉Check!

レイキャスティングを基本処理とし，さらに光の反射や散乱，透過といった光の現象を加味したのが，光線追跡法又は視線探索法とも呼ばれる**レイトレーシング**です。レイトレーシングでは，視線と物体の交点だけでなく，その交点で起きる光の反射や散乱，透過をも再帰的に追跡します。このため，より現実に近い画像や映像を作り出すことができます。

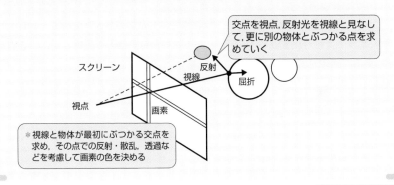

交点を視点，反射光を視線と見なして，更に別の物体とぶつかる点を求めていく

スクリーン　反射　視線　屈折

視点　画素

＊視線と物体が最初にぶつかる交点を求め，その点での反射・散乱，透過などを考慮して画素の色を決める

7

ヒューマンインタフェースとマルチメディア

解答 問1：ア　問2：ウ

音声信号のデジタル化

重要度
★★★

デジタル化の手順は，標本化→量子化→符号化です。何を求めるのかを明確にしてから計算に取りかかりましょう。

問1

音声などのアナログデータをデジタル化するために用いられるPCMで，音の信号を一定の周期でアナログ値のまま切り出す処理はどれか。

ア 逆量子化　　　**イ** 標本化　　　**ウ** 符号化　　　**エ** 量子化

問2

音声を標本化周波数10kHz，量子化ビット数16ビットで4秒間サンプリングして音声データを取得した。この音声データを，圧縮率1／4のADPCMを用いて圧縮した場合のデータ量は何kバイトか。ここで，1kバイトは1,000バイトとする。

ア 10　　　**イ** 20　　　**ウ** 80　　　**エ** 160

問3

0～20kHzの帯域幅のオーディオ信号をデジタル信号に変換するのに必要な最大のサンプリング周期を標本化定理によって求めると，何マイクロ秒か。

ア 2.5　　　**イ** 5　　　**ウ** 25　　　**エ** 50

問4

アナログの音声信号をデジタル符号に変換する方法として，パルス符号変調(PCM)がある。サンプリングの周波数は，音声信号の上限周波数の2倍が必要とされている。4kHzまでの音声信号を8ビットで符号化するとき，デジタル化された音声信号を圧縮せずに伝送するために最小限必要な回線速度は何kビット／秒か。

ア 16　　　**イ** 32　　　**ウ** 64　　　**エ** 128

問1 解説

PCM(Pulse Code Modulation：パルス符号変調)は，アナログデータをデジタル符号に変換する最も代表的な方式です。デジタル化は，「標本化→量子化→符号化」の順に行われ，最初に行う標本化で，音声などのアナログデータを一定の周期ごとに切り出す処理を行います(次ページの「参考」を参照)。

問2 解説

標本化周波数(サンプリング周波数)は，サンプリングを行う頻度のことです。1秒間に何回サンプリングを行うかを，単位Hzで表します。量子化ビット数とは，切り出した標本を符号化する際のビット数のことです。量子化ビット数16ビットの場合，切り出された音声データは16ビットで符号化されます。

本問の場合，標本化周波数が10kHzなので，1秒間に10×10^3回のサンプリングが行われます。また，1回のサンプリングで得られた値は，量子化ビット数16ビットで符号化されます。したがって，4秒間で得られるデータ量は，

(10×10^3)回/秒$\times 16$ビット/回$\times 4$秒$= 80 \times 10^3$バイト$= 80$kバイト

となり，これを1／4に圧縮した後のデータ量は20kバイトです。

補足 PCMを改良した方式に，DPCMやADPCMがあります。DPCM(差分PCM)は，直前の標本との差分を量子化することでデータ量を削減する方式です。また，ADPCM(適応的差分PCM)は，DPCMをさらに改良し，標本の差分を表現するビット数をその変動幅に応じて適応的に変化させる方式です。主に音声信号に用いられ，PCMに比べて1/4程度に圧縮できます。

問3 解説

標本化定理とは，アナログ信号をデジタル信号へと変換する際，対象とするアナログ信号の最高周波数の2倍よりも高い周波数でサンプリング(標本化)すれば，元のアナログ信号を完全に復元できるというものです。

本問の場合，オーディオ信号の帯域幅が0〜20kHzなので，この上限周波数20kHzの2倍をサンプリング周波数として計算すると，

サンプリング周波数$= 20\text{kHz} \times 2 = 40\text{kHz}$

になります。したがって，1秒間に40×10^3回のサンプリングを行うことになるので，サンプリング周期(サンプリング間隔)は，

サンプリング周期$= \dfrac{1}{40 \times 10^3}$秒$= 25 \times 10^{-6}$秒$= 25$マイクロ秒

です。

　サンプリングの周波数は，音声信号の上限周波数の2倍が必要となるので，4kHzまでの音声信号のサンプリング周波数は$4 \times 2 = 8$kHzとなり，1秒間のサンプリング回数は8×10^3回です。また，1回のサンプリングで得られた音声信号を量子化ビット数8ビットで符号化するので，1秒間に生成されるデータ量は，

$$8 \times 10^3 \times 8 = 64 \times 10^3 = 64\text{k}\text{ビット}$$

となります。これを圧縮しないでそのまま伝送するためには最低でも64kビット／秒の回線速度が必要です。

Check!

> 必要回線速度＝サンプリング周波数×量子化ビット数
> 　　　　　　＝音声信号上限周波数×2×量子化ビット数

参考 PCM（パルス符号変調）における符号化手順

〔符号化手順〕
① 標本化：アナログ信号を，一定の周期でアナログ値のまま切り出す（サンプリング）。
② 量子化：サンプリングしたアナログ値をデジタル値に変換する。このとき，アナログ値を何段階の数値で表現するかを示す値を量子化ビット数といい，例えば，量子化ビット数が8ビットであれば256（$= 2^8$）段階，つまり0～255の数値に変換することになる。
③ 符号化：②の量子化で得られたデジタル値を2進符号形式に変換し，符号化ビット列を得る。例えば，180は10110100，165は10100101と符号化される。

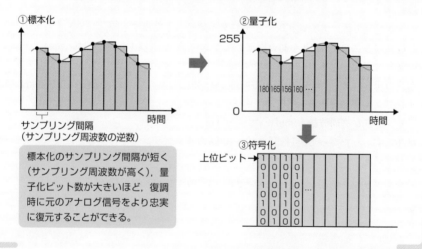

標本化のサンプリング間隔が短く（サンプリング周波数が高く），量子化ビット数が大きいほど，復調時に元のアナログ信号をより忠実に復元することができる。

第 **8** 章

データベース

データベースのデータモデル

重要度
★★☆

定期的に出題されるテーマです。ここでは，E-Rモデル，及び3層スキーマモデルを確認しておきましょう。

問1

データベースの概念設計に用いられ，対象世界を，実体と実体間の関連という二つの概念で表現するデータモデルはどれか。

ア E-Rモデル
イ 階層モデル
ウ 関係モデル
エ ネットワークモデル

問2

ANSI/SPARC 3層スキーマモデルにおける内部スキーマの設計に含まれるものはどれか。

ア SQL問合せ応答時間の向上を目的としたインデックスの定義
イ エンティティ間の"1対多"，"多対多"などの関連を明示するE-Rモデルの作成
ウ エンティティ内やエンティティ間の整合性を保つための一意性制約や参照制約の設定
エ データの冗長性を排除し，更新の一貫性と効率性を保持するための正規化

問1　解説

対象世界を，実体(エンティティ)と実体間の関連(リレーションシップ)という二つの概念で表現するデータモデルを**E-Rモデル**(Entity Relationship Model：エンティティリレーションシップモデル)といいます。

例 部品在庫管理台帳における，部品，仕入先，在庫の三つのエンティティの関係を表現したE-Rモデル

イの階層モデル，**ウ**の関係モデル，**エ**のネットワークモデル(網型モデルともいう)は，いずれもデータベース構造モデルと呼ばれる**論理データモデル**です(次ページの「参考」を参照)。

補足 データベースの概念設計では，対象世界の情報構造を抽象化して表現した概念データモデルを作成します。一般に，概念データモデルの作成には，特定のデータベース管理システム(DBMS)に依存せずにデータ間の関連が表現できるE-Rモデル(E-R図)やUMLのクラス図が用いられます。

ANSI/SPARC 3層スキーマモデルは，データの記述及び操作を行うための枠組み(スキーマ)を，「外部スキーマ，概念スキーマ，内部スキーマ」の三つに分けて管理しようと考えられた，データベース設計における参照モデルです。3層スキーマ構造，又は3層スキーマアーキテクチャともいいます。

外部スキーマ	利用者やアプリケーションプログラムから見たデータの記述。関係データベースのビュー定義が外部スキーマ定義に相当する
概念スキーマ	データベース全体の論理的データ構造の記述。「概念スキーマ＝論理データモデル」ではあるが，概念スキーマ定義の際には使用するDBMSの特性が加味される
内部スキーマ	概念スキーマをコンピュータ上に具体的に実現させるための記述。ブロック長や表領域サイズ，インデックスの定義などが内部スキーマ定義に相当する

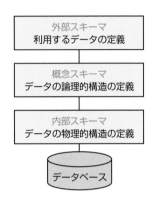

8

データベース

選択肢のうち，内部スキーマの設計に含まれるのは，**ア**の「インデックスの定義」です。**イ**の「E-Rモデルの作成」，**ウ**の「一意性制約や参照制約の設定」，**エ**の「データの正規化」は，いずれも概念スキーマ設計に含まれます。

参考 論理データモデルの種類と特徴

論理データモデルは，利用者とデータベース間のインタフェースの役割を担うデータモデルです。そのため，どのデータベースを用いて実装するかによって用いられる論理データモデルが異なります。階層モデル，ネットワークモデル，関係モデル，それぞれの特徴をまとめます。

階層モデル	**階層型データベースの論理データモデル** データの構造を階層構造(木構造)で表現する。親レコードに対する子レコードは複数存在しうるが，子レコードに対する親レコードはただ一つだけという特徴がある。このため，親子間の"多対多"の関係を表現しようとすると冗長な表現となる
ネットワークモデル (網型モデル)	**ネットワーク型データベースの論理データモデル** レコード同士を網構造で表現する。親子間の"多対多"の関係も表現できる
関係モデル	**関係型データベースの論理データモデル** データを2次元の表(テーブル)で表現する。一つの表は独立した表であり，階層モデルやネットワークモデルがもつ親レコードと子レコードという関係はもたない。そのため，レコード間の関連付けはあらかじめ設計する必要はなく，データ操作の中で動的に行う

解答 問1:ア 問2:ア

8▸2 概念データモデルの解釈

重要度 ★★★ 概念データモデルの解釈(特に多重度)は頻出です。午後試験でも問われるのでしっかり理解しておきましょう。

問1

UMLを用いて表した図のデータモデルのa, bに入れる多重度はどれか。

〔条件〕(1) 部門には1人以上の社員が所属する。

(2) 社員はいずれか一つの部門に所属する。

(3) 社員が部門に所属した履歴を所属履歴として記録する。

	a	b
ア	0..*	0..*
イ	0..*	1..*
ウ	1..*	0..*
エ	1..*	1..*

問2

UMLを用いて表した図のデータモデルから, "部品"表, "納入"表及び"メーカ"表を関係データベース上に定義するときの解釈のうち, 適切なものはどれか。

ア 同一の部品を同一のメーカから複数回納入することは許されない。

イ "納入"表に外部キーは必要ない。

ウ 部品番号とメーカ番号の組みを"納入"表の候補キーの一部にできる。

エ "メーカ"表は, 外部キーとして部品番号をもつことになる。

問1 解説

　問題に示されたクラス図の空欄a，bに入れる多重度が問われています。クラス図の**多重度**は，一方のクラスの一つのインスタンス(実現値)が，もう一方のクラスのいくつのインスタンスに対応するかで判断できます。

- **空欄a**：部門には1人以上の社員が所属し，所属している社員又は所属した社員の履歴が所属履歴に記録されます。したがって，部門から見たとき，「部門クラスの一つのインスタンスは，所属履歴クラスの一つ以上のインスタンスに対応」するので，空欄aには「**1..***」が入ります。
- **空欄b**：社員はある時点では一つの部門に所属しますが，過去にいくつかの部門に所属したことがあれば，1人の社員に対して所属履歴は一つ以上あります。つまり，社員から見たとき，「社員クラスの一つのインスタンスは，所属履歴クラスの一つ以上のインスタンスに対応」するので，空欄bには「**1..***」が入ります。

> 補足　多重度は，対応する数がm個なら「m」，m個以上n個以下なら「m..n」と表します。また，対応する個数の上限に明示的な制限がない場合，例えば，m個以上に対応するといった場合は「m..*」と表します。

問2 解説

　"部品"と"メーカ"の関連は多対多です。多対多の関連をもつデータは，そのままでは関係データベース上に定義できないため，図のデータモデルでは，"部品"と"メーカ"の間に，関連を示す"納入"を新たに作成し介入させることで，"部品"と"メーカ"の関連を1対多と多対1の二つの関連に分解しています。

　図のデータモデルから，"納入"表を関係データベース上に定義するときは，"部品"表の主キー(部品番号)と"メーカ"表の主キー(メーカ番号)の組み，及び納入ごとに異なると思われる納入日を主キーとします。また，データの矛盾を起こさないようにするため"納入"表の部品番号を"部品"表の主キーを参照する外部キーに，メーカ番号を"メーカ"表の主キーを参照する外部キーに設定します。したがって，**ウ**が適切な記述です。

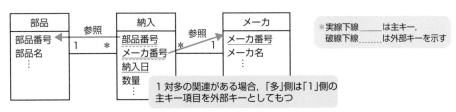

> 補足　"納入"表の主キーを「部品番号+メーカ番号+納入日」にすることで，部品番号とメーカ番号が同じで納入日が異なるデータを追加でき，同一の部品を同一のメーカから複数回納入することが許されます。

関係データベースのキー

出題率は高くありませんが，候補キーと主キー，そして外部キーの概念は重要です。確認しておきましょう。

問1

関係R(A, B, C, D, E, F)において，関数従属A→B，C→D，C→E，{A, C}→Fが成立するとき，関係Rの候補キーはどれか。

ア　A　　　　　　　イ　C　　　　　　　ウ　{A, C}　　　　　エ　{A, C, E}

問2

関係モデルの候補キーの説明のうち，適切なものはどれか。

ア　関係Rの候補キーは関係Rの属性の中から選ばない。
イ　候補キーの値はタプルごとに異なる。
ウ　候補キーは主キーの中から選ぶ。
エ　一つの関係に候補キーが複数あってはならない。

問3

関係データベースにおいて，外部キーを定義する目的として，適切なものはどれか。

ア　関係する相互のテーブルにおいて，レコード間の参照一貫性が維持される制約をもたせる。
イ　関係する相互のテーブルの格納場所を近くに配置することによって，検索，更新を高速に行う。
ウ　障害によって破壊されたレコードを，テーブル間の相互の関係から可能な限り復旧させる。
エ　レコードの削除，追加の繰返しによる，レコード格納エリアのフラグメンテーションを防止する。

問1　解説

　関係データベースにおける表のことを関係モデルでは関係といいます。候補キーは，関係内の一つの行(組あるいはタプルともいう)を，一意に特定できる属性，又は一意に特定

するための必要最小限の属性の組のことです。

　関係R(A, B, C, D, E, F)において，A→B，C→D，C→E，{A, C}→Fが成立するとき，次の図に示すように{A, C}が決まればその他の属性B, D, E, Fが決まります。したがって，候補キーは{A, C}です。

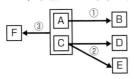

①Aが決まれば，Bが決まる。
②Cが決まれば，DとEが決まる。
③AとCが決まれば，Fが決まる。
したがって，AとCが決まれば，B, D, E, Fが決まる。

問2　解説

　候補キーは，関係内のタプル(行)を一意に特定できる属性，又は一意に特定するための必要最小限の属性の組であるため，「同一関係内に同じ値があってはいけない」という一意性を保証するための**一意性制約**をもちます。したがって，候補キーの値はタプルごとに異なる値でなければならず，重複は許されません。**イ**が正しい記述です。なお，空値(NULL)は重複値とは扱われないため，候補キーの値として空値は許されます。

ア：関係Rの候補キーは，関係Rの属性又は属性の組合せの中から選びます。

ウ："候補キー"と"主キー"の記述が逆です。関係内に候補キーが一つしかない場合はその候補キーが**主キー**になりますが，複数ある場合はその中から一つ選んで主キーにします。なお，主キー以外の残りの候補キーを**代理キー**といいます。

エ：一つの関係に候補キーが複数あっても構いません。

補足　主キーは，一意性制約のほか，「空値は許さない」という**NOT NULL制約**をもちます。

問3　解説

　外部キーは，関係する他の表を参照するための属性又は属性の組です。二つの表の間に1対多の対応関係がある場合，「多」側の表に「1」側の表の主キーあるいは主キー以外の候補キーを参照する属性をもたせて，これを外部キーとします。これにより，外部キーの値が被参照表(外部キーによって参照される表)に存在することを保証する**参照制約**が確保できます。したがって，適切な記述は**ア**です。

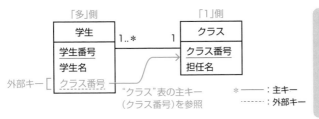

補足　二つの表(AとB)の対応関係が**1対1**の場合，
・A表の主キー属性をB表にもたせて外部キーにする
・B表の主キー属性をA表にもたせて外部キーにする
のどちらでも構いません。

解答　問1:ウ　問2:イ　問3:ア

データの正規化 I

重要度
★★★

正規化の目的，及び第1正規形，第2正規形，第3正規形の特徴を理解しましょう。なお，問2は頻出です。

問1

データベースの正規化の目的のうち，適切なものはどれか。

ア　アクセスパスを固定して，データベースのアクセス速度を上げる。

イ　属性間の従属関係を単純化して，更新時の物理的なI/O回数を最小にする。

ウ　データの重複を排除して，重複更新を避け，矛盾の発生を防ぐ。

エ　テーブルの大きさを平準化して，データの参照速度を上げる。

問2

第1，第2，第3正規形とリレーションの特徴a～cの組合せのうち，適切なものはどれか。

　a：どの非キー属性も，主キーの真部分集合に対して関数従属しない。

　b：どの非キー属性も，主キーに推移的に関数従属しない。

　c：繰返し属性が存在しない。

	第1正規形	第2正規形	第3正規形
ア	a	b	c
イ	a	c	b
ウ	c	a	b
エ	c	b	a

問3

第2正規形である関係Rが，第3正規形でもあるための条件として，適切なものはどれか。

ア　いかなる部分従属性も成立しない。

イ　推移的関数従属性が存在しない。

ウ　属性の定義域が原子定義域である。

エ　任意の関数従属性A→Bに関して，Bは非キー属性である。

問1 解説

正規化は，データベースの論理的なデータ構造を設計する代表的な技法です。

関係データベースの論理的な構造を設計する場合，関係データベースに定義できるのは繰返しのない2次元の表だけなので，繰返し属性をもつ表は，まずそれを排除する必要があります。この操作を**第1正規化**といいますが，第1正規化を行い単に第1正規形にしただけでは，データに冗長性(重複)が残るため，データベース操作時に更新時異状(データ矛盾)が発生する可能性があります。そこで，属性間の関数従属性に基づいた表の分割を行い，「一事実複数箇所」を「一事実一箇所(1 fact in 1 place)」とする操作を行います。この操作が**第2正規化**，及び**第3正規化**です。したがって，**ウ**が適切な記述です。

ア：データベースの正規化はアクセスパスを固定するためではありません。

イ，**エ**：正規化によって属性間の従属関係は単純化されます。しかし，正規化の結果，表がいくつかに分割されるため，データ操作(参照，更新)時の物理的なI/O回数が増えることが多く，データの参照速度が向上するとは限りません。また，正規化によって，表の大きさが平準化されるとは限りません。

問2 解説

第1，第2，第3正規化を行った結果をそれぞれ第1，第2，第3正規形といい，次のような特徴があります。

第1正規形	繰返し属性が存在しない
第2正規形	どの非キー属性も，主キーの真部分集合に対して関数従属(部分関数従属)しない。すなわち，全ての非キー属性は主キーに完全関数従属する 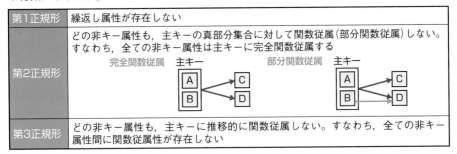
第3正規形	どの非キー属性も，主キーに推移的に関数従属しない。すなわち，全ての非キー属性間に関数従属性が存在しない

問3 解説

第3正規形であるための条件は「どの非キー属性も，主キーに推移的に関数従属しない」すなわち，「全ての非キー属性間に関数従属性が存在しない」ことです。

ア：第2正規形であるための条件です。

ウ：「原子定義域である」とは，属性の値が原子値(これ以上細分化できない単純な値)であるというものです。これは，第1正規形であるための条件です。

エ：ボイス・コッド正規形の条件です。

解答 問1：ウ 問2：ウ 問3：イ

データの正規化 II

重要度 ★★★　ここでは，問題に与えられた表及び関係が，どのレベルの正規形なのかを判断できるようにしておきましょう。

問1

"受注明細"表は，どのレベルまでの正規形の条件を満足しているか。ここで，実線の下線は主キーを表す。

受注明細

受注番号	明細番号	商品コード	商品名	数量
015867	1	TV20006	20型テレビ	20
015867	2	TV20005	24型テレビ	10
015867	3	TV20007	28型テレビ	5
015868	1	TV20005	24型テレビ	8

ア　第1正規形　　イ　第2正規形　　ウ　第3正規形　　エ　第4正規形

問2

関係"注文記録"の属性間に①～⑥の関数従属性があり，それに基づいて第3正規形まで正規化を行って，"商品"，"顧客"，"注文"，"注文明細"の各関係に分解した。関係"注文明細"として，適切なものはどれか。ここで，{X，Y}は，属性XとYの組みを表し，X→Yは，XがYを関数的に決定することを表す。また，実線の下線は主キーを表す。

注文記録(注文番号，注文日，顧客番号，顧客名，商品番号，商品名，数量，販売単価)

〔関数従属性〕
① 注文番号 → 注文日　　　　　　　② 注文番号 → 顧客番号
③ 顧客番号 → 顧客名　　　　　　　④ {注文番号，商品番号} → 数量
⑤ {注文番号，商品番号} → 販売単価　⑥ 商品番号 → 商品名

ア　注文明細(注文番号，顧客番号，商品番号，顧客名，数量，販売単価)
イ　注文明細(注文番号，顧客番号，数量，販売単価)
ウ　注文明細(注文番号，商品番号，数量，販売単価)
エ　注文明細(注文番号，数量，販売単価)

"受注明細"表には繰返し属性がないので第1正規形です。また、非キー属性である、商品コード、商品名、数量は、いずれも主キー（受注番号、明細番号）に完全関数従属していて、主キーの一部の属性に関数従属している属性はないので第2正規形です。

しかし、商品コードと商品名には「商品コード→商品名」という関係があり、商品名は商品コードに関数従属しています。したがって、第3正規形の条件を満たしていないため、"受注明細"表は、第2正規化まで行った第2正規形の表です。

①～⑥の関係従属性を図で表すと次のようになります。ここで、注文番号と商品番号が決まれば全ての属性が決まるため、主キーはこの二つの属性を組にした複合キーです。

注文記録（注文番号, 注文日, 顧客番号, 顧客名, 商品番号, 商品名, 数量, 販売単価）

ア：③の関係従属性により、顧客名は主キーの一部である顧客番号に関数従属することになるため第2正規形の条件を満たしません。つまり、第3正規形ではありません。

イ, **エ**：注文番号と顧客番号の組み、あるいは注文番号のみでは数量及び販売単価を決定できません。数量及び販売単価を決定できるのは、注文番号と商品番号の組みです。

ウ：第3正規形の条件を満たしていて、関係"注文明細"として適切です。

参考　正規化の手順

問2の関係"注文記録"において、注文番号が同じで商品番号が異なるデータの存在を考えると、理論上、"商品番号"以降が繰返しになるので、これを第1正規化により次の二つに分解します。

注文記録1(注文番号, 注文日, 顧客番号, 顧客名)
注文記録2(注文番号, 商品番号, 商品名, 数量, 販売単価)

注文記録1は主キーが単一属性であり既に第2正規形なので、注文記録2のみを第2正規化により次の二つに分解します。

注文記録2-1(注文番号, 商品番号, 数量, 販売単価)　　←"注文明細"
注文記録2-2(商品番号, 商品名)　　←"商品"

注文記録2-1及び注文記録2-2はともに第3正規形の条件も満たします。そこで、第2正規形である注文記録1を第3正規化により次の二つに分解します。

注文記録1-1(注文番号, 注文日, 顧客番号)　　←"注文"
注文記録1-2(顧客番号, 顧客名)　　←"顧客"

解答　問1:イ　問2:ウ

8 ▶ 6 参照制約

重要度 ★★★

どのような操作が制約を受けるのかを理解しましょう。
また「参考」に示した参照動作も押さえておきましょう。

問1

次の表において，"在庫"表の製品番号に参照制約が定義されているとき，その参照制約によって拒否される可能性のある操作はどれか。ここで，実線の下線は主キーを，破線の下線は外部キーを表す。

在庫(<u>在庫管理番号</u>，製品番号，在庫量)
製品(<u>製品番号</u>，製品名，型，単価)

ア "在庫"表の行削除
イ "在庫"表の表削除
ウ "在庫"表への行追加
エ "製品"表への行追加

問2

図のような関係データベースの"注文"表と"注文明細"表がある。"注文"表の行を削除すると，対応する"注文明細"表の行が，自動的に削除されるようにしたい。参照制約定義の削除規則(ON DELETE)に指定する語句はどれか。ここで，図中の実線の下線は主キーを，破線の下線は外部キーを表す。

注文

<u>注文番号</u>	注文日	顧客番号

注文明細

<u>注文番号</u>	<u>明細番号</u>	商品番号	数量

ア CASCADE
イ INTERSECT
ウ RESTRICT
エ UNIQUE

問1 解説

参照制約とは，外部キーの値が被参照表の候補キー(主キー)に存在することを保証する制約です。問題文中にある，「"在庫"表の製品番号に参照制約が定義されている」とは，"在庫"表の製品番号を，"製品"表の主キーである製品番号を参照する外部キーに設定しているということです。この場合，参照制約により"在庫"表及び"製品"表への操作は，次の制約を受けます。

- **"在庫"表への行追加**："製品"表に存在しない製品番号をもつ行の追加は拒否される可能性がある。
- **"製品"表の行の削除及び"製品"表の削除**："製品"表の行を削除する際，それを参照している"在庫"表の行があれば拒否される可能性がある。

	"在庫"表	"製品"表
行の追加	△	○
行の削除 表の削除	○	△

＊○:制約を受けない
　△:制約を受ける

問2 解説

"注文明細"表の注文番号は，"注文"表の主キーである注文番号を参照する外部キーです。そのため，"注文"表の行を削除する際，その行を参照している"注文明細"表の行があれば参照制約を受けることになり，通常，"注文"表の行の削除はできません。これは，関連する表間でデータ矛盾(不整合)を起こさないようにするためです。

しかし，注文そのものがキャンセルされた場合には，それに対応する注文明細も同時に削除する必要があります。これを行うためには，表定義(CREATE TABLE文)において，参照制約定義の削除規則(ON DELETE)に**CASCADE**指定を行います。

Check!

```
CREATE TABLE 注文明細 (
  :
  FOREIGN KEY(注文番号) REFERENCES 注文(注文番号) ON DELETE CASCADE
  :
)
```

"注文"表の行を削除する際，それを参照している"注文明細"表の行も削除する

8

データベース

参考 参照動作指定

被参照表の行を削除あるいは更新するとき，どのような制約(動作)とするのかは，明示的に指定できます。これを参照動作指定といい，下記のように指定します。また指定できる参照動作には表に示す五つがあり，省略した場合は"NO ACTION"になります。

REFERENCES 被参照表(参照する列リスト) ON $\begin{bmatrix} \text{DELETE} \\ \text{UPDATE} \end{bmatrix}$ 参照動作

CASCADE	削除・更新を実行し，さらに当該行を参照している参照表の行があれば，その行も削除・更新する
RESTRICT	削除・更新を実行する際，参照制約を検査し，当該行を参照している参照表の行があれば削除・更新を拒否する(エラーになる)
NO ACTION	削除・更新を実行するが，これにより参照制約が満たされなくなった場合は実行失敗となり，削除・更新処理は取り消される(エラーになる)
SET DEFAULT	被参照表の行が削除・更新されたとき，それを参照している参照表の行の外部キーの値に既定値を設定する
SET NULL	被参照表の行が削除・更新されたとき，それを参照している参照表の行の外部キーの値にNULLを設定する

解答 問1:ウ 問2:ア

関係代数

重要度
★★☆

ここでは，関係演算(和，共通，差)と直積を押さえましょう。なお，和演算(UNION)は午後試験では必須です。

関係Rと関係Sに対して，関係Xを求める関係演算はどれか。

R

ID	A	B
0001	a	100
0002	b	200
0003	d	300

S

ID	A	B
0001	a	100
0002	a	200

X

ID	A	B
0001	a	100
0002	a	200
0002	b	200
0003	d	300

ア IDで結合　　**イ** 差　　**ウ** 直積　　**エ** 和

関係代数における直積に関する記述として，適切なものはどれか。

ア ある属性の値に条件を付加し，その条件を満たす全てのタプルの集合である。

イ ある一つの関係の指定された属性だけを残して，ほかの属性を取り去って得られる属性の集合である。

ウ 二つの関係における，あらかじめ指定されている二つの属性の2項関係を満たす全てのタプルの組合せの集合である。

エ 二つの関係における，全てのタプルの組合せの集合である。

 解説

　関係Xのタプル(行)は，関係Rと関係Sの全てのタプルを合わせて，その中から重複する「ID＝0001，A＝a，B＝100」のタプルを取り除いた(一つにした)ものです。このように，二つの関係から重複を取り除いたタプルの和集合を求める関係演算を**和**(UNION)といいます。なお，UNION演算では，ALLキーワードを指定することで，重複するタプルも含めた和集合を求めることができます。

ア：IDで結合を行うと，関係Xは，IDが0001の行と0002の行の2行になります。

イ：差R－Sを行うと，Rから0001の行が取り除かれるので関係Xは2行になります。

ウ：RとSの直積は，Rが3行でSが2行なので6(＝3×2)行になります。

直積は，二つの関係における全てのタプルの組合せの集合です。例えば，関係Rと関係S
の直積は，Rの各タプルに対してSのタプルを一つずつ組み合わせた，下図のような集合(関
係)になります。したがって，**エ**が適切な記述です。なお，**ア**は選択，**イ**は射影，**ウ**は結
合に関する記述です。

関係R

A1	B1	C1
A2	B2	C2
A3	B3	C3

×

関係S

| D1 | E1 |
| D2 | E2 |

=

関係Rと関係Sの直積

A1	B1	C1	D1	E1
A1	B1	C1	D2	E2
A2	B2	C2	D1	E1
A2	B2	C2	D2	E2
A3	B3	C3	D1	E1
A3	B3	C3	D2	E2

関係R　　　　　関係S

補足 二つの関係R，Sの属性の数(次数)と属性の値域(ドメイン)が同じであるとき，関係RとSは和両立であ
るといいます。直積は和両立である必要はありませんが，和，共通，差は和両立が前提となります。

8

データベース

参考 **和，共通，差**　　　Check!

①和 (UNION : ∪)
　A，Bいずれか少なくとも一方に属するタプルで新しい関係を作る

重複するタプル
は一つだけ残す

A

X	Y	Z
x1	y1	z1
x2	y2	z2

B

X	Y	Z
x1	y1	z1
x3	y3	z3

=

X	Y	Z
x1	y1	z1
x2	y2	z2
x3	y3	z3

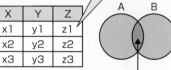

A　　B

重複するタプル

＊UNION演算は重複するタプルを取り除き，
　UNION ALL演算は重複するタプルもそのまま出力する

②共通 (INTERSECT : ∩)
　A，Bの両方に属するタプルで新しい関係を作る

A

X	Y	Z
x1	y1	z1
x2	y2	z2

∩

B

X	Y	Z
x1	y1	z1
x3	y3	z3

=

X	Y	Z
x1	y1	z1

A　　B

③差 (EXCEPT : －)
　差A－Bは，Aに属してBに属さないタプルで新しい関係を作る

A

X	Y	Z
x1	y1	z1
x2	y2	z2

－

B

X	Y	Z
x1	y1	z1
x3	y3	z3

=

X	Y	Z
x2	y2	z2

A　　B

解答 問1:エ　問2:エ

関係代数とSQL文

重要度 ★★★

問1は定期的に出題されています。SQL文の評価順序を理解し，関係演算との関係を押さえておきましょう。

問1

次のSQL文は，和，差，直積，射影，選択の関係演算のうち，どの関係演算の組合せで表現されるか。ここで，下線部は主キーを表す。

```
SELECT 納品.顧客番号, 顧客名 FROM 納品, 顧客
    WHERE 納品.顧客番号 = 顧客.顧客番号
```

納品

商品番号	顧客番号	納品数量

顧客

顧客番号	顧客名

ア 差，選択，射影
イ 差，直積，選択
ウ 直積，選択，射影
エ 和，直積，射影

問2

地域別に分かれている同じ構造の三つの商品表，"東京商品"，"名古屋商品"，"大阪商品"がある。次のSQL文と同等の結果が得られる関係代数式はどれか。ここで，三つの商品表の主キーは"商品番号"である。

```
SELECT * FROM 大阪商品
    WHERE 商品番号 NOT IN (SELECT 商品番号 FROM 東京商品)
UNION
SELECT * FROM 名古屋商品
    WHERE 商品番号 NOT IN (SELECT 商品番号 FROM 東京商品)
```

ア （大阪商品∩名古屋商品）－東京商品
イ （大阪商品∪名古屋商品）－東京商品
ウ 東京商品－（大阪商品∩名古屋商品）
エ 東京商品－（大阪商品∪名古屋商品）

問1 解説

本問のSQL文は，"納品"表と"顧客"表を「納品.顧客番号＝顧客.顧客番号」により結合して得られた表から，顧客番号と顧客名を取り出すというものです。SQL文の実行の際には，次ページに示す順に関係演算が行われるので，正しい組合せは**ウ**の「直積, 選択, 射影」です。

① FROM句に指定された二つの表, "納品"表と"顧客"表から直積を作成する。

② ①で得られた直積から, WHERE句で指定された結合条件「納品.顧客番号 ＝ 顧客.顧客番号」を満たす行を選択する。

③ ②で得られた結果から, SELECT句で指定された顧客番号と顧客名を取り出す(射影)。

問2　解説

上方(一つ目)のSELECT文では, まず, 副問合せ「SELECT 商品番号 FROM 東京商品」によって, "東京商品"表に存在する商品番号が得られます。次に, 主問合せによって, "大阪商品"表の中から, 副問合せで得られた商品番号のいずれとも等しくない商品番号が得られます。つまり, "大阪商品"表に存在して"東京商品"表に存在しない商品番号が得られることになります。ここで, 表を集合ととらえると, 上方のSELECT文で得られる結果は, **大阪商品－東京商品**と同等となります。

同様に考えると, 下方(二つ目)のSELECT文では, "名古屋商品"表に存在して"東京商品"表に存在しない商品番号が得られることになり, これは**名古屋商品－東京商品**と同等となります。

UNIONは二つの関係の和(∪)を求める演算なので, 本問のSQL文と同等の結果が得られる関係代数式は, 次のように表すことができます。

(大阪商品－東京商品) ∪ (名古屋商品－東京商品)

また, この関係代数式は, 下図のベン図からもわかるように, 次のように簡略化できます。

(大阪商品 ∪ 名古屋商品) － 東京商品

大阪商品－東京商品 ⟶ 大阪商品　東京商品

名古屋商品

名古屋商品－東京商品

Check!

コラム　こんな問題も出る?!

問　関係代数の演算のうち, 関係R, Sの直積(R×S)に対応するSELECT文はどれか。ここで, 関係R, Sを表R, Sに対応させ, 表R及びSにそれぞれ行の重複はないものとする。

ア　SELECT * FROM R, S
イ　SELECT * FROM R EXCEPT SELECT * FROM S
ウ　SELECT * FROM R UNION SELECT * FROM S
エ　SELECT * FROM R INTERSECT SELECT * FROM S

答え：**ア**

解答　問1:ウ　問2:イ

SQL文（問合せ・更新操作）

重要度 ★★★ 午後試験でも必須テーマです。SQL文の基礎事項はもちろんのこと，ここでは副問合せを理解しておきましょう。

問1

"倉庫別商品在庫集計"表から在庫数の合計を求めたい。倉庫番号'C003'の倉庫で在庫数が100以上の商品に対して，全ての倉庫における在庫数の合計を求めるSQL文のaに入る適切な字句はどれか。ここで，該当する商品は複数存在するとともに在庫数が100未満の商品も存在するものとする。また，実線の下線は主キーを表す。

倉庫別商品在庫集計（倉庫番号, 商品コード, 在庫数）

〔SQL文〕
```
SELECT 商品コード, SUM(在庫数) AS 在庫合計 FROM 倉庫別商品在庫集計
    WHERE    a
    GROUP BY 商品コード
```

ア 商品コード = (SELECT 商品コード FROM 倉庫別商品在庫集計
　　　　　　　　 WHERE 倉庫番号 = 'C003' AND 在庫数 >= 100)

イ 商品コード = ALL (SELECT 商品コード FROM 倉庫別商品在庫集計
　　　　　　　　 WHERE 倉庫番号 = 'C003' AND 在庫数 >= 100)

ウ 商品コード IN (SELECT 商品コード FROM 倉庫別商品在庫集計
　　　　　　　　 WHERE 倉庫番号 = 'C003' AND 在庫数 >= 100)

エ EXISTS (SELECT * FROM 倉庫別商品在庫集計
　　　　　　　　 WHERE 倉庫番号 = 'C003' AND 在庫数 >= 100)

問2

販売価格が決められていない"商品"表に，次のSQL文を実行して販売価格を設定する。このとき，販売ランクがbの商品の販売価格の平均値は幾らか。

```
UPDATE 商品 SET 販売価格 =
    CASE
        WHEN 販売ランク = 'a' THEN 単価 * 0.9
        WHEN 販売ランク = 'b' THEN 単価 - 500
        WHEN 販売ランク = 'c' THEN 単価 * 0.7
        ELSE 単価
    END
```

商品

商品番号	商品名	販売ランク	単価	販売価格
1001	U	a	2,000	NULL
2002	V	b	2,000	NULL
3003	W	a	3,000	NULL
4004	X	c	3,000	NULL
5005	Y	b	4,000	NULL
6006	Z	d	100	NULL

ア 1,675　　イ 2,100

ウ 2,250　　エ 2,500

問1　解説

　倉庫番号'C003'の倉庫で在庫数が100以上の商品に対して，全ての倉庫における在庫数の合計を求めるためには，まず副問合せにおいて，倉庫番号'C003'の倉庫で在庫数が100以上である商品コードを求め，次に主問合せにおいて，副問合せで得られた商品コードと一致するデータ(行)を"倉庫別商品在庫集計"表から抽出する必要があります。ここで，該当する商品が複数存在するということは，副問合せで得られる商品コードが複数あるということなので，aに入るのはINを用いた**ウ**が適切です。INは，副問合せで得られた結果のいずれかに一致すれば「真」となる演算子なので，"倉庫別商品在庫集計"表から，副問合せで得られた商品コードのいずれかと一致するデータ(行)を抽出できます。

ア：副問合せで得られる商品コードが複数なので，「=」で比較するとエラーになります。

イ：ALLは，副問合せの結果が空(0行)か，あるいは結果の中の全ての値に対して比較条件(この場合「=」)を満たすとき「真」となる演算子です。該当する商品が複数存在することから，副問合せの結果が空になることはなく，また一つの商品コードが副問合せの結果の全ての商品コードと一致することはないため，主問合せのWHERE句の条件は「偽」となり，結果としてどの商品に対しても在庫数の合計は求められません。

エ：EXISTSは，副問合せの結果が空でなければ「真」，空であれば「偽」となる演算子です。該当する商品が複数存在するため，主問合せのWHERE句の条件は「真」となり，結果として全ての商品について在庫数の合計を求めることになります。

問2　解説

　UPDATE文では，どの列の値を変更するのかを，SET句に列単位で「列名＝変更値」と指定します。本問のUPDATE文では，この変更値に該当する部分にCASE式が用いられているため，販売ランクがaなら「単価＊0.9」，bなら「単価－500」，cなら「単価＊0.7」，それ以外の販売ランクなら単価そのものが変更値になります。したがって，販売ランクがbである商品番号2002の販売価格は2,000－500＝1,500，商品番号5005の販売価格は4,000－500＝3,500になり，その平均値は(1,500＋3,500)÷2＝2,500です。

解答　問1：ウ　問2：エ

UNIQUE制約・検査制約

重要度
★★☆

UNIQUE制約，及び検査制約を理解し，制約違反となる
SQL文の判断ができるようにしておきましょう。

問1

R表に，(A，B)の2列で一意にする制約(UNIQUE制約)が定義されているとき，R表に対する
SQL文のうち，この制約に違反するものはどれか。ここで，R表には主キーの定義がなく，ま
た，全ての列は値が決まっていない場合(NULL)もあるものとする。

R

A	B	C	D
AA01	BB01	CC01	DD01
AA01	BB02	CC02	NULL
AA02	BB01	NULL	DD03
AA02	BB03	NULL	NULL

ア DELETE FROM R WHERE A = 'AA01' AND B = 'BB02'

イ INSERT INTO R(A, B, C, D) VALUES('AA01', NULL, 'DD01', 'EE01')

ウ INSERT INTO R(A, B, C, D) VALUES(NULL, NULL, 'AA01', 'BB02')

エ UPDATE R SET A = 'AA02' WHERE A = 'AA01'

問2

"学生"表が次のSQL文で定義されているとき，検査制約の違反となるSQL文はどれか。

```
CREATE TABLE 学生 ( 学生番号 CHAR(5) PRIMARY KEY,
                学生名 CHAR(16),
                学部コード CHAR(4),
                住所 CHAR(16),
                CHECK (学生番号 LIKE 'K%'))
```

学生

学生番号	学生名	学部チェック	住所
K1001	田中太郎	E001	東京都
K1002	佐藤一美	E001	茨城県
K1003	高橋肇	L005	神奈川県
K2001	伊藤香織	K007	埼玉県

ア DELETE FROM 学生 WHERE 学生番号 = 'K1002'

イ INSERT INTO 学生 VALUES ('J2002', '渡辺次郎', 'M006', '東京 ')

ウ SELECT * FROM 学生 WHERE 学生番号 = 'K1001'

エ UPDATE 学生 SET 学部コード = 'N001' WHERE 学生番号 LIKE 'K%'

問1 解説

UNIQUE制約とは，指定した列の値としてナル(NULL)は許すが，すでに存在する値の入力を禁止する(認めない)という制約です。**工**のUPDATE文は，A列の値が'AA01'である行の，A列の値を'AA02'に変更するSQL文です。このUPDATE文を実行すると，1行目と2行目のA列の値が'AA02'に変更され，1行目と3行目の(A，B)列の値が重複してしまうため制約違反となります。

ア：A列の値が'AA01'でB列の値が'BB02'である行を削除するSQL文です。

イ：R表に，行('AA01'，NULL，'DD01'，'EE01')を挿入するSQL文です。

ウ：R表に，行(NULL，NULL，'AA01'，'BB02')を挿入するSQL文です。

いずれのSQL文も，(A，B)列の値に重複が起きないため制約違反とはなりません。

問2 解説

検査制約は，列に対して入力できる値の条件を指定するものです。検査制約が定義されている場合，データの挿入又は更新時に，その値が検査され条件を満たしていなければ制約違反となります。問題のSQL文を見ると，「CHECK(学生番号 LIKE 'K%')」とあります。これは，学生番号は'K'から始まる文字列であることを意味し，'K'から始まらない(先頭が'K'でない)学生番号は登録できません。したがって，**イ**の学生番号'J2002'のデータを挿入するSQL文は検査制約の違反となります。

ア：学生番号が'K1002'である行を削除するSQL文です。

ウ：学生番号が'K1001'である行の全ての列を取り出すSQL文です。

工：学生番号が'K'で始まる行全ての学部コードを'N001'に変更するSQL文です。

いずれのSQL文も検査制約の違反とはなりません。

参考 検査制約の定義

検査制約は，表の作成時(CREATE TABLE文で)，表制約(表レベルの制約)あるいは列制約(列レベルの制約)のいずれかで定義します。問2では，学生番号に対する検査制約を表制約定義で行っていますが，これを列制約定義で行うと次のようになります。

```
CREATE TABLE 学生
( 学生番号 CHAR(5) CHECK(学生番号 LIKE 'K%') PRIMARY KEY,
  学生名 CHAR(16),
  学部コード CHAR(4),
  住所 CHAR(16) )
```

解答 問1:工 問2:イ

8 ▶ 11 　権限の付与と取消

重要度
★☆☆

権限付与のGRANTと権限取消のREVOKEを押さえましょう。また高度問題の問2も押さえておきましょう。

問1

表に対するSQLのGRANT文の説明として，適切なものはどれか。

ア パスワードを設定してデータベースへの接続を制限する。

イ ビューを作成して，ビューの基となる表のアクセスできる行や列を制限する。

ウ 表のデータを暗号化して，第三者がアクセスしてもデータの内容が分からないようにする。

エ 表の利用者に対し，表への問合せ，更新，追加，削除などの操作権限を付与する。

問2

高度

次のSQL文の実行結果の説明に関する記述のうち，適切なものはどれか。

```
CREATE VIEW 東京取引先 AS
    SELECT * FROM 取引先
    WHERE 取引先.所在地 = '東京'
GRANT SELECT
    ON 東京取引先 TO "8823"
```

ア このビューには，8823行までを記録できる。

イ このビューの作成者は，このビューに対するSELECT権限をもたない。

ウ 実表"取引先"が削除されても，このビューに対する利用者の権限は残る。

エ 利用者 "8823" は，実表"取引先"の所在地が '東京' の行を参照できるようになる。

問1　解説

GRANT文は，オブジェクト（表やビュー）の利用者に対し，オブジェクトへの問合せ，更新，追加，削除などの操作権限を付与するSQL文です。

ア：DBMSのパスワードによる認証の説明です。データベースへの接続確立には CONNECT文を使用します。

イ：ビューを作成することによる実表へのアクセス制限の説明です。

ウ：暗号化表に関する説明です。CREATE TABLE文やALTER TABLE文に暗号化指定を行うことでデータの暗号化が可能です。

本問のSQL文は，CREATE VIEW文とGRANT文の二つのSQL文から構成されています。

CREATE VIEW文は，ビューを定義するSQL文です。ビューとは，SELECT文を用いて必要なデータを導出し，その結果である導出表に名前を付けた仮想表のことです。本問のCREATE VIEW文を実行すると，実表"取引先"から所在地が'東京'である行が導出(抽出)され，その結果がビュー"東京取引先"として作成されます。

```
CREATE VIEW 東京取引先 AS
    SELECT * FROM 取引先
    WHERE 取引先.所在地 = '東京'
```
実表"取引先"から所在地が'東京'である行を抽出し，その結果をビュー"東京取引先"として作成する

GRANT文は，表やビューの利用者に対し，表・ビューへの操作権限を付与するSQL文です。「GRANT SELECT ON 東京取引先 TO "8823"」を実行すると，利用者 "8823" に対して，ビュー"東京取引先"への問合せ(SELECT)権限が付与されます。

これにより利用者 "8823" は，ビュー"東京取引先"への問合せが可能になり，実表"取引先"の所在地が'東京'の行を参照できるようになります。

ア：GRANT文のTOの後の "8823" は行数ではありません。データベース利用者のIDです。

イ：ビューの作成者には，そのビューに対するSELECT権限が付与されます。

ウ：ビューの元表が削除された場合，ビューも削除され，同時にビューに対する権限も削除されます。

参考　オブジェクト操作権限の付与と取消し　Check!

オブジェクト(表やビュー)の利用者に対し，オブジェクトへの操作権限の付与はGRANT文で行い，取消はREVOKE文で行います。基本的な構文は，次のとおりです。

〔権限の付与〕　GRANT　権限名 ON オブジェクト名 TO　　利用者
〔権限の取消〕　REVOKE 権限名 ON オブジェクト名 FROM 利用者

権限名には，オブジェクトへの操作権限(SELECT，UPDATE，INSERT，DELETEなど)を指定し，複数ある場合は「,」で区切って指定します。また，全ての権限を指定する場合は，「ALL PRIVILEGES」と指定します。なお，GRANT文に「WITH GRANT OPTION」を指定すると，該当権限自体を別の利用者に付与する権限も合わせて付与されます。例えば，利用者Bに対して，A表のSELECT権限及びその付与権限を付与場合は，次のように指定します。

GRANT SELECT ON A表 TO 利用者B WITH GRANT OPTION

これにより利用者Bは，別の利用者に同一権限を付与することが可能になります。

解答　問1:エ　問2:エ

8

データベース

トランザクション管理

重要度
★★★

ACID特性とロックは頻出です。ここでは，ロックにより新たに発生するデッドロックも押さえておきましょう。

問1

ACID特性の四つの性質に<u>含まれないもの</u>はどれか。

ア 一貫性　　**イ** 可用性　　**ウ** 原子性　　**エ** 耐久性

問2

RDBMSのロックに関する記述のうち，適切なものはどれか。ここで，X, Yはトランザクションとする。

ア XがA表内の特定行aに対して共有ロックを獲得しているときは，YはA表内の別の特定行bに対して専有ロックを獲得することができない。

イ XがA表内の特定行aに対して共有ロックを獲得しているときは，YはA表に対して専有ロックを獲得することができない。

ウ XがA表に対して共有ロックを獲得しているときでも，YはA表に対して専有ロックを獲得することができる。

エ XがA表に対して専有ロックを獲得しているときでも，YはA表内の特定行aに対して専有ロックを獲得することができる。

問3　　　　高度

2相ロッキングプロトコルに従うトランザクションで発生する可能性のある現象はどれか。

ア ダーティリード　　　　　　　**イ** デッドロック
ウ ノンリピータブルリード　　　**エ** ロストアップデート

問1 解説

ACID特性とはトランザクションが備えるべき特性であり，次ページ「参考」に示した，原子性(**A**tomicity)，一貫性(**C**onsistency)，隔離性(**I**solation)，耐久性(**D**urability)の四つの特性のことです。**イ**の可用性はACID特性に含まれません。

問2　解説

ロックには，共有ロックと専有ロックがあります。共有ロックはデータ参照の際に獲得するロックで，専有ロックはデータ更新を行う際に獲得するロックです。共有ロックが掛けられたデータに対しては，他のトランザクションは共有ロックの獲得のみが認められ，専有ロックが掛けられたデータに対しては，いずれのロックも一切認められません。このことから，選択肢の中で適切なのは**イ**だけです。XがA表内の特定行aに対して共有ロックを獲得しているので，Yは共有ロックが掛けられた特定行aを含むA表(全体)に対して専有ロックを獲得することはできません。

問3　解説

2相ロッキングプロトコル(2相ロック方式)とは，更新対象のデータにロックを掛けていき(第1相)，全てのロックを掛け終えた後，更新処理を行い，処理が終わったら掛けたロックを解除する(第2相)という方式です。2相ロッキングプロトコルでは，直列可能性(すなわち，トランザクションの隔離性)は保証されますが，一方でトランザクションが共有するデータが複数ある場合は，互いにロックの解除を永久に待ち続けてしまうデッドロックが発生する可能性があります(デッドロックについては「5-4 デッドロック」を参照)。

したがって，**イ**が正解です。他の選択肢の用語の意味は次のとおりです。共有ロックが掛けられたデータに対しては共有ロックのみ獲得でき，専有ロックが掛けられたデータに対してはいずれのロックも獲得できないため，**ア**，**ウ**，**エ**の現象は発生しません。

ア：ダーティリードは，他のトランザクションが更新中の，まだコミットされていないデータを読み込んでしまうことをいいます。

ウ：ノンリピータブルリードは，再度読み込んだデータが，他のトランザクションによって更新されていること，つまり前に読み込んだ値と一致しないことをいいます。

エ：ロストアップデートは変更消失ともいい，更新した内容が他のトランザクションの更新によって消失してしまうことをいいます。

参考　ACID特性　Check!

原子性 (Atomicity)	トランザクションの処理が全て実行されるか，全く実行されないかのいずれかで終了すること
一貫性 (Consistency)	データベースの内容が矛盾のない状態であること
隔離性 (Isolation)	複数のトランザクションを同時に実行した場合と，順番に実行した場合の処理結果が一致すること(直列可能性)。独立性ともいう
耐久性 (Durability)	正常に終了した(すなわち，コミットした)トランザクションの更新結果は，障害が発生してもデータベースから消失しないこと

解答　問1：イ　問2：イ　問3：イ

障害回復処理

重要度
★★★

データベースの障害回復処理におけるチェックポイント
及びロールフォワードとロールバックを理解しましょう。

問1

チェックポイントを取得するDBMSにおいて，図のような時間経過でシステム障害が発生した。前進復帰（ロールフォワード）によって障害回復できるトランザクションだけを全て挙げたものはどれか。

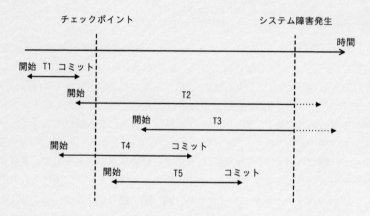

ア T1 　　イ T2とT3 　　ウ T4とT5 　　エ T5

問2

データベースの障害回復処理に関する記述のうち，適切なものはどれか。

ア 異なるトランザクション処理プログラムが，同一データベースを同時更新することによって生じる論理的な矛盾を防ぐために，データのブロック化が必要となる。

イ システムが媒体障害以外のハードウェア障害によって停止した場合，チェックポイントの取得以前に終了したトランザクションについての回復作業は不要である。

ウ データベースの媒体障害に対して，バックアップファイルをリストアした後，ログファイルの更新前情報を使用してデータの回復処理を行う。

エ トランザクション処理プログラムがデータベースの更新中に異常終了した場合には，ログファイルの更新後情報を使用してデータの回復処理を行う。

問1　解説

　データベースへの更新はいったんメモリ上のデータバッファに対して行われ，**チェックポイント**でバッファ上の更新内容がデータベースへ書き出されます(DBへの実更新)。また，更新ログもメモリ上にバッファリングされ，トランザクションのコミット及びチェックポイントでログファイルへの書出しが行われます。したがって，システム障害発生時のトランザクションの状態によって，どのような障害回復が行われるのかが異なります。

T1：チェックポイント以前にコミットされ，チェックポイントでDBへの実更新が行われているので，障害回復の対象にはなりません。

T2：チェックポイント以前に開始され，障害発生時点でコミットされていないので，チェックポイントから**更新前情報**(更新前ログ)を用いた**ロールバック**(後退復帰)でデータベースの内容をトランザクション開始時点に戻します。

T3：チェックポイント以降に開始され，障害発生時点でコミットされていないので，バッファ上の更新データ及びログが消失するだけです。再処理で対応します。

T4，T5：障害発生前にコミットされているため，チェックポイントから**更新後情報**(更新後ログ)を用いた**ロールフォワード**(前進復帰)でデータベースを回復します。

問2　解説

ア：更新データに・ロ・ッ・クを掛けることで，このような論理的な矛盾を防ぐことができます。

イ：正しい記述です。チェックポイント以前に終了したトランザクションの回復処理は不要です。

ウ：データベースの媒体障害が発生したときは，バックアップファイルを別の媒体にリストアした後，バックアップファイル作成時点から媒体障害発生までの間に作成された**更新後情報**を用いて，**ロールフォワード**(前進復帰)による回復処理を行います。

エ：トランザクションが異常終了した場合，トランザクション内で行った処理を全て取り消す必要があります。そのため，**更新前情報**を用いた**ロールバック**(後退復帰)でデータベースの内容をトランザクション開始時点に戻します。

参考　チェックポイント　Check!

　データベースのシステム障害からの回復には，(最大で)システム起動時からのログが必要になり，また，回復処理にも多くの時間を要します。そこで，DBMSでは，データバッファとログバッファの内容を書き出すタイミングを設けています。このタイミングが**チェックポイント**です。チェックポイントを設けることで，それまで行われてきた更新内容が全てデータベースに書き出されるため，DBMSリスタートの際には，チェックポイントから障害回復処理を行えばよく，障害回復に要する時間も短くてすみます。

解答　問1：ウ　問2：イ

インデックスの有効活用

重要度
★★★

問1は定期的に出題されています。インデックス設定の留意点，及び各種インデックスの特徴を押さえましょう。

問1

　"部品"表のメーカコード列に対し，B⁺木インデックスを作成した。これによって，"部品"表の検索の性能改善が最も期待できる操作はどれか。ここで，部品及びメーカのデータ件数は十分に多く，"部品"表に存在するメーカコード列の値の種類は十分な数があり，かつ，均一に分散しているものとする。また，"部品"表のごく少数の行には，メーカコード列にNULLが設定されている。実線の下線は主キーを，破線の下線は外部キーを表す。

部品(部品コード，部品名，メーカコード)
メーカ(メーカコード，メーカ名，住所)

ア　メーカコードの値が1001以外の部品を検索する。
イ　メーカコードの値が1001でも4001でもない部品を検索する。
ウ　メーカコードの値が4001以上，4003以下の部品を検索する。
エ　メーカコードの値がNULL以外の部品を検索する。

問2

　B⁺木インデックスが定義されている候補キーを利用して，1件のデータを検索するとき，データ総件数Xに対するB⁺木インデックスを格納するノードへのアクセス回数のオーダを表す式はどれか。

ア　$\sqrt{X}$　　　　　イ　$\log X$　　　　ウ　X　　　　エ　$X!$

問1　解説

　B⁺木インデックスは，現在，RDBMSのインデックスとして最も多く使われているインデックスです。B⁺木の構造を利用し，節(索引部)にはキー値と部分木へのポインタを，葉にはデータ(キー値とデータ格納位置)を格納する構造になっています。B⁺木は多分木であるため，索引部の節に多くのキー値を持たせることで木の深さが浅くなり検索の効率化が図れます。また，値一致検索だけでなく，"<"や">"，BETWEENなどを用いた範囲検索に優れているのも特徴の一つです。したがって，ウの操作はインデックスによる効果が期待できます。その他の選択肢はインデックスが使われない可能性があり，結果的には全件検索に近くなるため効果は期待できません(次ページの「参考」を参照)。

例 B⁺木インデックスの例

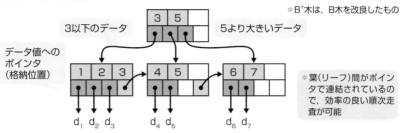

※B⁺木は，B木を改良したもの

3以下のデータ　　　　　　　　　　　5より大きいデータ

データ値への
ポインタ
(格納位置)

※葉(リーフ)間がポインタで連結されているので，効率の良い順次走査が可能

d₁ d₂ d₃　　　d₄ d₅　　　d₆ d₇

問2　解説

　B⁺木インデックスでは，インデックスを格納するノード(節)へのアクセス回数のオーダは，木の深さに比例します。例えば，各ノードがn個の子ノードをもつB⁺木インデックスでは，データ総件数Xに対して木の深さは$\log_n X$であり，検索のためのアクセス回数もこれに比例します。オーダは，定数や係数などを除外した式で表すので，本問におけるアクセス回数のオーダを表す式は$\log X$になり，これをO記法では$O(\log X)$と表します。

8
データベース

参考　**インデックスの設定に際しての主な留意点** Check!

① WHERE句に指定する問合せ条件や，ORDER BY句やGROUP BY句に頻繁に使用される列にインデックスを設定することで処理効率の向上が期待できる。ただし，問合せ条件に，NOT条件，NULL条件，LIKE条件が使われている場合や，計算や関数を含む場合には，インデックスが使われない可能性があるためその効果は期待できない。

② 更新頻度の高い列にインデックスを設定すると，インデックス保守に伴う更新負荷によって処理が遅くなる。

③ 表中のレコード(行)数が少ない場合は，インデックスの設定による効果は期待できない。

④ 取り得る値(データ値)の種類が少ない列にインデックスを設定しても効果は期待できない。

⑤ データ値件数の偏りが大きい列にインデックスを設定しても効果は期待できない。
　例えば，全レコード数が1200件，列Xのデータ値Aが1000件，Bが200件である場合は，Aが600件，Bが600件である場合より平均検索効率は悪くなる。

チェックしておきたいインデックス方式 Check!

・**ハッシュインデックス**：ハッシュ関数を用いて，キー値とデータを直接関係づける方式。

・**ビットマップインデックス**：キーの取り得る値の一つひとつに対してビットマップを用意する方式。例えば，性別の場合，男性と女性の二つのビット列を用意し，性別が男であるデータの位置(行番号)に対応するビットをオンにしておく。データ値の種類が少ない場合に有効。

解答　問1：ウ　問2：イ

アクセス効率の向上

重要度
★★☆

前節に関連するテーマです。問2は高度問題ですが，今後，問われる可能性があります。押さえましょう。

問1

RDBMSのコストベースのオプティマイザの機能の説明として，適切なものはどれか。

ア RDBMSが収集した統計情報を基に予測した実行計画を比較して，アクセスパスを選択する。

イ アプリケーションプログラムの動きを基に予測したアプリケーション全体の実行計画を比較して，アクセスパスを選択する。

ウ インデックスが定義された列では，必ずいずれかのインデックスを用いたアクセスパスを選択する。

エ 複数のアクセスパスが使用可能な場合は，ルールの優先度が上位のアクセスパスを選択する。

問2

高度

関係データベースにおいて，タプル数nの表二つに対する結合操作を，入れ子ループ法によって実行する場合の計算量はどれか。

ア $O(\log n)$　　　**イ** $O(n)$　　　**ウ** $O(n \log n)$　　　**エ** $O(n^2)$

問1 解説

　RDBMSの**オプティマイザ**は，SQL文を実行する際に，問い合わせをどのように処理するのかを決めるクエリ最適化の機能です。

　コストベースのオプティマイザでは，ディスクファイルのI/O回数，入出力バッファやログバッファの使用状況といったRDBMSが収集した統計情報を基に，表へのアクセスや表の結合にかかるI/O，CPUのコストなどを見積もり，最適なアクセス方法ならびに結合順序や結合方法を選択します。したがって，**ア**が適切な記述です。

　これに対して，データの状態を加味しないのがルールベースです。**ルールベース**では，実行するSQL文を分解し，その分解された情報と所定のルールによってアクセス方法を選択します。同じSQL文であれば同じアクセスパスとなり，たとえ全表を走査するほうが高速な場合でも索引（インデックス）が使用できる状態であれば索引を使ったアクセスパスが選択されます。**ウ**と**エ**がルールベースのオプティマイザ機能に該当します。

二つの表を結合する際に利用される主なアルゴリズムには，次の三つがあります。

入れ子ループ結合	一方の表の結合する列の値を順に読み出し，その値で，もう一方の表の結合する列と結合する
ソートマージ結合	二つの表を，結合する列の値であらかじめソートしておき，それぞれの表の結合する列を先頭から順に突合せ（マージ），結合する
ハッシュ結合	一方の表（行数の少ない表）の結合する列の値でハッシュ表を作成し，もう一方の表の結合する列をハッシュ関数に掛け，ハッシュ値が等しいものを結合する。ハッシュ結合は，ハッシュ値により比較・結合を行うため，等価結合以外の結合演算には使用できない

入れ子ループ法による結合は，単純に二重ループを回して表を結合する方法です。例えば，AとBの二つの表を結合する場合，まず外側のループで表Aから一つのタプル（行）を取り出し，次に内側のループで表Bの先頭から順に全てのタプルの結合列と比較していきます。したがって，計算量は$n \times n = n^2$，すなわち$O(n^2)$になります。

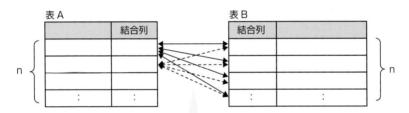

外側のループで取り出された表Aの各行に対して，内側のループで取り出される表Bのn行との比較が行われるため，比較回数はn×n回となる

補足 入れ子ループ法では，表Aの各行における結合列の値を，線形探索で表Bから探すことになりますが，表Bの結合列にインデックス（索引）が設定されている場合にはそれを利用することができます。

参考 アクセス効率向上のための対策

① データの追加，削除などが多数回繰り返されると，使用できない断片的な未使用部分が増加し，データベース全体のアクセス効率が低下する。これを防ぐためには，定期的にデータベースの**ガーベジコレクション**（**再編成**）を行う。

② 表に格納するデータが大量である場合，データを複数のディスクへ格納することで性能向上を図ることがある。その際，次のような分割方式が採用される。

・**キーレンジ分割方式**：分割に使用するキーの値の範囲により，その値に割り当てられたディスクに分割格納する。

・**ハッシュ分割方式**：分割に使用するキーの値にハッシュ関数を適用し，その値に割り当てられたディスクに分割格納する。

8 ▶ 16 分散データベース

重要度
★★★

2相コミットと透過性に関する問題が多いです。ここでは、「参考」に示したCAP定理も押さえておきましょう。

問1

分散データベースにおいて図のようなコマンドシーケンスがあった。調停者がシーケンスaで発行したコマンドはどれか。ここで、コマンドシーケンスの記述にUMLのシーケンス図の記法を用いる。

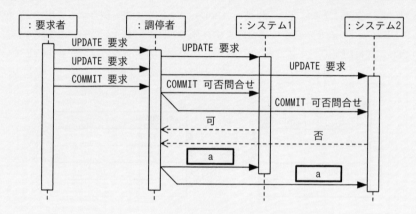

ア COMMITの実行要求
イ ROLLBACKの実行要求
ウ 判定レコードの書出し要求
エ ログ書出しの実行要求

問2

分散データベースにおける"複製に対する透過性"の説明として、適切なものはどれか。

ア それぞれのサーバのDBMSが異種であっても、プログラムはDBMSの相違を意識する必要がない。

イ 一つの表が複数のサーバに分割されて配置されていても、プログラムは分割された配置を意識する必要がない。

ウ 表が別のサーバに移動されても、プログラムは表が配置されたサーバを意識する必要がない。

エ 複数のサーバに一つの表が重複して存在しても、プログラムは表の重複を意識する必要がない。

問1　解説

　分散データベースシステムではデータが複数のサイトに存在するため，あるサイトが更新され，ほかのサイトが更新されなければデータの整合性維持ができません。そのため，データ更新時にはサイト間で同期をとる必要があり，これを行う代表的手法が**2相コミット**（2フェーズコミットメント制御）です。以下に，2相コミットのシーケンスを示します。ここで，コミット処理を開始する主サイトを調停者，調停者からの指示を受信して必要なアクションを開始する各データベースサイト（システム1，2）を参加者といいます。

〔第1フェーズ〕

　①調停者が，参加者に「COMMIT 可否問合せ」を送る。

　②参加者は，調停者に「COMMITの可否(Yes/No)」を返答する。このとき，各データベースサイトはコミットもロールバックも可能な**セキュア状態**となる。

〔第2フェーズ〕

　③調停者は，全ての参加者から「COMMIT可(Yes)」が返された場合のみ，「COMMITの実行要求」を発行する。もし，一つでも「COMMIT 否(No)」の参加者があれば，「ROLLBACKの実行要求」を発行する。

　以上，問題に示されたシーケンス図では，システム2から「否」が返されているので，調停者がシーケンスaで発行するコマンドは，**イ**のROLLBACKの実行要求です。

問2　解説

　"複製に対する透過性"とは，「同一のデータが複数のサイトに格納されていても，それを意識せず利用できる」という性質です。したがって，**エ**が適切な記述です。

　アはデータモデルに対する透過性，**イ**は分割に対する透過性，**ウ**は移動に対する透過性の説明です。

参考　CAP定理も知っておこう！

　分散型データベースシステムにおいてデータストアに望まれる三つの特性「一貫性（整合性），可用性，分断耐性」のうち，同時には最大二つまでしか満たすことができないとする理論を**CAP定理**といいます。

　　Check!

　試験では，「CAP定理におけるAとPの特性をもつ分散システムの説明は？」と問われます。答えは，「可用性と分断耐性を満たすが整合性を満たさない」です。

解答　問1:イ　問2:エ

データベースの応用

重要度
★★★
データマイニングは頻出です。また今後は，ETLツールやデータクレンジングも出題が増えると予想されます。

問1

データウェアハウスを構築するために，業務システムごとに異なっているデータ属性やコード体系を統一する処理はどれか。

ア ダイス　　**イ** データクレンジング　　**ウ** ドリルダウン　　**エ** ロールアップ

問2

データウェアハウスに業務データを取り込むとき，データを抽出して加工し，データベースに書き出すツールはどれか。

ア ETLツール　　**イ** OLAPツール　　**ウ** データマイニングツール　　**エ** 統計ツール

問3

ビッグデータの利用におけるデータマイニングを説明したものはどれか。

ア 蓄積されたデータを分析し，単なる検索だけでは分からない隠れた規則や相関関係を見つけ出すこと

イ データウェアハウスに格納されたデータの一部を，特定の用途や部門用に切り出して，データベースに格納すること

ウ データ処理の対象となる情報を基に規定した，データの構造，意味及び操作の枠組みのこと

エ データを複数のサーバに複製し，性能と可用性を向上させること

問1　解説

データウェアハウスとはデータの収集場所であり，販売実績や製造実績など企業の様々な活動を介して得られた大量のデータを，データ分析や意思決定などに利用することを目的に整理・統合して蓄積したデータベースです。

業務データは，同じ意味合いのデータでも業務システムごとにデータ属性やコード体系が異なることがあります。このためデータウェアハウスに業務データを取り込む際には，

これらを統一する**データクレンジング**を行います。

ア, **ウ**, **エ**は, OLAP(Online Analytical Processing)が提供する機能です。OLAPとは, 多次元のデータ構造をもつデータ(キューブ型をしたデータベースなど)を様々な視点から対話的に分析する処理形態, あるいはその技術のことです。OLAPが提供する主な機能は, 次のとおりです。

スライス	一つの属性の特定の値を指定してデータを水平面で切り出す
ドリルダウン	任意の切り口で取り出したデータをより深いレベルのデータに詳細化する
ロールアップ	ドリルダウンの逆
ダイス	データ集計の軸を, 例えば, 「顧客, 商品, 販売店別」から「商品, 顧客, 販売店別」というように切り替える(立方体の面を回転させる)

問2 解説

データウェアハウスへ業務データを取り込む際には, 「データの抽出・収集(Extract) ⇒ 変換・加工(Transform) ⇒ データベースへの書出し(Load)」という一連の処理が行われます。この一連の処理機能をもつツールが**ETL**(Extract/Transform/Load)ツールです。

問3 解説

データマイニングとは, 大量のデータを発見型の手法や統計的, 数学的な手法を使って分析し, 隠れているデータ間の関連性や規則性(傾向やパターン)を見つけ出す技術, あるいはそのプロセスのことです。**ア**がデータマイニングに該当します。

イ: データウェアハウスに格納されたデータの一部を, 特定の用途や部門用に切り出して, データベースに格納したものを**データマート**といいます。

ウ: データモデルに関する説明です。

エ: **レプリケーション**(複製)の説明です。あるサーバのデータを他のサーバに複製し, 同期をとることで可用性や性能の向上を図ることができます。

参考 ビッグデータのデータ貯蔵場所

ビッグデータなど非定型・非構造化データの貯蔵場所となるのが**データレイク**です。データレイクの大きなメリットの一つは, あらゆるデータ(業務データ, IoTデータ, オープンデータ, SNSのログなど)を一元管理できることです。しかし, データを発生したままの形式や構造で格納するため, これをデータ活用に繋げるためには**データクレンジング**が必須となります。問2で説明した**ETLツール**の中には, このクレンジング機能を有し, データレイクからデータソースを抽出・収集し, 使いやすい形へと変換し, データウェアハウスや他システムへと出力するものもあります。

解答 問1:イ 問2:ア 問3:ア

NoSQL

重要度
★★☆

出題が増えてきたテーマです。ここでは、NoSQLの四つのDB及び関連用語・技術を押さえておきましょう。

問1

NoSQLの一種である、グラフ指向DBの特徴として、適切なものはどれか。

ア データ項目の値として階層構造のデータをドキュメントとしてもつことができる。また、ドキュメントに対しインデックスを作成することもできる。

イ ノード、リレーション、プロパティで構成され、ノード間をリレーションでつないで構造化する。ノード及びリレーションはプロパティをもつことができる。

ウ 一つのキーに対して一つの値をとる形をしている。値の型は定義されていないので、様々な型の値を格納することができる。

エ 一つのキーに対して複数の列をとる形をしている。関係データベースとは異なり、列の型は固定されていない。

問2

JSON形式で表現される図1、図2のような商品データを複数のWebサービスから取得し、商品データベースとして蓄積する際のデータの格納方法に関する記述のうち、適切なものはどれか。ここで、商品データの取得元となるWebサービスは随時変更され、項目数や内容は予測できない。したがって、商品データベースの検索時に使用するキーにはあらかじめ制限を設けない。

```
{
  "_id":"AA09",
  "品名":"47型テレビ",
  "価格":"オープンプライス",
  "関連商品id": [
    "AA101",
    "BC06"
  ]
}
```

```
{
  "_id":"AA10",
  "商品名":"りんご",
  "生産地":"青森",
  "価格":100,
  "画像URL":"http://www.example.com/apple.jpg"
}
```

図1　A社Webサービス　　　　　図2　B社Webサービスの商品データ
　　　の商品データ

ア 階層型データベースを使用し，項目名を上位階層とし，値を下位階層とした2階層でデータを格納する。

イ グラフデータベースを使用し，商品データの項目名の集合から成るノードと値の集合から成るノードを作り，二つのノードを関係付けたグラフとしてデータを格納する。

ウ ドキュメントデータベースを使用し，項目構成の違いを区別せず，商品データ単位でデータを格納する。

エ 関係データベースを使用し，商品データの各項目名を個別の列名とした表を定義してデータを格納する。

問3 ▸ 〔高度〕

BASE特性を満たし，次の特徴をもつNoSQLデータベースシステムに関する記述のうち，適切なものはどれか。

〔NoSQLデータベースシステムの特徴〕
・ネットワーク上に分散した複数のノードから構成される。
・一つのノードでデータを更新した後，他の全てのノードにその更新を反映する。

ア クライアントからの更新要求を2相コミットによって全てのノードに反映する。

イ データの更新結果は，システムに障害がなければ，いつかは全てのノードに反映される。

ウ 同一の主キーの値による同時の参照要求に対し，全てのノードは同じ結果を返す。

エ ノード間のネットワークが分断されると，クライアントからの処理要求を受け付けなくなる。

問1 解説

NoSQL(Not only SQL)は，関係データベース管理システム(RDBMS)に属さない，データベース管理システム(DBMS)の総称です。代表的なものに，次の四つがあります。

キーバリュー型	一つのデータを一つのキーに対応付けて管理する。キーバリューストア(KVS：Key-Value Store)とも呼ばれる
カラム指向型 (列指向型)	KVS型にカラム(列)の概念をもたせたもの。キーに対して，動的に追加可能な複数のカラム(データ)を対応付けて管理できる
ドキュメント指向型	KVSの基本的な考え方を拡張したもの。データをドキュメント単位で管理する。個々のドキュメントのデータ構造(XMLやJSONなど)は自由
グラフ指向型	グラフ理論に基づき，ノード，ノード間のエッジ(リレーション)，そしてノードとエッジにおける属性(プロパティ)により全体を構造化し管理する

イがグラフ指向DBの特徴です。アはドキュメント指向型DB，ウはキーバリュー型DBの特徴，エはカラム指向型DBの特徴です。

図1, 図2のようにJSON形式で表現される不定形のデータの格納には, **ドキュメントデータベース**(ドキュメント指向型DB)が適します。ドキュメントデータベースは, 項目数や内容などの項目構成に違いがあっても, 一つのデータ(本問の場合, 商品データ)を一つのドキュメントとして扱うことができます。また, データベースの検索時に使用するキーにも制約がなく, 任意の項目を使用して検索ができます。

BASE特性とは, 次の三つの特性のことです。

> ・BA(Basically Available)：可用性が高く, 基本的にいつでも利用可能
> ・S(Soft state)：厳密な状態を要求しない, すなわち常に整合性を保つ必要はない
> ・E(Eventually consistent)：最終的に整合性が保証される(結果整合性)

ア：「クライアントからの更新要求を2相コミットによって全てのノードに反映する」ということは, 全てのノードで常に整合性を保証するということです。これはBASE特性の"S"を満たしません。

イ：「データの更新結果は, システムに障害がなければ, いつかは全てのノードに反映される」は, BASE特性及びNoSQLデータベースシステムの特徴を満たします。

ウ：「同一の主キーの値による同時の参照要求に対し, 全てのノードは同じ結果を返す」ためには, 全てのノードで常に整合性を保証しなければなりません。これはBASE特性の"S"を満たしません。なお, NoSQLデータベースシステムでは, BASE特性の"S"と"E"により, 同一の主キーの値による同時の参照要求に対して, 全てのノードが同じ結果を返すとは限りません。

エ：「ノード間のネットワークが分断されると, クライアントからの処理要求を受け付けなくなる」ことは, BASE特性の"BA"を満たしません。

以上, **イ**が適切な記述です。

参考 結果整合性も知っておこう！

NoSQLデータベースシステムでは, ビッグデータなど膨大なデータを高速に処理する必要があります。このため, 一時的なデータの不整合があってもそれを許容することで整合性保証のための処理負担を軽減し, 最終的に一貫性が保たれていればよいという考えを採用しています。これを**結果整合性**といい, 結果整合性を保証するのが**BASE特性**です。

解答 問1：イ　問2：ウ　問3：イ

第 9 章

ネットワーク

OSI基本参照モデル

重要度
★☆☆

近年出題はほとんどありませんが，OSI基本参照モデルの各層の役割は基本事項です。確認しておきましょう。

問1

OSI基本参照モデルにおけるネットワーク層の説明として，適切なものはどれか。

ア エンドシステム間のデータ伝送を実現するために，ルーティングや中継などを行う。

イ 各層のうち，最も利用者に近い部分であり，ファイル転送や電子メールなどの機能が実現されている。

ウ 物理的な通信媒体の特性の差を吸収し，上位の層に透過的な伝送路を提供する。

エ 隣接ノード間の伝送制御手順（誤り検出，再送制御など）を提供する。

問2

OSI基本参照モデルのトランスポート層の機能として，適切なものはどれか。

ア 経路選択機能や中継機能をもち，透過的なデータ転送を行う。

イ 情報をフレーム化し，伝送誤りを検出するためのビット列を付加する。

ウ 伝送をつかさどる各種通信網の品質の差を補完し，透過的なデータ転送を行う。

エ ルータにおいてパケット中継処理を行う。

問3

OSI基本参照モデルにおいて，アプリケーションプロセス間での会話を構成し，同期をとり，データ交換を管理するために必要な手段を提供する層はどれか。

ア アプリケーション層 **イ** セション層

ウ トランスポート層 **エ** プレゼンテーション層

問1 解説

ネットワーク層は，経路選択（ルーティング）機能や中継機能をもち，エンドシステムに相手の物理的な位置などを意識させない透過的（トランスペアレント）なデータ転送を実現する層です。**ア**がネットワーク層の説明です。

イ：アプリケーション層についての説明です。

ウ：物理層についての説明です。

エ：データリンク層についての説明です。データリンク層では，データをフレームという単位に区切り，フレームの誤り制御，フロー(データの流量)制御などを行い，誤りのない隣接ノード間の伝送路を実現します。なお，データリンク層におけるデータ伝送制御手順の一つに，高速かつ品質の高いデータ伝送を実現するHDLC(High-Level Data Link Control：ハイレベルデータリンク制御)手順があります。

問2 解説

トランスポート層では，ネットワーク層以下で生じるビット誤りの回復を行うなど，通信網によって異なる品質の差を補完し，上位のセション層に信頼性が高い透過的なデータ転送を提供します。なお，**ア**，**エ**はネットワーク層，**イ**はデータリンク層の機能です。

問3 解説

アプリケーションプロセス間での会話を構成し，同期をとり，データ交換を管理するために必要な手段を提供するのは**セション層**です。セション層では，アプリケーションプロセス間における会話の制御や管理を行い，順序正しいデータ通信と効率のよいデータ通信を提供します。ここで，"同期をとり"というのは，いくつかの同期点を設けておきデータが正しく送信できなかったら，直前の同期点から送り直すといった**同期点制御**のことです。

アプリケーション層は，アプリケーションに対し，共通して必要な通信機能を提供します。**プレゼンテーション層**は，アプリケーション間で使用するデータの表現形式を規定し，アプリケーション固有の表現形式を共通の表現形式に変換する機能を提供します。

参考 OSI基本参照モデル

OSI基本参照モデルは，国際標準化機構ISOによって標準化されたネットワークアーキテクチャです。OSI基本参照モデルでは，データ通信を行うために必要な通信機能を七つに階層化しています。

第7層	アプリケーション層	アプリケーションに通信関連の機能を提供
第6層	プレゼンテーション層	データ(コード)変換と表現形式制御
第5層	セション層	会話制御と管理(順序制御，同期点制御など)
第4層	トランスポート層	下位層のサービス品質の差異を吸収。データ信頼性確保
第3層	ネットワーク層	経路選択(ルーティング)や中継
第2層	データリンク層	隣接ノード間の伝送制御(誤り制御，再送制御など)
第1層	物理層	物理的な通信媒体の特性の差を吸収

解答 問1：ア 問2：ウ 問3：イ

9 2 LAN間接続装置

重要度
★★☆
OSI基本参照モデルの各層に対応する装置(特に,スイッチングハブとルータ)の機能を理解しておきましょう。

問1

スイッチングハブ(レイヤ2スイッチ)の機能として,適切なものはどれか。

ア IPアドレスを解析することによって,データを中継するか破棄するかを判断する。

イ MACアドレスを解析することによって,必要なLANポートにデータを流す。

ウ OSI基本参照モデルの物理層において,ネットワークを延長する。

エ 互いが直接,通信ができないトランスポート層以上の二つの異なるプロトコルの翻訳作業を行い,通信ができるようにする。

問2

図のようなIPネットワークのLAN環境で,ホストAからホストBにパケットを送信する。LAN1において,パケット内のイーサネットフレームの宛先とIPデータグラムの宛先の組合せとして,適切なものはどれか。ここで,図中のMACn/IPmはホスト又はルータがもつインタフェースのMACアドレスとIPアドレスを示す。

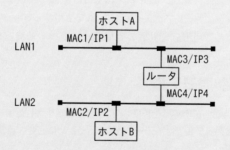

	イーサネットフレームの宛先	IPデータグラムの宛先
ア	MAC2	IP2
イ	MAC2	IP3
ウ	MAC3	IP2
エ	MAC3	IP3

スイッチングハブ(レイヤ2スイッチ:L2スイッチ)は，OSI基本参照モデルのデータリンク層(レイヤ2)で動作する中継装置です。自身の個々のポートにどんなMACアドレスをもつノードが接続されているかを**MACアドレステーブル**に記憶しているため，受け取ったデータの宛先MACアドレスを基にMACアドレステーブルを参照することで，必要なポートにだけデータを転送することができます。**イ**が適切な記述です。なお，受信したデータの宛先MACアドレスがMACアドレステーブルに記憶されていない場合や，ブロードキャストフレーム(すなわち，MACアドレスがブロードキャストアドレス「FF-FF-FF-FF-FF-FF」のフレーム)を受信したときには，受信ポート以外の全てのポートに転送します。

ア:ネットワーク層(レイヤ3)で動作する，ルータやL3スイッチ(レイヤ3スイッチ)がもつ機能です。**ルータ**の主な機能は，データのルーティング(経路制御)，中継，フィルタリングです。受け取ったデータの宛先IPアドレスを基にルーティングテーブルから転送先のルータ(ネクストホップ)を決定し，データを転送します。**L3スイッチ**は，L2スイッチにルータの一部機能を追加したものです。データの中継をハードウェアで処理するため，これをソフトウェアで処理するルータ[注]よりも高速に動作します。

ウ:リピータやハブなど物理層(レイヤ1)で動作する中継機器がもつ機能です。

エ:ゲートウェイの機能です。　　　　　　　　　　　　※注:ハードウェアで処理する機種もある

9

ネットワーク

図のIPネットワーク環境で，ホストAからホストBにデータを送信する場合，ルータを超えなければいけないため，ルータを通過するような宛先の指定を行います。つまり，IPデータグラムの宛先(宛先IPアドレス)には最終的な宛先であるホストB(**IP2**)を指定し，イーサネットフレームの宛先(宛先MACアドレス)には中継を行うルータ(**MAC3**)を指定します。

参考 OSI基本参照モデルとLAN間接続装置

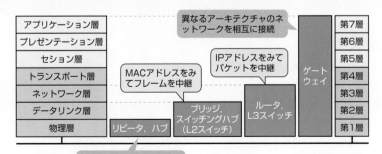

9▶3 ブロードキャストフレーム

重要度 ★★☆ "ブロードキャスト"ときたら一斉送信です。ここでは，データ送信の種類と問2の高度問題も押さえましょう。

問1

イーサネットで用いられるブロードキャストフレームによるデータ伝送の説明として，適切なものはどれか。

ア 同一セグメント内の全てのノードに対して，送信元が一度の送信でデータを伝送する。
イ 同一セグメント内の全てのノードに対して，送信元が順番にデータを伝送する。
ウ 同一セグメント内の選択された複数のノードに対して，送信元が一度の送信でデータを伝送する。
エ 同一セグメント内の選択された複数のノードに対して，送信元が順番にデータを伝送する。

問2

高度

イーサネットにおいて，ルータで接続された二つのセグメント間でのコリジョンの伝搬と，宛先MACアドレスの全てのビットが1であるブロードキャストフレームの中継について，適切な組合せはどれか。

	コリジョンの伝搬	ブロードキャストフレームの中継
ア	伝搬しない	中継しない
イ	伝搬しない	中継する
ウ	伝搬する	中継しない
エ	伝搬する	中継する

問1 解説

不特定多数の相手に向かって同じデータを一斉送信することをブロードキャストといいます。ブロードキャストフレームは，宛先MACアドレスの全てのビットが1である「FF-FF-FF-FF-FF-FF」といった特殊なアドレスをもつフレームです。同一セグメント内の全てのノードに一斉送信する際に使用されます。アの記述が適切です。

イ：順番に送ることができるのは，ユニキャストによるデータ伝送です。
ウ：マルチキャストによるデータ伝送の説明です。
エ：マルチキャストではウの記述にあるように，一度の送信でデータを伝送します。

伝送路上でデータ(信号)が衝突する現象のことを**コリジョン**といい,コリジョンが発生した信号が伝搬する範囲を**コリジョンドメイン**といいます。リピータやハブは,物理的に全ての信号を中継するため,これらの装置で接続されている範囲は同じコリジョンドメインとなり,コリジョンの伝搬は起こります。しかし,ブリッジやスイッチングハブ(L2スイッチ),ルータは,衝突発生時にできる不完全フレームなど通信エラーの発生したフレームは全て破棄し転送しないため,これらの装置で接続された二つのセグメント間でのコリジョンの伝搬は起こりません。

次に,ブロードキャストフレームが届く範囲のことを**ブロードキャストドメイン**といい,ブリッジやスイッチングハブはブロードキャストフレームを中継しますが,ルータはブロードキャストフレームを中継しません。このため,ルータで接続された二つのセグメントは異なるブロードキャストドメインとなります。以上,**ア**が適切な組合せです。

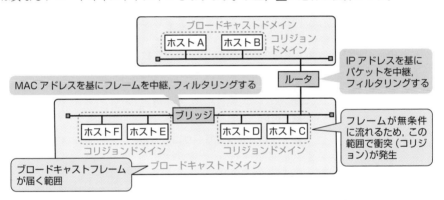

	コリジョンの伝搬	ブロードキャストフレームの中継
レイヤ3の中継装置(ルータなど)	伝搬しない	中継しない
レイヤ2の中継装置(ブリッジなど)	伝搬しない	中継する
レイヤ1の中継装置(リピータなど)	伝搬する	中継する

参考 データ送信の種類 Check!

・**ユニキャスト**:単一の宛先(ノード)を指定してデータを送信する。
・**ブロードキャスト**:ネットワークに属している全てのノードに対してデータを一斉送信する。
・**マルチキャスト**:指定した複数のノードに対してデータを一斉送信する。なお,IPv4のマルチキャストアドレスにはクラスDのアドレスが使用される。また,マルチキャストを送受信するグループの管理(参加や離脱)にはIGMP(Internet Group Management Protocol)が利用される。

解答 問1:ア 問2:ア

9 ネットワーク

重要度
★★★
問1のARPは頻出です。ここでは高度問題の問2及び「参考」に示した用語も押さえておくとよいでしょう。

問1

TCP/IPネットワークにおけるARPの説明として，適切なものはどれか。

ア IPアドレスからMACアドレスを得るプロトコルである。

イ IPネットワークにおける誤り制御のためのプロトコルである。

ウ ゲートウェイ間のホップ数によって経路を制御するプロトコルである。

エ 端末に対して動的にIPアドレスを割り当てるためのプロトコルである。

問2

高度

複数台のレイヤ2スイッチで構成されるネットワークが複数の経路をもつ場合に，イーサネットフレームのループが発生することがある。そのループの発生を防ぐためのTCP/IPネットワークインタフェース層のプロトコルはどれか。

ア IGMP　　　　　　　　**イ** RIP

ウ SIP　　　　　　　　　**エ** スパニングツリープロトコル

問1 解説

ARP（Address Resolution Protocol）は，IPアドレスからMACアドレスを取得するためのプロトコルです。目的IPアドレスを指定したARP要求パケットをLAN全体にブロードキャストし，各ノードはそれが自分のIPアドレスであれば，ARP応答パケットに自分のMACアドレスを入れてユニキャストで返す仕組みになっています。

イ：ICMP（Internet Control Message Protocol）の説明です。ICMPについては，「9-5 データリンク層のプロトコル II」の「参考」も参照してください。

ウ：RIP（Routing Information Protocol）の説明です（問2の解説を参照）。

エ：DHCP（Dynamic Host Configuration Protocol）の説明です。

問2 解説

レイヤ2スイッチは，受信したブロードキャストフレームを受信ポート以外の全ポート

に転送します。そのため，複数の経路をもつネットワークにループ状の構成が含まれると，ブロードキャストフレームが永遠に回り続けながら増殖し，最終的にはネットワークダウンを招いてしまいます。この現象を**ブロードキャストストーム**といい，これを防ぐプロトコルがIEEE 802.1Dとして標準化されている**スパニングツリープロトコル**(Spanning Tree Protocol：**STP**)です。

STPは，TCP/IPネットワークインタフェース層(OSI基本参照モデルのデータリンク層と物理層)のプロトコルです。複数のスイッチ間で情報交換を行い，ループを構成している一部の経路のポートをあえてブロック(論理的に切断)することによって，ネットワーク全体をループをもたない論理的なツリー構造(これを**スパニングツリー**という)にします。

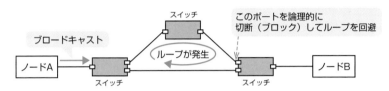

ア：IGMP(Internet Group Management Protocol)は，IPマルチキャストのためのプロトコルです。マルチキャストグループへの参加や離脱を通知したり，マルチキャストグループに参加しているホストの有無をルータがチェックするときに用いられます。

イ：RIP(Routing Information Protocol)は，UDP/IP上で動作するディスタンスベクタ型(距離ベクトル型)のダイナミックルーティングプロトコルです。宛先のネットワークに到達するまでのルータの数(これを**ホップ数**という)を基に最短経路を選択します。

ウ：SIP(Session Initiation Protocol)は，IP電話の通信制御プロトコルです。

参考 チェックしておきたい関連用語 Check!

- **RSTP**：Rapid Spanning Tree Protocolの略。スパニングツリープロトコル(STP)の改良版。高速にスパニングツリーを構築できる。IEEE 802.1wとして標準化されている。
- **MSTP**：Multiple Spanning Tree Protocolの略。複数のVLANを一つにまとめた単位でスパニングツリーを実現するプロトコル。IEEE 802.1Sとして標準化されている。
- **リンクアグリゲーション**：コンピュータとレイヤ2スイッチの間，又は2台のレイヤ2スイッチの間を接続する複数の物理回線を論理的に1本の回線に束ねる技術。例えば，1Gビット／秒の回線(リンク)を2本束ねれば2Gビット／秒の帯域が確保できるとともに，1本に障害が発生しても残る一方で通信が可能。リンクアグリゲーションによるリンクの集約を自動化するプロトコルが**LACP**(Link Aggregation Control Protocol)。IEEE 802.3adとして標準化されている。
- **GARP**：Gratuitous ARPの略。自身に設定するIPアドレスの重複確認やARPテーブルの更新を主な目的としたプロトコルで，目的IPアドレスに自身が使用するIPアドレスを指定し，MACアドレスを問い合わせる。

解答 問1：ア　問2：エ

データリンク層のプロトコルⅡ

重要度
★★☆

ここでは，PPPがもつ機能，及びLAN上でPPPを実現するプロトコルを確認しておきましょう。

問1

PPPの説明として，適切なものはどれか。

- **ア** 電子メールのメッセージ交換を行う簡易メール転送プロトコルである。
- **イ** 認証機能や圧縮機能をもち，2点間を接続する通信プロトコルである。
- **ウ** ネットワーク間のファイル転送をTCP上で行うプロトコルである。
- **エ** ネットワーク内のIPアドレスを一元管理し，動的にIPアドレスを割り当てるプロトコルである。

問2

高度

シリアル回線で使用するものと同じデータリンクのコネクション確立やデータ転送を，LAN上で実現するプロトコルはどれか。

- **ア** MPLS
- **イ** PPP
- **ウ** PPPoE
- **エ** PPTP

問1 解説

PPP(Point to Point Protocol)は，2点間を接続するための通信プロトコルです。二つのサブプロトコルLCP(Link Control Protocol)とNCP(Network Control Protocol)から構成されていて，このうちLCPでは，通信相手の認証を行うための認証プロトコルやフィールドの圧縮プロトコルがオプションとして規定されています。したがって，**イ**が適切です。

ネットワーク層			IPv4　IPv6　…
データリンク層	PPP	NCP	使用するネットワーク層のプロトコルに必要な制御など
		LCP	コネクション確立・切断(リンク制御)，認証，圧縮など

補足 PPPで規定されている認証プロトコルは，PAPとCHAPの2種類です。オプション指定されれば，リンク確立後，認証プロトコルを用いた認証を行います。

ア：SMTP(Simple Mail Transfer Protocol)の説明です。

ウ：FTP(File Transfer Protocol)の説明です。

エ：DHCP(Dynamic Host Configuration Protocol)の説明です。

シリアル回線で使用しデータリンクのコネクション確立やデータ転送を行うプロトコルは，PPP(Point to Point Protocol)です。PPPはコネクション型の通信であり，通信を開始するときはデータ通信ができることを確認後(すなわち，コネクションを確立してから)，データ転送を行います。このPPPと同等な機能をイーサネット(LAN)上で実現するプロトコルは，PPPoE(PPP over Ethernet)です。PPPフレームをイーサネットフレームでカプセル化することで実現します。

┌── 宛先 MAC アドレス，送信元 MAC アドレスなど

Ethernet ヘッダ	PPPoE ヘッダ	PPP ヘッダ	ペイロード(可変長データ)	FCS

＊FCS:Frame Check Sequence

ア：MPLS(Multi-Protocol Label Switching)は，ラベルと呼ばれる識別子(ヘッダ)を付加することにより，IPアドレスに依存しないルーティングを実現するラベルスイッチング方式を用いたパケット転送技術です。

エ：PPTP(Point-to-Point Tunneling Protocol)は，PPPフレームをIPパケットにカプセル化することで，IPネットワークであるインターネットを介したPPP接続を可能にするトンネリングプロトコルです。

参考　ICMP　Check!

ICMP(Internet Control Message Protocol)は，IPパケットの送信処理におけるエラーの通知や制御メッセージを転送するためのTCP/IPインターネット層(ネットワーク層)のプロトコルです。ICMPを利用しているコマンドで，試験に時々登場するものにpingがあります。pingは，ICMPのエコー要求，エコー応答，到達不能メッセージなどによって通信相手との接続性を確認するコマンドです。ICMPのメッセージの種類(ICMPヘッダの種類)にはいくつかありますが，試験対策として覚えておきたいものを下表にまとめておきます。

タイプ0	エコー応答(Echo Reply)
タイプ3	到達不能(Destination Unreachable)
タイプ5	経路変更要求(Redirect) 〔例〕転送されてきたデータを受信したルータが，そのネットワークの最適なルータを送信元に通知して経路の変更を要請する
タイプ8	エコー要求(Echo Request)
タイプ11	時間超過(TTL equals 0) 〔例〕IPヘッダのTTL(Time to live)が0になりパケットを破棄したことを通知する

9

ネットワーク

解答　問1:イ　問2:ウ

IPv4のIPアドレスI

重要度
★★★

IPアドレスはネットワークの基本中の基本です。ホスト
アドレスの求め方などしっかり理解しておきましょう。

問1

次のIPアドレスとサブネットマスクをもつPCがある。このPCのネットワークアドレスとして，適切なものはどれか。

    IPアドレス: 10.170.70.19
    サブネットマスク: 255.255.255.240

ア 10.170.70.0   **イ** 10.170.70.16
ウ 10.170.70.31   **エ** 10.170.70.255

問2

IPv4ネットワークで使用されるIPアドレスaとサブネットマスクmからホストアドレスを求める式はどれか。ここで，"〜"はビット反転の演算子，"｜"はビットごとの論理和の演算子，"&"はビットごとの論理積の演算子を表し，ビット反転の演算子の優先順位は論理和，論理積の演算子よりも高いものとする。

ア 〜a&m   **イ** 〜a｜m
ウ a&〜m   **エ** a｜〜m

問3

IPv4ネットワークにおいて，あるホストが属するサブネットのブロードキャストアドレスを，そのホストのIPアドレスとサブネットマスクから計算する方法として，適切なものはどれか。ここで，論理和，論理積はビットごとの演算とする。

ア IPアドレスの各ビットを反転したものとサブネットマスクとの論理積を取る。
イ IPアドレスの各ビットを反転したものとサブネットマスクとの論理和を取る。
ウ サブネットマスクの各ビットを反転したものとIPアドレスとの論理積を取る。
エ サブネットマスクの各ビットを反転したものとIPアドレスとの論理和を取る。

問1 解説

サブネットマスクは，ネットワークアドレスを識別する部分のビットを"1"に，ホストアドレスを識別する部分のビットを"0"にした32ビットのビット列です。PCが属するネットワークアドレスは，PCのIPアドレスとサブネットマスクの論理積(ビットごとのAND)を取ることで求められます。

Check!

ホストアドレス部

ネットワークアドレス部

10.170.70.19 =	00001010 10101010 01000110 0001|0011
255.255.255.240 =	11111111 11111111 11111111 1111|0000
ネットワークアドレス =	00001010 10101010 01000110 0001|0000 = **10.170.70.16**

PCのネットワークアドレス

問2 解説

サブネットマスクの各ビットを反転させると，ネットワークアドレスを識別する部分が"0"，ホストアドレスを識別する部分が"1"になるので，このビット列とIPアドレスとの論理積を取ることでホストアドレスを求めることができます。したがって，IPアドレスaとサブネットマスクmからホストアドレスを求める式は，**ウ**の「a＆〜m」です

問3 解説

ブロードキャストアドレスは，ネットワークに属している全てのホストに対して，同一データを一斉送信するブロードキャストに使用されるアドレスで，ホストアドレス部の全てのビットを"1"にしたアドレスです。

例えば，あるホストのIPアドレスが，問1の10.170.70.19である場合，下位4ビットがホストアドレス部なので，この4ビットを全て"1"にすればブロードキャストアドレスになります。ホストアドレス部の全てのビットを"1"にするためには，IPアドレスと，サブネットマスクの各ビットを反転したものとの論理和を取ればよいので**エ**が適切です。

参考 IPv4ネットワークにおけるIPアドレス127.0.0.1

IPアドレス127.0.0.1はループバックアドレスと呼ばれる，そのコンピュータ自身を指す特別なIPアドレスです。宛先にループバックアドレスを指定して送信したデータは，自身が受信することになります。そのため，自コンピュータ上で動作するプログラム同士が通信する際には，ループバックアドレスが使用されます。高度試験では，「IPアドレス127.0.0.1とは？」といった問題が出題されているので押さえておきましょう。

解答 問1:イ 問2:ウ 問3:エ

IPv4のIPアドレス Ⅱ

重要度
★★★

前節同様，基本かつ重要テーマです。ここでは，午後対策として，ネットワークの集約も理解しておきましょう。

問1

あるサブネットでは，ルータやスイッチなどのネットワーク機器にIPアドレスを割り当てる際，割当て可能なアドレスの末尾から降順に使用するルールを採用している。このサブネットのネットワークアドレスを10.16.32.64/26とするとき，10番目に割り当てられるネットワーク機器のアドレスはどれか。ここで，ネットワーク機器1台に対して，このサブネット内のアドレス1個を割り当てるものとする。

ア　10.16.32.54　　　　　　　イ　10.16.32.55

ウ　10.16.32.117　　　　　　 エ　10.16.32.118

問2

二つのIPv4ネットワーク192.168.0.0/23と192.168.2.0/23を集約したネットワークはどれか。

ア　192.168.0.0/22　　　　　　イ　192.168.1.0/22

ウ　192.168.1.0/23　　　　　　エ　192.168.3.0/23

問1　解説

IPv4アドレス表記の「/26」は，先頭から26ビット目までがネットワークアドレス部であることを表すので，このネットワークのホストアドレス部は下位6ビットです。

ホストアドレス部
（6ビット）

◀─────ネットワークアドレス部（26ビット）─────▶◀───▶

10.16.32.64/26 ＝ 00001010 00010000 00100000 01|000000

6ビットで表現できる範囲は"000000"～"111111"（10進表記で0～63）ですが，ビットが全て"0"のアドレスはネットワーク自身を表すアドレスであり，またビットが全て"1"のアドレスはブロードキャストアドレスであるため，この二つのアドレスは使用できません。そのため，割当て可能なホストアドレスの範囲は，"000001"～"111110"（10進表記で1～62）になります。

この"111110"（10進表記で62）から降順に数えた10番目は，"110101"（10進表記で53）なので，割り当てられるIPアドレスは10.16.32.117となります。

割当てIPアドレス＝ 00001010 00010000 00100000 01110101
　　　　　　　　　　　 10　.　16　.　32　.　117

"111110"から降順に数えた10番目

複数のネットワークを集約し，一つのネットワークにまとめることを**スーパネット化**（スーパネッティング）といいます。IPv4ネットワーク192.168.0.0/23と192.168.2.0/23を同一のネットワークにまとめるためには，両者の共通しているビット位置までをネットワークアドレス部とし，それ以降をホストアドレス部とします。

つまり，この二つのネットワークアドレスは22ビット目までが同じなので，22ビット目までをネットワークアドレス部とすれば，一つのネットワークに集約できます。

←───── ネットワークアドレス部 ─────→　23ビット目が異なる

192.168.0.0/23＝ 11000000 10101000 0000000**0** 00000000
192.168.2.0/23＝ 11000000 10101000 0000001**0** 00000000

〔集約後〕**192.168.0.0/22**： 11000000 10101000 00000000 00000000

参考 ネットワークの集約

ルータが保持するルーティングテーブルには，宛先となるネットワーク一つに対して一つのエントリが作成されるため，ネットワーク数が増えるとエントリ数もそれにつれて増えます。その結果，パケット転送の際の経路検索時間と，ルータ間で情報共有するためのトラフィック量が増大します。こうした問題の解決策の一つがネットワークの集約です。連続するネットワークアドレスを一つの集約アドレスとして表現することでエントリ数が減り，経路検索時間や情報共有のためのトラフィック量が削減できます。なお，ネットワーク集約は，経路集約（ルート集約）とも呼ばれることがあります。

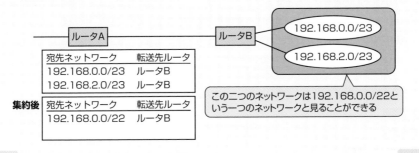

解答 問1：ウ　問2：ア

9
ネットワーク

IPv6のIPアドレス

重要度
★★★

IPv6に関しては、アドレス表記の方法と、IPv4から仕様変更された主な内容を押さえておけばよいでしょう。

問1

IPv6アドレスの表記として、適切なものはどれか。

ア 2001:db8::3ab::ff01

イ 2001:db8::3ab:ff01

ウ 2001:db8.3ab:ff01

エ 2001.db8.3ab.ff01

問2

IPv6において、拡張ヘッダを利用することによって実現できるセキュリティ機能はどれか。

ア URLフィルタリング機能

イ 暗号化機能

ウ 情報漏えい検知機能

エ マルウェア検知機能

問1　解説

IPv6アドレスのアドレス長は128ビットです。IPv6では、128ビットを16ビットごとにコロン(:)で区切り、各16ビット(セクションという)を16進数で表します。また、アドレス表記の文字量を減らすために次に示す規則に従った圧縮表記が可能となっています。

選択肢の中で、この規則に適するのは**イ**だけです。**ア**は"::"が2か所に使用されているので誤りです。**ウ**、**エ**は各セクションの区切りにドット(.)が使用されているので誤りです。

① 各セクションの先行する0を省略する。例えば、0012は12になる。ただし、セクションが0000のときは、0とする。

② 0のセクションが連続する場合は、連続する2個のコロン(::)で表す。例えば、2001:5db8:0000:0000:0000:ff00:0042:8329は2001:5db8::ff00:42:8329と表す。ただし、"::"は1か所にだけ使用できる。

問2　解説

IPv6では、拡張ヘッダを利用することによって**イ**の暗号化機能を実現しています。

IPv4では，ヘッダ内の「オプション」に，暗号化をはじめとした様々な付加的な情報が書き込まれます。このためヘッダ長が可変となり，ルータでの処理がしにくいという欠点があります。IPv6では，これらの付加的な情報には拡張ヘッダが使用されます。拡張ヘッダはその種別ごとに用意されていて，次に続くヘッダ種別を「次ヘッダ」に示すことで，各種拡張ヘッダを数珠つなぎに続けられる構造になっています。ちなみに，IPv6においてIPv4から仕様変更された主な内容は，次のとおりです。

① アドレス空間が32ビットから128ビットに拡張
② IPレベルのセキュリティ機能IPsecに標準対応
③ ルータからの情報による，自身のIPアドレスの自動設定機能
④ 暗号化機能やチェックサムなど付加的な情報の多くを拡張ヘッダに移し，基本ヘッダを簡素かつ固定長にすることでルータなどの中継機器の負荷を軽減
⑤ 特定グループのうち経路上最も近いノード，あるいは最適なノードにデータを送信するエニーキャストの追加

参考 IPヘッダ

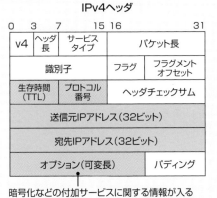

IPv4ヘッダ

0　　　3　　7　　　　15 16　　　　　　　　　31

v4	ヘッダ長	サービスタイプ	パケット長
識別子		フラグ	フラグメントオフセット
生存時間(TTL)	プロトコル番号	ヘッダチェックサム	
送信元IPアドレス(32ビット)			
宛先IPアドレス(32ビット)			
オプション(可変長)			パディング

暗号化などの付加サービスに関する情報が入る

IPv6ヘッダ(基本ヘッダ)

0　　　3　　　　11　　15 16　　23　　　31

v6	優先度	フローラベル	
ペイロード長		次ヘッダ	ホップ・リミット
送信元IPアドレス(128ビット)			
宛先IPアドレス(128ビット)			

※上記基本ヘッダに拡張ヘッダ(複数可)が続く

・生存時間(TTL：Time To Live)：IPパケットが通過できるルータの最大数。IPパケットの転送がループしないようルータを通過するごとに一つずつ減らし，0になったらIPパケットを破棄し送信元にエラーを通知(ICMPタイプ11の時間超過メッセージを送信)。IPv6ではホップ・リミットが該当。

・プロトコル番号：上位層のプロトコル番号。IPv6では次ヘッダが該当。なお，IPv6では暗号化などの付加情報の格納に拡張ヘッダが使用されるため，次ヘッダには，次に続く拡張ヘッダの種別が入る(拡張ヘッダがない場合は上位層のプロトコル番号が入る)。

解答 問1：イ 問2：イ

トランスポート層のプロトコル

重要度
★★★
UDPに関する問題が多く出題されています。ここでは，TCPとUDPの役割，及び機能を確認しておきましょう。

問1

IPの上位階層のプロトコルとして，コネクションレスのデータグラム通信を実現し，信頼性のための確認応答や順序制御などの機能をもたないプロトコルはどれか。

ア ICMP   **イ** PPP   **ウ** TCP   **エ** UDP

問2

UDPのヘッダフィールドにはないが，TCPのヘッダフィールドには含まれる情報はどれか。

ア 宛先ポート番号   **イ** シーケンス番号
ウ 送信元ポート番号   **エ** チェックサム

問3

1個のTCPパケットをイーサネットに送出したとき，イーサネットフレームに含まれる宛先情報の，送出順序はどれか。

ア 宛先IPアドレス，宛先MACアドレス，宛先ポート番号
イ 宛先IPアドレス，宛先ポート番号，宛先MACアドレス
ウ 宛先MACアドレス，宛先IPアドレス，宛先ポート番号
エ 宛先MACアドレス，宛先ポート番号，宛先IPアドレス

問1 解説

IP(Internet Protocol)は，TCP/IPのインターネット層(OSI基本参照モデルにおけるネットワーク層)の通信プロトコルです。インターネット層の上位階層は**トランスポート層**で，トランスポート層のプロトコルにはTCPとUDPがあります。このうち，**コネクションレス型**の通信を行うのは**UDP**(User Datagram Protocol)です。UDPは，データが全て確実に伝わることよりも，リアルタイム性を重視したプロトコルです。信頼性のための確認応答や順序制御などの機能はもちませんが，TCPに比べて高速な通信を提供します。

一方，**TCP**(Transmission Control Protocol)は**コネクション型**の通信プロトコルです。

通信に先立ってTCPコネクションと呼ばれる論理的な通信路を確立し，TCPコネクション上でデータのやり取りを行います。ACKによる確認応答，再送処理，シーケンス番号による順序制御などの機能によって信頼性が高い通信が提供できるため，データが全て確実に伝わることが要求されるSMTP，HTTP，FTPなどに利用されます。

問2 解説

TCP及びUDPのヘッダは，次のようになっています。UDPは信頼性よりもリアルタイム性を重視したプロトコルであるため，UDPのヘッダフィールドには，シーケンス番号や確認応答番号(ACK番号)などの情報はありません。

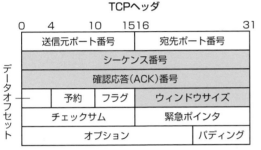

TCPヘッダ / UDPヘッダ

・シーケンス番号：送信したデータ(セグメント)の位置を表す番号
・確認応答番号：受信側が期待する(すなわち，次に受信すべき)データのシーケンス番号
・ウィンドウサイズ：受信側からのACKを待たずに，連続して送信することができる最大値

問3 解説

TCP/IPではデータにヘッダを付けて送信します。このヘッダは層ごとに付加され，次の層へと渡されます。つまり，送信するデータには，宛先ポート番号を含む**TCPヘッダ**，次に宛先IPアドレスを含む**IPヘッダ**，そして宛先MACアドレスを含む**イーサネットヘッダ**(MACヘッダ)が付加されます。

したがって，宛先情報の送出順序は，**ウ**の「宛先MACアドレス，宛先IPアドレス，宛先ポート番号」になります。

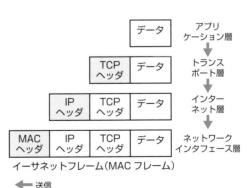

解答 問1：エ 問2：イ 問3：ウ

アプリケーション層のプロトコルⅠ

重要度
★★★

アプリケーション層のプロトコルの中で，最も出題が多いのがDHCPです。機能，動作を確認しておきましょう。

問1 ◀▐▎▍

IPアドレスの自動設定をするためにDHCPサーバが設置されたLAN環境の説明のうち，適切なものはどれか。

ア DHCPによる自動設定を行うPCでは，IPアドレスは自動設定できるが，サブネットマスクやデフォルトゲートウェイアドレスは自動設定できない。

イ DHCPによる自動設定を行うPCと，IPアドレスが固定のPCを混在させることはできない。

ウ DHCPによる自動設定を行うPCに，DHCPサーバのアドレスを設定しておく必要はない。

エ 一度IPアドレスを割り当てられたPCは，その後電源が切られた期間があっても必ず同じIPアドレスを割り当てられる。

問2 ◀▐▎▍

IPv4ネットワークにおいて，IPアドレスを付与されていないPCがDHCPサーバを利用してネットワーク設定を行う際，最初にDHCPDISCOVERメッセージをブロードキャストする。このメッセージの送信元IPアドレスと宛先IPアドレスの適切な組合せはどれか。ここで，このPCにはDHCPサーバからIPアドレス192.168.10.24が付与されるものとする。

	送信元IPアドレス	宛先IPアドレス
ア	0.0.0.0	0.0.0.0
イ	0.0.0.0	255.255.255.255
ウ	192.168.10.24	255.255.255.255
エ	255.255.255.255	0.0.0.0

問3 ◀▐▎▍　　　　　　　　　　　　　　　　　　　　　　　　　　　高度

DHCPを用いるネットワーク構成において，DHCPリレーエージェントが必要になるのは，ネットワーク間がどの機器で接続されている場合か。

ア スイッチングハブ　　**イ** ブリッジ　　**ウ** リピータ　　**エ** ルータ

問1 解説

DHCP(Dynamic Host Configuration Protocol)は，IPアドレスなどのネットワーク接続に必要な情報，IPアドレスの有効時間を示すリース期間及びサブネットマスクなどのオプション情報をDHCPサーバから自動的に取得し，PCに設定するためのプロトコルです。下記「参考」に示した手順で取得できるため，DHCPによる自動設定を行うPCに，DHCPサーバのアドレスを設定しておく必要はありません。**ウ**が適切な記述です。

ア：サブネットマスクやデフォルトゲートウェイアドレスも自動設定できます。

イ：DHCPによる自動設定を行うPCと，IPアドレスが固定のPCとの混在は可能です。

エ：一度電源を切り，その後電源をONにした際に割り当てられるIPアドレスは，前回と同じIPアドレスとは限りません。

問2 解説

PCにはIPアドレスが付与されていないため，DHCPDISCOVERメッセージをブロードキャストするときの送信元IPアドレスは全てのビットが0である「0.0.0.0」になります。また，宛先IPアドレスは全てのビットが1である「255.255.255.255」になります。したがって，**イ**が適切な組合せです。

問3 解説

PCは最初にDHCPサーバを見つけるためのメッセージ(DHCPDISCOVER)をブロードキャストしますが，DHCPサーバの設置場所が**ルータ**を越えた別のネットワークであった場合，DHCPDISCOVERメッセージはDHCPサーバに届きません。そこで，これをDHCPサーバに中継する機能が必要になり，これを**DHCPリレーエージェント**といいます。

参考 DHCPでのメッセージのやり取りの手順 Check!

次の①~④の手順によって，IPアドレスなどのネットワーク設定情報を取得します。

① **DHCPサーバの探索**：DHCPクライアントは，ネットワーク上のDHCPサーバを探すためDHCPDISCOVERメッセージを送信する。

② **DHCPサーバからの提案**：DHCPサーバは，提供できるIPアドレスなどのネットワーク設定情報をDHCPクライアントに通知するためDHCPOFFERメッセージを送信する。

③ **設定情報の使用要求**：DHCPクライアントは，ネットワーク設定情報を使用することをDHCPサーバに伝えるためDHCPREQUESTメッセージを送信する。

④ **設定情報の使用許可**：DHCPサーバは，ネットワーク設定情報の使用要求を認めたことをDHCPクライアントに通知するためDHCPACKメッセージを送信する。

＊①~④は全てブロードキャスト送信

解答 問1:ウ 問2:イ 問3:エ

アプリケーション層のプロトコルⅡ

重要度 ★★★　ここでは，アプリケーション層の代表的なプロトコルが利用するウェルノウンポート番号も確認しておきましょう。

 問1

TCP/IPネットワークで，データ転送用と制御用に異なるウェルノウンポート番号が割り当てられているプロトコルはどれか。

ア FTP　　　**イ** POP3　　　**ウ** SMTP　　　**エ** SNMP

 問2

UDPを使用しているものはどれか。

ア FTP　　　**イ** NTP　　　**ウ** POP3　　　**エ** TELNET

問1 解説

　ウェルノウンポートとは，TCP/IPの代表的なプロトコル(HTTP，SMTPなど)で使用されるポート番号を定義したものです。選択肢の中で，データ転送用と制御用に異なるウェルノウンポート番号が割り当てられているプロトコルは，FTP(File Transfer Protocol)です。
　FTPは，特定のコンピュータ間でファイル転送を行うためのプロトコルです。データの送受信に利用するデータ転送用のコネクション(データコネクション)と，ログイン情報やコマンドの制御を行う制御用のコネクション(コントロールコネクション)の二つのコネクションを利用するため，通常(アクティブモードでは)，データ転送用のポートに20番ポート，制御用のポートには21番ポートを使用します。

> 補足　FTPでは，やり取りするデータの暗号化は行われません。これに対して，SSH(Secure Shell)を使って暗号化された通信を実現するSFTP(SSH File Transfer Protocol)があります。基本的な機能はFTPと同じですが，やり取りするデータが常に暗号化されるので安全性が高くなります。

イ：POP3(Post Office Protocol Version 3)は，メールサーバから電子メールを取り出すために使用されるプロトコルです。TCPの110番ポートを使用します。

ウ：SMTP(Simple Mail Transfer Protocol)は，電子メールの送信と転送(メールサーバ間での転送)を行うためのプロトコルです。TCPの25番ポートを使用します。

エ：SNMP(Simple Network Management Protocol)は，ネットワーク上の構成機器や障害時の情報収集を行うために使用されるネットワーク管理プロトコルです。SNMPで

は，マネージャ(管理ステーションともいう)がエージェント(ルータ，スイッチ，サーバなど)に対して管理情報の取得要求，あるいは設定／変更の要求を行い，エージェントがその要求に応答するという基本操作を繰返すことによってネットワーク機器の管理を実現します。マネージャからエージェントへの通信はUDPの161番ポートを使用し，エージェントからマネージャへの通信はUDPの162番ポートを使用しますが，この二つのポートはデータ転送用と制御用に割り当てたものではありません。

問2　解説

UDP(User Datagram Protocol)はトランスポート層のプロトコルであり，送達管理を行わないコネクションレス型の通信プロトコルです。信頼性よりもリアルタイム性が重視されるサービス(アプリケーション)やプロトコルで利用されています。

選択肢の中で，UDPを使用しているのはNTP(Network Time Protocol)だけです。NTPはネットワークに接続される複数のノードにおいて，ノードがもつ時刻の同期を図るためのプロトコルです。UDPの123番ポートを使用します。なお，NTPの簡易版(時刻同期にのみ特化したもの)にSNTP(Simple Network Time Protocol)があります。SNTPも通常はNTP同様UDPの123番ポートを使用します。

アのFTP，ウのPOP3については問1を参照。エのTELNETは，ネットワーク上の他のコンピュータにリモートログインし，遠隔操作ができる仮想端末機能を提供するプロトコルです。TCPの23番ポートを使用します。

9

ネットワーク

参考　ウェルノウンポート番号

ポート番号の範囲は，TCPやUDPなどの通信プロトコル毎に0〜65535と決まっています。このうち，0〜1023番ポートはFTPやHTTPといったTCP/IPの代表的なプロトコルで使用されるポートで，これをウェルノウンポートといいます。

Check!

〔チェックしておきたいウェルノウンポート番号〕

ポート番号	サービス・プロトコル名	ポート番号	サービス・プロトコル名
TCP20番	FTP(データ)	TCP80番	HTTP
TCP21番	FTP(制御)	TCP110番	POP3
TCP22番	SSH	UDP123番	NTP
TCP23番	TELNET	UDP161番	SNMP
TCP25番	SMTP	UDP162番	SNMP TRAP
UDP67番	DHCP(サーバ)	TCP443番	HTTPS
UDP68番	DHCP(クライアント)	TCP587番	Submission

解答　問1:ア　問2:イ

9 ▶ 12 IPアドレス変換技術

重要度
★★☆

NAPTの仕組みを理解しておきましょう。また「参考」に
示したセキュリティ上の効果も押さえておきましょう。

問1

TCP，UDPのポート番号を識別し，プライベートIPアドレスとグローバルIPアドレスとの対応関係を管理することによって，プライベートIPアドレスを使用するLANの複数の端末が，一つのグローバルIPアドレスを共有してインターネットにアクセスする仕組みはどれか。

ア IPスプーフィング　　**イ** IPマルチキャスト　　**ウ** NAPT　　**エ** NTP

問2

プライベートIPアドレスを割り当てられたPCがNAPT（IPマスカレード）機能をもつルータを経由して，インターネット上のWebサーバにアクセスしている。WebサーバからPCへの応答パケットに含まれるヘッダ情報のうち，このルータで書き換えられるフィールドの組合せとして，適切なものはどれか。ここで，表中の○はフィールドの情報が書き換えられることを表す。

	宛先IPアドレス	送信元IPアドレス	宛先ポート番号	送信元ポート番号
ア	○	○		
イ	○		○	
ウ		○		○
エ			○	○

問1 解説

プライベートIPアドレスしかもたない端末からインターネットなど外部ネットワークへのアクセスを実現する技術に，NATとNAPTがあります。

NAT（Network Address Translation）では，パケットのヘッダにある送信元のプライベートIPアドレスをルータの外側のグローバルIPアドレスで書き換えることによって外部ネットワークとの通信を可能にします。ただし，同時に通信できる端末の数はルータがもつグローバルIPアドレスの数に制限されます。一方，**NAPT**（Network Address Port Translation）では，IPアドレスに加えポート番号も書き換えるため，プライベートIPアドレスをもつ複数の端末が，一つのグローバルIPアドレスを共有して同時に外部ネットワークと通信できます。なお，NAPTは**IPマスカレード**とも呼ばれます。

ア：IPスプーフィングは，自分自身がもつIPアドレスとは別の(偽造した)IPアドレスを使って攻撃を行うことです。IPアドレス偽装攻撃とも呼ばれます。

イ：IPマルチキャストは，複数のノードに対して同じデータを送信する仕組みです。マルチキャストでは，マルチキャストアドレスというグループに対してデータを送信するため，IPv4でマルチキャストを行う場合は，224.0.0.0～239.255.255.255の範囲にあるIPアドレス(クラスDのIPアドレス)が使用されます。

エ：NTP(Network Time Protocol)は，複数のノードにおける時刻の同期を図るためのプロトコルです。

問2 解説

　NAPT機能をもつルータは，プライベートIPアドレスをもつ端末から外部ネットワークへの通信を中継する際，パケットのヘッダにある送信元IPアドレスをルータ自身のグローバルIPアドレスに書き換えるとともに，送信元ポート番号に任意の空いているポート番号を割り当て，**アドレス変換テーブル**に変換前と変換後のアドレス及びポート番号を記録し保持します。その後，外部ネットワークからの応答パケットを受け取った際には，宛先IPアドレスと宛先ポート番号を，保持しておいたプライベートIPアドレスとポート番号に書き換えて内部の端末に中継します。したがって，**イ**が正しい組合せです。

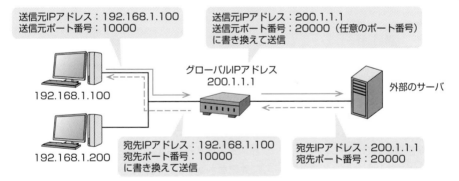

送信元IPアドレス：192.168.1.100
送信元ポート番号：10000

送信元IPアドレス：200.1.1.1
送信元ポート番号：20000(任意のポート番号)
に書き換えて送信

グローバルIPアドレス
200.1.1.1

外部のサーバ

192.168.1.100

192.168.1.200

宛先IPアドレス：192.168.1.100
宛先ポート番号：10000
に書き換えて送信

宛先IPアドレス：200.1.1.1
宛先ポート番号：20000

参考 NATやNAPT機能によるセキュリティ上の効果 **Check!**

　インターネットとの接続においてルータのNATやNAPT機能を使うことで，内部ネットワークからインターネットにアクセスした端末のIPアドレスを外部から隠蔽でき，これによりセキュリティを高められます。つまり，外部の攻撃者が知り得るのは，NATやNAPTによって変換されたIPアドレス(ルータのグローバルIPアドレス)なので，攻撃ターゲットとなる内部の端末を特定できず，不正アクセスが困難になります。

解答 問1：ウ　問2：イ

ネットワークの仮想化技術

重要度
★★☆
このテーマからはOpenFlowを用いたSDN、及びNFV が出題されます。両者の特徴を理解しておきましょう。

問1

ONF(Open Networking Foundation)が標準化を進めているOpenFlowプロトコルを用いたSDN (Software-Defined Networking)の説明として、適切なものはどれか。

ア　管理ステーションから定期的にネットワーク機器のMIB(Management Information Base)情報を取得して、稼働監視や性能管理を行うためのネットワーク管理手法

イ　データ転送機能をもつネットワーク機器同士が経路情報を交換して、ネットワーク全体のデータ転送経路を決定する方式

ウ　ネットワーク制御機能とデータ転送機能を実装したソフトウェアを、仮想環境で利用するための技術

エ　ネットワーク制御機能とデータ転送機能を論理的に分離し、コントローラと呼ばれるソフトウェアで、データ転送機能をもつネットワーク機器の集中制御を可能とするアーキテクチャ

問2

ETSI(欧州電気通信標準化機構)によって提案されたNFV(Network Functions Virtualization)に関する記述として、適切なものはどれか。

ア　インターネット上で地理情報システムと拡張現実の技術を利用することによって、現実空間と仮想空間をスムーズに融合させた様々なサービスを提供する。

イ　仮想化技術を利用し、ネットワーク機能を汎用サーバ上にソフトウェアとして実現したコンポーネントを用いることによって、柔軟なネットワーク基盤を構築する。

ウ　様々な入力情報に対する処理結果をニュートラルネットワークに学習させることによって、画像認識や音声認識、自然言語処理などの問題に対する解を見いだす。

エ　プレースとトランジションと呼ばれる2種類のノードをもつ有向グラフであり、システムの並列性や競合性などに利用される。

問1 解説

SDN(Software-Defined Networking)は、ソフトウェアを使ってネットワークの各要素を仮想化する技術の一つです。SDNでは、ネットワーク機器(L2SWやL3SWなど)がもつ

ネットワーク制御機能とデータ転送機能を分離し，ネットワーク制御を**コントローラ**と呼ばれるソフトウェアが行います。そして，ネットワーク機器はコントローラからの指示に従いデータ転送のみを行います。これにより，ソフトウェアよるネットワークの集中管理と制御，及び迅速かつ柔軟な変更や管理の効率化を実現します。

また，OpenFlowは，SDNを実現する技術の一つです。従来のネットワーク機器はメーカによって制御プロトコルが異なるため，これを標準化するために策定されたのが，ネットワーク機器の制御のためのOpenFlowプロトコルです。以上，**エ**が適切な記述です。

ア：SNMP(Simple Network Management Protocol)の説明です。

イ：**ダイナミックルーティング**(動的経路制御)の説明です。ダイナミックルーティングとは，経路に関する情報を他のルータと交換し合うことによって，データ転送経路を動的に決定する方式です。代表的なルーティングプロトコルに，RIPやOSPFなどがあります。

ウ：NFVの説明です(問2の解説を参照)。

問2 解説

NFV(Network Functions Virtualization)は，サーバ仮想化技術を利用し，スイッチやルータ，ファイアウォール，ロードバランサといったネットワーク専用機器がもつ特定の機能を仮想化します。例えば，不正な通信の特定と遮断を行うファイアウォールの機能や，負荷を複数のサーバに分散させるロードバランサの機能などを，汎用サーバ上の仮想マシン(VM：Virtual Machine)で動くソフトウェアとして実装します。NFVを使用すると，異なる機能をもつネットワーク機器を全て汎用サーバで置き換えることができるため，物理リソースが減り全体的なコストの削減及び作業工数の削減ができます。さらに，ネットワーク構成の変更に柔軟に対応できるようになります。以上，**イ**が適切な記述です。

アはAR(Augmented Reality：拡張現実)，**ウ**はディープラーニング，**エ**はペトリネットの説明です(「11-1 要求分析・設計技法Ⅰ」の問1を参照)。

参考 OpenFlowプロトコルを用いたSDN

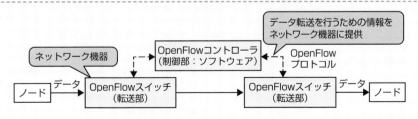

＊コントローラとスイッチ間の通信は，信頼性や安全性を確保するためTCPやTLSが使用される

解答 問1：エ　問2：イ

無線LAN関連技術

重要度
★★★

無線LANにおける電波干渉は午後試験でも出題されます。
IEEE 802.11規格とともに押さえておきましょう。

問1

2.4GHz帯の無線LANのアクセスポイントを，広いオフィスや店舗などをカバーできるように分散して複数設置したい。2.4GHz帯の無線LANの特性を考慮した運用をするために，各アクセスポイントが使用する周波数チャネル番号の割当て方として，適切なものはどれか。

ア PCを移動しても，PCの設定を変えずに近くのアクセスポイントに接続できるように，全てのアクセスポイントが使用する周波数チャネル番号は同じ番号に揃えておくのがよい。

イ アクセスポイント相互の電波の干渉を避けるために，隣り合うアクセスポイントには，例えば周波数チャネル番号1と6，6と11のように離れた番号を割り当てるのがよい。

ウ 異なるSSIDの通信が相互に影響することはないので，アクセスポイントごとにSSIDを変えて，かつ，周波数チャネル番号の割当ては機器の出荷時設定のままがよい。

エ 障害時に周波数チャネル番号から対象のアクセスポイントを特定するために，設置エリアの端から1，2，3と順番に使用する周波数チャネル番号を割り当てるのがよい。

問2

無線LANのアクセスポイントやIP電話機などに，LANケーブルを利用して給電も行う仕組みはどれか。

ア PLC   **イ** PoE   **ウ** UPS   **エ** USB

問1 解説

無線LANとは，IEEE 802.11規格に準拠した機器で構成されるネットワークのことです。現在，利用されている主な規格は次の六つです。

規格	IEEE 802.11b	IEEE 802.11a	IEEE 802.11g	IEEE 802.11n (Wi-Fi 4)	IEEE 802.11ac (Wi-Fi 5)	IEEE 802.11ax (Wi-Fi 6)
使用する周波数帯	2.4GHz	5GHz	2.4GHz	2.4GHz／5GHz	5GHz	2.4GHz／5GHz
最大通信速度	11Mbps	54Mbps	54Mbps	600Mbps	6.9Gbps	9.6Gbps

2.4GHz帯を使用するIEEE 802.11gでは，下図に示す1〜13のチャネルが使用できます（11bの場合は，少し離れた14チャネルも使用可能）。各チャネルは5MHzずつ離れていますが，通信に使用する周波数幅が中心周波数から両側に11MHz, 合計22MHz幅であるため，5チャネル以上離れていないと電波干渉が発生します。そのため一般的には，「1，6，11」，「2，7，12」，「3，8，13」のように割り当てます。なお，5GHz帯を使用する無線LAN規格では各チャネルの周波数帯は完全に独立しているので干渉が少なく安定した通信が望めます。以上，適切な記述は**イ**です。

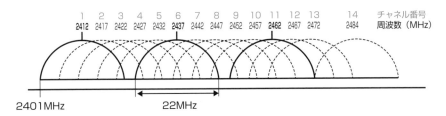

9

ネットワーク

問2 解説

LANケーブルを利用して給電も行う仕組みは**PoE**(Power over Ethernet)です。当初，LANケーブルではデータの送受信しかできませんでしたが，PoEと呼ばれる**IEEE 802.3af**規格が制定されたことにより，データと同時に電力の供給も可能になりました。給電能力は1ポート当たり15.4Wです。主に無線LANアクセスポイントやLANスイッチ，IP電話機やWebカメラなどで利用されています。なお，PoE規格にはIEEE 802.3afの他，消費電力が大きい機器を想定し，電力供給を拡張した**IEEE 802.3at**(PoE+)や**IEEE 802.3bt**(PoE++)があります。最大給電能力はそれぞれ30W，90Wです。

ア：PLC(Power Line Communication)は，電力線を通信回線として利用する技術です。

イ：UPS(Uninterruptible Power Supply)は，電源が途切れた場合にも，一定時間，電力を供給し続ける無停電電源装置です。

ウ：USB(Universal Serial Bus)は，現在最も普及している周辺機器接続のためのインタフェース(シリアルバス規格)です。

参考 IoTで用いられる無線通信技術

- **BLE**：Bluetooth Low Energyの略。2.4GHz帯を使った低消費電力の無線通信技術。近距離のIT機器同士が通信する無線PAN(Personal Area Network)などに利用される。
- **LPWA**：Low Power, Wide Areaの略。低消費電力で広範囲をカバーできる無線通信技術の総称。Bluetoothに劣らない低消費電力でありながら最大50km程度の通信が可能。
- **ZigBee**：下位層にIEEE 802.15.4を使用する無線通信規格。2.4GHz帯を使い，安価で低消費電力である一方，低速で転送距離が短い。主にセンサネットワークで使われる。

解答 問1:イ 問2:イ

回線に関する計算Ⅰ

重要度
★★★

回線に関する計算は，午後試験でも必須です。基本公式を理解し，応用できるようにしておきましょう。

問1

100Mビット／秒のLANと1Gビット／秒のLANがある。ヘッダーを含めて1,250バイトのパケットをN個送付するときに，100Mビット／秒のLANの送信時間が1Gビット／秒のLANより9ミリ秒多く掛かった。Nは幾らか。ここで，いずれのLANにおいても，パケットの送信間隔（パケットの送信が完了してから次のパケットを送信開始するまでの時間）は1ミリ秒であり，パケット送信間隔も送信時間に含める。

ア 10 **イ** 80 **ウ** 100 **エ** 800

問2

2台の端末と2台のレイヤ3スイッチが図のようにLANで接続されているとき，端末Aがフレームを送信し始めてから，端末Bがそのフレームを受信し終わるまでの時間は，およそ何ミリ秒か。

〔条件〕

フレーム長：1,000バイト

LANの伝送速度：100Mビット／秒

レイヤ3スイッチにおける1フレームの処理時間：0.2ミリ秒

レイヤ3スイッチは，1フレームの受信を完了してから送信を開始する。

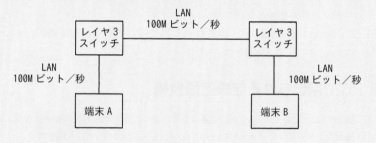

ア 0.24 **イ** 0.43 **ウ** 0.48 **エ** 0.64

それぞれのLANにおける，1パケット（1,250バイト）の送信時間は次のようになります。

・100Mビット／秒のLAN

　　（1,250バイト×8ビット／バイト）÷100Mビット／秒

　＝10,000ビット÷（100×10^{6}ビット／秒）＝10^{-4}秒＝0.1ミリ秒

・1Gビット／秒のLAN

　　（1,250バイト×8ビット／バイト）÷1Gビット／秒

　＝10,000ビット÷（10^{9}ビット／秒）＝10^{-5}秒＝0.01ミリ秒

　N個のパケットを送付するときに，100Mビット／秒のLANの送信時間が1Gビット／秒のLANより9ミリ秒多く掛かったことから，次の式が成り立ちます。

　　$\{0.1 \times N + (N-1)\} - \{0.01 \times N + (N-1)\} = 9$　　　＊N−1は送信間隔の合計

　この式からNの値を求めると，N＝100になります。

① 端末AからA側のレイヤ3スイッチへのデータ転送時間

　LANの伝送速度が100Mビット／秒，フレーム長が1,000バイトなので，

　　（1,000バイト×8ビット／バイト）÷100Mビット／秒

　＝8,000ビット÷（100×10^{6}ビット／秒）＝80×10^{-6}秒＝0.08ミリ秒

② A側のレイヤ3スイッチにおける1フレームの処理時間：0.2ミリ秒

③ A側のレイヤ3スイッチからB側のレイヤ3スイッチへのデータ転送時間

　①と同様，0.08ミリ秒

④ B側のレイヤ3スイッチにおける1フレームの処理時間：0.2ミリ秒

⑤ B側のレイヤ3スイッチから端末Bへのデータ転送時間

　①と同様，0.08ミリ秒

　以上から，端末Bがフレームを受信し終わるまでの時間は，

　　0.08＋0.2＋0.08＋0.2＋0.08＝0.64ミリ秒

です。

参考　覚えておきたい公式　Check!

・転送速度（伝送速度，回線速度，通信速度）：単位時間当たりに送受信できるデータ量
・LAN利用率（転送効率，伝送効率）＝実際の転送データ量÷転送速度
・転送時間＝転送データ量÷（転送速度×LAN利用率）
・転送データ量＝転送速度×LAN利用率×転送時間

解答　問1：ウ　問2：エ

回線に関する計算Ⅱ

重要度
★★★
条件を整理し落ち着いて解答しましょう。なお，「ビット誤り率」といったら問3なので解答丸暗記でもOKです。

問1

次の条件で運転するクライアントサーバシステムにおいて，ネットワークに必要な転送速度は，最低何ビット／秒か。

〔条件〕

(1) トランザクション1件の平均的な処理は，CPU命令300万ステップとデータ入出力40回で構成され，ネットワークで転送されるデータは送受信それぞれ1,000バイトである。

(2) サーバでのCPU命令1ステップの平均実行時間は300ナノ秒である。

(3) データ入出力は1回平均20ミリ秒で処理されている。

(4) 1バイトは8ビットとする。

(5) クライアントにおけるデータの送信開始から受信完了までに許容される時間は2.5秒である。

(6) サーバは1CPU，1コアで構成されている。

(7) 待ち時間及び，その他のオーバヘッドは考慮しない。

ア 10,000 　　**イ** 16,000 　　**ウ** 20,000 　　**エ** 25,000

問2

VoIP通信において8kビット／秒の音声符号化を行い，パケット生成周期が10ミリ秒のとき，1パケットに含まれる音声ペイロードは何バイトか。

ア 8 　　**イ** 10 　　**ウ** 80 　　**エ** 100

問3

伝送速度30Mビット／秒の回線を使ってデータを連続送信したとき，平均して100秒に1回の1ビット誤りが発生した。この回線のビット誤り率は幾らか。

ア 4.17×10^{-11} 　　**イ** 3.33×10^{-10} 　　**ウ** 4.17×10^{-5} 　　**エ** 3.33×10^{-4}

100Mビット／秒のLANに接続されているブロードバンドルータ経由でインターネットを利用している。FTTHの実効速度が90Mビット／秒で，LANの伝送効率が80%のときに，LANに接続されたPCでインターネット上の540Mバイトのファイルをダウンロードするのにかかる時間は，およそ何秒か。ここで，制御情報やブロードバンドルータの遅延時間などは考えず，また，インターネットは十分に高速であるものとする。

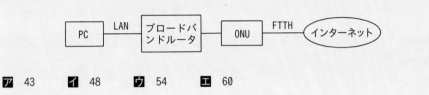

ア 43　　**イ** 48　　**ウ** 54　　**エ** 60

問1　解説

まず，サーバでの処理時間(CPU処理，データ入出力)を求めます。

・CPU処理時間

トランザクション1件あたりの命令数が300万ステップ，1ステップあたりの実行時間が300ナノ秒(300×10⁻⁹秒)なので，

$$300万ステップ × 300ナノ秒／ステップ$$
$$=(300 × 10^4) × (300 × 10^{-9}) = 0.9秒$$

・データ入出力時間

トランザクション1件あたりの入出力回数が40回，1回あたりの入出力時間が20ミリ秒(20×10⁻³秒)なので，

$$40回 × 20ミリ秒／回$$
$$=40 × (20 × 10^{-3}) = 0.8秒$$

したがって，サーバでの処理時間は0.9＋0.8＝1.7秒です。

次に，ネットワークに必要な転送速度を求めます。

クライアントにおけるデータの送信開始から受信完了までの許容時間は2.5秒なので，データの送受信にかかる時間は，2.5－1.7＝0.8秒以内でなければなりません。ネットワークで転送されるデータは送信と受信でそれぞれ1,000バイトです。このことから，ネットワークに必要な転送速度は，

$$(1,000バイト × 2 × 8ビット) ÷ 0.8秒$$
$$=20,000ビット／秒$$

となります。

VoIP(Voice over Internet Protocol：Voice over IP)は，音声データを符号化してパケットに変換したものをIPネットワークで伝送する技術です。

1秒当たり8kビットの音声を符号化し，また，パケット生成周期が10ミリ秒(0.01秒)なので，100分の1秒ごとにパケットを生成します。したがって，1パケットに含まれる音声データ(音声ペイロード)は，次のように求められます。

8kビット ÷ 100 ＝(8 × 1000)÷ 100 ＝ 80ビット ＝ 10バイト

ビット誤り率とは，送信したデータ量に対する発生したビット誤りの割合です。一般に，単位時間当たりに発生したビット誤り数を，単位時間当たりの送信量で除算することで求めます。本問においては，「30Mビット／秒の回線を使ってデータを連続送信したとき，平均して100秒に1回の1ビット誤りが発生した」とあるので，100秒を単位時間としてビット誤り率を計算することにします。

伝送速度が30Mビット／秒なので，100秒間に送信したデータ量は30M×100ビットです。またこのとき，1ビットの誤りが発生したので，ビット誤り率は次のようになります。

$$\frac{1\text{ビット}}{30\text{M}\times100\text{ビット}} = \frac{1\text{ビット}}{30\times10^{6}\times100\text{ビット}} = 0.0333\cdots\times10^{-8} \fallingdotseq 3.33\times10^{-10}$$

FTTHの実効速度は90Mビット／秒です。一方，LANの転送速度は100Mビット／秒ですが伝送効率が80％なので，実効速度は80Mビット／秒です。

このことから，本問におけるネットワークの性能は，LANの伝送速度に制限されることになります。したがって，540Mバイトのファイルをダウンロードするのにかかる時間は，LANの実効速度80Mビット／秒で計算すればいいので，

540Mバイト ÷ 80Mビット／秒
＝(540M × 8ビット)÷ 80Mビット／秒
＝54秒

となります。

第 10 章

セキュリティ

重要度
★☆☆

出題率は低いですが基本事項です。共通鍵暗号方式の特徴や，代表的な暗号規格を確認しておきましょう。

問1

暗号方式に関する記述のうち，適切なものはどれか。

ア AESは公開鍵暗号方式，RSAは共通鍵暗号方式の一種である。

イ 共通鍵暗号方式では，暗号化及び復号に同一の鍵を使用する。

ウ 公開鍵暗号方式を通信内容の秘匿に使用する場合は，暗号化に使用する鍵を秘密にして，復号に使用する鍵を公開する。

エ デジタル署名に公開鍵暗号方式が使用されることはなく，共通鍵暗号方式が使用される。

問2

暗号方式のうち，共通鍵暗号方式はどれか。

ア AES　　**イ** ElGamal暗号　　**ウ** RSA　　**エ** 楕円曲線暗号

問3

100人の送受信者が共通鍵暗号方式で，それぞれ秘密に通信を行うときに必要な共通鍵の総数は幾つか。

ア 200　　**イ** 4,950　　**ウ** 9,900　　**エ** 10,000

問1 解説

　暗号方式は，共通鍵暗号方式と公開鍵暗号方式の二つに分けられます。**共通鍵暗号方式**は，暗号化と復号に同じ鍵を使用する暗号方式です。代表的な暗号化アルゴリズム（共通鍵暗号規格）に，DES，AES，Camellia，RC4，KCipher-2があります。

　一方，**公開鍵暗号方式**は，暗号化と復号に異なる鍵を使用する暗号方式です。この方式では，二つで1組となる鍵ペアを作成し，鍵ペアの一方を公開し他方を秘匿します。公開した鍵を公開鍵といい，秘匿した鍵を秘密鍵といいます。代表的な公開鍵暗号規格には，RSA，ElGamal（エルガマル）暗号，楕円曲線暗号などがあります。

ア：AESは共通鍵暗号，RSAは公開鍵暗号です。**AES**は，かつて主流であったDESの後継としてNIST（米商務省の国立標準技術研究所）が公募した際に採用されたもので，DESの鍵パターンが2^{56}（鍵長56ビット）であるのに対し，AESでは2^{128}，2^{192}，2^{256}の鍵パターンをもち安全性が高くなっています。なお，RSAについては次節を参照。

イ：正しい記述です。

ウ：公開鍵暗号方式を通信内容の秘匿に使用する場合，送信者は受信者の公開鍵で暗号化して，受信者に送信し，受信者は自身の秘密鍵で復号します。

エ：デジタル署名に使用されるのは公開鍵暗号方式です。

問2 解説

共通鍵暗号方式であるのは**AES**です。ElGamal（エルガマル）暗号，RSA，楕円曲線暗号は公開鍵暗号方式です。

問3 解説

共通鍵暗号方式では，送信者と受信者のペアごとに一つの鍵（共通鍵）が必要になります。例えば，A，B，Cの3人が相互に通信を行う場合，AとB，AとC，BとCのペアごとにそれぞれ異なる鍵を必要とするので，このときの共通鍵の総数は，送受信者のペア数と同じ3個です。そこで，100人が相互に通信を行う場合，送受信者のペア数は，100人の中から2人を選ぶ組合せの数（$_{100}C_2$）だけあるので，このときの共通鍵の総数は，次のようになります。

$$_{100}C_2 = \frac{100!}{(100-2)! \times 2!} = \frac{100 \times 99}{2} = 4{,}950$$

└─100人の中から2人を選ぶ組合せの数＝100人が相互に通信するときの送受信ペア数

参考 共通鍵暗号方式 Check!

共通鍵暗号方式は，暗号化や復号のための計算量が少なく，高速に処理ができるため大量データを一括して暗号化するのに適しています。しかし，送受信者間で鍵交換を行い，同じ鍵を秘匿する必要があるため，鍵交換（鍵の配送）を安全に行う仕組みが必要だったり，また，通信相手が多くなると秘匿する鍵の数が増えるため，鍵の管理が煩雑になるといった欠点があります。

なお共通鍵暗号方式には，ブロック単位で暗号化や復号を行う**ブロック暗号**と，ビット又はバイト単位で暗号化や復号を行う**ストリーム暗号**があります。DES，AES，Camelliaはブロック暗号，RC4，KCipher-2はストリーム暗号です。

解答 問1:イ　問2:ア　問3:イ

10 ▶ 2 暗号化技術（公開鍵暗号方式）

重要度
★☆☆

出題率は低いですが基本事項です。公開鍵暗号方式の特徴や，代表的な暗号規格を確認しておきましょう。

問1

公開鍵暗号方式に関する記述のうち，適切なものはどれか。

ア AESはNISTが公募した公開鍵暗号方式である。

イ RSAは，素因数分解の計算の困難さを利用した公開鍵暗号方式である。

ウ 公開鍵暗号方式では利用者の数が増えると秘密鍵の配送先が増加する。

エ 通信の秘匿に公開鍵暗号方式を使用する場合は，受信者の復号鍵を公開する。

問2

公開鍵暗号を使ってn人が相互に通信する場合，全体で何個の異なる鍵が必要になるか。ここで，一組の公開鍵と秘密鍵は2個と数える。

ア $n+1$ **イ** $2n$ **ウ** $\dfrac{n(n-1)}{2}$ **エ** $\log_2 n$

問1 解説

　公開鍵暗号方式は，公開鍵と秘密鍵の二つで1組となる鍵ペアによって暗号化と復号を行う暗号方式です。暗号化や復号に多くの時間がかかるため大量データを一括して暗号化するのには適しませんが，共通鍵暗号方式と違って，鍵ペアの一方を公開するので鍵交換（鍵の配送）の必要もなく，また鍵の管理も容易です。

　公開鍵暗号方式の代表的なアルゴリズム（暗号規格）に**RSA**があります。**RSA**は，非常に大きな合成数の素因数分解の計算量が膨大であり，一方の鍵から他方の鍵を見つけるのが困難であることを安全性の根拠としたアルゴリズムです。鍵長が短いと解読されてしまうため，安全性上2,048ビット以上の鍵の使用が推奨されています。

　そのほか，位数が大きな群の離散対数問題の解決の困難さを利用した**ElGamal（エルガマル）暗号**や，楕円曲線上の離散対数問題の困難性を利用した**楕円曲線暗号**などがあります。楕円曲線暗号は，RSA暗号と比べて短い鍵長で同レベルの安全性が実現でき，処理速度も速いという特徴があり，TLSにも利用されている暗号方式です。

ア：AESはNIST（米商務省の国立標準技術研究所）が公募した暗号標準で，暗号方式は共通鍵暗号です。

イ：正しい記述です。

ウ：公開鍵暗号方式では，鍵ペアの一方を公開すればよく，鍵の配送の必要はありません。

エ：通信の秘匿に公開鍵暗号方式を使用する場合，受信者が暗号文の復号に用いるのは受信者の秘密鍵です。この秘密鍵は秘匿にしなければなりません。

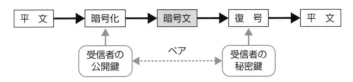

問2　解説

　公開鍵暗号方式では，公開鍵と秘密鍵を1組とした鍵ペアによって暗号化と復号を行うので，1人がn人と暗号化通信を行う場合でも公開鍵一つと秘密鍵一つ，すなわち1組の鍵ペアがあればよいことになります。したがって，n人が相互に通信する場合は，異なるn組の鍵ペアがあればよいので，全体で必要になる異なる鍵の数は2n個です。

参考　公開鍵暗号方式の二つの使い方

　公開鍵暗号方式は，鍵ペアの一方の鍵で暗号化した暗号文は，そのペアである鍵でしか復号できないという特性を利用した暗号方式です。そのため，用途・目的によって，次の二つの使い方があります。

Check!

・**通信内容の秘匿(盗聴防止)に使用する場合**
　送信者は受信者の公開鍵で暗号化し，受信者は自身の秘密鍵で復号する。
・**送信者認証(デジタル署名など)に使用する場合**
　送信者は自身の秘密鍵で暗号化し，受信者は送信者の公開鍵で復号する。

共通鍵暗号方式と公開鍵暗号方式の比較

	共通鍵暗号方式	公開鍵暗号方式
鍵の使用	暗号化と復号に同じ鍵を用いる	暗号化と復号で異なる鍵を用いる
鍵の管理	困難。N人が相互に通信する場合，N×(N−1)÷2個の異なる鍵が必要	容易。N人が相互に通信する場合，2N個の異なる鍵が必要
鍵の配送	共通鍵を相手に安全に届ける必要がある	公開鍵を公開するだけでよい
処理時間	短い	長い
大量データの一括暗号化	適する	適さない

解答　問1：イ　問2：イ

重要度 ★★★ 基本かつ重要テーマです。デジタル署名の生成・検証の手順，及びハッシュ関数の特徴を理解しておきましょう。

問1

デジタル署名において，発信者がメッセージのハッシュ値からデジタル署名を生成するのに使う鍵はどれか。

ア 受信者の公開鍵 　　　　**イ** 受信者の秘密鍵

ウ 発信者の公開鍵 　　　　**エ** 発信者の秘密鍵

問2

暗号学的ハッシュ関数における原像計算困難性，つまり一方向性の性質はどれか。

ア あるハッシュ値が与えられたとき，そのハッシュ値を出力するメッセージを見つけることが計算量的に困難であるという性質
イ 入力された可変長のメッセージに対して，固定長のハッシュ値を生成できるという性質
ウ ハッシュ値が一致する二つの相異なるメッセージを見つけることが計算量的に困難であるという性質
エ ハッシュの処理メカニズムに対して，外部からの不正な観測や改変を防御できるという性質

問1 解説

デジタル署名は，公開鍵暗号技術を応用したものであり，なりすましの防止(本人確認)，及びメッセージが改ざんされていないことを検証する機能を，提供する仕組みです。デジタル署名の生成と検証の手順は，次のとおりです。

👉Check!

送信者	① メッセージから，ハッシュ関数を使ってハッシュ値(ダイジェスト)を生成する
	② 生成したハッシュ値に対して**送信者自身の秘密鍵**を適用し，デジタル署名を生成する
	③ メッセージと生成したデジタル署名を送信する
受信者	④ 受信したメッセージから，ハッシュ関数を使ってハッシュ値を生成する
	⑤ 受信したデジタル署名を，**送信者の公開鍵**を用いて検証する
	⑥ ④で生成したハッシュ値と⑤で検証したハッシュ値を比較する

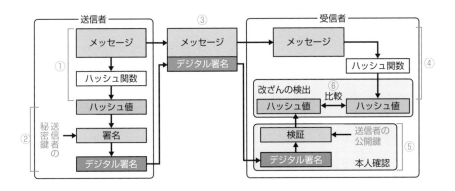

　ペアである公開鍵で検証できる署名を作れるのは，秘密鍵をもっている本人だけです。このことから，手順⑤において，受信者が，送信者の公開鍵を用いてデジタル署名を検証することができれば，送信者の本人確認ができます。また，手順⑥において，両方のハッシュ値が一致すれば，メッセージが改ざんされていないことが確認できます。

　以上，デジタル署名において，発信者がメッセージのハッシュ値からデジタル署名を生成するのに使う鍵は，発信者の秘密鍵です。

> 補足　デジタル署名は，"なりすまし"と"改ざん"を防ぐと同時に"否認防止"にもなります。例えば，本人が電子文書を送信したのにもかかわらず「送った覚えがない」「なりすまされた」と主張する事後否認も防止できます。

問2　解説

　ハッシュ関数は，任意の長さのメッセージから固定長の値（ハッシュ値，あるいはメッセージダイジェストという）を得るための関数です。このハッシュ関数のうち，暗号など情報セキュリティの用途に適した性質をもつものを，**暗号学的ハッシュ関数**といいます。

Check!

- ・入力メッセージが少しでも異なれば，異なったハッシュ値が生成される。
- ・ハッシュ値から元のメッセージを復元することが困難（原像計算困難性という）。
- ・ある既知のメッセージとそれに対するハッシュ値が与えられた時に，ハッシュ値が一致する別のメッセージを探索することが困難（第二原像計算困難性という）。
- ・同じハッシュ値を生成する二つの相異なるメッセージを探索することが困難（衝突発見困難性という）。

　　　　　　※原像計算困難性と第二原像計算困難性はともに，ハッシュ関数の一方向性を表している。

　アが原像計算困難性（一方向性）の説明です。**イ**はハッシュ関数の性質ですが原像計算困難性（一方向性）ではありません。**ウ**は衝突発見困難性，**エ**は耐タンパ性に関する記述です。

> 解答　問1：エ　問2：ア

10 ▶ 4 認証局とデジタル証明書

重要度
★★☆

ここでは，PKI(公開鍵基盤)の中心的要素である認証局の役割と，デジタル証明書を確認しておきましょう。

問1

公開鍵暗号を利用した電子商取引において，認証局(CA)の役割はどれか。

ア 取引当事者間で共有する秘密鍵を管理する。
イ 取引当事者の公開鍵に対するデジタル証明書を発行する。
ウ 取引当事者のデジタル署名を管理する。
エ 取引当事者のパスワードを管理する。

問2

高度

デジタル証明書に関する記述のうち，適切なものはどれか。

ア S/MIMEやTLSで利用するデジタル証明書の規格は，ITU-T X.400で標準化されている。
イ TLSにおいて，デジタル証明書は，通信データの暗号化のための鍵交換や通信相手の認証に利用されている。
ウ 認証局が発行するデジタル証明書は，申請者の秘密鍵に対して認証局がデジタル署名したものである。
エ ルート認証局は，下位の認証局の公開鍵にルート認証局の公開鍵でデジタル署名したデジタル証明書を発行する。

問1 解説

　公開鍵暗号方式では，二つで1組となる鍵ペアの一方を公開し他方を秘密に保管します。通信相手は，この公開された鍵を用いて暗号化通信を行うわけですが，その際，公開鍵が本当に正しい相手のものであるかを確認しなければなりません。

　そこで，公開鍵とその所有者の関係を確認し保証するために考えられた仕組みが**PKI**(Public Key Infrastructure：**公開鍵基盤**)です。PKIでは，信頼できる第三者機関である**認証局(CA**：Certificate Authority)が，公開鍵の正当性を証明する証明書(デジタル証明書)を発行し，この証明書をベースにセキュリティの基盤を構築します。したがって，**イ**が認証局(CA)の役割です。

　TLS(Transport Layer Security)は，HTTPやFTPなどの様々なアプリケーションと組み合わせて使われる，暗号化と認証を行うプロトコルです。TLS通信においては，サーバが自身の証明書(サーバ証明書，デジタル証明書)をクライアントに送り，クライアントはサーバ証明書の正当性を認証局の公開鍵を使って検証したのち，サーバとの間で鍵交換を行い，その鍵を用いて暗号化通信を行います(「10-10 セキュアプロトコルⅠ」の問2を参照)。したがって，適切な記述は**イ**です。

ア：デジタル証明書の標準は，ITU-Tが策定したX.509です。

ウ：認証局が発行するデジタル証明書は，申請者の秘密鍵ではなく，公開鍵に対して認証局がデジタル署名したものです。

エ：ルート認証局が，下位認証局のデジタル証明書を発行する際に用いるのは，ルート認証局の秘密鍵です。

参考　デジタル証明書(公開鍵証明書)

　デジタル証明書には，公開鍵とその所有者，公開鍵の有効期間，そして証明書を発行した認証局名とその署名が入っています。インターネット標準RFC3280によって規定されているX.509v3デジタル証明書は，下図のとおりです。

〔X.509v3デジタル証明書 (主な項目)〕

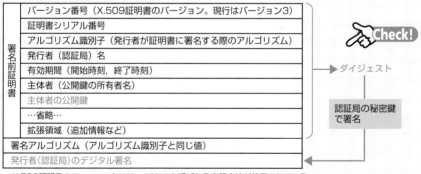

署名前証明書	バージョン番号 (X.509証明書のバージョン。現行はバージョン3)
	証明書シリアル番号
	アルゴリズム識別子 (発行者が証明書に署名する際のアルゴリズム)
	発行者 (認証局) 名
	有効期間 (開始時刻，終了時刻)
	主体者 (公開鍵の所有者名)
	主体者の公開鍵
	…省略…
	拡張領域 (追加情報など)

署名アルゴリズム (アルゴリズム識別子と同じ値)

発行者(認証局)のデジタル署名

→ダイジェスト

認証局の秘密鍵で署名

Check!

＊X.509証明書のフォーマットには，ASN.1と呼ばれる表記方法が使用されている。

補足　認証局(CA)は，証明書を無効化する機能も担っているため，無効化された(失効した)証明書の一覧表(CRL：Certificate Revocation List)をリポジトリへ公開します。なお，認証局(CA)は，役割の違いから次の二つに分割されることもあります。
・登録局(RA：Registration Authority)：デジタル証明書申請者の本人確認を行い，発行申請の承認あるいは却下を行う。また，承認された申請情報を登録する。
・発行局(IA：Issuing Authority)：RAから依頼されたデジタル証明書の発行及び失効作業を行う。

解答　問1:イ　問2:イ

証明書失効情報

重要度
★★★
認証局が発行するCRL，及びデジタル証明書の失効情報を確認する二つの方法を押さえておきましょう。

問1

認証局が発行するCRLに関する記述のうち，適切なものはどれか。

ア CRLには，失効したデジタル証明書に対応する秘密鍵が登録される。

イ CRLには，有効期限内のデジタル証明書のうち失効したデジタル証明書のシリアル番号と失効した日時の対応が提示される。

ウ CRLは，鍵の漏えい，失効申請の状況をリアルタイムに反映するプロトコルである。

エ 有効期限切れで失効したデジタル証明書は，所有者が新たなデジタル証明書を取得するまでの間，CRLに登録される。

問2

デジタル証明書が失効しているかどうかをオンラインでリアルタイムに確認するためのプロトコルはどれか。

ア CHAP 　　 **イ** LDAP 　　 **ウ** OCSP 　　 **エ** SNMP

問1 解説

CRL（Certificate Revocation List：証明書失効リスト）は，有効期限内であるのにも関わらず，証明書記載内容の変更，秘密鍵の紛失や漏えい，規定違反行為の判明などの理由によって失効したデジタル証明書のリストです。

証明書が失効した場合は，発行者である認証局が当該証明書を無効とし，証明書の失効情報（**証明書のシリアル番号**，**失効日時**，**失効理由**など）をCRLに登録します。したがって，**イ**が適切な記述です。

ア：CRLに，秘密鍵は登録されません。

ウ：CRLはプロトコルではなく，失効した証明書のリストです。

エ：CRLに登録されるのは有効期限内に失効したデジタル証明書であり，有効期限切れで失効したデジタル証明書は登録されません。なお，CRLに登録されているデジタル証明書は，その有効期限が過ぎるとCRLから削除されます。

　デジタル証明書が失効しているかどうかをオンラインでリアルタイムに確認するための
プロトコルをOCSP(Online Certificate Status Protocol：オンライン証明書状態プロトコ
ル)といいます。証明書の確認要求者であるクライアント(OCSPリクエスタ)は，対象と
なる証明書のシリアル番号などを記載した問合わせメッセージをOCSPレスポンダに送信
し，その応答でデジタル証明書の有効性を確認します。

　なお，失効情報の応答には，改ざん防止及び本物確認のためのOCSPレスポンダの署名
が付与されます。また，その署名を検証できるよう，認証局により発行されたOCSPレス
ポンダの証明書が添付されます。

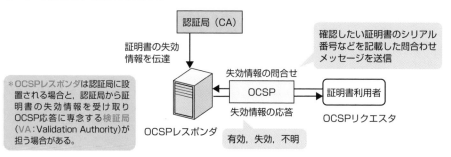

ア：CHAP(Challenge Handshake Authentication Protocol)は，PPP(Point to Point Protocol)な
　　どで利用される，チャレンジレスポンス方式を採用した認証プロトコルです。

イ：LDAP(Lightweight Directory Access Protocol)は，ディレクトリサービスを利用する
　　ためのプロトコルです。

エ：SNMP(Simple Network Management Protocol)は，ネットワーク上の構成機器や障害
　　時の情報収集を行うために使用されるネットワーク管理プロトコルです。

参考 デジタル証明書の失効情報の確認

　デジタル証明書の失効情報を確認する方法には，OCSPモデルとCRLモデルがあります。

・OCSPモデル：問2で説明したモデル。OCSPレスポンダが，証明書利用者(OCSPリクエ
　スタ)からの証明書失効情報の問い合わせに答える方式。

・CRLモデル：発行されたCRLをリポジトリと呼ばれるサーバに格納して，利用者に公開す
　る方式。証明書利用者は，定期的にリポジトリからCRLを取得して，利用する証明書の有効
　性を確認する。なお，リポジトリは，関連する属性のまとまりをツリー構造で一元管理でき
　るディレクトリ技術により構築されるためディレクトリサーバとも呼ばれ，またディレクトリ
　サーバはインタフェースにLDAPを使用しているためLDAPサーバとも呼ばれることがある。

解答　問1：イ　問2：ウ

10
セキュリティ

10 ▶ 6 利用者認証技術・方式 I

重要度
★★★

チャレンジレスポンス認証は出題率が高いです。また，
近年ではリスクベース認証もよく出題されています。

問1

チャレンジレスポンス認証方式の特徴はどれか。

ア 固定パスワードを，TLSによる暗号通信を使い，クライアントからサーバに送信して，サーバで検証する。

イ 端末のシリアル番号を，クライアントで秘密鍵を使って暗号化し，サーバに送信して，サーバで検証する。

ウ トークンという装置が自動的に表示する，認証のたびに異なる数字列をパスワードとしてサーバに送信して，サーバで検証する。

エ 利用者が入力したパスワードと，サーバから受け取ったランダムなデータとをクライアントで演算し，その結果をサーバに送信して，サーバで検証する。

問2

リスクベース認証の特徴はどれか。

ア いかなる利用条件でのアクセスの要求においても，ハードウェアトークンとパスワードを併用するなど，常に二つの認証方式を併用することによって，不正アクセスに対する安全性を高める。

イ いかなる利用条件でのアクセスの要求においても認証方法を変更せずに，同一の手順によって普段どおりにシステムにアクセスできるようにし，可用性を高める。

ウ 普段と異なる利用条件でのアクセスと判断した場合には，追加の本人認証をすることによって，不正アクセスに対する安全性を高める。

エ 利用者が認証情報を忘れ，かつ，Webブラウザに保存しているパスワード情報も使用できないリスクを想定して，緊急と判断した場合には，認証情報を入力せずに，利用者は普段どおりにシステムを利用できるようにし，可用性を高める。

問1 解説

チャレンジレスポンス認証は，パスワードそのものを送信せずに利用者認証を行う方式の一つです。ワンタイムパスワード（OTP：One Time Password）を実現する方式の一つとしても利用されています。

チャレンジレスポンス認証では，利用者が入力したパスワード（パスフレーズともいう）と，サーバから送られてきたランダムなデータ（チャレンジ）を基にハッシュ演算を行い，その結果を認証用データ（レスポンス）としてサーバに送信し，サーバ側で検証を行います。したがって，**エ**が正しい記述です。

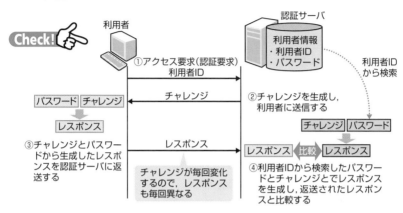

- **ア，イ**：チャレンジレスポンス認証では，固定パスワードや端末のシリアル番号を暗号化して送信することはありません。
- **ウ**：ワンタイムパスワード方式の一つである**時刻同期方式**（タイムシンクロナス方式）の説明です。トークンとは，時間ごとに異なるコードを生成する装置のことです。

問2 解説

　リスクベース認証とは，普段と異なる環境（例えば，いつもと違うログインの時間帯や場所，利用デバイス，IPアドレスなど）からの認証行為が発生した場合，本人確認をより正確に行うために追加の認証を求める方式です。リスクありと判断した場合に，追加の本人認証を行うことによって，不正アクセスに対する安全性を高めることができます。**ウ**が正しい記述です。

参考 チェックしておきたい用語・公式 Check!

- **多要素認証**：パスワードなどの"記憶"による認証，ICカードなどの"所有"による認証，指紋などの"生体"による認証のうち複数を組み合わせて認証を行う方式。なお，三つの中から二つを組み合わせて認証を行う方式を**二要素認証**という（問2の**ア**が該当）。
- **設定できるパスワードの総数を表す式**：パスワードに使用できる文字の種類がM種類で，パスワードの長さがn文字であるとき，設定できるパスワードの総数は，次のようになる。

　　　使用できる文字の種類数^{パスワードの長さ}＝M^n

　例えば，使用できる文字の種類が26種類，パスワードの長さが8文字なら，26^8個。

10 ▶ 7 利用者認証技術・方式Ⅱ

重要度
★★☆

ここでは，シングルサインオンの二つの実装方式を理解しましょう。また，SAMLも押さえておくとよいでしょう。

問1

Webサーバでのシングルサインオンの実装方式に関する記述のうち，適切なものはどれか。

ア cookieを使ったシングルサインオンの場合，Webサーバごとの認証情報を含んだcookieをクライアントで生成し，各Webサーバ上で保存，管理する。

イ cookieを使ったシングルサインオンの場合，認証対象のWebサーバを，異なるインターネットドメインに配置する必要がある。

ウ リバースプロキシを使ったシングルサインオンの場合，認証対象のWebサーバを，異なるインターネットドメインに配置する必要がある。

エ リバースプロキシを使ったシングルサインオンの場合，利用者認証においてパスワードの代わりにデジタル証明書を用いることができる。

問2

複数のシステムやサービスの間で利用されるSAML(Security Assertion Markup Language)はどれか。

ア システムの負荷や動作状況に関する情報を送信するための仕様

イ 脆弱性に関する情報や脅威情報を交換するための仕様

ウ 通信を暗号化し，VPNを実装するための仕様

エ 認証や認可に関する情報を交換するための仕様

問1　解説

　シングルサインオン(SSO：Single Sign On)は，一度認証を受けると，それ以降，許可されている複数のサーバやシステムへの認証行為が自動化される仕組みです。SSOの実装は，cookieを使ったエージェント型SSOと，リバースプロキシを使ったリバースプロキシ型SSOに大別できます。

　エージェント型SSOは，各サーバにエージェントと呼ばれるSSO機能を実現するためのソフトウェアをインストールしておき，クライアントからの認証要求をこのエージェントに代行させる方式です。この方式では，クライアントから送られてきた認証情報をエージェントが認証サーバに転送し，認証が成功すると，cookieに認証済み情報を格納してクラ

イアントに送信します。以降，クライアントは，cookieの認証情報を他のサーバ（エージェント）に提示し，エージェントは認証情報の正当性を認証サーバに問合せ検証を行います。

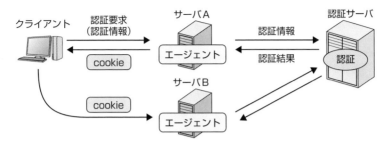

　リバースプロキシ型SSOは，各サーバの認証情報をリバースプロキシサーバに集約し，クライアントからの認証要求をリバースプロキシサーバが一括して受け付ける方式です。リバースプロキシサーバは，各サーバへの認証を代行するだけでなく，認証に成功した後は，クライアントと各サーバとの間の要求や応答を中継し，その過程において認証情報の検証を行います。

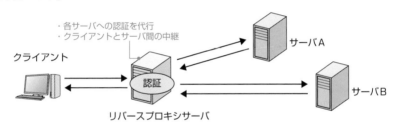

ア：cookieは認証サーバで生成され，クライアント側で保存します。

イ：cookieの有効範囲が同一ドメイン内であるため，認証対象のWebサーバを，異なるインターネットドメインに配置するとSSOが実現できません。

ウ：リバースプロキシサーバが認証対象のWebサーバへのアクセスを中継するので，認証対象のWebサーバはどこに配置しても構いません。

エ：認証情報としてはパスワードだけでなく，デジタル証明書（クライアント証明書）も利用可能です。したがって，正しい記述です。

> **問2** **解説**

　SAML（Security Assertion Markup Language）は，複数のシステムやサービス間で，認証や許可（特定の条件下においてアクセス権限を与えること）に関する情報，及び利用者情報を安全に交換するための仕様であり，XMLをベースにした標準規格です。SAMLを利用した認証を**SAML認証**といい，SAML認証は，主に異なるインターネットドメイン間での**シングルサインオン**（SSO：Single Sign On）を実現する際に使われます。

　解答　問1：エ　問2：エ

ファイアウォール

10 ▶ 8

重要度 ★★★

出題は少なくなりましたが必須テーマです。FWの基本事項に加え,「参考」に示した用語も押さえましょう。

問1

パケットフィルタリング型ファイアウォールのフィルタリングルールを用いて,本来必要なサービスに影響を及ぼすことなく防げるものはどれか。

ア 外部に公開しないサービスへのアクセス
イ サーバで動作するソフトウェアの脆弱性を突く攻撃
ウ 電子メールに添付されたファイルに含まれるマクロウイルスの侵入
エ 不特定多数のIoT機器から大量のHTTPリクエストを送り付けるDDoS攻撃

問2

高度

インターネットと社内サーバの間にファイアウォールが設置されている環境で,時刻同期の通信プロトコルを用いて社内サーバの時刻をインターネット上の時刻サーバの正確な時刻に同期させる。このとき,ファイアウォールで許可すべき時刻サーバとの間の通信プロトコルはどれか。

ア FTP(TCP,ポート番号21)
イ NTP(UDP,ポート番号123)
ウ SMTP(TCP,ポート番号25)
エ SNMP(TCP及びUDP,ポート番号161及び162)

問1 解説

パケットフィルタリング型ファイアウォールでは,パケットのヘッダにある送信元や宛先のIPアドレス,ポート番号などを検査し,事前に定められたフィルタリングルールに従ってパケットの通過許可/通過禁止の制御を行います。

例えば,DMZ(DeMilitarized Zone)にWebサーバとメールサーバを設置し,Webサーバで自社の情報をインターネットに公開し,メールサーバで社外とのメールの送受信を行うといった場合,インターネット側からDMZに入ってくるパケットのうち,

・Webサーバに宛てた接続先ポート番号80をもつパケット
・メールサーバに宛てた接続先ポート番号25をもつパケット

のみを通過許可にし,それ以外は通過禁止にします。これによって,外部に公開しないサービスへのアクセスを防ぐことができます。**ア**が正しい記述です。

イ:パケットフィルタリングでは通信内容まではチェックしないので,ソフトウェアの脆

弱性を突く攻撃かどうかは判断できません。また，脆弱性をもつサーバへの通信を通過禁止にすれば攻撃は防げますが，正当な通信までも遮断されてしまいます。

ウ：パケットフィルタリングでは，電子メールの添付ファイルにウイルスが含まれているかどうかまではチェックできません。SMTP(ポート番号25)への通信を通過禁止にすればウイルスの侵入や攻撃を防ぐことができますが，必要なメールまでも遮断されてしまいます。

エ：HTTP(ポート番号80)宛ての通信を遮断すればDDoS攻撃を防げますが，利用者はWebサービスを利用できなくなってしまいます。

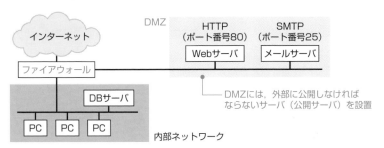

問2 解説

時刻同期の通信プロトコルは**NTP**(Network Time Protocol)です。NTPでは，トランスポート層のプロトコルにUDPを使用し，ポート番号は123です。したがって，ファイアウォールで許可すべき通信プロトコルは**イ**です。

補足 **エ**のSNMPはウェルノウンポートとして，TCPとUDPのポート番号161及び162が定義されていますが，通常はUDPのみが用いられます。

参考 チェックしておきたい関連用語 ☞Check!

・**侵入検知システム**(IDS：Intrusion Detection System)：システムやネットワークに発生するイベントを監視し，不正侵入や不正行為などインシデントの兆候を検知し，管理者に通知するセキュリティ機構。ネットワーク上に設置してネットワークを流れるパケットを監視する**ネットワーク型IDS**(NIDS)と，保護したいサーバにインストールして不正パケットによる異常(ファイルの改ざんなど)の発生を監視する**ホスト型IDS**(HIDS)がある。

・**侵入防止システム**(IPS：Intrusion Prevention System)：不正侵入を検知するだけでなく，それを遮断する機能をもつセキュリティ機構。

・**SIEM**(Security Information and Event Management)：Webサーバやメールサーバなどの各種サーバや，ファイアウォール，IDS，IPSといったネットワーク機器のログを一括管理し，セキュリティ上の脅威となる事象を発見するためのセキュリティシステム。SIEMは，収集したログを格納するデータベースサーバと，ログ分析を行うログサーバから構成される。

解答 問1：ア 問2：イ

WAF

重要度 ★★★

WAFの役割を確認しておきましょう。また、WAFにおけるホワイトリストとブラックリストも押さえましょう。

問1

WAFの説明として、適切なものはどれか。

ア　DMZに設置されているWebサーバへ外部から実際に侵入を試みる。

イ　WebサーバのCPU負荷を軽減するために、TLSによる暗号化と復号の処理をWebサーバではなく専用のハードウェアで行う。

ウ　システム管理者が質問に答える形式で、自組織の情報セキュリティ対策のレベルを診断する。

エ　特徴的なパターンが含まれるかなどWebアプリケーションへの通信内容を検査して、不正な操作を遮断する。

問2

高度

WAF(Web Application Firewall)のブラックリスト又はホワイトリストの説明のうち、適切なものはどれか。

ア　ブラックリストは、脆弱性のあるサイトのIPアドレスを登録したものであり、該当する通信を遮断する。

イ　ブラックリストは、問題がある通信データパターンを定義したものであり、該当する通信を遮断するか又は無害化する。

ウ　ホワイトリストは、暗号化された受信データをどのように復号するかを定義したものであり、復号鍵が登録されていないデータを遮断する。

エ　ホワイトリストは、脆弱性がないサイトのFQDNを登録したものであり、登録がないサイトへの通信を遮断する。

問1　解説

WAF(Web Application Firewall)は、Webアプリケーションへの攻撃に対する防御に特化したファイアウォールです。パケットフィルタリング型ファイアウォールでは、パケットのヘッダ情報(IPアドレスやポート番号)に着目して通信を制御するため、正当な通信に則って仕掛けられるSQLインジェクションやクロスサイトスクリプティングといった攻撃(Webアプリケーションの脆弱性を悪用した攻撃)は防御できません。これに対しWAFでは、

ヘッダ情報に加えてデータ部にあるWebアプリケーションへの通信内容を検査するので，アプリケーションレベルの不正な操作を遮断できます。**エ**が適切な記述です。

ア：**ペネトレーションテスト**の説明です。ペネトレーションテストとは，実際に侵入を試みることで，システム(セキュリティ)上の弱点を発見する擬似攻撃テストのことです。

イ：TLSアクセラレータの説明です(下記「参考」を参照)。

ウ：リスク分析で用いられるインタビュー法(聞取り調査法)の説明です。

問2　解説

WAFは，ホワイトリスト方式とブラックリスト方式の二つに分類できます。

ホワイトリストとは，"怪しくない(正常な)通信パターン"の一覧です。原則として通信を遮断し，ホワイトリストと一致した通信のみ通過させる方式をホワイトリスト方式といいます。一方，**ブラックリスト**は，"怪しい(不正な)通信パターン"の一覧です。原則として通信を許可し，ブラックリストと一致した通信は遮断するか，あるいは無害化する方式をブラックリスト方式といいます。したがって，**イ**が適切な記述です。

参考　TLSアクセラレータ

　PCとWebサーバ間で，HTTPS(HTTP over TLS)など**TLS**(Transport Layer Security)を利用した暗号化通信を行う場合，TLSの処理すなわち暗号化と復号処理がWebサーバにとって大きな負担になります。そこで，導入されるのが**TLSアクセラレータ**です。暗号化と復号の処理をTLSアクセラレータに肩代わりさせることでWebサーバの負担を軽減でき，Webサーバは本来の処理に専念できます。

　なお，試験では「**SSLアクセラレータ**」と出題されることがあるので注意しましょう。現在インターネット標準として利用されているTLSは，長く普及していた**SSL**(Secure Sockets Layer)をベースに策定されたものであるため，実際にはTLSを使っていても慣例的にSSLと呼ぶことがあります。つまり，「SSL⟷TLS」と読み替えてもOKということです。

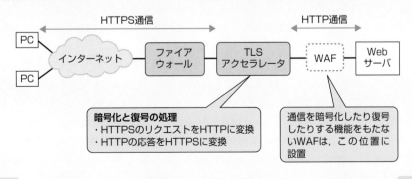

セキュアプロトコル I

重要度
★★★

問1は定期的に出題されています。また問2については，TLS通信の手順をしっかり理解しておきましょう。

問1

暗号化や認証機能をもち，遠隔にあるコンピュータに安全にログインするためのプロトコルはどれか。

ア IPsec　　　イ L2TP　　　ウ RADIUS　　　エ SSH

問2

A社のWebサーバは，サーバ証明書を使ってTLS通信を行っている。PCからA社のWebサーバへのTLSを用いたアクセスにおいて，当該PCがサーバ証明書を入手した後に，認証局の公開鍵を利用して行う動作はどれか。

ア　暗号化通信に利用する共通鍵を生成し，認証局の公開鍵を使って復号する。
イ　暗号化通信に利用する共通鍵を，認証局の公開鍵を使って暗号化する。
ウ　サーバ証明書の正当性を，認証局の公開鍵を使って検証する。
エ　利用者が入力して送付する秘匿データを，認証局の公開鍵を使って暗号化する。

問1 解説

暗号化や認証機能をもち，遠隔にあるコンピュータに安全にログインするためのプロトコルは**SSH**(Secure Shell)です。SSHではログインセッションに先立って，安全な通信経路の確立(暗号アルゴリズムの合意とセッション鍵の共有)と利用者認証を行います。利用者認証部分を含め，全ての通信が暗号化されるため安全な通信を実現できます。

ア：IPsecは，ネットワーク層で暗号化や認証などのセキュリティ機能を実現するプロトコルです(「10-11 セキュアプロトコルⅡ」を参照)。

イ：L2TP(Layer 2 Tunneling Protocol)は，データリンク層で動作する，VPNのためのトンネリングプロトコルです。L2TP自体には暗号化の機能がないため，暗号化を行うためにはIPsecと組合せた**L2TP over IPsec**として利用します。

ウ：RADIUS(Remote Authentication Dial In User Service)は，利用者の認証と利用記録を，ネットワーク上の認証サーバ(RADIUSサーバという)に一元化することを目的としたプロトコルです。イーサネットや無線LANにおける利用者認証のための規格**IEEE 802.1X**など広く利用されています。

TLS(Transport Layer Security)は，通信相手であるサーバの認証(及び，場合によってはクライアントの認証)と，通信の暗号化を実現するセキュアプロトコルです。アプリケーション層の様々なプロトコル(HTTP，SMTP，POPなど)と組み合わせることで，安全な通信のための仕組みを提供します。本問におけるWebサーバが，サーバ証明書を使ってTLS通信を行う場合の手順は次のようになります。

① PCからのTLSによる接続要求に対し，Webサーバは，身元を保証するサーバ証明書をPCに送付する。

② PCは，サーバ証明書に含まれている認証局のデジタル署名を，認証局の公開鍵を用いて検証しメッセージダイジェスト(MD)を取り出す。また，サーバ証明書のMDを生成し，この二つのMDを比較することでサーバ証明書の正当性を検証する。

③ PCは，共通鍵生成用のデータ(乱数)を作成し，サーバ証明書に添付されたWebサーバの公開鍵でこれを暗号化してWebサーバに送付する。

④ 暗号化された共通鍵生成用データを受け取ったWebサーバは，自らの秘密鍵を用いてこれを復号する。

⑤ PCとWebサーバの両者は，同一の共通鍵生成用データによって共通鍵を作成し，これ以降の両者間の通信は，この共通鍵による暗号化通信を行う。

補足 TLSでは，サーバ認証だけでなくクライアント認証も行うことができます。クライアント認証を行う場合，サーバはサーバ証明書を送付するときに，クライアント証明書の提示を要請します。

参考 TLSプロトコルの仕様上の脆弱性を突いた攻撃

TLSでは暗号化通信を確立するとき，使用するプロトコルバージョンや暗号アルゴリズムなどをクライアントとWebサーバ間で折衝し決めます。これは，クライアントとWebサーバの相互接続性を確保するためですが，この相互接続性優先の弊害として，TLS1.2以前のプロトコルバージョンにおいては中間者攻撃(Man-in-the-middle攻撃)に対する脆弱性が指摘されています。中間者攻撃とは，通信者同士の間に勝手に割り込み，通信内容を盗み見たり，改ざんしたりした後，改めて正しい通信相手に転送するパケツリレー型攻撃のことです。TLSに対する中間者攻撃には，次の二つがあります。

・バージョンロールバック攻撃：意図したよりも古いバージョン(脆弱性のあるSSL2.0やSSL3.0など)を強制的に使わせる。

・ダウングレード攻撃：脆弱性が見つかっている弱い暗号スイート(暗号アルゴリズムの組)の使用を強制して，暗号化通信を解読する。

解答 問1：エ 問2：ウ

10

セキュリティ

セキュアプロトコルⅡ

重要度
★★★

IPsecは頻出です。IPsecを構成するプロトコルを理解
するとともに，IPsecの通信モードも押さえましょう。

問1

OSI基本参照モデルのネットワーク層で動作し，"認証ヘッダ(AH)"と"暗号ペイロード
(ESP)"の二つのプロトコルを含むものはどれか。

ア IPsec   **イ** S/MIME   **ウ** SSH   **エ** XML暗号

問2

VPNで使用されるセキュアなプロトコルであるIPsec，L2TP，TLSの，OSI基本参照モデルに
おける相対的な位置関係はどれか。

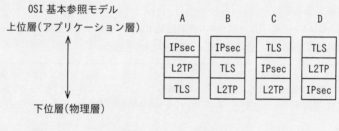

OSI 基本参照モデル
上位層(アプリケーション層)

下位層(物理層)

A	B	C	D
IPsec	IPsec	TLS	TLS
L2TP	TLS	IPsec	L2TP
TLS	L2TP	L2TP	IPsec

ア A   **イ** B   **ウ** C   **エ** D

問1 解説

"認証ヘッダ(AH)"と"暗号ペイロード(ESP)"の二つのプロトコルを含むものは**IPsec**
です。IPsecは，OSI基本参照モデルのネットワーク層で動作し，暗号化や認証などのセキュ
リティ機能を実現するプロトコルです。IPレベルでVPN(Virtual Private Network：仮想
専用網)を実現します。

IPsecでは，使用目的に応じてAHかESPのいずれかを選んで利用しますが，両方を組み
合わせて利用することもできます。

・AH：データの完全性(内容が改ざんされていないこと)の確保とデータ送信元の認証，そ
してリプレイ攻撃の防御といった機能を提供
・ESP：AHの機能に加えて，データの暗号化機能を提供

なお，IPsecで認証や暗号化通信を行う際には，認証や暗号化の規格(アルゴリズム)や，使用する共通鍵などをあらかじめ通信者間で共有しておく必要があり，この共有すべき情報のやり取りにIKE(Internet Key Exchange)という鍵交換プロトコルが利用されます。

イ：S/MIME(Secure MIME)は，MIME(Multipurpose Internet Mail Extensions)を拡張した電子メールの暗号化とデジタル署名に関する標準規格です。電子メールの内容の機密性を高めるために用いられます。

ウ：SSH(Secure Shell)は，暗号化や認証機能をもち，遠隔にあるコンピュータへのリモートログインやリモートファイルコピーなどを安全に実現するためのプロトコルです。

エ：XML暗号は，XML文書内の任意の項目(データ)を暗号化するための規格です。

問2　解説

　IPsecはネットワーク層(第3層)，L2TPはデータリンク層(第2層)，TLSはトランスポート層(第4層)で動作するプロトコルです。したがって，相対的な位置関係は**ウ**になります。

参考　MIME

　MIMEはインターネットにおける電子メールの規約で，ヘッダフィールドの拡張を行い，テキストだけでなく音声，画像なども扱えるようにしたものです。音声や画像などのバイナリデータはテキストデータに変換されますが，この変換に用いられる方式の一つにBase64があります。Base64は，バイナリデータを6ビットごとに区切り，各6ビットの値(0～63)に対して，A～Z，a～z，0～9，＋，/の64文字を対応させ，その対応する文字コードに変換する符号方式です。

10
セキュリティ

IPsecの通信モード　Check!

　IPsecの通信モードには，ゲートウェイ間でIPsec通信を行うトンネルモードと，ホスト間でIPsec通信を行うトランスポートモードの二つがあります。

　ESPのトンネルモードを使用すると，エンドツーエンドの通信で用いる元のIPヘッダを含めて暗号化され，新しいIPヘッダ(相手先のゲートウェイのIPアドレス)が付加されます。これに対してトランスポートモードでは，元のIPヘッダーは暗号化の対象となりません。

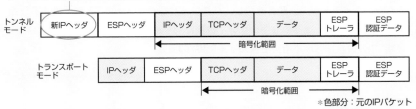

ゲートウェイ間で暗号化されるため，新たにIPヘッダ が付加される

トンネルモード	新IPヘッダ	ESPヘッダ	IPヘッダ	TCPヘッダ	データ	ESPトレーラ	ESP認証データ

暗号化範囲

トランスポートモード	IPヘッダ	ESPヘッダ	TCPヘッダ	データ	ESPトレーラ	ESP認証データ

暗号化範囲

※色部分：元のIPパケット

10▶12 無線LANのセキュリティⅠ

重要度 ★★☆

無線LANのセキュリティ規格を確認しておきましょう。また IEEE 802.1Xも押さえておいた方がよいでしょう。

問1

無線LANのセキュリティプロトコル,暗号アルゴリズム,暗号鍵の鍵長の組合せのうち,適切なものはどれか。

	セキュリティプロトコル	暗号アルゴリズム	暗号鍵の鍵長
ア	WPA(TKIP)	AES	128,192又は256ビット
イ	WPA(TKIP)	RC4	64ビット
ウ	WPA2(CCMP)	AES	128ビット
エ	WPA2(CCMP)	RC4	64ビット

問2

無線LAN環境におけるWPA2-PSKの機能はどれか。

ア アクセスポイントに設定されているSSIDを共通鍵とし,通信を暗号化する。

イ アクセスポイントに設定されているのと同じSSIDとパスワード(Pre-Shared Key)が設定されている端末だけを接続させる。

ウ アクセスポイントは,IEEE 802.11acに準拠している端末だけに接続を許可する。

エ アクセスポイントは,利用者ごとに付与されたSSIDを確認し,無線LANへのアクセス権限を識別する。

問3

無線LANの認証で使用される規格IEEE 802.1Xが定めているものはどれか。

ア アクセスポイントがEAPを使用して,利用者を認証する枠組み

イ アクセスポイントが認証局と連携し,パスワードをセッションごとに生成する仕組み

ウ 無線LANに接続する機器のセキュリティ対策に関するWPSの仕様

エ 無線LANの信号レベルで衝突を検知するCSMA/CD方式

WPA(Wi-Fi Protected Access)は，それ以前のWEPの脆弱性に対応するために策定されたセキュリティ規格で，主な改善点は，暗号化アルゴリズムにRC4(鍵長128ビット)を採用したTKIP(Temporal Key Integrity Protocol)というプロトコルの使用です。

WPA2は，WPAと多くの部分が共通していますが，最も大きな違いは，CCMP(Counter-mode with CBC-MAC Protocol)を導入しているところです。CCMPは，強固な暗号化アルゴリズムであるAESを採用しているため，TKIPよりも格段に安全性が高くなっています。なお，AESの鍵長は128／192／256ビットから選択可能です。

問2 解説

WPA，WPA2及びWPA3(WPA2の後継規格)には認証方式の違いにより，PSK認証を行うパーソナルモードと，IEEE 802.1X認証を行うエンタープライズモードの二つがあります。WPA2-PSK(WPA2 Pre-Shared Key)は，WPA2においてPSK認証を採用したパーソナルモードです。このモードでは，アクセスポイントと端末間で事前に8文字以上63文字以下のパスワード(Pre-Shared Key：事前共有鍵)を共有しておき，そのパスワードとSSIDによって端末の認証を行います。

問3 解説

IEEE 802.1Xは，イーサネットや無線LANにおけるユーザ認証のための規格です。認証のしくみとしてRADIUS(Remote Authentication Dial-InUser Service)を採用し，アクセスポイントがEAP(Extended Authentication Protocol)を使用して，利用者を認証する枠組みを定めています。なおEAPは，PPPを拡張したプロトコルで，ハッシュ関数MD5を用いたチャレンジレスポンス方式で認証するEAP-MD5や，クライアント証明書で認証するEAP-TLSなどがあります。

参考 無線LANにおけるIEEE 802.1Xの構成 Check!

IEEE 802.1Xは，下図の三つの要素から構成されます。

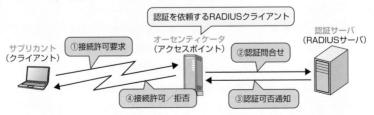

解答 問1：ウ　問2：イ　問3：ア

無線LANのセキュリティⅡ

重要度
★★★

公衆無線LANのアクセスポイントにおけるセキュリティ
対策のほか，Enhanced Openも押さえておきましょう。

問1

公衆無線LANのアクセスポイントを設置するときのセキュリティ対策とその効果の組みとして，適切なものはどれか。

	セキュリティ対策	効果
ア	MACアドレスフィルタリングを設定する。	正規の端末のMACアドレスに偽装した攻撃者の端末からの接続を遮断し，利用者のなりすましを防止する。
イ	SSIDを暗号化する。	SSIDを秘匿して，SSIDの盗聴を防止する。
ウ	自社がレジストラに登録したドメインを，アクセスポイントのSSIDに設定する。	正規のアクセスポイントと同一のSSIDを設定した，悪意のあるアクセスポイントの設置を防止する。
エ	同一のアクセスポイントに無線で接続している端末同士のアクセスポイント経由の通信を遮断する。	同一のアクセスポイントに無線で接続している他の端末に，公衆無線LANの利用者がアクセスポイントを経由してアクセスすることを防止する。

問2

家庭内で，PCを無線LANとブロードバンドルータを介してインターネットに接続するとき，期待できるセキュリティ上の効果の記述のうち，適切なものはどれか。

ア IPマスカレード機能による，インターネットからの不正侵入に対する防止効果

イ PPPoE機能による，経路上の盗聴に対する防止効果

ウ WPA機能による，不正なWebサイトへの接続に対する防止効果

エ WPS機能による，インターネットからのマルウェア感染に対する防止効果

問1 解説

公衆無線LANのアクセスポイントを設置するときのセキュリティ対策に，**プライバシセパレータ機能**があります。プライバシセパレータ機能とは，同一のアクセスポイントに無線接続している端末同士の，アクセスポイント経由の通信を遮断する機能です。

通常(プライバシセパレータ機能が有効でなければ)，同じアクセスポイントに接続している端末同士の通信は可能です。しかし，公衆無線LANのアクセスポイントには不特定

多数の人が無線接続するため，端末同士で通信ができてしまうと，悪意のある人がアクセスポイントを使って他の端末に不正アクセスする可能性もあります。プライバシセパレータ機能は，こうした不正アクセスを防止し利用者のセキュリティを保護するための機能です。したがって，**エ**が適切な組合せです。

ア：MACアドレスフィルタリングは，アクセスポイントに登録された端末以外の接続を制限する機能です。アクセスポイントに登録されている正規端末のMACアドレスに偽装した端末からの接続は遮断できません。

イ：SSID(Service Set IDentifier)は，無線LANにおけるネットワーク識別子です。暗号化することはできません。SSIDを秘匿にするためにはSSIDステルス機能を使います。アクセスポイントは，自身のSSIDをビーコン信号に乗せて定期的に発信しますが，SSIDステルス機能を使うとSSIDの発信が行われないため，SSIDを秘匿にできます。

ウ：SSIDには任意の値が設定可能で，また同一のSSIDも設定できます。そのため，公開されている自社のドメインをSSIDに設定した場合，悪意あるアクセスポイントにも同じSSIDの設定ができてしまいます。

問2 解説

　ブロードバンドルータは，家庭内のPCがインターネットなどを利用する際に用いる機器です。IPマスカレード(NAPT)機能を備えているため，家庭内のPCがブロードバンドルータを介してインターネットに接続すると，PCがもつプライベートIPアドレスはブロードバンドルータがもつグローバルIPアドレスに変換されます。このため，インターネット側から見えるのはブロードバンドルータのグローバルIPアドレスだけです。つまり，家庭内PCのIPアドレスは分からないため，インターネット側からの不正侵入に対する防止効果が期待できます。**ア**が適切な記述です。

　なお，**イ**のPPPoEには経路上の盗聴防止機能(暗号化機能)はありません。**ウ**のWPAは無線LANの暗号化方式であり，不正なWebサイトへの接続を防止する機能はありません。**エ**のWPS(Wi-Fi Protected Setup)は無線LANの接続設定を簡単に行うための規格です。マルウェア感染を防止する機能はありません。

参考 Enhanced Openも知っておこう！ Check!

　Enhanced Openは，不特定多数の利用者に無料で開放されている公衆無線LANサービスのアクセスポイントと端末で利用されるセキュリティ規格です。具体的には，端末はSSIDを選択するだけで(端末でのパスワードの入力なしに)無線LANに接続できるという便利さに加えて，端末とアクセスポイントとの間の無線通信を暗号化できるというものです。Enhanced Openでは，端末とアクセスポイントとの間でDiffie-Hellman鍵交換(DH法)を用いて秘密の共通鍵を安全に共有した後，その鍵を利用して暗号化通信を行います。

解答 問1:エ 問2:ア

電子メールのセキュリティ I

重要度
★★★

サブミッションポートの目的をSMTP-AUTH及び「参考」に示したOP25Bと合わせて理解しておきましょう。

問1

スパムメール対策として，サブミッションポート(ポート番号587)を導入する目的はどれか。

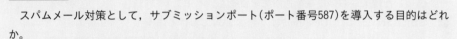

ア DNSサーバにSPFレコードを問い合わせる。
イ DNSサーバに登録されている公開鍵を使用して，デジタル署名を検証する。
ウ POP before SMTPを使用して，メール送信者を認証する。
エ SMTP-AUTHを使用して，メール送信者を認証する。

問2

電子メールをスマートフォンで受信する際のメールサーバとスマートフォンとの間の通信をメール本文を含めて暗号化するプロトコルはどれか。

ア APOP　　　　イ IMAPS　　　　ウ POP3　　　　エ SMTP Submission

問1 解説

サブミッションポートとは，ユーザのメールソフト(以下，メールクライアントという)からメールサーバにメールを送信するときに使う専用の宛先ポートのことです。メール送信の際には通常，SMTPを用いてメールサーバのTCP25番ポート宛に送りますが，SMTPには利用者(すなわち，メール送信者)を認証する機能がありません。そこで，**SMTP-AUTH**などによる利用者認証を行えるようにしたのがサブミッションポート(通常，TCP587番ポート)です。メールサーバは，通常のSMTPとは独立したサブミッションポートを使用して，メールクライアントからメールサーバへのメール送信時に，利用者IDとパスワードによる利用者認証を行い，許可された利用者だけからメールを受け付けます。したがって，**エ**がサブミッションポートを導入する目的です。

ア：SPFによる送信ドメイン認証の説明です。
イ：DKIMによる送信ドメイン認証の説明です。なお，SPF及びDKIMについては，「10-15 電子メールのセキュリティ II」を参照。
ウ：**POP before SMTP**は，SMTPにおいて，POP(POP3)の利用者認証の仕組みを利用したものです。メールクライアントはメールを送信する前に，まずPOP3でメールを

受信し，SMTPサーバはPOP3による認証が成功したクライアントのIPアドレスに一定時間だけメールの送信を許可します。

電子メール(以下，メールという)をスマートフォンで受信する際のメールサーバとスマートフォンとの間の通信をメール本文を含めて暗号化するプロトコルは**IMAPS**です。

メール受信に使われるプロトコルには，届いているメールを全て手元にダウンロードするPOP3と，ダウンロードせずに見るだけの(選択したメールだけをダウンロードできる)IMAPがあります。スマートフォンで受信する際はIMAPが使われますが，IMAPにはパスワードやメール本文を暗号化する機能がありません。そこで，IMAPにTLSを組み合わせたものがIMAPS(**IMAP over TLS**)です。TLSによって確立された通信経路(通信コネクション)上で暗号化通信が行われるため，安全に送受信することができます。なお，現在使われているIMAPのバージョンが4であることから，**IMAP4S**と表記されることもあります。

ア，ウ：POP3はメールの受信に使われるプロトコルです。ユーザIDとパスワードによる認証を行う際に，これを平文でやり取りするため盗聴や改ざんといったセキュリティ上の問題があります。この問題の対策としてパスワードを暗号化したものが**APOP**です。ただし，APOPで使用しているハッシュ関数のMD5には，既に脆弱性が見つかっているため利用は推奨されていません。現在では，POP3に，通信内容を暗号化するTLSを組み合わせた**POP3S**(POP3 over SSL/TLS)の利用が求められています。

エ：**SMTP Submission**とは，メールクライアントから送信されたメールを専門に受け付けるポートのことです。Submissionポートを採用したメールサーバにメールを送信する際，SMTPでTCP587番ポート宛に送るとSMTP-AUTHによるクライアント認証が行われます。

参考　スパムメール対策OP25Bとサブミッションポート　Check!

スパムメールは，ISP(Internet Service Provide)のメールサーバを介さずに，メール送信者独自のサーバから直接インターネットへ送られることが多いため，これを遮断しようという仕組みが**OP25B**(Outbound Port 25 Blocking)です。OP25Bでは，ISPのメールサーバを経由せず直接，外部のメールサーバへ送信されるSMTP通信(25番ポート宛のメール)を遮断します。

OP25Bを導入した場合，ISPの会員はISPのメールサーバを経由したメールは送信できますが，インターネット接続だけの目的でISPを利用し，外部にある他のメールサーバを使ってメールを送信しようとすると，OP25BによりSMTPが遮断されメール送信ができないという不都合が生じます。そこで，OP25Bの影響を受けずに外部のメールサーバを使用したメール送信を可能にするのが**サブミッションポート**です。外部のメールサーバへは25番ポート以外のサブミッションポートを使ってメールを送信し，SMTP-AUTHで認証を経ればメール送信ができます。

10

セキュリティ

解答　問1：エ　問2：イ

電子メールのセキュリティⅡ

重要度
★★★

送信ドメイン認証(SPF，DKIM)は，午後試験でも問われます。それぞれの検証方法を確認しておきましょう。

問1

SPF(Sender Policy Framework)の仕組みはどれか。

ア　電子メールを受信するサーバが，電子メールに付与されているデジタル署名を使って，送信元ドメインの詐称がないことを確認する。

イ　電子メールを受信するサーバが，電子メールの送信元のドメイン情報と，電子メールを送信したサーバのIPアドレスから，ドメインの詐称がないことを確認する。

ウ　電子メールを送信するサーバが，電子メールの宛先のドメインや送信者のメールアドレスを問わず，全ての電子メールをアーカイブする。

エ　電子メールを送信するサーバが，電子メールの送信者の上司からの承認が得られるまで，一時的に電子メールの送信を保留する。

問2

高度

スパムメールの対策であるDKIM(DomainKeys Identified Mail)の説明はどれか。

ア　送信側メールサーバでデジタル署名を電子メールのヘッダに付与して，受信側メールサーバで検証する。

イ　送信側メールサーバで利用者が認証されたとき，電子メールの送信が許可される。

ウ　電子メールのヘッダや配送経路の情報から得られる送信元情報を用いて，メール送信元のIPアドレスを検証する。

エ　ネットワーク機器で，内部ネットワークから外部のメールサーバのTCPポート25番への直接の通信を禁止する。

問1 解説

SPF(Sender Policy Framework)は送信ドメイン認証技術の一つであり，受信した電子メールの送信元ドメインが詐称されていないことを検証する仕組みです。電子メールを受信したメールサーバが，メールの送信元IPアドレスを基に，それが正規のサーバから送信されているかどうかを次ページに示す手順によって検証します。イが正しい記述です。

　アはDKIM(問2の解説を参照)，ウはメールアーカイブシステム，エはメール誤送信防止システムがもつ送信保留機能の仕組みです。

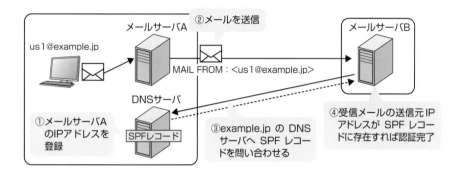

問2 解説

DKIM（DomainKeys Identified Mail）は，デジタル署名を利用した**送信ドメイン認証技術**です。送信側メールサーバは，あらかじめ公開鍵をDNSサーバに公開しておき，送信するメールのヘッダにデジタル署名を付与してから送信先メールサーバに配送します。受信側メールサーバは，送信ドメインのDNSサーバから公開鍵を入手し，署名の検証を行います。したがって，**ア**が正しい記述です。

イはSMTP-AUTH，**ウ**はSender ID（送信ドメイン認証技術の一つで，基本的な仕組みはSPFと同じ），**エ**はOP25Bの説明です。

参考 Check! DNSブラックリスト（DNSBL）も知っておこう！

DNSBL（DNS Blacklist又はDNS Blackhole List）は，スパムメールの送信元あるいは，それを中継するサーバのIPアドレスをまとめた，いわゆる"IPアドレスのブラックリスト"です。受信側のメールサーバがDNSプロトコルを使って参照し，スパムメールの判定を行います。試験ではDNSBLを問う問題はこれまで出題されていませんが，選択肢の中に現れることもあるので覚えておきましょう。

解答 問1：イ 問2：ア

10 ▸ 16 パスワードクラック

重要度 ★★★

ここでは，パスワードの不正取得や不正ログインに関する様々な攻撃手法を確認しておきましょう。

問1

パスワードクラック手法の一種である，レインボー攻撃に該当するものはどれか。

ア 何らかの方法で事前に利用者IDと平文のパスワードのリストを入手しておき，複数のシステム間で使い回されている利用者IDとパスワードの組みを狙って，ログインを試行する。

イ パスワードに成り得る文字列の全てを用いて，総当たりでログインを試行する。

ウ 平文のパスワードとハッシュ値をチェーンによって管理するテーブルを準備しておき，それを用いて，不正に入手したハッシュ値からパスワードを解読する。

エ 利用者の誕生日や電話番号などの個人情報を言葉巧みに聞き出して，パスワードを類推する。

問2

リバースブルートフォース攻撃に該当するものはどれか。

ア 攻撃者が何らかの方法で事前に入手した利用者IDとパスワードの組みのリストを使用して，ログインを試行する。

イ パスワードを一つ選び，利用者IDとして次々に文字列を用意して総当たりにログインを試行する。

ウ 利用者ID，及びその利用者IDと同一の文字列であるパスワードの組みを次々に生成してログインを試行する。

エ 利用者IDを一つ選び，パスワードとして次々に文字列を用意して総当たりにログインを試行する。

問3 高度

パスワードスプレー攻撃に該当するものはどれか。

ア 攻撃対象とする利用者IDを一つ定め，辞書及び人名リストに掲載されている単語及び人名並びにそれらの組合せを順にパスワードとして入力して，ログインを試行する。

イ 攻撃対象とする利用者IDを一つ定め，パスワードを総当たりして，ログインを試行する。

ウ 攻撃の時刻と攻撃元IPアドレスとを変え，かつ，アカウントロックを回避しながらよく用いられるパスワードを複数の利用者IDに同時に試し，ログインを試行する。

エ　不正に取得したある他のサイトの利用者IDとパスワードとの組みの一覧表を用いて，ログインを試行する。

問1　解説

　レインボー攻撃とは，想定され得るパスワードとそのハッシュ値の対応表(レインボーテーブルという)を事前に準備しておき，それを用いて不正に入手したハッシュ値からパスワードを効率的に割り出す手法のことです。**ウ**が該当します。

ア：**パスワードリスト攻撃**の説明です。パスワードリスト攻撃は，インターネットサービス利用者の多くが複数のサイトで同一の利用者IDとパスワードを使い回している状況に目をつけた攻撃です。脆弱性をもつサイトから何らかの方法で不正に入手した利用者IDとパスワードの一覧を用いて，他のサイトに対して不正ログインを試みます。

イ：**ブルートフォース攻撃**の説明です。ブルートフォース攻撃では，利用者IDを固定して，パスワードとして考えられるあらゆる文字列を力任せの総当たりで試します。**総当たり攻撃**ともいいます。

エ：ソーシャルエンジニアリングを使った**類推攻撃**の説明です。

問2　解説

　リバースブルートフォース攻撃はブルートフォース攻撃とは逆に，パスワードを固定して，利用者IDを次々に変えながら不正ログインを試みます。**イ**が該当します。

ア：パスワードリスト攻撃の説明です。

ウ：**ジョーアカウント攻撃**の説明です。ジョーアカウントとは，利用者IDとパスワードに同じ文字列が設定されているアカウントのことです。ジョーアカウント攻撃では，この状況に目をつけ，利用者IDとパスワードに同じ文字列を設定して次々にログインを試みます。

エ：ブルートフォース攻撃(総当たり攻撃)の説明です。

問3　解説

　パスワードスプレー攻撃は，一つのパスワードを複数の利用者IDに同時に試し，不成功ならパスワードを変えて同様な操作を繰返す手法です。攻撃の時間や攻撃元IPアドレスを変えることで攻撃の検知を回避したり，同じ利用者IDに対する連続したログイン施行を行わないことでアカウントロックを回避します。**ウ**が該当します。

　アは辞書攻撃，**イ**はブルートフォース攻撃(総当たり攻撃)，**エ**はパスワードリスト攻撃の説明です。

解答　問1：ウ　問2：イ　問3：ウ

マルウェア・不正プログラム I

重要度
★★☆

本テーマからの出題はそれほど多くありませんが，問1のC&Cサーバは，近年よく出題されています。

問1

ボットネットにおけるC&Cサーバの役割として，適切なものはどれか。

ア Webサイトのコンテンツをキャッシュし，本来のサーバに代わってコンテンツを利用者に配信することによって，ネットワークやサーバの負荷を軽減する。

イ 外部からインターネットを経由して社内ネットワークにアクセスする際に，CHAPなどのプロトコルを中継することによって，利用者認証時のパスワードの盗聴を防止する。

ウ 外部からインターネットを経由して社内ネットワークにアクセスする際に，時刻同期方式を採用したワンタイムパスワードを発行することによって，利用者認証時のパスワードの盗聴を防止する。

エ 侵入して乗っ取ったコンピュータに対して，他のコンピュータへの攻撃などの不正な操作をするよう，外部から命令を出したり応答を受け取ったりする。

問2

ポリモーフィック型マルウェアの説明として，適切なものはどれか。

ア インターネットを介して，攻撃者から遠隔操作される。

イ 感染ごとに自身のコードを異なる鍵で暗号化するなどの手法によって，過去に発見されたマルウェアのパターンでは検知されないようにする。

ウ 複数のOS上で利用できるプログラム言語で作成され，複数のOS上で動作する。

エ ルートキットを利用して自身を隠蔽し，マルウェア感染が起きていないように見せかける。

問1 解説

コンピュータの中に潜み，遠隔操作で攻撃者から指令を受けるとDoS攻撃や迷惑メールの送信などを一斉に行う不正プログラム（マルウェア）を**ボット**といいます。**ボットネット**とは，ボットに感染したコンピュータ群と，このコンピュータ群に対して攻撃活動及び情報収集を指示する**C&Cサーバ**（Command and Control server）で構成されるネットワークのことです。したがって，ボットネットにおけるC&Cサーバの役割は**エ**です。

ア：CDN(Content Delivery Network)の説明です。CDNでは，インターネット回線の負荷を軽減するように分散配置されたキャッシュサーバ(代理サーバ)が，オリジンサーバ(オリジナルのWebコンテンツが存在するサーバ)に代わってコンテンツを利用者に配信します。このため，動画や音声などの大容量のデータを効率的かつスピーディに配信することが可能です。

イ，**ウ**：認証サーバの役割です。なお，CHAPは，チャレンジレスポンス方式を採用した認証プロトコルです。チャレンジレスポンス方式及び時刻同期方式については「10-6 利用者認証技術・方式Ⅰ」の問1を参照。

問2 解説

ポリモーフィック(polymorphic)とは，"多様な形をもつ"という意味です。マルウェアの中には，自身の存在を隠すために自己暗号テクニックを使用して，自身をマルウェアではなく，ファイル内のデータのように見せかけるものもあります。**ポリモーフィック型マルウェア**はこの一種で，感染ごとに自身のコードを異なる鍵で暗号化することによって，パターンマッチングによる検知を回避します。**イ**が正しい記述です。

ア：ボットに関する記述です。

ウ：クロスプラットフォーム型マルウェアの説明です。マルチプラットホーム型マルウェアともいいます。

エ：ステルス型マルウェアの説明です。**ルートキット**(rootkit)とは，不正侵入したコンピュータ内で侵入の痕跡を隠蔽するなどの機能がパッケージ化された不正なプログラムやツールのことです。

参考 マルウェアとコンピュータウイルス

マルウェアは悪意をもった不正プログラムのことです。一般に，広義のコンピュータウイルスと同義で使われます。コンピュータウイルスとは，第三者のプログラムやデータベースに対して意図的に何らかの被害を及ぼすように作られたプログラムです。"コンピュータウイルス対策基準"では，次の機能を一つ以上有するものをコンピュータウイルスと定義しています。

自己伝染機能	自らの機能によって他のプログラムに自らをコピーし又はシステム機能を利用して自らを他のシステムにコピーすることにより，他のシステムに伝染する機能
潜伏機能	発病するための特定時刻，一定時間，処理回数等の条件を記憶させて，発病するまで症状を出さない機能
発病機能	プログラム，データ等のファイルの破壊を行ったり，設計者の意図しない動作をする等の機能

10

セキュリティ

解答 問1:エ 問2:イ

マルウェア・不正プログラムⅡ

重要度 ★★☆

ここでは，マルウェアの検出手法及び情報セキュリティにおけるサンドボックスの役割を押さえましょう。

問1

マルウェアの検出手法であるビヘイビア法を説明したものはどれか。

ア あらかじめ特徴的なコードをパターンとして登録したマルウェア定義ファイルを用いてマルウェア検査対象と比較し，同じパターンがあればマルウェアとして検出する。

イ マルウェアに感染していないことを保証する情報をあらかじめ検査対象に付加しておき，検査時に不整合があればマルウェアとして検出する。

ウ マルウェアへの感染が疑わしい検査対象のハッシュ値と，安全な場所に保管されている原本のハッシュ値を比較し，マルウェアを検出する。

エ マルウェアへの感染によって生じるデータの読込みの動作，書込みの動作，通信などを監視して，マルウェアを検出する。

問2

情報セキュリティにおけるサンドボックスの説明はどれか。

ア OS，DBMS，アプリケーションソフトウェア，ネットワーク機器など多様なソフトウェアや機器が出力する大量のログデータを分析する。

イ Webアプリケーションの入力フォームへの入力データに含まれるHTMLタグ，JavaScript，SQL文などを他の文字列に置き換えることによって，入力データ中に含まれる悪意のあるプログラムの実行を防ぐ。

ウ Webサーバの前段に設置し，不特定多数のPCから特定のWebサーバへのリクエストに代理応答する。

エ 不正な動作の可能性があるプログラムを特別な領域で動作させることによって，他の領域に悪影響が及ぶのを防ぐ。

問1 解説

　ビヘイビア法は振舞い監視法とも呼ばれる，マルウェアの動作に着目した検出手法です。検査対象プログラムを仮想環境内（**サンドボックス**など）で動作させて，マルウェアへの感染によって生じる不正な行動（データの読み書き動作の異常や通信量の異常増加など）を監視することでマルウェアを検出します。**エ**が正しい記述です。

なお，ビヘイビア法と同様，動作を監視することによってマルウェアを検知する手法には，ヒューリスティック法という手法もあります。**ヒューリスティック法**では，あらかじめマルウェア特有の動作パターンを登録しておき，その動作パターンに一致する挙動を検出します。

ア：**パターンマッチング**と呼ばれる既存マルウェアの検知手法の説明です。

イ：**チェックサム法**，あるいは**インテグリティチェック法**とも呼ばれる検知手法の説明です。検査対象に付加する，マルウェアに感染していないことを保証する情報には，チェックサムやハッシュ値，デジタル署名などが用いられます。

ウ：**コンペア法**(比較法)と呼ばれる検知手法の説明です。ハッシュ値ではなく，ファイルそのものを比較する方法もあります。

問2 **解説**

　サンドボックスは"砂場"という意味ですが，情報セキュリティにおける**サンドボックス**は，"周囲から隔離された安全な空間"，つまりプログラムの影響がシステム全体に及ばないよう保護された特別な空間(領域)のことです。サンドボックスでプログラムを実行すれば，たとえ不正な動作を行うプログラムであったとしても，他の領域や別のプログラムには影響を与えずに振舞いを確認できます。**エ**が正しい記述です。

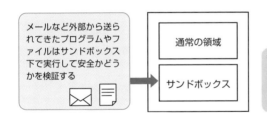

メールなど外部から送られてきたプログラムやファイルはサンドボックス下で実行して安全かどうかを検証する

通常の領域

サンドボックス

＊マルウェアの中にはサンドボックス下で実行されているかどうかを検知できるものもあり，これらのマルウェアは，マルウェアとしての振舞いを一時的に止めてしまうため検出は困難。

ア：SIEM(Security Information and Event Management)に関する説明です。SIEMについては，「10-8 ファイアウォール」の「参考」を参照。

イ：エスケープ処理の説明です。エスケープ処理については，「10-22 攻撃・不正行為Ⅳ」の「参考」を参照。

ウ：**リバースプロキシ**の説明です。リバースプロキシは，Webサーバを使ったシステムにおいて，インターネットから受け取ったリクエストをWebサーバに中継するサーバです。これに対して，内部ネットワーク内の端末(Webブラウザ)からのリクエストをインターネット上のWebサーバへ代理中継するサーバを**プロキシ**といいます。プロキシは，リバースプロキシの対義語として**フォワードプロキシ**とも呼ばれます。

解答 問1：エ　問2：エ

攻撃・不正行為 I

重要度
★★★

攻撃・不正行為に関しては毎回出題されます。次節以降も併せ，掲載されている用語は全て押さえましょう。

問1

ゼロデイ攻撃の特徴はどれか。

ア セキュリティパッチが提供される前にパッチが対象とする脆弱性を攻撃する。

イ 特定のサイトに対し，日時を決めて，複数台のPCから同時に攻撃する。

ウ 特定のWebターゲットに対し，フィッシングメールを送信して不正サイトへ誘導する。

エ 不正中継が可能なメールサーバを見つけた後，それを踏み台にチェーンメールを大量に送信する。

問2

攻撃者が行うフットプリンティングに該当するものはどれか。

ア Webサイトのページを改ざんすることによって，そのWebサイトから社会的・政治的な主張を発信する。

イ 攻撃前に，攻撃対象となるPC，サーバ及びネットワークについての情報を得る。

ウ 攻撃前に，攻撃に使用するPCのメモリを増設することによって，効率的に攻撃できるようにする。

エ システムログに偽の痕跡を加えることによって，攻撃後に追跡を逃れる。

問3

攻撃者がシステムに侵入するときにポートスキャンを行う目的はどれか。

ア 事前調査の段階で，攻撃できそうなサービスがあるかどうかを調査する。

イ 権限取得の段階で，権限を奪取できそうなアカウントがあるかどうかを調査する。

ウ 不正実行の段階で，攻撃者にとって有益な利用者情報があるかどうかを調査する。

エ 後処理の段階で，システムログに攻撃の痕跡が残っていないかどうかを調査する。

問1 　解説

ゼロデイ攻撃とは，ソフトウェアに脆弱性が存在することが判明したとき，そのソフト

ウェアの修正プログラム(セキュリティパッチ)がベンダーから提供される前に，判明した脆弱性を利用して行われる攻撃のことです。**ア**が正しい記述です。

イはDDoS攻撃，**ウ**はフィッシング(スピアフィッシング)，**エ**はスパムメール(迷惑メール)に関する記述です。

問2　解説

攻撃者が行う**フットプリンティング**とは，攻撃に先立ち，攻撃対象のコンピュータシステムや組織に関する情報を収集する行為のことです。**イ**が正しい記述です。

ア：社会的・政治的な目的をもって攻撃を行うハクティビストによるハッキング行為の説明です。

ウ：攻撃に使用するPCのメモリを増設することにより効率的な攻撃が可能になるとは思いますが，この行為は，攻撃に先だって行われる情報収集には該当しません。

エ：ルートキット(rootkit)の機能に関する記述です。

問3　解説

ポートスキャンとは，対象サーバの侵入口となる(アクセス可能な)通信ポートを探し出す行為のことです。攻撃者は，攻撃の事前準備として，ポートスキャンを行い，「外部から対象サーバへアクセスが可能か?」，「脆弱性のあるサービスが動いていないか?」を調べます。したがって，**ア**が正しい記述です。なお，ポートスキャンは，対象サーバの脆弱性を検査する目的でも実施されます。

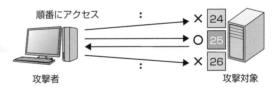

25番ポートが開いているので，「メールサーバが稼働していて，SMTP通信が可能な状態」と判断できる

順番にアクセス　　攻撃者　　攻撃対象

× 24　〇 25　× 26

参考　主なポートスキャン　Check!

TCP スキャン	3ウェイハンドシェイクを行う。確立すれば，そのポートで通信が成立すると判断する。**TCPフルコネクトスキャン**ともいう
SYN スキャン	3ウェイハンドシェイクの最初のSYNだけを送信する。SYN/ACKが返ってくればポートが開いている，RST/ACKなら閉じていると判断する
FIN スキャン	TCPの接続完了を意味するFINを送信し，RSTが返ってくるか否かでポート開閉の判断やOSの種類の推測を行う
UDP スキャン	UDPパケットを送る。ICMPの"Port Unreachable"メッセージが返ってくれば，ポートが閉じている，何も返ってこなければ開いている可能性があると判断する

解答　問1:ア　問2:イ　問3:ア

攻撃・不正行為 II

重要度
★★★

攻撃・不正行為に関しては毎回出題されます。前節同様,掲載されている用語は全て押さえましょう。

問1

オープンリダイレクトを悪用した攻撃に該当するものはどれか。

ア HTMLメールのリンクを悪用し,HTMLメールに,正規のWebサイトとは異なる偽のWebサイトのURLをリンク先に指定し,利用者がリンクをクリックすることによって,偽のWebサイトに誘導する。

イ Webサイトにアクセスすると自動的に他のWebサイトに遷移する機能を悪用し,攻撃者が指定した偽のWebサイトに誘導する。

ウ インターネット上の不特定多数のホストからDNSリクエストを受け付けて応答するDNSキャッシュサーバを悪用し,攻撃対象のWebサーバに大量のDNSのレスポンスを送り付け,リソースを枯渇させる。

エ 設定の不備によって,正規の利用者以外からの電子メールやWebサイトへのアクセス要求を受け付けるプロキシを悪用し,送信元を偽った迷惑メールの送信を行う。

問2

SEOポイズニングの説明はどれか。

ア Web検索サイトの順位付けアルゴリズムを悪用して,検索結果の上位に,悪意のあるWebサイトを意図的に表示させる。

イ 車などで移動しながら,無線LANのアクセスポイントを探し出して,ネットワークに不正侵入する。

ウ ネットワークを流れるパケットから,侵入のパターンに合致するものを検出して,管理者への通知や,検出した内容の記録を行う。

エ マルウェア対策ソフトのセキュリティ上の脆弱性を悪用して,システム権限で不正な処理を実行させる。

問1 解説

Webサイトへのアクセスを,自動的にWebアプリケーション内の他ページや外部のWebサイトに遷移させる機能を**リダイレクト**といいます。**オープンリダイレクト**とは,外部から指定されたURLパラメータなどに基づいてリダイレクト先を指定する処理のことです。

この処理に不備があり，指定されたURLに何ら制限をかけていなければ意図しない（すなわち，攻撃者が用意した）外部のリダイレクト先が指定可能になってしまいます。これを**オープンリダイレクト脆弱性**といいます。攻撃者はこの脆弱性を利用します。

　例えば，WebサイトAにオープンリダイレクト脆弱性がある場合，攻撃者は，攻撃対象の利用者に，下記のURLを記載したメールを送り付けます。

WebサイトA　　　　　　　　攻撃者が用意したサイト
↓　　　　　　　　　　　　　↓
https://www.a.com/?redirect_url=http://www.akui.com

　利用者がこのURLをクリックすれば，利用者をWebサイトAにアクセスさせた後，攻撃者が用意した悪意あるサイトにリダイレクトさせることができます。

　以上，**イ**がオープンリダイレクトを悪用した攻撃です。なお，この問題は，ホワイトリスト方式によるリダイレクト機能を採用し，リダイレクトを許可するURLだけをホワイトリストに指定すれば防止できます。

ア：フィッシングメール攻撃に該当します。

ウ：DNSリフレクション攻撃（「10-21 攻撃・不正行為Ⅲ」の問2を参照）に該当します。

エ：オープンプロキシを悪用した不正中継や踏み台攻撃に該当します。**オープンプロキシ**とは，インターネット上に公開されていて，あらゆる利用者からのアクセス要求を中継する公開プロキシサーバのことです。

問2　解説

　SEOポイズニングとは，検索結果の上位に，自分のサイトを意図的に表示させ，あらかじめ用意しておいた不正なサイトに誘導する行為です。**ア**が正しい記述です。

イ：ウォードライビング（wardriving）の説明です。

ウ：シグネチャ方式の**ネットワーク型IDS**の説明です。

エ：システム権限で不正な処理を実行させるのは，**権限昇格攻撃**と呼ばれる攻撃です。

参考　シグネチャ方式とアノマリー方式 Check!

　シグネチャ方式とは，シグネチャと呼ばれるデータベース化された既知の攻撃パターンと通信パケットとのパターンマッチングによって不正なパケットを調べる方式です。この方式では，シグネチャに登録されていない新種の攻撃は検出できません。一方，**アノマリー方式**とは，正常なパターンを定義し，それに反するものを全て異常だと見なす方式です。未知の攻撃にも有効に機能し，新種の攻撃も検出できます。

　なお，いずれの方式においても「全て完璧」とはいきません。正常なものを不正だと誤認識してしまう**フォールスポジティブ**（False Positive：**誤検知**）や，不正なものを正常だと判断してしまう**フォールスネガティブ**（False Negative：**検知漏れ**）といった問題が起こり得ます。

解答　問1：イ　問2：ア

攻撃・不正行為Ⅲ

重要度 ★★★　攻撃・不正行為に関しては毎回出題されます。前節同様，掲載されている用語は全て押さえましょう。

問1

DNSキャッシュポイズニングに分類される攻撃内容はどれか。

ア DNSサーバのソフトのバージョン情報を入手して，DNSサーバのセキュリティホールを特定する。

イ PCが参照するDNSサーバに偽のドメイン情報を注入して，偽装されたサーバにPCの利用者を誘導する。

ウ 攻撃対象のサービスを妨害するために，攻撃者がDNSサーバを踏み台に利用して再帰的な問合せを大量に行う。

エ 内部情報を入手するために，DNSサーバが保存するゾーン情報をまとめて転送させる。

問2

高度

リフレクタ攻撃に悪用されることの多いサービスの例はどれか。

ア DKIM, DNSSEC, SPF

イ DNS, Memcached, NTP

ウ FTP, L2TP, Telnet

エ IPsec, SSL, TLS

問1 解説

　DNSキャッシュポイズニングは，DNS問合せに対して，本物のコンテンツサーバの回答よりも先に偽の回答を送り込み，DNSキャッシュサーバに偽の情報を覚え込ませるというDNS応答のなりすまし攻撃です。攻撃が成功すると，DNSキャッシュサーバは偽の情報を提供してしまうため，利用者は偽装されたサーバに誘導されてしまいます。**イ**がDNSキャッシュポイズニングに分類される攻撃です。

　なお，この攻撃に対する対策としては，DNS応答にデジタル署名を付与しDNS応答の正当性を確認する**DNSSEC**(DNS Security Extensions)の導入や，DNSの問合せIDや問合せの際に使用するUDPポート番号のランダム化などがあります。

ア：フットプリンティングに関する説明です。

ウ：DNSリフレクション攻撃に関する説明です(問2を参照)。

エ：ゾーン転送を悪用した攻撃の説明です。DNSサーバは通常，ゾーン情報のマスタを管理するプライマリサーバと，冗長化のために設置されるセカンダリサーバの2台で

構成されます。ゾーン情報の設定はプライマリサーバで行い，プライマリサーバから
セカンダリサーバへゾーン情報を複写して運用します。この複写のための仕組み(す
なわち，DNSサーバがもつゾーン情報を他のDNSサーバに転送する仕組み)を**ゾーン
転送**といい，第三者がセカンダリサーバを装ってゾーン転送を行わせることでドメイ
ン内にあるサーバの名前やIPアドレスなどが漏えいしてしまいます。対策としては，
ゾーン転送を許可するIPアドレスを限定することが有効です。

問2　解説

　リフレクタ攻撃(リフレクション攻撃)とは，送信元からの問合せに対して反射的に応答
を返すサーバを踏み台に利用した攻撃のことです。代表的なものに，**DNSリフレクショ
ン攻撃**があります。この攻撃では，送信元IPアドレスを標的サーバのIPアドレスに偽装し
たDNS問合せを，ボットネットなどからDNSサーバ(オープンリゾルバ)に送ることによ
って，標的サーバに大量のDNS応答を送り付けます。また，DNSリフレクション攻撃の
中には，踏み台とするDNSサーバにデータサイズの大きな偽のリソースレコードを事前
に覚え込ませておき，DNS問合せの何十倍，何百倍もの大きなサイズのDNS応答を標的
サーバに送り付ける攻撃(**DNS amp攻撃**という)もあります(下図を参照)。

　そのほか，NTPサーバを踏み台に利用した**NTP増幅攻撃**(下記「補足」を参照)や，オー
プンソースのメモリキャッシュシステムMemcachedを踏み台に利用した大規模なDDoS攻
撃もリフレクション攻撃の一種です。攻撃者は，DNSのUDP53番ポートをはじめ，NTP
で利用するUDP123番ポートや，Memcachedで使用するUDP11211番ポートなど，リフレ
クション攻撃に悪用できるUDPポートを探し出し攻撃を仕掛けてきます。以上，**イ**が正
解です。

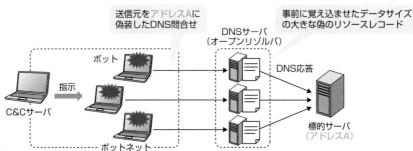

送信元をアドレスAに
偽装したDNS問合せ

事前に覚え込ませたデータサイズ
の大きな偽のリソースレコード

DNSサーバ
(オープンリゾルバ)

ボット

指示

DNS応答

C&Cサーバ

ボットネット

標的サーバ
(アドレスA)

＊オープンリゾルバ：外部の不特定多数からの再帰的な問い合わせを許可しているDNSサーバ
　のこと。DNSリフレクション攻撃では，オープンリゾルバが悪用される。

Check!

補足　**NTP増幅攻撃**は，時刻同期に使われるNTP(Network Time Protocol)の弱点を突いた攻撃です。インタ
　ーネット上からの問い合わせが可能なNTPサーバが攻撃の踏み台として悪用されます。この攻撃では，送信
　元を攻撃対象に偽装したmonlist(状態確認)要求をNTPサーバに送り，NTPサーバから非常に大きなサイズ
　の応答を攻撃対象に送らせます。対策としては，NTPサーバのmonlist機能を無効にすることが有効です。
　試験で問われることがあるので覚えておきましょう。

解答　問1：イ　問2：イ

10

セキュリティ

攻撃・不正行為Ⅳ

重要度
★★★

攻撃・不正行為に関しては毎回出題されます。前節同様，掲載されている用語は全て押さえましょう。

問1

SQLインジェクションの説明はどれか。

ア　Webアプリケーションに悪意のある入力データを与えてデータベースの問合せや操作を行う命令文を組み立てて，データを改ざんしたり不正に情報取得したりする攻撃

イ　悪意のあるスクリプトが埋め込まれたWebページを訪問者に閲覧させて，別のWebサイトで，その訪問者が意図しない操作を行わせる攻撃

ウ　市販されているデータベース管理システムの脆弱性を利用して，宿主となるデータベースサーバを探して自己伝染を繰り返し，インターネットのトラフィックを急増させる攻撃

エ　訪問者の入力データをそのまま画面に表示するWebサイトに対して，悪意のあるスクリプトを埋め込んだ入力データを送り，訪問者のブラウザで実行させる攻撃

問2

Webアプリケーションにおけるセキュリティ上の脅威と対策の適切な組合せはどれか。

ア　OSコマンドインジェクションを防ぐために，Webアプリケーションが発行するセッションIDを推測困難なものにする。

イ　SQLインジェクションを防ぐために，Webアプリケーション内でデータベースへの問合せを作成する際にバインド機構を使用する。

ウ　クロスサイトスクリプティングを防ぐために，外部から渡す入力データをWebサーバ内のファイル名として直接指定しない。

エ　セッションハイジャックを防ぐために，Webアプリケーションからシェルを起動できないようにする。

問1 　解説

SQLインジェクションとは，データベースと連動したWebアプリケーションにおいて，入力された値(パラメータ)を使ってSQL文を組み立てる場合，そのパラメータに悪意のある入力データを与えることによって，データベースの不正操作が可能となってしまう問題，あるいはそれを利用した攻撃のことです(次ページの図を参照)。ア が正しい記述です。

イ はクロスサイトリクエストフォージェリ(Cross Site Request Forgeries：CSRF,

XSRF)，**ウ**はSQL Slammer(ワームの一種)，**エ**はクロスサイトスクリプティング(Cross Site Scripting：XSS)の説明です。

　SQLインジェクション対策としては，入力値のチェック，**サニタイジング**，バインド機構の利用が有効です。**バインド機構**とは，プレースホルダを使ったSQL文(**プリペアードステートメント**)を，あらかじめデータベース内に準備しておき，実行の際に入力値をプレースホルダに埋め込んで実行する機能のことです。

　下図左の例では，入力されたクラス($class)と学生番号($no)をそのままSQL文中に展開するため，組み立てられたSQL文を実行すると"学生"表の全レコードが削除されてしまいます。これを防ぐためには，まず下図右下のSQL文(プリペアードステートメント)を準備します。そして，クラス($class)と学生番号($no)が入力されたら，その値を送ってSQL文の実行を指示します。これにより入力値は単なる文字列として扱われるので"学生"表が削除されることはありません。

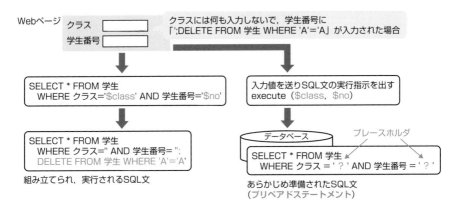

以上，**イ**が正しい記述です。**ア**はセッションハイジャック，**ウ**はディレクトリトラバーサル攻撃，**エ**はOSコマンドインジェクションを防ぐための対策です。

参考　サニタイジング　Check!

　サニタイジングは，"無害化，無効化"という意味です。入力された文字列をチェックして，データベースへの問合せや操作において特別な意味をもつ記号文字(「'」や「;」など)を取り除いたり，あるいは他の文字に置き換える処理(**エスケープ処理**)を施して普通の文字として解釈されるようにします。サニタイジングは，ディレクトリトラバーサルやクロスサイトスクリプティングにも有効です。

解答　問1：ア　問2：イ

10
セキュリティ

10▶23 攻撃・不正行為V

重要度 ★★★ 攻撃・不正行為に関しては毎回出題されます。前節同様，掲載されている用語は全て押さえましょう。

問1

サイドチャネル攻撃に該当するものはどれか。

ア 暗号アルゴリズムを実装した攻撃対象の物理デバイスから得られる物理量(処理時間，消費電流など)やエラーメッセージから，攻撃対象の秘密情報を得る。

イ 企業などの秘密情報を不正に取得するソーシャルエンジニアリングの手法の一つであり，不用意に捨てられた秘密情報の印刷物をオフィスの紙ごみの中から探し出す。

ウ 通信を行う2者間に割り込み，両者が交換する情報を自分のものとすり替えることによって，その後の通信を気付かれることなく盗聴する。

エ データベースを利用するWebサイトに入力パラメータとしてSQL文の断片を送信することによって，データベースを改ざんする。

問2
高度

サイドチャネル攻撃の手法であるタイミング攻撃の対策として，最も適切なものはどれか。

ア 演算アルゴリズムに対策を施して，機密情報の違いによって演算の処理時間に差異が出ないようにする。

イ 故障を検出する機構を設けて，検出したら機密情報を破棄する。

ウ コンデンサを挿入して，電力消費量が時間的に均一となるようにする。

エ 保護層を備えて，内部のデータが不正に書き換えられないようにする。

問1 解説

　サイドチャネル攻撃とは，暗号アルゴリズムを実装した物理デバイス(すなわち，暗号装置)から得られる物理量(処理時間，消費電流など)やエラーメッセージから，機密情報を推定するというものです。具体的な攻撃方法には，次のものがあります。

・**テンペスト攻撃**(電磁波解析攻撃)：暗号装置からの漏洩電磁波を傍受し，それを解析することによって暗号化処理中のデータや暗号化鍵などを推定する。

・**フォールト攻撃**(故障利用攻撃)：暗号装置の内部状態を不正電圧や不正電流などにより不正に変化させてエラーを発生させ，その際出力されるデータから機密情報を推定する。

・**タイミング攻撃**：問2を参照。

以上，**ア**がサイドチャネル攻撃の説明です。**イ**はダンプスターダイビング（スキャベンジング），**ウ**は中間者攻撃（Man-in-the-middle攻撃），**エ**はSQLインジェクション攻撃の説明です。

タイミング攻撃とは，暗号化処理にかかる時間差を計測・解析して機密情報を推定する攻撃のことです。例えば，ビットの値が1なら処理を行い，0なら処理をスキップしたり，あるいは分岐して別の処理を行っている場合，データ内容によって処理時間が異なってきます。タイミング攻撃では，実装アルゴリズム中の，このような処理時間の差を生じる部分に着目して機密情報を推定します。したがって，対策としては，演算アルゴリズムに何らかの対策を施して，データ内容の違いによって処理時間に差が出ないようにするのが有効です。したがって，**ア**が適切な記述です。

イはフォールト攻撃（故障利用攻撃）の対策，**ウ**は電力解析攻撃の対策，**エ**は内部データを不正に書き換えるといった攻撃の対策です。

参考　チェックしておきたい攻撃・不正行為 Check!

10

セキュリティ

OSコマンドインジェクション	Webアプリケーションの脆弱性を悪用した攻撃。Webページ上で入力した文字列がPerlのsystem関数やPHPのexec関数などに渡されることを利用し，不正にシェルスクリプトを実行させる
クリックジャッキング攻撃	Webページの上に，リンクやボタンを配置した透明なページをiframeタグを使って重ね合わせ，利用者を視覚的に騙して特定の操作をするように誘導する。iframeは，指定したURLのページ内容を現在表示しているページの一部分であるかのように表示できるタグ。対策としては，HTTPレスポンスヘッダに「X-Frame-Options: DENY（表示禁止）」などを設定しフレーム内の表示を制限する
クリプトジャッキング	PCにマルウェアを感染させ，そのPCのCPUなどが有する処理能力を不正に利用する。攻撃を受けたPCは，暗号資産（仮想通貨）を入手するためのマイニングなどに不正利用される
標的型攻撃	特定の組織や個人に対して行われる攻撃。なかでも，標的に対してカスタマイズされた手段で，密かにかつ執拗に行われる継続的な攻撃を**APT**（Advanced Presistent Threat）という
水飲み場型攻撃	標的が頻繁に利用するWebサイトに罠を仕掛けて，アクセスしたときだけ攻撃コードを実行させるといった攻撃
ドライブバイダウンロード攻撃	利用者がWebサイトを閲覧したとき，利用者に気付かれないように，利用者のPCに不正プログラムを転送させる
RLTrap	Unicodeの制御文字**RLO**（Right-to-Left Override）を悪用してファイル名を偽装する不正プログラム。RLOは，文字の並び順を変えるというもので，例えば，ファイル名「cod.exe」の先頭「c」の前にRLOを挿入すると（RLO自体は見えない），見た目が「exe.doc」に変わる

解答 問1：ア　問2：ア

攻撃の行動・行為

重要度
★★★

近年，攻撃行動や攻撃者の行為に関する出題が増えています。掲載されている用語は全て押さえましょう。

問1

サイバーキルチェーンの偵察段階に関する記述として，適切なものはどれか。

ア 攻撃対象企業の公開Webサイトの脆弱性を悪用してネットワークに侵入を試みる。

イ 攻撃対象企業の社員に標的型攻撃メールを送ってPCをマルウェアに感染させ，PC内の個人情報を入手する。

ウ 攻撃対象企業の社員のSNS上の経歴，肩書などを足がかりに，関連する組織や人物の情報を洗い出す。

エ サイバーキルチェーンの2番目の段階をいい，攻撃対象に特化したPDFやドキュメントファイルにマルウェアを仕込む。

問2

高度

スクリプトキディの典型的な行為に該当するものはどれか。

ア PCの利用者がWebサイトにアクセスし，利用者IDとパスワードを入力するところを後ろから盗み見して，メモをとる。

イ 技術不足なので新しい攻撃手法を考え出すことはできないが，公開された方法に従って不正アクセスを行う。

ウ 顧客になりすまして電話でシステム管理者にパスワードの再発行を依頼し，新しいパスワードを聞き出すための台本を作成する。

エ スクリプト言語を利用してプログラムを作成し，広告や勧誘などの迷惑メールを不特定多数に送信する。

問1 解説

サイバーキルチェーンとは，サイバー攻撃における攻撃者の行動(すなわち，攻撃手順)をモデル化したものです。攻撃者の行動は，「準備(事前調査) → 攻撃(脆弱性につけ込む) → 目的実行」の3段階に大別できますが，これをさらに細分して「偵察 → 武器化 → 配送 → 攻撃 → インストール → 遠隔操作 → 目的実行」の7段階にしたモデルがサイバーキルチェーンです(次ページを参照)。選択肢の中で偵察段階に該当するものは**ウ**です。**ア**は配送段階，**イ**は配送段階〜目的実行段階，**エ**は武装化段階に該当します。

偵察	標的企業の事情調査(情報収集)を行う
武器化	攻撃コード(エクスプロイトコード)やマルウェアを作成する
配送	メールやWebを介して攻撃コードやマルウェアを送り込む
攻撃	攻撃コードやマルウェアを実行させる
インストール	マルウェアに感染させる
遠隔操作	C&Cサーバに接続させ，標的を遠隔操作する
目的実行	情報の盗み出しなどの目的を実行する

補足 **エクスプロイトコード**とはセキュリティ上の脆弱性を検証するための実証用コード，あるいは，その脆弱性を悪用して作成された攻撃用のプログラムのことです。複数のエクスプロイトコードをまとめたものを，**エクスプロイトキット**といいます。

問2 解説

スクリプトキディとは，インターネット上に公開されている悪意のあるプログラムやスクリプトを利用して興味本位の不正アクセスを試みたり，第三者に被害を与えたりする“レベルの低い”クラッカーの俗称です。**イ**がスクリプトキディの典型的な行為です。

ア，**ウ**：**ソーシャルエンジニアリング**に該当する行為です。ソーシャルエンジニアリングとは，盗み聞き，盗み見，話術といった非電子的な方法によって，機密情報を不正に入手する手法のことです。次のような手法があります。

- 利用者の肩越しにパスワード入力を盗み見る(**ショルダーハッキング**又は**ショルダーサーフィン**という)。**ア**の行為が該当。
- 緊急事態だと偽って，パスワードや機密情報を聞き出す。
- プログラム実行後のコンピュータの内部や，周囲に残っている情報(例えば，不用意に捨てられたゴミ箱の中のメモ用紙など)を漁り，重要情報を入手する(**ダンプスターダイビング**又は**スキャベンジング**という)。

エ：スクリプトキディは自分でプログラムを作成する知識・技術がないため，他の人が作成したものを使います。

Check!

参考 チェックしておきたい関連用語

- **不正のトライアングル**：人が不正行為をしてしまう仕組みを理論化したもの。この理論によれば，企業・組織で内部不正などが発生するときには，「機会，動機，正当化(不正行為を自ら納得させるための自分勝手な理由付け)」の三つ全てが揃って存在するとしている。
- **シャドーIT**：企業・組織のIT部門(情報システム部門)の公式な許可を得ずに，従業員又は部門が勝手に利用しているIT機器やITサービスのこと。
- **デジタルフォレンジックス**：不正アクセスなどコンピュータに関する犯罪が起きた際，その法的な証拠性を明らかにするための証拠となり得る情報(データ)を収集し，検査・分析，保全する手段や技術のこと。

解答 問1:ウ　問2:イ

重要度
★☆☆

問1は定期的に出題されています。また問3はリスクマネジメントの基本事項です。押さえておきましょう。

問1

JIS Q 27000:2019(情報セキュリティマネジメントシステム—用語)では，情報セキュリティは主に三つの特性を維持することとされている。それらのうちの二つは機密性と完全性である。残りの一つはどれか。

ア 可用性   **イ** 効率性   **ウ** 保守性   **エ** 有効性

問2

JIS Q 27000:2019(情報セキュリティマネジメントシステム—用語)における"リスクレベル"の定義はどれか。

ア 脅威によって付け込まれる可能性のある，資産又は管理策の弱点
イ 結果とその起こりやすさの組合せとして表現される，リスクの大きさ
ウ 対応すべきリスクに付与する優先順位
エ リスクの重大性を評価するために目安とする条件

問3

JIS Q 31000:2019(リスクマネジメント—指針)におけるリスクアセスメントを構成するプロセスの組合せはどれか。

ア リスク特定，リスク評価，リスク受容   **イ** リスク特定，リスク分析，リスク評価
ウ リスク分析，リスク対応，リスク受容   **エ** リスク分析，リスク評価，リスク対応

問1 解説

JIS Q 27000:2019は，2018年に第5版として発行されたISO/IEC 27000を基に，用語及び定義について技術的内容や構成を変更することなく作成された日本産業規格(JIS規格)です。JIS Q 27000:2019では，情報セキュリティを「情報の機密性，完全性及び可用性を維持すること」と定義しています。

また，各特性(機密性，完全性，可用性)については，次のように定義しています。

機密性(confidentiality)	認可されていない個人，エンティティ又はプロセスに対して，情報を使用させず，また，開示しない特性
完全性(integrity)	正確さ及び完全さの特性
可用性(availability)	認可されたエンティティが要求したときに，アクセス及び使用が可能である特性

補足 エンティティは"実体"，"主体"などともいい，情報セキュリティにおいては「情報を使用する組織及び人，情報を扱う設備，ソフトウェア及び物理的媒体など」を意味します。

問2 解説

JIS Q 27000:2019では，リスクレベルを「結果とその起こりやすさの組合せとして表現される，リスクの大きさ」と定義しています。"結果"とは，目的に影響を与える事象の結末を意味します。

アは"脆弱性"，エは"リスク基準"の定義です。なお，ウに該当する用語定義はありません。

問3 解説

JIS Q 31000:2019は，組織が直面するリスクのマネジメントを行うことに関して，適用可能な指針を示したものです。あらゆる種類のリスクのマネジメントを行うための，共通の取組み方が提供されています。**リスクアセスメント**については箇条6の4に，「リスクアセスメントとは，リスク特定，リスク分析及びリスク評価を網羅するプロセス全体を指す」と記されています。したがって，イが正しい組合せです。

適用範囲，リスク基準	リスク基準では，目的に照らして，取ってもよいリスク又は取ってはならないリスクの大きさ及び種類を規定する。なお，リスク基準は動的であるため，継続的にレビューを行い，必要に応じて修正する

↓

リスクアセスメント	
リスク特定	組織の目的の達成を助ける又は妨害する可能性のあるリスクを発見し，認識し，記述する
リスク分析	必要に応じてリスクのレベルを含め，リスクの性質及び特徴を理解する
リスク評価	リスク分析の結果と確立されたリスク基準との比較を行い，各リスクに対して対応の要否（下記事項）を決定する ・更なる活動は行わない ・リスク対応の選択肢を検討する ・リスクをより深く理解するために，更なる分析に着手する ・既存の管理策を維持する ・目的を再考する

↓

リスク対応

解答 問1：ア 問2：イ 問3：イ

問1

基本評価基準，現状評価基準，環境評価基準の三つの基準で情報システムの脆弱性の深刻度を評価するものはどれか。

ア CVSS **イ** ISMS **ウ** PCI DSS **エ** PMS

問2

"政府情報システムのためのセキュリティ評価制度（ISMAP）"の説明はどれか。

ア 個人情報の取扱いについて政府が求める保護措置を講じる体制を整備している事業者などを評価して，適合を示すマークを付与し，個人情報を取り扱う政府情報システムの運用について，当該マークを付与された者への委託を認める制度

イ 個人データを海外に移転する際に，移転先の国の政府が定めた情報システムのセキュリティ基準を評価して，日本が求めるセキュリティ水準が確保されている場合には，本人の同意なく移転できるとする制度

ウ 政府が求めるセキュリティ要求を満たしているクラウドサービスをあらかじめ評価，登録することによって，政府のクラウドサービス調達におけるセキュリティ水準の確保を図る制度

エ プライベートクラウドの情報セキュリティ全般に関するマネジメントシステムの規格にパブリッククラウドサービスに特化した管理策を追加した国際規格を基準にして，政府情報システムにおける情報セキュリティ管理体制を評価する制度

問3

マイクロプロセッサの耐タンパ性を向上させる手法として，適切なものはどれか。

ア ESD(Electrostatic Discharge)に対する耐性を強化する。

イ チップ検査終了後に検査用パッドを残しておく。

ウ チップ内部を物理的に解析しようとすると，内部回路が破壊されるようにする。

エ 内部メモリの物理アドレスを整然と配置する。

　問題文に示された三つの基準で情報システムの脆弱性の深刻度を評価するものは，CVSS（Common Vulnerability Scoring System：共通脆弱性評価システム）です。CVSSはオープンで汎用的な評価手法であり，特定のベンダーに依存しない共通の評価方法を提供しています。このため，脆弱性の深刻度を同一基準の下で定量的に比較することができます。なお，脆弱性の深刻度は0.0～10.0で表され，数値が高いほど深刻度も高くなります。

基本評価基準	脆弱性そのものの特性を評価する基準
現状評価基準	脆弱性の現在の深刻度を評価する基準
環境評価基準	製品利用者の利用環境も含め，最終的な脆弱性の深刻度を評価する基準

＊2023年12月現在の最新バージョンは，同年10月にリリースされたバージョン4.0。バージョン4.0では，「現状評価基準」の名称が「脅威評価基準」に変更され，四つ目の新たな基準として「補足評価基準」が追加されている。

イ：ISMS（Information Security Management System）は，組織体における情報セキュリティ管理の水準を高め，維持し，改善していく仕組みのことです。

ウ：PCI DSS（Payment Card Industry Data Security Standard）は，クレジットカードなどのカード会員データのセキュリティ強化を目標として制定されたセキュリティ対策基準です。PCI DSSでは，クレジット決済サービスに携わる事業者のクレジットカード情報や決済情報を保護するためのセキュリティレベルを確保・維持することを目的に，技術面や運用面に関する12の基準（要件）を規定しています。

エ：PMS（Personal information protection Management System）は，個人情報を保護する体制を整備し，実行し，定期的な検証を行い，継続的に改善するための管理の仕組みです。

　"政府情報システムのためのセキュリティ評価制度（ISMAP）"とは，**ウ**の記述にある「政府が求めるセキュリティ要求を満たしているクラウドサービスをあらかじめ評価，登録することによって，政府のクラウドサービス調達におけるセキュリティ水準の確保を図る制度」のことです。制度の基本的な流れは，次のようになります。

① クラウドサービス事業者は，ISMAP管理基準に基づいた情報セキュリティ対策の実施状況についての監査を経て，クラウドサービスの登録申請を行う。

② ISMAP運営委員会は，登録申請者に対する要求事項への適合状況を審査し，クラウドサービスをISMAP等クラウドサービスリストに登録する。

③ 各政府機関は，原則，ISMAP等クラウドサービスリストに掲載されているクラウドサービスの中から調達を行う。

　耐タンパ性とは，ハードウェアやソフトウェアのセキュリティ水準を表す指標であり，暗号化・復号・署名生成のための鍵をはじめとする秘密情報や，秘密情報の処理メカニズムに対して不当に行われる，改ざん・読出し・解析などの行為に対する耐性度合いのことです。耐タンパ性を向上させる手法としては，**ウ**の「チップ内部を物理的に解析しようとすると，内部回路が破壊されるようにする」が適切です。

ア：ESD（Electrostatic Discharge：静電気放電）に対する耐性の説明です。ESDに対する耐性を強化することで，静電気によるプロセッサ破壊の防止策になります。

イ：チップ検査終了後に検査用パッドを残しておくと，検査用パッドを介して回路を解析される可能性があるため耐タンパ性は低下します。

エ：内部メモリの物理アドレスを整然と配置すると，内部の状態を解析されやすくなるため耐タンパ性は低下します。

補足 試験ではこのほか，耐タンパ性を向上させる例として次のものが出題されています。

・ICカードの耐タンパ性：信号の読み出し用プローブの取付けを検出するとICチップ内の保存情報を消去する回路を設けて，ICチップ内の情報を容易には解析できないようにする。

・IoTデバイスの耐タンパ性：IoTデバイスに光を検知する回路を組込み，ケースが開けられたときに内蔵メモリに記録されている秘密情報を消去する。

参考 チェックしておきたい関連用語 Check!

　問1の**CVSS**（Common Vulnerability Scoring System：**共通脆弱性評価システム**）のほか，次に示す用語も試験に出題されるので覚えておきましょう。

・CCE：Common Configuration Enumerationの略。コンピュータのベースラインのセキュリティを確保するために必要となる設定項目の一覧（**共通セキュリティ設定一覧**）。セキュリティ設定項目ごとに一意のCCE識別番号（CCE-ID）が付与され，どのような値を設定すべきかや，技術的なチェック方法などが記載されている。例えば，セキュリティ設定項目の一つである「パスワードの有効期間（CCE識別番号：CCE-2920-7）」には，パスワードの有効期間が日数で指定されている。

・CVE：Common Vulnerabilities and Exposuresの略。ソフトウェアの既知の脆弱性を一意に識別するために用いる，個々の脆弱性ごとに採番された**共通脆弱性識別子**（CVE識別番号：CVE-ID）。JVNなどの脆弱性対策情報ポータルサイトで採用されている。

・CWE：Common Weakness Enumerationの略。ソフトウェアにおけるセキュリティ上の脆弱性の種類（脆弱性タイプ）を識別するための**共通脆弱性タイプ一覧**。SQLインジェクション，クロスサイトスクリプティング，バッファオーバーフローなど，多種多様な脆弱性の種類を脆弱性タイプとして分類し，それぞれにCWE識別子（CWE-ID）を付与し階層構造で体系化している。例えば，SQLインジェクション脆弱性はCWE-89，クロスサイトスクリプティング脆弱性はCWE-79，バッファエラー脆弱性はCWE-119。

解答 問1：ア 問2：ウ 問3：ウ

セキュリティ機関・組織及びガイドライン

重要度 ★★★

前節同様，近年このテーマからの出題も多くなってきました。掲載されている用語は押さえておきましょう。

問1

JPCERTコーディネーションセンターの説明はどれか。

ア 産業標準化法に基づいて経済産業省に設置されている審議会であり，産業標準化全般に関する調査・審議を行っている。

イ 電子政府推奨暗号の安全性を評価・監視し，暗号技術の適切な実装法・運用法を調査・検討するプロジェクトであり，総務省及び経済産業省が共同で運営する暗号技術検討会などで構成される。

ウ 特定の政府機関や企業から独立した組織であり，国内のコンピュータセキュリティインシデントに関する報告の受付，対応の支援，発生状況の把握，手口の分析，再発防止策の検討や助言を行っている。

エ 内閣官房に設置され，我が国をサイバー攻撃から防衛するための司令塔機能を担う組織である。

問2

JPCERTコーディネーションセンターとIPAとが共同で運営するJVNの目的として，最も適切なものはどれか。

ア ソフトウェアに内在する脆弱性を検出し，情報セキュリティ対策に資する。

イ ソフトウェアの脆弱性関連情報とその対策情報とを提供し，情報セキュリティ対策に資する。

ウ ソフトウェアの脆弱性に対する汎用的な評価手法を確立し，情報セキュリティ対策に資する。

エ ソフトウェアの脆弱性のタイプを識別するための基準を提供し，情報セキュリティ対策に資する。

問3

IoT推進コンソーシアム，総務省，経済産業省が策定した"IoTセキュリティガイドライン（ver1.0）"における"要点17. 出荷・リリース後も安全安心な状態を維持する"に対策例として挙げられているものはどれか。

- **ア** IoT機器及びIoTシステムが収集するセンサデータ，個人情報などの情報の洗い出し，並びに保護すべきデータの特定
- **イ** IoT機器のアップデート方法の検討，アップデートなどの機能の搭載，アップデートの実施
- **ウ** IoT機器メーカ，IoTシステムやサービスの提供者，利用者の役割の整理
- **エ** PDCAサイクルの実施，組織としてIoTシステムやサービスのリスクの認識，対策を行う体制の構築

問4
（高度）

CRYPTRECの主な活動内容はどれか。

- **ア** 暗号技術の技術的検討並びに国際競争力の向上及び運用面での安全性向上に関する検討を行う。
- **イ** 情報セキュリティ政策に係る基本戦略の立案，官民における統一的，横断的な情報セキュリティ政策の推進に係る企画などを行う。
- **ウ** 組織の情報セキュリティマネジメントシステムについて評価し認証する制度を運用する。
- **エ** 認証機関から貸与された暗号モジュール試験報告書作成支援ツールを用いて暗号モジュールの安全性についての評価試験を行う。

問1 解説

　コンピュータセキュリティインシデントの対応を専門に行う組織，あるいはその対応体制を総称して**CSIRT**（Computer Security Incident Response Team）といいます。**JPCERTコーディネーションセンター**（以下，JPCERT/CCという）は，特定の政府機関や企業からは独立した中立の組織として，日本における情報セキュリティ対策活動の向上に積極的に取り組んでいる，日本の窓口CSIRTです。国内のインターネットを介して発生する侵入やサービス妨害等のコンピュータセキュリティインシデントに関する報告の受付，対応の支援，発生状況の把握，手口の分析，再発防止のための対策の検討や助言などを，技術的な立場から行っています。**ウ**が正しい記述です。**ア**は日本産業標準調査会(JISC)，**イ**はCRYPTREC，**エ**は内閣サイバーセキュリティセンター（NISC）の説明です。

> 補足 JPCERT/CCでは，コンピュータセキュリティに関わる事象への対応のほか，「コンピュータセキュリティに関する各種情報の収集，整理及び蓄積並びに提供(公開)」，「コンピュータセキュリティインシデントに関する調査の受託業務」，「国内外インシデント対応組織の立ち上げ支援・指導」なども行っています。このうち国内外インシデント対応組織の立ち上げ支援・指導の一貫として，組織内CSIRT（すなわち，組織的なインシデント対応体制）の構築を支援することを目的とした**CSIRTマテリアル**の作成を行っています。

Check!

　JVN(Japan Vulnerability Notes)は，日本で使用されているソフトウェアなどの脆弱性関連情報とその対策情報を提供し，情報セキュリティ対策に資することを目的とする，脆弱性対策情報ポータルサイトです。JPCERT/CCとIPA(独立行政法人情報処理推進機構)により，2004年7月から共同で運営されています。**イ**が適切な記述です。

ア：JVNでは，ソフトウェアに内在する脆弱性の検出は行っていません。

ウ：CVSS(Common Vulnerability Scoring System)に関する記述です。

エ：CWE(Common Weakness Enumeration)に関する記述です。

補足　国内におけるソフトウェア製品などの脆弱性関連情報を円滑かつ適切に流通させることを目的に作成されたものに**"情報セキュリティ早期警戒パートナーシップガイドライン"**があります。本ガイドラインには，IPAが受付機関，JPCERT/CCが調整機関という役割を担い，発見者や製品開発者など各関係者と協力をしながら脆弱性関連情報に対処するための，その発見から公表に至るプロセスが詳述されています。この中で，ソフトウェア製品の脆弱性が発見された場合について，「JPCERT/CCは，脆弱性関連情報を製品開発者に通知し，脆弱性検証及びその結果報告を求めること。また，脆弱性に対する対策方法の作成などに要する期間や当該脆弱性情報流出に係るリスクを考慮して，脆弱性情報の公表に関するスケジュールを製品開発者との間で調整・決定し，JVNを通じて，一般に対し，脆弱性情報と製品開発者の脆弱性検証の結果，対策方法及び対応状況を公表すること」が記載されています。

問3　解説

　IoTセキュリティガイドラインは，IoT推進コンソーシアム，総務省，及び経済産業省により策定された，IoTセキュリティ対策に関するガイドラインです。IoT機器の開発からIoTサービスの提供までを「方針，分析，設計，構築・接続，運用・保守」の五つの段階に分け，それぞれの段階におけるセキュリティ対策指針と各指針における具体的な対策が要点としてまとめられています。IoTセキュリティガイドライン(Ver1.0)が示す五つの段階と，各段階におけるセキュリティ対策指針は次のとおりです。

段階	指針	要点
1．方針	IoTの性質を考慮した基本方針を定める	要点1～要点2
2．分析	IoTのリスクを認識する	要点3～要点7
3．設計	守るべきものを守る設計を考える	要点8～要点12
4．構築・接続	ネットワーク上での対策を考える	要点13～要点16
5．運用・保守	安全安心な状態を維持し，情報発信・共有を行う	要点17～要点21

　"要点17．出荷・リリース後も安全安心な状態を維持する"は，「5．運用・保守」における要点です。この要点のポイント事項に，「IoTシステム・サービスの提供者等は，IoT機器のセキュリティ上重要なアップデート等を必要なタイミングで適切に実施する方法を検討し，適用する」とあり，対策例として，アップデート方法の検討，アップデート等の機能の搭載，アップデートの実施が挙げられています。したがって，**イ**が要点17の対策例です。

10

セキュリティ

ア：「2．分析」における"要点3．守るべきものを特定する"の対策例です。

ウ：「5．運用・保守」における"要点20．IoTシステム・サービスにおける関係者の役割を認識する"の対策例です。

エ：「1．方針」における"要点1．経営者がIoTセキュリティにコミットする"の対策例です。

問4 解説

CRYPTREC(Cryptography Research and Evaluation Committees)は，電子政府で利用される暗号技術について，安全性，実装性及び利用実績の評価・検討を行うプロジェクトです。CRYPTRECの活動は，総務省と経済産業省が共同で運営する暗号技術検討会をトップとして，その下に，NICT(国立研究開発法人情報通信研究機構)及びIPA(独立行政法人情報処理推進機構)が共同で運営する二つの委員会(暗号技術評価委員会，暗号技術活用委員会)を置いた体制で行われています。各委員会の主な活動は次のとおりです。

・**暗号技術評価委員会**：暗号技術の安全性評価を中心とした技術的検討を行う。
・**暗号技術活用委員会**：暗号技術における国際競争力の向上及び運用面での安全性向上に関する検討を行う。

したがって，**ア**の「暗号技術の技術的検討並びに国際競争力の向上及び運用面での安全性向上に関する検討を行う」がCRYPTRECの主な活動内容になります。

イ：内閣サイバーセキュリティセンター(NISC)の活動内容です。

ウ：情報マネジメントシステム認定センター(ISMS-AC)の活動内容です。

エ：一般社団法人 ITセキュリティセンター(ITSC)など，暗号モジュール試験機関の活動内容です。

参考 CRYPTREC暗号リスト Check!

CRYPTREC暗号リストは，総務省及び経済産業省が，CRYPTRECの活動を通して電子政府で利用される暗号技術の評価を行い策定した，暗号技術のリストです。電子政府推奨暗号リスト，推奨候補暗号リスト及び運用監視暗号リストの3種類で構成されています。

電子政府推奨暗号リスト	CRYPTRECによって安全性及び実装性能が確認された暗号技術のうち，市場における利用実績が十分であるか今後の普及が見込まれると判断され，当該技術の利用を推奨するもののリスト
推奨候補暗号リスト	CRYPTRECにより安全性実装性能が確認され，今後，電子政府推奨暗号リストに掲載される可能性のある暗号技術のリスト
運用監視暗号リスト	実際に解読されるリスクが高まるなど，推奨すべき状態ではなくなった暗号技術のうち，互換性維持のために継続利用を容認するもののリスト。互換性維持以外の目的での利用は推奨しない

＊出典：「電子政府における調達のために参照すべき暗号のリスト」(総務省，経済産業省)

解答 問1：ウ 問2：イ 問3：イ 問4：ア

第 11 章

開発技術

11▶1 要求分析・設計技法 I

重要度 ★★★　問1，問2で問われている技法だけでなく，正解以外の選択肢が表す技法も確認しておきましょう。

問1

　ソフトウェアの要求分析や設計に利用されるモデルに関する記述のうち，ペトリネットの説明として，適切なものはどれか。

ア　外界の事象をデータ構造として表現する，データモデリングのアプローチをとる。その表現は，エンティティ，関連及び属性で構成される。

イ　システムの機能を入力データから出力データへの変換とみなすとともに，機能を段階的に詳細化して階層的に分割していく。

ウ　対象となる問題領域に対して，プロセスではなくオブジェクトを用いて解決を図るというアプローチをとる。

エ　並行して進行する事象間の同期を表す。その構造はプレースとトランジションという2種類の節点をもつ有向2部グラフで表される。

問2

　ソフトウェアの要件定義や分析・設計で用いられる技法に関する記述のうち，適切なものはどれか。

ア　決定表は，条件と処理を対比させた表形式で論理を表現したものであり，複雑な条件判定を伴う要件定義の記述手段として有効である。

イ　構造化チャートは，システムの"状態"の種別とその状態が選移するための"要因"との関係を分かりやすく表現する手段として有効である。

ウ　状態遷移図は，DFDに"コントロール変換とコントロールフロー"を付加したものであり，制御系システムに特有な処理を表現する手段として有効である。

エ　制御フロー図は，データの"源泉，吸収，流れ，処理，格納"を基本要素としており，システム内のデータの流れを表現する手段として有効である。

問1　解説

　ペトリネットは，並行して動作する事象間の同期を表現することが可能なモデルです。システムをトランジション（事象）とプレース（状態）という2種類の節点をもつ有向2部グラフで表し，トークンの推移とトランジションの発火によって並行動作を記述します。

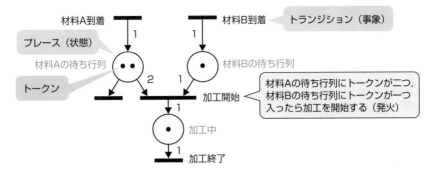

ア：E-Rモデル(E-R図)の説明です。

イ：構造化分析技法及び構造化設計の説明です。**構造化分析・設計**では，システムの機能を最上位のDFD(Data Flow Diagram)から段階的に詳細化して階層化していきます。なお，最上位のDFDのことを**コンテキストダイアグラム**といいます。

ウ：オブジェクト指向モデルの説明です。

問2　解説

ア：**決定表**は，条件とそれに対応する動作(処理)とを表形式で表現したものです。決定表を用いることで，条件漏れなどのチェックができ，また複数の条件の組合せに対応する動作も明確になります。したがって，正しい記述です。

イ：構造化チャートではなく，状態遷移図についての記述です。

ウ：状態遷移図ではなく，制御フロー(変換図ともいう)についての記述です。

エ：制御フロー図ではなく，DFDについての記述です。

参考　決定表(デシジョンテーブル)

　決定表は，テストケースを設計する際にも利用されます。例えば，学生レコード(学籍番号，出身高校コード，学年)が正しく入力されているかどうかを検証する場合，次のような決定表を作成し，これを基にテストケースを設計します。

> 学籍番号，出身高校コード，学年が全て正しいとき学生レコードを受け付け，それ以外は受け付けない

	記述部	指定部			
条件部	正しい学籍番号	Y	N	−	−
	正しい出身高校コード	Y	−	N	−
	正しい学年	Y	−	−	N
動作部	学生レコードを受け付ける	X	−	−	−
	学生レコードを受け付けない	−	X	X	X

*Y：条件が真
N：条件が偽
−：真偽に関係ない

*X：動作を実行
−：動作を実行しない

解答 問1：エ　問2：ア

要求分析・設計技法 Ⅱ

重要度
★★★　CRUDマトリクスや状態遷移表は午後試験にも出題されています。基本事項を押さえておきましょう。

問1

CRUDマトリクスの説明はどれか。

ア　ある問題に対して起こり得る全ての条件と，各条件に対する動作の関係を表形式で表現したものである。

イ　各機能が，どのエンティティに対して，どのような操作をするかを一覧化したものであり，操作の種類には生成，参照，更新及び削除がある。

ウ　システムやソフトウェアを構成する機能(又はプロセス)と入出力データとの関係を記述したものであり，データの流れを明確にすることができる。

エ　データをエンティティ，関連及び属性の三つの構成要素でモデル化したものであり，業務で扱うエンティティの相互関係を示すことができる。

問2

　状態遷移表のとおりに動作し，運転状況に応じて装置の温度が上下するシステムがある。システムの状態が"レディ"のとき，①～⑥の順にイベントが発生すると，最後の状態はどれになるか。ここで，状態遷移表の空欄は状態が変化しないことを表す。

〔状態遷移表〕

条件　＼　状態	初期・終了 レディ 1	高速運転 2	低速運転 3	一時停止 4
メッセージ1を受信する	運転開始　2		加速　2	運転再開　2
メッセージ2を受信する		減速　3	一時停止　4	初期化　1
装置の温度が50℃未満から50℃以上になる		減速　3	一時停止　4	
装置の温度が40℃以上から40℃未満になる			加速　2	運転再開　3

〔発生するイベント〕
① メッセージ1を受信する。
② メッセージ1を受信する。
③ 装置の温度が50℃以上になる。
④ メッセージ2を受信する。
⑤ 装置の温度が40℃未満になる。
⑥ メッセージ2を受信する。

ア レディ　　　**イ** 高速運転
ウ 低速運転　　**エ** 一時停止

問1　解説

CRUDマトリクスとは，どのエンティティが，どの機能によって，「生成(Create)，参照(Read)，更新(Update)，削除(Delete)」されるかを，マトリクス形式で表した図です。CRUD図あるいはエンティティ機能関連マトリクスとも呼ばれます。

CRUDマトリクスを利用して，エンティティごとの「生成・参照・更新・削除」の四つのイベントを整理することで，データモデルの適切性，及びエンティティと機能の整合性の検証ができます。**イ**がCRUDマトリクスの説明です。**ア**は決定表(デシジョンテーブル)，**ウ**はDFD(Data Flow Diagram)，**エ**はE-Rモデル(E-R図)の説明です。

例 CRUDマトリクス(一部抜粋)

機能＼エンティティ	顧客	受注	受注明細
顧客登録・更新	C R U D		
顧客検索	R		
受注登録・更新	R	C　U D	C　U D
受注検索	R	R	R

＊C：生成(Create)
R：参照(Read)
U：更新(Update)
D：削除(Delete)

問2　解説

状態遷移表は，時間の経過や状況の変化に応じて状態が変わるようなシステムの動作を記述するときに用いられる技法です。システムの状態が"レディ"のとき，①〜⑥の順にイベントが発生すると，次のようになります。

① 状態1(レディ)でメッセージ1を受信すると，運転開始となり，状態2(高速運転)になる。
② 状態2(高速運転)でメッセージ1を受信すると，状態は変化しない。
③ 状態2(高速運転)で装置の温度が50℃以上になると，減速し，状態3(低速運転)になる。
④ 状態3(低速運転)でメッセージ2を受信すると，一時停止し，状態4(一時停止)になる。
⑤ 状態4(一時停止)で装置の温度が40℃未満になると，運転再開となり，状態3(低速運転)になる。
⑥ 状態3(低速運転)でメッセージ2を受信すると，一時停止し，状態4(一時停止)になる。
以上，最後の状態は状態4の「一時停止」です。

解答　問1：イ　問2：エ

UML

11 ▶ 3

重要度
★★★

出題が多いのはアクティビティ図ですが，問2と，高度試験では頻出の問3も押さえておいた方がよいでしょう。

問1

UMLのアクティビティ図の特徴はどれか。

ア 多くの並行処理を含むシステムの，オブジェクトの振る舞いが記述できる。

イ オブジェクト群がどのようにコラボレーションを行うか記述できる。

ウ クラスの仕様と，クラスの間の静的な関係が記述できる。

エ システムのコンポーネント間の物理的な関係が記述できる。

問2

UMLで用いる図のうち，オブジェクト間で送受信するメッセージによる相互作用が表せるものはどれか。

ア コンポーネント図   **イ** シーケンス図

ウ ステートマシン図   **エ** ユースケース図

問3

高度

SysMLの説明として，適切なものはどれか。

ア Webページに，画像を使用せずに数式を表示するために用いられる，XMLマークアップ言語

イ システムの設計及び検証を行うために用いられる，UML仕様の一部を流用して機能拡張したグラフィカルなモデリング言語

ウ ハードウェアとソフトウェアとの協調設計（コデザイン）に用いられる，C言語又はC++言語を基としたシステムレベル記述言語

エ 論理合成してFPGAで動作させるハードウェア論理の記述に用いられる，ハードウェア記述言語

問1　解説

アクティビティ図は，処理の流れを表したダイアグラムであり，ある振る舞いから次の

振る舞いへの制御の流れを表現できる図です。順次処理や分岐処理のほかに，現実のビジネスプロセスで生じる並行処理や，処理の同期などを表現できます。**ア**が正しい記述です。

イ：コミュニケーション図の特徴です。

ウ：クラス図の特徴です。

エ：コンポーネント図の特徴です。

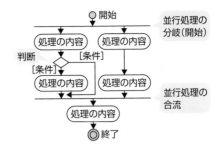

問2 解説

オブジェクト間で送受信するメッセージによる相互作用が表せる図は，**シーケンス図**です。シーケンス図では，オブジェクト間の相互作用を時間の経過に注目して記述します。

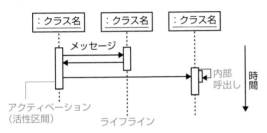

ア：**コンポーネント図**は，システムやソフトウェアを構成するコンポーネント(部品)のインタフェースや，インタフェースを介したコンポーネント間の依存関係を表現する図です。

ウ：**ステートマシン図**は，オブジェクトの状態遷移図です。オブジェクトが受け取ったイベントとそれに伴う状態の遷移及びアクションを表します。状態機械図ともいいます。

エ：**ユースケース図**は，システムの振る舞いを表現する図です。システムの範囲を長方形で囲み，システムが提供する機能(ユースケース)と利用者(アクタ)との相互作用を表します。

問3 解説

SysML(Systems Modeling Language)は，主にソフトウェア設計のために用いられるUMLの仕様の一部を再利用し，新たに機能の追加及び拡張を行ったシステムモデリング言語です。システムの分析や設計，及び妥当性確認や検証を行うために用いられます。また，SysMLで新たに追加導入されたパラメトリック図によってモデル要素間の制約条件が記述できるため，複数のシステムの組合せによって実現するSoS(System of Systems)のモデル化にも適しています。**イ**がSysMLの説明です。**ア**はMathML，**ウ**はSystemC，**エ**はVHDLやVerilog-HDLの説明です。

解答 問1:ア 問2:イ 問3:イ

モジュールの独立性

重要度
★★★

モジュールの結合度及び強度(結束性)は基本事項です。
具体例をもってそれぞれを理解しておきましょう。

問1

モジュールの独立性を高めるには，モジュール結合度を低くする必要がある。モジュール間の情報の受渡し方法のうち，モジュール結合度が最も低いものはどれか。

ア 共通域に定義したデータを関係するモジュールが参照する。

イ 制御パラメタを引数として渡し，モジュールの実行順序を制御する。

ウ 入出力に必要なデータ項目だけをモジュール間の引数として渡す。

エ 必要なデータを外部宣言して共有する。

問2

モジュール設計に関する記述のうち，モジュール強度(結束性)が最も高いものはどれか。

ア ある木構造データを扱う機能をデータとともに一つにまとめ，木構造データをモジュールの外から見えないようにした。

イ 複数の機能のそれぞれに必要な初期設定の操作が，ある時点で一括して実行できるので，一つのモジュールにまとめた。

ウ 二つの機能A，Bのコードは重複する部分が多いので，A，Bを一つのモジュールとし，A，Bの機能を使い分けるための引数を設けた。

エ 二つの機能A，Bは必ずA，Bの順番に実行され，しかもAで計算した結果をBで使うことがあるので，一つのモジュールにまとめた。

問1 解説

分割されたモジュールは，それぞれに独立性が高いモジュールでなければなりません。このモジュールの独立性を評価する一つの尺度が**モジュール結合度**です。

モジュール結合度とは，モジュール間の関連性の度合いのことです。「参考」に示した六つのレベルがあり，モジュール結合度が低いほど，モジュールの独立性は高くなります。

アは共通結合，**イ**は制御結合，**ウ**はデータ結合，**エ**は外部結合なので，モジュール結合度が最も低いのは，**ウ**の入出力に必要なデータ項目(相手モジュール内の機能や実行を制御しないデータ)だけをモジュール間の引数として渡す方法です。

モジュールの独立性を評価するもう一つの尺度が**モジュール強度**(結束性)です。モジュール強度は，モジュール内の構成要素間の関連性の度合いです。「参考」に示す七つのレベルがあり，モジュール強度が高いほど，モジュールの独立性は高くなります。

アは情報的強度，**イ**は時間的強度，**ウ**は論理的強度，**エ**は連絡的強度のモジュールとなるので，モジュール強度が最も高いのは，**ア**のモジュールです。

参考 モジュール結合度とモジュール強度

・モジュール結合度

独立性 低 ↑↓ 高	結合度 高 ↑↓ 低		
		内容結合	絶対番地を用いて直接相手モジュールを参照したり，JUMP命令を使用して直接分岐する
		共通結合	大域領域(共通領域)に定義されたデータ構造(レコード，構造体データなど)を共有する
		外部結合	大域領域(共通領域)に定義された単一データ項目を共有する
		制御結合	相手モジュール内の機能や実行を制御する引数を渡す。モジュール強度の"論理的強度"に相当
		スタンプ結合	データ構造を引数として相手モジュールに渡す
		データ結合	必要なデータ項目だけを引数として渡す

・モジュール強度

独立性 低 ↑↓ 高	強度 低 ↑↓ 高		
		暗合的強度	プログラムを単純に分割しただけのモジュール。複数の機能を併せもつが，機能間にまったく関連はない
		論理的強度	関連した複数の機能をもち，モジュールが呼び出されるときの引数で，モジュール内の一つの機能が選択実行される。モジュール結合度の"制御結合"に相当
		時間的強度	初期設定や終了設定モジュールのように，特定の時期に実行する機能をまとめたモジュール。機能間にあまり関連はない
		手順的強度	逐次的に実行する機能をまとめたモジュール
		連絡的強度	逐次的に実行する機能をまとめたモジュール。ただし，機能間にデータの関連性がある
		情報的強度	同一のデータ構造や資源を扱う機能を一つにまとめ，機能ごとに入口点と出口点をもつ
		機能的強度	一つの機能だけからなるモジュール

11

開発技術

解答 問1:ウ 問2:ア

プログラムのテスト

重要度
★☆☆

近年出題がありませんが，スタブやドライバは選択肢に
よく出てきます。基本事項なので確認しておきましょう。

問1

プログラムのテストに関する記述のうち，適切なものはどれか。

ア 静的テストとは，プログラムを実行することなくテストする手法であり，コード検査，静的解析などがある。

イ トップダウンテストは，仮の下位モジュールとしてスタブを結合してテストするので，テストの最終段階になるまで全体に関係するような欠陥が発見されにくい。

ウ ブラックボックステストは，分岐，反復などの内部構造を検証するため，全ての経路を通過するように，テストケースを設定する。

エ プログラムのテストによって，プログラムにバグがないことを証明できる。

問2

テストで使用されるドライバ又はスタブの機能のうち，適切なものはどれか。

ア スタブは，テスト対象モジュールからの戻り値を表示・印刷する。

イ スタブは，テスト対象モジュールを呼び出すモジュールである。

ウ ドライバは，テスト対象モジュールから呼び出されるモジュールである。

エ ドライバは，引数を渡してテスト対象モジュールを呼び出す。

問1 解説

プログラムを実行しないでテストを行う方法を**静的テスト**といいます。静的テストには，プログラム中の文や宣言などを単に検証するものから，可読性や保守性などの観点からコーディングの質を検証したり，1行1行プログラムをトレースしてモジュール間の結合度などを解析するものまで様々なものがあります。したがって，**ア**が適切な記述です。

イ：**トップダウンテスト**では，上位モジュールから順に下位モジュールを結合してテストするため，場合によっては，下位モジュールに見立てた**スタブ**を結合してテストすることになります。しかし，全体に関係する重要度の高い上位モジュールを何回もテストできるので，「テストの最終段階になるまで全体に関係するような欠陥が発見されにくい」ことはありません。このような問題が発生するのは，下位モジュールから順に上位モジュールを結合していくボトムアップテストです。

ウ：分岐，反復などの内部構造を検証するため，全ての経路を通過するように，テストケースを設定するのは**ホワイトボックステスト**です。**ブラックボックステスト**では，プログラムの内部構造を考慮することなく，設計書どおりの機能が実現できているか（入力に対して出力は正しいか）を検証するため，同値クラスや限界値を識別し，テストケースを設定します。

エ：プログラムテストの目的は，プログラムにバグがないことを証明するためではなく，プログラムに潜むバグを見つけ出すことです。

問2 解説

ボトムアップテストにおいて，テスト対象モジュールとそれを呼び出す上位モジュールのインタフェースの検証を行うとき，上位モジュールが未完成であれば検証できません。そこで，テスト対象モジュールに引数を渡して呼び出す，上位モジュールを代行するテスト用のモジュールが必要になり，このテスト用のモジュールを**ドライバ**といいます。

一方，**トップダウンテスト**においては，テスト対象モジュールから呼び出される下位モジュールに見立てた，値を返すだけのテスト用のモジュールが必要になり，このテスト用のモジュールを**スタブ**といいます。したがって，**エ**が適切な記述です。

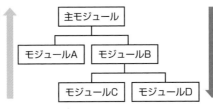

ア：テスト対象モジュールからの戻り値を表示・印刷するのはドライバです。

イ：テスト対象モジュールを呼び出すモジュールはドライバです。

ウ：テスト対象モジュールから呼び出されるモジュールはスタブです。

参考 チェックしておきたいテスト手法

・**回帰テスト**：プログラムを修正したことによって，想定外の（影響を受けないはずの）箇所に影響を及ぼしていないかどうかを確認するためのテスト。リグレッションテスト，又は退行テストとも呼ばれる。

・**ファジング**：ソフトウェアに対し，通常想定されていない不正データや異常データあるいはランダムなデータ（これらをファズという）を入力し，潜在的なバグや脆弱性を検出する手法。ファジングツールを用いてファズを大量に送り込み，ソフトウェアの挙動を監視する。

解答 問1：ア　問2：エ

ブラックボックステスト

11 ▶ 6

重要度
★☆☆
ブラックボックステストの特徴と，同値分析や限界値分析など各種テストデータ作成方法を確認しておきましょう。

問1

ブラックボックステストのテストデータの作成方法のうち，最も適切なものはどれか。

ア 稼動中のシステムから実データを無作為に抽出し，テストデータを作成する。

イ 機能仕様から同値クラスや限界値を識別し，テストデータを作成する。

ウ 業務で発生するデータの発生頻度を分析し，テストデータを作成する。

エ プログラムの流れ図から，分岐条件に基づいたテストデータを作成する。

問2

次のテストケース設計法を何と呼ぶか。

読み込んだデータが正しくないときにエラーメッセージを出力するかどうかをテストしたい。プログラム仕様書を基に，正しくないデータのクラスを識別し，その中から任意の一つのデータを代表として選んでテストケースとした。

ア 原因結果グラフ　　**イ** 限界値分析　　**ウ** 同値分析　　**エ** 分岐網羅

問1　解説

　ブラックボックステストでは，入力データに対する出力結果が機能仕様どおりの正しい出力となるかを検証します。機能仕様を基にテストデータを作成しますが，その作成方法には，同値分析(同値分割ともいう)，限界値分析，原因結果グラフ，実験計画法(次ページ「参考」を参照)があります。したがって，**イ**が正しい記述です。**ア**，**ウ**は運用テスト，**エ**はホワイトボックステストで用いられるテストデータ作成方法です。

問2　解説

　問題文に示されたテストケース設計法を**同値分析**(同値分割)といいます。同値分析は，入力条件の仕様を基に，被テストプログラムへの入力データを，入力として有効な値(正しい値)である有効同値クラスと誤った入力値である無効同値クラスに分割し，それぞれの中から任意の一つのデータを代表として選んでテストケースとする設計法です。

ア：**原因結果グラフ**は，入力条件などの"原因"と出力などの"結果"との論理関係をグラフで表し，それを基に決定表を作成してテストケースを設定する設計法です。

> **例** 学生レコードのデータが正しいかどうかの検証
> 　学生レコードを構成する項目には，学籍番号，出身高校コード，学年が含まれ，それぞれを入力とする原因結果グラフは次のようになります。このグラフから決定表を作成し，それを基にテストケースを設定します。

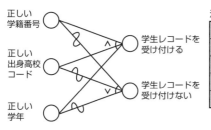

決定表

正しい学籍番号	Y	N	－	－
正しい出身高校コード	Y	－	N	－
正しい学年	Y	－	－	N
学生レコードを受け付ける	X	－	－	－
学生レコードを受け付けない	－	X	X	X

※同値：◯—◯　否定：◯〜◯　論理和：◯ V ◯　論理積：◯ ∧ ◯

イ：**限界値分析**は，正常処理と異常処理の判定条件での境界値（端の値）をテストケースとする設計法です。例えば，入力値が0〜100のとき正常処理，それ以外は異常処理とする場合，有効同値クラスは「0〜100」，無効同値クラスは「$-\infty$〜-1」，「101〜∞」なので，「-1, 0, 100, 101」をテストケースとします。

エ：**分岐網羅**については，「11-7 ホワイトボックステスト」の問1を参照。

参考　実験計画法　👉Check!

　実験計画法では，**直交表**を用いることにより検証する項目の組合せに偏りのない，かつ少ないテストケースの作成ができます。検証する項目の組合せによるテストケースの数が膨大になる場合に有効です。例えば，入力項目がA，B，Cの三つあり，それぞれの項目について入力値が正しいか正しくないかを検証する場合，この全ての組合せをテストするには2^3＝8パターンのテストケースが必要ですが，これを直交表を用いると次の四つのテストケースですむことが知られています。ここで，"正しい"を1，"正しくない"を0で表します。

テストケース№	項目A	項目B	項目C
1	1	1	1
2	1	0	0
3	0	1	0
4	0	0	1

※四つのテストケースに，二つの項目がとる全ての組合せ（[1,1] [1,0] [0,1] [0,0]）が含まれていて，三つの項目についても，その50%が含まれている。

ホワイトボックステスト

重要度
★★★
命令網羅や判定条件網羅(分岐網羅)など，網羅性を基準
としたテストデータ作成方法を理解しておきましょう。

問1

テストケース設計技法の一つである分岐網羅の説明として，適切なものはどれか。

ア　全ての判定条件中にある個々の条件式の起こり得る真と偽の組合せと，それに伴う判定条件を網羅するようにテストケースを設計する。

イ　全ての判定条件文において，結果が真になる場合と偽になる場合の両方がテストされるようにテストケースを設定する。

ウ　全ての判定条件文を構成する各条件式が，真になる場合と偽になる場合の両方がテストされるようにテストケースを設計する。

エ　全ての命令を，少なくとも1回以上実行するようにテストケースを設計する。

問2

あるプログラムについて，流れ図で示される部分に関するテストデータを，判定条件網羅(分岐網羅)によって設定した。このテストデータを，複数条件網羅による設定に変更したとき，加えるべきテストデータとして，適切なものはどれか。ここで，( )で囲んだ部分は，一組のテストデータを表すものとする。

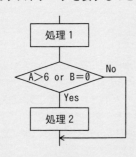

・判定条件網羅(分岐網羅)によるテストデータ
(A=4, B=1)，(A=5, B=0)

	加えるべきテストデータ
ア	(A=3, B=0)，(A=7, B=2)
イ	(A=3, B=2)，(A=8, B=0)
ウ	(A=4, B=0)，(A=8, B=0)
エ	(A=7, B=0)，(A=8, B=2)

問1 解説

　分岐網羅は，**ホワイトボックステスト**におけるテストケース設計技法の一つです。**判定条件網羅**とも呼ばれます。この網羅基準では，判定条件(分岐)の結果が真になる場合と偽になる場合の両方のテストを行います。例えば，次の流れ図のテストを行う場合のテストケースは，①と②(①と③，①と④でも可)になります。つまり，**イ**が適切な記述です。

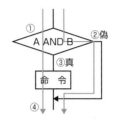

※A，Bは条件式

テストケース	A	B	判定条件	テスト経路
①	真	真	真	①－③－④
②	真	偽	偽	①－②－④
③	偽	真	偽	①－②－④
④	偽	偽	偽	①－②－④

ア：**複数条件網羅**の説明です。複数条件網羅によるテストケースは，①，②，③，④の四つになります。

ウ：**条件網羅**の説明です。条件網羅によるテストケースは，①と④(②と③でも可)になります。なお，分岐網羅(判定条件網羅)と条件網羅を合わせたものを**判定条件／条件網羅**といい，この場合のテストケースは，①，②，③(①と④でも可)になります。

エ：**命令網羅**の説明です。命令網羅によるテストケースは，①になります。

問2 解説

　複数条件網羅でテストを行う場合，判定条件の個々の条件式(判定条件を構成する各条件式)が真になる場合と偽になる場合の全ての組合せ，すなわち，「A＞6」と「B＝0」の真偽の全ての組合せを網羅するテストデータが必要です。

　そこで，「A＞6」と「B＝0」の真偽の全ての組合せは，次の表の4通りあり，**判定条件網羅**(分岐網羅)によって設定したテストデータ(A＝4，B＝1)と(A＝5，B＝0)は，それぞれ①，②に該当するテストデータです。したがって，残りの③，④に該当するテストデータを選択肢から選べばよいことになり，**エ**の(A＝7，B＝0)，(A＝8，B＝2)が適切であることがわかります。

	A＞6	B＝0	テストデータ	
①	偽	偽	(A＝4，B＝1)	}判定条件網羅(分岐網羅)によるテストデータ
②	偽	真	(A＝5，B＝0)	
③	真	偽	(A＝8，B＝2)	}**エ**のテストデータ
④	真	真	(A＝7，B＝0)	

テスト管理

重要度
★☆☆　時々出題されるテーマです。何を求めるのかの把握がポイントです。なおエラー埋込み法の公式は覚えましょう。

 問1

　エラー埋込み法による残存エラーの予測において，テストが十分に進んでいると仮定する。当初の埋込みエラーは48個である。テスト期間中に発見されたエラーの内訳は，埋込みエラーが36個，真のエラーが42個である。このとき，残存する真のエラーは何個と推定されるか。

| ア | 6 | イ | 14 | ウ | 54 | エ | 56 |

 問2

　表は，現行プロジェクトにおけるソフトウェア誤りの発生・除去の実績，及び次期プロジェクトにおける誤り除去の目標を記述したものである。誤りは，設計とコーディングの作業で埋め込まれ，デザインレビュー，コードレビュー及びテストで全て除去されるものとする。次期プロジェクトにおいても，ソフトウェアの規模と誤りの発生状況は変わらないと仮定したときに，テストで除去すべきソフトウェア誤りの比率は全体の何％となるか。

〔ソフトウェア誤りが埋め込まれる工程ごとの割合〕

	現行プロジェクトの実績	次期プロジェクトでの予測
設計	誤り件数全体の50%	誤り件数全体の50%
コーディング	誤り件数全体の50%	誤り件数全体の50%

〔ソフトウェア誤りがレビューごとに除去される割合〕

	現行プロジェクトの実績	次期プロジェクトでの目標
デザインレビュー	設計時に埋め込まれた誤り全体の50%を除去	現行プロジェクトのデザインレビューの実績の1.5倍
コードレビュー	コーディング時に埋め込まれた誤り全体の40%を除去	現行プロジェクトのコードレビューの実績の1.5倍

| ア | 17.5 | イ | 25 | ウ | 30 | エ | 32.5 |

エラー埋込み法はバグ埋込み法とも呼ばれ，あらかじめ既知のエラーをプログラムに埋め込んでおき，その存在を知らない検査グループがテストを行った結果を基に，真のエラー（潜在エラー）数を推定する方法です。この方法では，埋込みエラーと真のエラーの発見率が同じであるという仮定の基に，次の式を用いて真のエラー数を推定します。

$$\frac{\text{発見された埋込みエラー数}}{\text{埋込みエラー数}} = \frac{\text{発見された真のエラー数}}{\text{真のエラー数}}$$

この式に，埋込みエラー数＝48，発見された埋込みエラー数＝36，発見された真のエラー数＝42を代入し，真のエラー数を求めると，次のようになります。

$$\frac{36}{48} = \frac{42}{\text{真のエラー数}} \quad \Rightarrow \quad 36 \times \text{真のエラー数} = 48 \times 42 \quad \Rightarrow \quad \text{真のエラー数} = 56$$

したがって，残存する真のエラーは14（＝56－42）個と推定できます。

次期プロジェクトにおいて，テストで除去すべき誤りの比率が問われています。次期プロジェクトにおける，デザインレビューでの誤り除去の目標は，現行プロジェクトの実績の1.5倍です。すなわち，設計時に埋め込まれた誤り全体の75％（＝50％×1.5）の除去を目標としています。また，コードレビューでの誤り除去の目標も，現行プロジェクトの実績の1.5倍であり，コーディング時に埋め込まれた誤り全体の60％（＝40％×1.5）の除去を目標としています。このことから，両レビューで除去できる誤りの比率は，

デザインレビューで除去できる誤りの比率＋コードレビューで除去できる誤りの比率
＝（誤り件数全体の50％×75％）＋（誤り件数全体の50％×60％）
＝37.5％＋30.0％＝67.5％

となるため，テストで除去すべき誤りの比率は32.5％です。

参考 2段階エディット法も知っておこう！ Check!

二つの独立したテストグループA，Bが，一定期間並行してテストを行い，グループAが検出したエラー数がN_A個，グループBが検出したエラー数がN_B個，共通するエラー数がN_{AB}個であった場合，総エラー数Nは「$N = (N_A \times N_B) / N_{AB}$」によって推定できます。時々出題されるので押さえておきましょう。

解答 問1：イ 問2：エ

レビュー技法

レビューの目的，またインスペクションやウォークスルーなど各種レビュー技法の特徴を押さえましょう。

 問1

作業成果物の作成者以外の参加者がモデレータとして主導すること，及び公式な記録，分析を行うことが特徴のレビュー技法はどれか。

ア　インスペクション
イ　ウォークスルー
ウ　パスアラウンド
エ　ペアプログラミング

問2

a～cの説明に対応するレビューの名称として，適切な組み合わせはどれか。

a　参加者全員が持ち回りでレビュー責任者を務めながらレビューを行うので，参加者全員の参画意欲が高まる。
b　レビュー対象物の作成者が説明者になり，入力データの値を仮定して，手続きをステップごとに机上でシミュレーションしながらレビューを行う。
c　あらかじめ参加者の役割を決めておくとともに，進行役の議長を固定し，レビューの焦点を絞って迅速にレビュー対象を評価する。

	a	b	c
ア	インスペクション	ウォークスルー	ラウンドロビン
イ	ウォークスルー	インスペクション	ラウンドロビン
ウ	ラウンドロビン	インスペクション	ウォークスルー
エ	ラウンドロビン	ウォークスルー	インスペクション

問1　解説

　レビューとは，関係者が一同に集まって，各種設計書やプログラムソースなどの成果物の欠陥発見と妥当性を検証するために行われる会議のことです。代表的なレビュー技法には，ウォークスルー，インスペクション，ラウンドロビンなどがあります。このうち，モデレータと呼ばれる調停者(司会者)が，会議の進行を取り仕切り効果的な検証作業を実施するレビューをインスペクションといいます。インスペクションの特徴については，次ページ「参考」を参照してください。

イ：**ウォークスルー**は，レビュー対象（成果物）の作成者が説明者になり行われるレビューです（下記の「参考」を参照）。

ウ：**パスアラウンド**は，レビュー対象となる成果物を複数のレビューアに個別にレビューしてもらう方法です。電子メールなどを使ってレビュー対象物をレビューアに配布する方式や，複数のレビューアに回覧形式で順番に見てもらう方式などがあります。

エ：**ペアプログラミング**は，2人のプログラマがペアとなり，その場で相談したりレビューしたりしながら一つのプログラム開発を進めます。

問2　解説

a：「参加者全員が持ち回りでレビュー責任者を務める」のは，ラウンドロビン方式です。

b：「レビュー対象物の作成者が説明者になる」のは，ウォークスルーです。プログラムのレビューにウォークスルーを用いる場合，プログラムをステップごとに机上でトレースしながらプログラムの誤り・欠陥を探します。

c：「進行役の議長を固定している」こと，「あらかじめ参加者の役割を決めておく」ことから，インスペクションです。

参考　ソフトウェアに関する主なレビュー　Check!

　ソフトウェアに関する主なレビューには，承認レビューと成果物レビューの二つがあります。**承認レビュー**は，成果物の内容を審査して，次の工程に進むための関門（承認）として実施されるレビューです。これに対して，**成果物レビュー**は，成果物の問題点を早期に発見し品質向上を図ること，また，成果物が要求事項を満たしているかどうかの確認（遵守度合いの検査）を目的に行われるレビューです。レビューアの違いにより，同じプロジェクトの同僚・専門家仲間と行う**ピアレビュー**，第三者が行う**IV&V**（Independent Verification and Validation：独立検証及び妥当性確認）などがあります。代表的なレビュー手法は，次の二つです。

〔インスペクション〕
・モデレータと呼ばれるレビュー実施責任者が，責任あるレビューを実施する。
・発見された欠陥は，問題記録表に記録するとともにその分析を行う。
・モデレータは，欠陥の修正方法やそれが完了するまでを責任をもって管理する。
・その他（事前準備の徹底，メンバの役割分担の明確化など）

〔ウォークスルー〕
・レビュー対象である成果物の誤りや欠陥を早期に発見することを最大の目的とする。
・成果物の作成者が内容を順に説明し，レビュー参加者は説明に沿って対象物を机上で追跡しながら検証する。
・発見された誤りや欠陥の修正方法は検討テーマにならない。
・修正作業は，作成者に任される。
・参加者はお互いに対等な関係であり，管理者は出席しない。

11

開発技術

解答　問1：ア　問2：エ

ソフトウェアの品質特性

重要度
★★☆

JIS X 25010:2013に記載されている文がそのまま出題されます。各特性の概要を理解しておけばよいでしょう。

問1

JIS X 25010:2013(システム及びソフトウェア製品の品質要求及び評価(SQuaRE)－システム及びソフトウェア品質モデル)で規定されたシステム及びソフトウェア製品の品質特性の一つである"機能適合性"の説明はどれか。

ア 同じハードウェア環境又はソフトウェア環境を共有する間，製品，システム又は構成要素が他の製品，システム又は構成要素の情報を交換することができる度合い，及び／又はその要求された機能を実行することができる度合い

イ 人間又は他の製品若しくはシステムが，認められた権限の種類及び水準に応じたデータアクセスの度合いをもてるように，製品又はシステムが情報及びデータを保護する度合い

ウ 明示された時間帯で，明示された条件下に，システム，製品又は構成要素が明示された機能を実行する度合い

エ 明示された状況下で使用するとき，明示的ニーズ及び暗黙のニーズを満足させる機能を，製品又はシステムが提供する度合い

問2

高度

JIS X 25010:2013(システム及びソフトウェア製品の品質要求及び評価(SQuaRE)－システム及びソフトウェア品質モデル)で規定された品質副特性の説明のうち，信頼性に分類されるものはどれか。

ア 製品又はシステムが，それらを運用操作しやすく，制御しやすくする属性をもっている度合い

イ 製品若しくはシステムの一つ以上の部分への意図した変更が製品若しくはシステムに与える影響を総合評価すること，欠陥若しくは故障の原因を診断すること，又は修正しなければならない部分を識別することが可能であることについての有効性及び効率性の度合い

ウ 中断時又は故障時に，製品又はシステムが直接的に影響を受けたデータを回復し，システムを希望する状態に復元することができる度合い

エ 二つ以上のシステム，製品又は構成要素が情報を交換し，既に交換された情報を使用することができる度合い

JIS X 25010:2013は，システム及びソフトウェア製品の品質に関する規格です。品質モデルの枠組みを"利用時の品質モデル"と"製品品質モデル"の二つに分け，このうち"製品品質モデル"では下表に示す八つの品質特性を規定しています。

機能適合性	明示された状況下で使用するとき，明示的ニーズ及び暗黙のニーズを満足させる機能を，製品又はシステムが提供する度合い(選択肢の**エ**)
性能効率性	明記された状態(条件)で使用する資源の量に関係する性能の度合い
互換性	同じハードウェア環境又はソフトウェア環境を共有する間，製品，システム又は構成要素が他の製品，システム又は構成要素の情報を交換することができる度合い，及び／又はその要求された機能を実行することができる度合い(選択肢の**ア**)
使用性	明示された利用状況において，有効性，効率性及び満足性をもって明示された目標を達成するために，明示された利用者が製品又はシステムを利用することができる度合い
信頼性	明示された時間帯で，明示された条件下に，システム，製品又は構成要素が明示された機能を実行する度合い(選択肢の**ウ**)
セキュリティ	人間又は他の製品若しくはシステムが，認められた権限の種類及び水準に応じたデータアクセスの度合いをもてるように，製品又はシステムが情報及びデータを保護する度合い(選択肢の**イ**)
保守性	意図した保守者によって，製品又はシステムが修正することができる有効性及び効率性の度合い
移植性	一つのハードウェア，ソフトウェア又は他の運用環境若しくは利用環境からその他の環境に，システム，製品又は構成要素を移すことができる有効性及び効率性の度合い

JIS X 25010:2013における"製品品質モデル"の各特性は，関連するいくつかの副特性から構成されています。信頼性を構成する副特性は次の四つです。

成熟性	通常の運用操作の下で，システム，製品又は構成要素が信頼性に対するニーズに合致している度合い
可用性	使用することを要求されたとき，システム，製品又は構成要素が運用操作可能及びアクセス可能な度合い
障害許容性 (耐故障性)	ハードウェア又はソフトウェア障害にもかかわらず，システム，製品又は構成要素が意図したように運用操作できる度合い
回復性	中断時又は故障時に，製品又はシステムが直接的に影響を受けたデータを回復し，システムを希望する状態に復元することができる度合い(選択肢の**ウ**)

アは使用性の副特性である「運用操作性」，**イ**は保守性の副特性である「解析性」，**エ**は互換性の副特性である「相互運用性」の説明です。

解答 問1：エ 問2：ウ

11

開発技術

ソフトウェアの保守

重要度
★★★

近年出題が多くなりました。ソフトウェア製品に対する四つの保守タイプをしっかり理解しておきましょう。

問1

ソフトウェア保守で修正依頼を保守のタイプに分けるとき，次のa〜dに該当する保守のタイプの，適切な組合せはどれか。

〔保守のタイプ〕

保守を行う時期	修正依頼の分類	
	訂正	改良
潜在的な障害が顕在化する前	a	b
問題が発見されたとき	c	−
環境の変化に合わせるとき	−	d

	a	b	c	d
ア	完全化保守	予防保守	是正保守	適応保守
イ	完全化保守	予防保守	適応保守	是正保守
ウ	是正保守	完全化保守	予防保守	適応保守
エ	予防保守	完全化保守	是正保守	適応保守

問2

問題は発生していないが，プログラムの仕様書と現状のソースコードとの不整合を解消するために，リバースエンジニアリングの手法を使って仕様書を作成し直す。これはソフトウェア保守のどの分類に該当するか。

ア 完全化保守　　**イ** 是正保守　　**ウ** 適応保守　　**エ** 予防保守

問1 ▶ 解説

ソフトウェアの保守を対象にした規格にJIS X 0161（ソフトウェア技術−ソフトウェアライフサイクルプロセス−保守）があります。この規格では，ソフトウェア製品への修正依頼は"訂正"と"改良"に分類できるとし，ソフトウェア製品に対する保守を四つのタイプに分類し，それぞれ次のように定義しています。

訂正	是正保守	ソフトウェア製品の引渡し後に発見された問題を訂正するために行う受身の修正
	予防保守	引渡し後のソフトウェア製品の潜在的な障害が運用障害になる前に発見し、是正を行うための修正
改良	適応保守	引渡し後、変化した、又は変化している環境において、ソフトウェア製品を使用できるように保ち続けるために実施する修正
	完全化保守	引渡し後のソフトウェア製品の潜在的な障害が故障として表れる前に検出し、訂正するための修正

補足 是正保守は「ソフトウェア製品に実際に起きた誤りによって余儀なくされた修正」、予防保守は「ソフトウェア製品に潜在的な誤りが検出されたことによって余儀なくされた修正」です。これに対して適応保守及び完全化保守は、ソフトウェア製品の改良のための修正であり、"問題への対応"ではありません。

以上のことを参考に、a〜dに該当する保守のタイプを考えます。

・潜在的な障害が顕在化する前に行う保守は、"訂正"の予防保守(**空欄a**)と"改良"の完全化保守(**空欄b**)です。
・問題が発見されたときに行う保守は、"訂正"の是正保守(**空欄c**)です。
・環境の変化に合わせるときに行う保守は、"改良"の適応保守(**空欄d**)です。

したがって、**エ**が適切な組合せです。

問2 解説

「問題は発生していないが、現状のソースコードとの不整合を解消するためにプログラム仕様書を作成し直す」ことは、"訂正"ではなく"改良"です。"改良"に分類される保守には、適応保守と完全化保守の二つがありますが、適応保守は、変化する環境に適応させるために行う修正です。例えば、「オペレーティングシステムの更新によって、既存のアプリケーションソフトウェアが正常に動作しなくなることが判明したので、正常に動作するように修正した」といった修正が適応保守に該当します。

一方、完全化保守は、ソフトウェア製品の性能又は保守性を向上させるための修正であり、言い換えればより完全を目指して行われる修正です。この完全化のための修正には、例えば、利用者のための改良(機能追加、機能改善、性能強化)や、現行のプログラム仕様書を現状のソースコードに合うように修正して保守性を向上させることも含まれます。したがって、問題文に示された保守は**ア**の完全化保守です。

参考 リバースエンジニアリング ☞Check!

リバースエンジニアリングとは、既存の製品を分解し解析することによって、その製品の構造を明らかにして技術を獲得する手法のことです。ソフトウェア開発の分野では、「既存のプログラムからそのプログラムの仕様を導き出すこと」をいいます。

解答 問1:エ 問2:ア

ソフトウェア開発手法 I

重要度 ★★★ このテーマからは，アジャイル開発に関する問題が多く出題されています。「参考」も含め押さえておきましょう。

問1

エクストリームプログラミング(XP：eXtreme Programming)における"テスト駆動開発"の特徴はどれか。

ア 最初のテストで，なるべく多くのバグを摘出する。

イ テストケースの改善を繰り返す。

ウ テストでのカバレージを高めることを目的とする。

エ プログラムを書く前にテストケースを記述する。

問2

アジャイル開発におけるプラクティスの一つであるバーンダウンチャートはどれか。ここで，図中の破線は予定又は予想を，実線は実績を表す。

ア
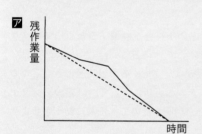

イ
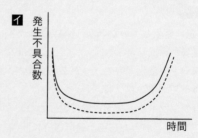

ウ
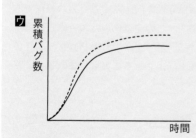

エ
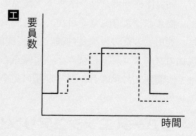

問1 解説

エクストリームプログラミング(XP：eXtreme Programming)は，アジャイル開発にお

ける開発手法やマネジメントの経験則をまとめたものです。**テスト駆動開発**は，XPが定める，開発チームが実施すべきプラクティスの一つで，「動作するソフトウェアを迅速に開発するために，最初にテストケースを作成し，テストをパスする必要最低限の実装を行った後，コードを洗練させる」という開発手法です。したがって，**エ**が適切です。

バーンダウンチャートは，横軸を時間，縦軸を残作業量とした**ア**のグラフです。プロジェクトの経過時間と残作業量(予定と実績)をグラフ化することで，プロジェクトの進捗状況や，期限までに作業を終えられるかを視覚的に把握できます。

補足 **アジャイル開発**は，ソフトウェアに対する要求の変化やビジネス目標の変化に柔軟に対応できるよう，短い期間(一般に，1週間から1か月)単位で，「計画，実行，評価」を繰り返す反復型の開発手法です。反復する一つの開発サイクルを**イテレーション**といい，バーンダウンチャートは，このイテレーションごとに作成することが一般的です。

イ：機械や装置における時間の経過と発生不具合数の関係を表した**バスタブ曲線**です。

ウ：テスト工程での品質状況を判断するために用いられる**信頼度成長曲線**です。テスト開始直後はバグの発生数は少なく，時間経過とともに徐々に増加していき，最終的にある一定のバグ数に収束する傾向を表します。

エ：プロジェクトの進捗に伴って工数ごとに投入する要員数を表した**山積みグラフ**です。

参考 開発の主なプラクティス Check!

11

開発技術

XPでは，対象者である「共同，開発，管理者，顧客」の四つの立場ごとに全部で19のプラクティスが定義されています。このうち"開発のプラクティス"をまとめておきます。

ペアプログラミング	品質向上や知識共有を図るため，二人のプログラマがペアとなり，その場で相談したりレビューしながら一つのプログラム開発を行う
テスト駆動開発	最初にテストケースを設計し，テストをパスする必要最低限の実装を行った後，コード(プログラム)を洗練させる
リファクタリング	完成済みのプログラムでも随時改良し，保守性の高いプログラムに書き直す。その際，外部から見た振る舞い(動作)は変更しない。改良後には，改良により想定外の箇所に悪影響を及ぼしていないかを検証する回帰テストを行う
継続的インテグレーション	コードの結合とテストを継続的に繰り返す。すなわち，単体テストをパスしたらすぐに結合テストを行い問題点や改善点を早期に発見する
コードの共同所有	誰が作成したコードであっても，開発チーム全員が改善，再利用を行える
YAGNI	"You Aren't Going to Need It(今，必要なことだけする)"の略。今必要な機能だけの実装にとどめ，将来を見据えての機能追加は避ける。これにより後の変更に対応しやすくする

ソフトウェア開発手法Ⅱ

問1

　スクラムでは，一定の期間で区切ったスプリントを繰り返して開発を進める。各スプリントで実施するスクラムイベントの順序のうち，適切なものはどれか。

〔スクラムイベント〕
1. スプリントプランニング
2. スプリントレトロスペクティブ
3. スプリントレビュー
4. デイリースクラム

ア 1 → 4 → 2 → 3　　　　**イ** 1 → 4 → 3 → 2

ウ 4 → 1 → 2 → 3　　　　**エ** 4 → 1 → 3 → 2

問2

　スクラムのスプリントにおいて，(1)～(3)のプラクティスを採用して開発を行い，スプリントレビューの後にKPT手法でスプリントレトロスペクティブを行った。"KPT"の"T"に該当する例はどれか。

〔プラクティス〕
　(1) ペアプログラミングでコードを作成する。
　(2) スタンドアップミーティングを行う。
　(3) テスト駆動開発で開発を進める。

ア　開発したプログラムは欠陥が少なかったので，今後もペアプログラミングを継続する。

イ　スタンドアップミーティングにメンバー全員が集まらないことが多かった。

ウ　次のスプリントからは，スタンドアップミーティングにタイムキーパーを置き，終了5分前を知らせるようにする。

エ　テストコードの作成に見積り以上の時間が掛かった。

スクラムは，アジャイル開発のアプローチ方法の一つであり，複雑で変化の激しい問題に対応するためのシステム開発のフレームワークです。スクラムでは，**スプリント**と呼ばれる1か月以下の反復期間を繰り返すことで継続的に機能をリリースしていきます。スプリントで実施されるアクティビティ（スクラムイベント）は次のとおりです。なお，スプリント内の開発の進め方は，「テスト駆動」に基づくことが基本となります。

スプリントプランニング	スプリントの開始に先立って行われるミーティング。プロダクトバックログ（実装予定項目の一覧）の中から，今回のスプリントで扱うバックログ項目を決める（スプリントバックログの決定）
デイリースクラム	スタンドアップミーティング，又は朝会ともいわれ，立ったまま，毎日，決まった場所・時刻に行う15分の短いミーティング。進行状況や問題点などを共有し，今日の計画を作る
スプリントレビュー	スプリントの最後に成果物をデモンストレーションし，リリースの可否をプロダクトオーナが判断する
スプリントレトロスペクティブ	スプリントレビュー終了後，スプリントのふりかえりを実施し，次のスプリントに向けての改善を図る

KPT手法は，ふりかえり（レトロスペクティブ）方法の一つです。Keep（うまくいったことや今後も継続すること），Problem（うまくいかなかったことや今後はやめた方がいいこと，直したいこと）を洗い出し，それを基にTry（問題点や課題の解決策，新たに実施すること）を考えます。

アはK（Keep），**イ**はP（Problem），**ウ**はT（Try），**エ**はP（Problem）に該当します。

参考　**スクラムチームを構成する三つの役割（ロール）** Check!

プロダクトオーナ	何を開発するか決める人であり，開発目的を達成するために必要な権限をもつ。開発目的を明確に定め，その達成のための要件を開発チームに提示し，開発の完了を一意に判断する。プロダクトバックログ項目の優先順位の決定，各スプリントの終わりにプロダクトインクリメントのリリース可否の判断といった役割を担う
スクラムマスタ	スクラムが円滑に進むように支援する。例えば，メンバ全員が自律的に協働できるように場作りをするファシリテータ的な役割を担ったり，コーチとなってメンバの相談に乗ったり，開発チームが抱えている問題を取り除いたりする
開発チーム	プロダクトの開発プロセス全体に責任を負い，実際に開発作業に携わる人々。プロダクトを完成させるための具体的な作り方を決定し，リリース判断可能なプロダクトのインクリメントを完成させる

11

開発技術

解答　問1：イ　問2：ウ

開発モデル

重要度
★☆☆

近年出題はほとんどありませんが，高度試験では定期的に出題されています。確認しておいた方がよいでしょう。

問1

表はシステムの特性や制約に応じた開発方針と，開発方針に適した開発モデルの組である。a〜cに該当する開発モデルの組合せはどれか。

開発方針	開発モデル
最初にコア部分を開発し，順次機能を追加していく。	a
要求が明確なので，全機能を一斉に開発する。	b
要求に不明確な部分があるので，開発を繰返しながら徐々に要求内容を洗練していく。	c

	a	b	c
ア	進化的モデル	ウォータフォールモデル	段階的モデル
イ	段階的モデル	ウォータフォールモデル	進化的モデル
ウ	ウォータフォールモデル	進化的モデル	段階的モデル
エ	進化的モデル	段階的モデル	ウォータフォールモデル

問1 解説

各開発モデルの特徴は，次のとおりです。

・**ウォータフォールモデル**：システム全体を一括して管理し，「要求の分析・定義 → システムの設計 → 実装 → テスト」といった工程順に開発を進めるモデルです。システムへの要求が明確であり，全機能を一斉に開発する場合に適します。開発モデルbに該当します。

・**段階的モデル**（インクリメンタルモデル）：定義された要求をいくつかの部分に分けて，順次，段階的に開発・提供していくモデルです。開発の順番は決められていて，それぞれ時期をずらして順次開発していきます。開発モデルaに該当します。

・**進化的モデル**：システムへの要求を最初から十分に理解し，定義できないことを前提としたモデルです。要求に不明確な部分がある，又は変更される可能性が高い部分がある場合，最初に要求が確定した部分だけを開発し，その後，要求が確定した部分を逐次追加していきます。開発モデルcに該当します。

解答 問1：イ

第 **12** 章

マネジメント

重要度
★★☆

出題が増えてきました。ここでは，PMOの役割及び責任と，プロジェクト憲章とは何かを押さえましょう。

問1

あるプロジェクトのステークホルダとして，プロジェクトスポンサ，プロジェクトマネージャ，プロジェクトマネジメントオフィス及びプロジェクトマネジメントチームが存在する。ステークホルダのうち，JIS Q 21500:2018(プロジェクトマネジメントの手引)によれば，主として標準化，プロジェクトマネジメントの教育訓練及びプロジェクトの監視といった役割を担うのはどれか。

ア プロジェクトスポンサ　　　　　**イ** プロジェクトマネージャ
ウ プロジェクトマネジメントオフィス　**エ** プロジェクトマネジメントチーム

問2

プロジェクトマネジメントにおける"プロジェクト憲章"の説明はどれか。

ア プロジェクトの実行，監視，管理の方法を規定するために，スケジュール，リスクなどに関するマネジメントの役割や責任などを記した文書
イ プロジェクトのスコープを定義するために，プロジェクトの目標，成果物，要求事項及び境界を記した文書
ウ プロジェクトの目標を達成し，必要な成果物を作成するために，プロジェクトで実行する作業を階層構造で記した文書
エ プロジェクトを正式に認可するために，ビジネスニーズ，目標，成果物，プロジェクトマネージャ，及びプロジェクトマネージャの責任権限を記した文書

問1 解説

プロジェクトに関与している人や組織，又はプロジェクトの実行や完了によって自らの利益に影響が出る人や組織を合わせて**ステークホルダ**といいます。選択肢の中で，主として標準化，プロジェクトマネジメントの教育訓練及びプロジェクトの監視といった役割を担うのは，**プロジェクトマネジメントオフィス**(PMO：Project Management Office)です。

JIS Q 21500:2018では，ステークホルダを，「プロジェクトのあらゆる側面に対して，利害関係をもつか，影響を及ぼすことができるか，影響を受け得るか又は影響を受けると認知している人，群又は組織」と定義し，ステークホルダ(選択肢)の役割及び責任に

ついて，次のように記載しています。

プロジェクトスポンサ	プロジェクトを許可し，経営的決定を下し，プロジェクトマネージャの権限を超える問題及び対立を解決する
プロジェクトマネージャ	プロジェクトの活動を指揮し，マネジメントして，プロジェクトの完了に説明義務を負う
プロジェクトマネジメントオフィス	ガバナンス，標準化，プロジェクトマネジメントの教育訓練，プロジェクトの計画及びプロジェクトの監視を含む多彩な活動を遂行する
プロジェクトマネジメントチーム	プロジェクトの活動を指揮し，マネジメントするプロジェクトマネージャを支援する

問2　解説

プロジェクト憲章とは，プロジェクトを正式に許可する文書であり，プロジェクトマネージャを特定して適切な責任と権限を明確にし，ビジネスニーズ，目標，期待される効果などを明確にした文書のことです。**エ**が正しい記述です。なお，JIS Q 21500:2018では，プロジェクト憲章を作成する目的は，次の点にあるとしています。

- プロジェクト又は新規のプロジェクトフェーズを正式に許可する。
- プロジェクトマネージャを特定し，適切な責任と権限を明確にする。
- ビジネスニーズ，プロジェクトの目標，期待する成果物及びプロジェクトの経済面を文書化する。

ア：プロジェクトマネジメント計画書の説明です。
イ：スコープ規定書(プロジェクトスコープ記述書ともいう)の説明です。
ウ：WBS(Work Breakdown Structure)及びWBS辞書(WBSの各要素の詳細を規定したドキュメント)に関する説明です。WBSについては，「12-3 プロジェクトのスコープ」の問1を参照。

参考 **プロジェクトスコープとスコープ規定書** Check!

- **プロジェクトスコープ**：プロジェクトの範囲のこと。つまり，プロジェクトのアウトプットとなる"成果物"，及びそれを創出するために必要な"作業"の範囲のこと。
- **スコープ規定書**：スコープ規定書には，プロジェクトの成果物，成果物受入基準，作業範囲のほか，プロジェクトからの除外事項や，制約条件，前提条件などが記載される。なお，スコープ規定書の作成は，スコープの定義プロセスで行われる。

解答 問1：ウ　問2：エ

重要度 ★★★ JIS Q 21500:2018における五つのプロセス群を押さえましょう。また，問3も押さえておくとよいでしょう。

問1

JIS Q 21500:2018(プロジェクトマネジメントの手引)によれば，プロジェクトマネジメントのプロセスのうち，計画のプロセス群に属するプロセスはどれか。

ア スコープの定義
イ 品質保証の遂行
ウ プロジェクト憲章の作成
エ プロジェクトチームの編成

問2

JIS Q 21500:2018(プロジェクトマネジメントの手引)によれば，プロジェクトマネジメントの"実行のプロセス群"の説明はどれか。

ア プロジェクトの計画に照らしてプロジェクトパフォーマンスを監視し，測定し，管理するために使用する。

イ プロジェクトフェーズ又はプロジェクトが完了したことを正式に確定するために使用し，必要に応じて考慮し，実行するように得た教訓を提供するために使用する。

ウ プロジェクトフェーズ又はプロジェクトを開始するために使用し，プロジェクトフェーズ又はプロジェクトの目標を定義し，プロジェクトマネージャがプロジェクト作業を進める許可を得るために使用する。

エ プロジェクトマネジメントの活動を遂行し，プロジェクトの全体計画に従ってプロジェクトの成果物の提示を支援するために使用する。

問3

高度

JIS Q 21500:2018(プロジェクトマネジメントの手引)において，管理のプロセス群を構成するプロセスのうち，WBSが主要なインプットの一つとして示されているものはどれか。

ア スコープの管理
イ 品質管理の遂行
ウ 変更の管理
エ リスクの管理

JIS Q 21500:2018では，プロジェクトの目標を達成するために実行するプロジェクトマネジメントのプロセスを，作業の位置付けにより「立ち上げ，計画，実行，管理，終結」の五つのプロセス群に分類しています。このうち，"計画のプロセス群"は，計画の詳細を作成するために使用されるプロセス群です。選択肢のうち，**ア**のスコープの定義が属します。

	属するプロセス
立ち上げの プロセス群	プロジェクト憲章の作成，ステークホルダの特定，プロジェクトチームの編成
計画の プロセス群	プロジェクト全体計画の作成，**スコープの定義**，WBSの作成，活動の定義，資源の見積り，プロジェクト組織の定義，活動の順序付け，活動期間の見積り，スケジュールの作成，コストの見積り，予算の作成，リスクの特定，リスクの評価，品質の計画，調達の計画，コミュニケーションの計画
実行の プロセス群	プロジェクト作業の指揮，ステークホルダのマネジメント，プロジェクトチームの開発，リスクへの対応，品質保証の遂行，供給者の選定，情報の配布
管理の プロセス群	プロジェクト作業の管理，変更の管理，スコープの管理，資源の管理，プロジェクトチームのマネジメント，スケジュールの管理，コストの管理，リスクの管理，品質管理の遂行，調達の運営管理，コミュニケーションのマネジメント
終結の プロセス群	プロジェクトフェーズ又はプロジェクトの終結，得た教訓の収集

問2　解説

"実行のプロセス群"の説明は**エ**です。**ア**は"管理のプロセス群"，**イ**は"終結のプロセス群"，**ウ**は"立ち上げのプロセス群"の説明です。

問3　解説

WBS(Work Breakdown Structure)は，プロジェクトで行う作業を表したものです(次節を参照)。このWBSを主要なインプットとするプロセスは，**ア**のスコープの管理です。**スコープの管理**では，現在のプロジェクトスコープの状況を判断し，承認したスコープのベースライン(スコープ規定書)と現在のスコープの状況との比較を行います。そして，スコープの変更によって生じるプロジェクトの機会となる影響を最大化し，脅威となる影響を最小化あるいは避けるために全ての適切な変更要求を実行します。スコープの管理の主なインプット及びアウトプットは，次のとおりです。

主要なインプット
進捗データ，スコープ規定書，WBS，活動リスト

主要なアウトプット
変更要求

解答　問1:ア　問2:エ　問3:ア

プロジェクトのスコープ

重要度
★★★

ここでは，WBS及びスコープ変更の具体例を確認し，「参考」に示したRACIチャートも押さえておきましょう。

WBS(Work Breakdown Structure)を利用する効果として，適切なものはどれか。

ア 作業の内容や範囲が体系的に整理でき，作業の全体が把握しやすくなる。

イ ソフトウェア，ハードウェアなど，システムの構成要素を効率よく管理できる。

ウ プロジェクト体制を階層的に表すことによって，指揮命令系統が明確になる。

エ 要員ごとに作業が適正に配分されているかどうかが把握できる。

プロジェクトマネジメントにおけるスコープコントロールの活動はどれか。

ア 開発ツールの新機能の教育が不十分と分かったので，開発ツールの教育期間を2日間延長した。

イ 要件定義が完了した時点で再見積りをしたところ，当初見積もった開発コストを超過することが判明したので，追加予算を確保した。

ウ 連携する計画であった外部システムのリリースが延期になったので，この外部システムとの連携に関わる作業は別プロジェクトで実施することにした。

エ 割り当てたテスト担当者が期待した成果を出せなかったので，経験豊富なテスト担当者と交代した。

問1 解説

WBS(Work Breakdown Structure)とは，プロジェクトで行う作業を管理しやすい細かな作業に分割し，それを階層的に表したものです。

例 WBSの例

```
              XXX開発プロジェクト
    ┌──────┬──────────┼──────────┬─ ─ ─
  要件定義  システム設計    プログラミング    結合テスト
                         ┌───────┴────┐
                       テスト計画          テスト実施
                    ┌────┴────┐
                 品質基準定義  テスト計画書作成
```

※WBSの最下位レベルの要素は，スケジュール，コスト見積り，監視・コントロールの対象となる単位。これをワークパッケージという。

WBSを作成することによって，プロジェクトの作業内容及び範囲が体系的に整理できるため作業全体が把握しやすくなります。**ア**が適切な記述です。

イ：システムの構成要素は，構成管理(サービスマネジメント)で管理されます。

ウ：プロジェクト体制を階層的に表した図を**OBS**(Organization Breakdown Structure：組織構成図)といいます。OBSは，WBS上のワークパッケージに対して，要員及び責任者を割当て，それに指揮命令系統を配置した図です。

エ：要員ごとに作業が適正に配分されているかが把握できるのは，**責任分担表**(RAM：Responsibility Assignment Matrix)です。下記の「参考」を参照。

問2　解説

　プロジェクトにおいて，様々な理由により，スコープの拡張あるいは縮小の必要性が発生することは少なくありません。このスコープの変更を取り扱う一連の活動が，**スコープコントロール**です。**ウ**の事例では，リリースが延期された外部システムとの連携に関わる作業を別プロジェクトで実施することにしています。つまり，外部システムのリリースの延期による影響を最小化するためにプロジェクトのスコープを縮小(削減)したことになるので，スコープコントロールの活動に該当します。

ア：「教育期間を2日間延長した」というのは，スケジュールの変更です。

イ：「追加予算を確保した」というのは，コストの変更です。

エ：「経験豊富なテスト担当者と交代した」というのは，人的資源の変更です。

参考　責任分担表(RAM)　Check!

　RAM(Responsibility Assignment Matrix：責任分担マトリックス)は，作業に関与する人と責任をマトリックスで示した"人的資源計画"のツールです。代表的なものに，プロジェクトの作業ごとの役割，責任，権限レベルを明示した**RACIチャート**があります。RACIは，「**実行責任**(**R**esponsible)：作業を担当する」，「**説明責任**(**A**ccountable)：作業全般の責任を負う」，「**相談対応**(**C**onsult)：助言や支援，補助的な作業を行う」，「**情報提供**(**I**nform)：作業の結果や進捗などの情報の提供を受ける」の頭文字を取った造語です。

例　RACIチャート

アクティビティ	要員					
	阿部	伊藤	佐藤	鈴木	田中	野村
要件定義	C	A	I	I	I	R
設計	R	I	I	C	C	A
開発	A	—	R	—	R	I
テスト	I	I	C	R	A	C

解答　問1：ア　問2：ウ

アローダイアグラム

アローダイアグラム問題は頻出です。また，今後は，「参考」に示したクリティカルチェーン法も要注意です。

問1

図のアローダイアグラムから読み取れることのうち，適切なものはどれか。ここで，プロジェクトの開始日は0日目とする。

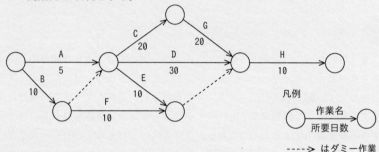

凡例

-----> はダミー作業

ア 作業Cを最も早く開始できるのは5日目である。
イ 作業Dはクリティカルパス上の作業である。
ウ 作業Eの余裕日数は30日である。
エ 作業Fを最も遅く開始できるのは10日目である。

問1 解説

各結合点における最早結合点時刻と最遅結合点時刻を求めると下図のようになります。ここで，説明のため各結合点には番号を付与しています。

最早結合点時刻とは，「結合点に到着する全ての作業が終了する最も早い日」のことで，
最遅結合点時刻とは，「結合点から開始する作業を最も遅く開始できる日」のことです。

作業Aは5日目に終了するが，結合点②からのダミー作業の終了が10日目

作業Dは20日目に，作業Eは40日目に開始すれば間に合うが，作業Cは10日目に開始しないと間に合わない。

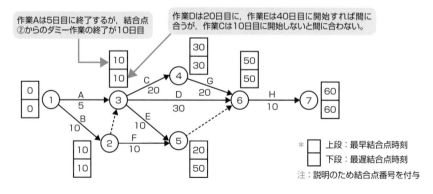

* ☐ 上段：最早結合点時刻
下段：最遅結合点時刻
注：説明のため結合点番号を付与

ア：結合点③の最早結合点時刻が10なので，作業Cを最も早く開始できるのは10日目です。

イ：**クリティカルパス**とは，プロジェクトの所要期間を決める作業を連ねた経路，すなわち余裕がない作業を連ねた経路のことです。余裕がない作業とは，「開始可能になったら直ちに開始しなければならない作業」のことで，最も遅く開始できる日（**最遅開始日**）と最も早く開始できる日（**最早開始日**）が一致する作業のことです。各作業の最早開始日と最遅開始日を求めると下表のようになり，作業「B，C，G，H」がクリティカルパス上の作業です。作業Dはクリティカルパス上の作業ではありません。

作業	最早開始日	最遅開始日
A	0	5
B	0	0
C	10	10
D	10	20

作業	最早開始日	最遅開始日
E	10	40
F	10	40
G	30	30
H	50	50

ウ：**余裕日数**は「最遅開始日－最早開始日」で求められます。作業Eの最遅開始日は40日目，最早開始日は10日目なので余裕日数は30日です。これは，10日目には作業が開始できるけど，結合点⑤の最遅結合点時刻が50なので40日目に開始しても十分に間に合うということです。なお，「最遅終了日－最早終了日」でも余裕日数は求められます。最遅終了日は「最遅開始日＋所要日数」，最早終了日は「最早開始日＋所要日数」です。

エ：作業Fを最も遅く開始できるのは40日目です。

以上，**ウ**が正しい記述です。

参考 クリティカルチェーン法 Check!

クリティカルチェーン法とは，作業の依存関係だけでなく資源の不足や競合も考慮して，スケジュール管理を行う方法です。クリティカルチェーン法において，プロジェクトの所要期間を決めている作業を連ねた経路を**クリティカルチェーン**といい，資源の不足や競合がない場合は，「クリティカルチェーン＝クリティカルパス」となります。

クリティカルチェーン法の特徴は，資源の不足や競合が発生することを前提として，プロジェクトの不確実性に対応するための（すなわち，クリティカルチェーンを守るための）余裕日数をアローダイアグラム上に設けることにあります。この余裕日数のことを**バッファ**といい，大きく分けると次の二つがあります。

・**合流バッファ**：クリティカルチェーン上にない作業が遅延してもクリティカルチェーン上の作業に影響しないように，クリティカルチェーンにつながっていく作業の直後（合流点）に設けるバッファ。**フィーディングバッファ**ともいう。

・**プロジェクトバッファ**：クリティカルチェーンの最後に配置される，プロジェクト全体における安全余裕のためのバッファ。**所要時間バッファ**ともいう。

解答 問1：ウ

12 ▶ 5 プレシデンスダイアグラム法

重要度
★★★

出題が増えてきています。作業の依存関係, 並びにリード
とラグを理解し, 解釈ができるようにしておきましょう。

問1

図は, 実施する三つのアクティビティについて, プレシデンスダイアグラム法を用いて,
依存関係及び必要な作業日数を示したものである。全ての作業を完了するのに必要な日数は
最少で何日か。

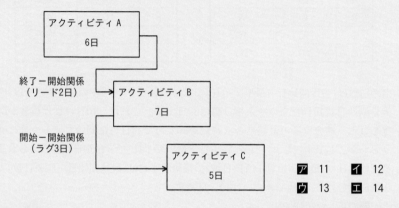

アクティビティ A
6日

終了－開始関係
（リード2日）

アクティビティ B
7日

開始－開始関係
（ラグ3日）

アクティビティ C
5日

ア 11 　 イ 12
ウ 13 　 エ 14

問2

高度

表はプロジェクトの作業リストである。作業Dの総余裕時間は何日か。ここで, 各作業の
依存関係は, 全てプレシデンスダイアグラム法における終了－開始関係とする。

〔作業リスト〕

作業	先行作業	所要時間
A	－	4日
B	A	5日
C	B	3日
D	A	1日
E	C, D	2日

ア 0 　 イ 4
ウ 7 　 エ 14

問1 解説

プレシデンスダイアグラム法（PDM：Precedence Diagramming Method）は, アクティビ
ティ（作業）を箱型のノードで表し, その順序及び依存関係を矢線で表す表記法です。

"終了－開始関係"は「先行作業が終了すれば後続作業が開始できる」ことを意味し，"開始－開始関係"は「先行作業が開始されると後続作業も開始できる」ことを意味します。また，リードは「後続作業を前倒しに早める期間」，ラグは「後続作業の開始を遅らせる期間」です。したがって，本問の場合，"終了－開始関係(リード2日)"は「アクティビティBを，アクティビティA終了の2日前から開始する」，また，"開始－開始関係(ラグ3日)"は「アクティビティCを，アクティビティBの開始3日後に開始する」ということになります。

　以上を踏まえて，スケジュールを図で表すと下図のようになり，全てのアクティビティを完了するのに必要な日数は12日であることがわかります。

問2　解説

　問題に示された作業リストをプレシデンスダイアグラムで表すと下図のようになります。ここで，図中の箱型ノードの上段左の数値は作業の最早開始日，右は最早終了日です。

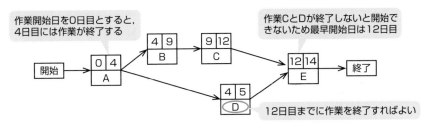

　作業Dの最早終了日は5日目ですが，後続である作業Eは12日目でないと開始できないため，作業Dは遅くても12日目までに終了していればよいことになります。この「遅くても終了していなければならない日」のことを**最遅終了日**といい，作業の**余裕時間**は，「最遅終了日－最早終了日」で求められます。つまり，作業Dの余裕時間は7(＝12－5)日です。

補足 アローダイアグラムで表記すると下図のようになります。

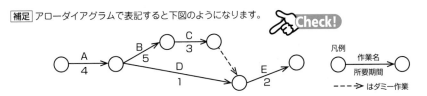

12

マネジメント

解答 問1:イ　問2:ウ

プロジェクト所要期間の短縮

重要度
★★★　プロジェクト所要期間の短縮方法（クラッシングとファストトラッキング），及び短縮手順を押さえましょう。

問1

　プロジェクトのスケジュールを短縮するために，アクティビティに割り当てる資源を増やして，アクティビティの所要期間を短縮する技法はどれか。

ア　クラッシング　　　　　　　**イ**　クリティカルチェーン法
ウ　ファストトラッキング　　　**エ**　モンテカルロ法

問2

　図に示すとおりに作業を実施する予定であったが，作業Aで1日の遅れが生じた。各作業の費用増加率を表の値とするとき，当初の予定日数で終了するために掛かる増加費用を最も少なくするには，どの作業を短縮すべきか。ここで，費用増加率とは，作業を1日短縮するために要する増加費用のことである。

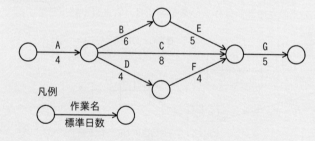

作業名	費用増加率
A	4
B	6
C	3
D	2
E	2.5
F	2.5
G	5

ア　B　　　　**イ**　C　　　　**ウ**　D　　　　**エ**　E

問1　解説

　プロジェクトスコープを変更することなく，プロジェクト全体の所要期間（スケジュール）を短縮する手法にクラッシングとファストトラッキングがあります。このうち，アクティビティに割り当てる資源を増やすことで所要期間を短縮する技法は**クラッシング**です。クラッシングでは，クリティカルパス上のアクティビティに追加資源を投入することによって所要期間を短縮します。

　一方，**ファストトラッキング**は，順を追って行う作業を並行して行うことによって，プ

ロジェクトの所要期間を短縮する技法です。例えば，全体の設計が完了する前に，仕様が固まっているモジュールを開発することでプロジェクト全体の所要期間を短縮します。

なお，**イ**のクリティカルチェーン法については「12-4 アローダイアグラム」の「参考」を，**エ**のモンテカルロ法については「14-6 業務分析手法」の問2を参照してください。

問2 解説

クリティカルパス上の作業を1日短縮することで，プロジェクトの所要期間を1日短縮できます。つまり，作業Aで生じた1日の遅れを最少追加費用で取り戻すためには，クリティカルパス上の作業で，費用増加率が一番少ない作業を1日短縮します。

本来，クリティカルパスは，余裕日数が0（ゼロ）の作業を結ぶことで求めますが，各結合点における最早結合点時刻と最遅結合点時刻の差が0となる，余裕のない結合点を結ぶことでも簡易的に求められます。そこで，各結合点における最早結合点時刻と最遅結合点時刻を求めると下図のようになり，クリティカルパスは「A→B→E→G」です。したがって，このクリティカルパス上の作業B，E，G（Aは作業済み）のうち，費用増加率が最も少ない作業Eを1日短縮すればよいことになります。

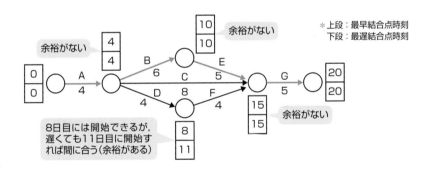

参考 プロジェクト所要期間の短縮手順 Check!

クラッシングによりクリティカルパス上の作業を短縮すると，他の経路がクリティカルパスになることがあります。この場合，「作業の短縮日数＝プロジェクト所要期間の短縮日数」にはなりません。つまり，クリティカルパス上の作業をN日短縮しても，所要期間がN日短縮できるというものではありません。そこで一般には，次の手順で目標日数まで短縮していきます。

〔短縮手順〕

　① クリティカルパス上の作業を1日短縮する。

　② クリティカルパスを再検討する。

　③ ①と②の操作を目標の短縮日数まで繰り返す。

12

マネジメント

問1

アプリケーションにおける外部入力，外部出力，内部論理ファイル，外部インタフェースファイル，外部照会の五つの要素の個数を求め，それぞれを重み付けして集計する。集計した値がソフトウェア開発の規模に相関するという考え方に基づいて，開発規模の見積りに利用されるものはどれか。

ア　COCOMO
イ　Dotyモデル
ウ　putnamモデル
エ　ファンクションポイント法

問2

開発工数の見積方法の一つである標準タスク法の説明として，適切なものはどれか。

ア　WBS(Work Breakdown Structure)に基づいて，成果物単位や処理単位に工数を見積もり，ボトムアップ的に積み上げていく方法である。

イ　開発条件が過去に経験したシステムと類似している場合に，過去の実績値を基にして開発工数を見積もる方法である。

ウ　外部入力，外部出力，内部論理ファイル，外部参照，外部インタフェースの五つの要素から，そのシステムの機能を定量的に算出し，それを基にしてシステムの開発工数を見積もる方法である。

エ　プログラムのステップ数を見積もり，それを基にしてシステムの開発工数を見積もる方法である。

問1 　解説

問題文に示された見積り手法を**ファンクションポイント法**(FP法)といいます。ファンクションポイント法では，システムの外部仕様の情報からそのシステムの機能(外部入力，外部出力，内部論理ファイル，外部インタフェースファイル，外部照会)の量を算定し，それを基にシステムの開発規模を見積もります(次ページの例を参照)。

ア：COCOMO(Constructive Cost Model)は，ソフトウェアの規模(プログラムの行数)を入力変数として，見積り対象の難易度や開発要員の構成・能力など工数を増加させる要因を考慮し開発工数を見積もります。

イ：Dotyモデルは，プログラムステップ法(LOC法)の一種です。プログラム行数の指数乗を用いて開発工数を見積もります。なおLOCは"Lines Of Code"の略です。

ウ：putnamモデルは，開発に必要な工数は時間の経過によって変化することを考慮した動的モデルです。

例 ファンクションポイント法(補正係数：0.75，生産性：6FP/人月)

ファンクションタイプ	個数	重み付け係数	
外部入力	1	4	1×4＝4
外部出力	2	5	2×5＝10
内部理論ファイル	1	10	1×10＝10
外部インターフェースファイル	0	7	0×7＝0
外部照会	0	4	0×4＝0
		合計	24

「開発規模」を測る尺度　　　　　　　　　　未調整ファンクションポイント値

ファンクションポイント値＝24×補正係数0.75＝18［FP］
開発工数＝ファンクションポイント値÷生産性＝18÷6＝3［人月］

問2　解説

　開発工数の見積方法を大きく分けると，ボトムアップ見積法，類推見積法，係数見積法(パラメトリック法)の三つに分類できます。

　標準タスク法(標準値法ともいう)は**ボトムアップ見積法**の一つで，作業項目を単位作業まで分解し，あらかじめ決められた単位作業の基準値(標準的な工数)をボトムアップ的に積み上げていくことで全体の工数を見積もる方法です。一般には，WBSを作業工数の見積りに使用します。**ア**が適切な記述です。

　イは類推見積法，**ウ**はファンクションポイント法，**エ**はLOC法の説明です。なお，ファンクションポイント法，LOC法，また問1のCOCOMO，Dotyモデル，putnamモデルは，いずれも係数見積法(パラメトリック法)に分類されます。

参考　三点見積法も知っておこう！

　単位作業の標準的な工数を求める方法の一つに**三点見積法**があります。三点見積法とは，作業期間を，最頻値，悲観値(悲観的に見積もった最も長い期間)，及び楽観値(楽観的に見積もった最も短い期間)の三つの値を用いて推定する方法です。三点見積法による作業期間の平均，及び分散を求める計算式は，次のように定義されています。

$$平均＝\frac{悲観値＋4×最頻値＋楽観値}{6} \qquad 分散＝\left(\frac{悲観値－楽観値}{6}\right)^2$$

解答 問1：エ　問2：ア

12

マネジメント

開発規模・工数と生産性

重要度
★★★
生産性の求め方を確認しておきましょう。また，問2は頻出です。条件を整理し落ち着いて解答しましょう。

問1

あるソフトウェア開発部門では，開発工数E(人月)と開発規模L(キロ行)との関係を，$E = 5.2L^{0.98}$としている。L＝10としたときの生産性(キロ行／人月)は，およそ幾らか。

 ア 0.2   **イ** 0.5   **ウ** 1.9   **エ** 5.2

問2

あるシステムの設計から結合テストまでの作業について，開発工程ごとの見積工数を表1に，開発工程ごとの上級技術者と初級技術者の要員割当てを表2に示す。上級技術者は，初級技術者に比べて，プログラム作成・単体テストについて2倍の生産性を有する。表1の見積工数は，上級技術者の生産性を基に算出している。

全ての開発工程に対して，上級技術者を1人追加して割り当てると，この作業に要する期間は何か月短縮できるか。ここで，開発工程の期間は重複させないものとし，要員全員が1か月当たり1人月の工数を投入するものとする。

表1

開発工程	見積工数 (人月)
設計	6
プログラム作成・ 単体テスト	12
結合テスト	12
合計	30

表2

開発工数	要員割当て(人)	
	上級技術者	初級技術者
設計	2	0
プログラム作成・ 単体テスト	2	2
結合テスト	2	0

 ア 1   **イ** 2   **ウ** 3   **エ** 4

問1 解説

生産性は，単位が"キロ行／人月"であることからもわかるように，

　L(開発規模)÷E(開発工数)

で計算できます。そこで，$E = 5.2L^{0.98}$，L＝10としたときの生産性は，

　$L \div E = 10 \div (5.2 \times 10^{0.98})$

となります。ここで，$10^{0.98}$を10^1として計算すると，

$$10 \div (5.2 \times 10^{0.98}) \fallingdotseq 10 \div (5.2 \times 10^1) = 0.1923\cdots$$

となり，おおよそ0.2であることがわかります。

問2　解説

まず表1及び表2を基に，プログラムの設計から結合テストまでの開発期間を求めます。

・設計に要する期間

見積工数が6人月，これを2人の上級技術者が担当すると，期間は6人月÷2人＝3か月

・プログラム作成と単体テストに要する期間

見積工数が12人月，これを2人の上級技術者と2人の初級技術者が担当すると，初級技術者の生産性は上級技術者の1/2(半分)なので，期間は12人月÷(2人＋2人÷2)＝4か月

・結合テストに要する期間

見積工数が12人月，これを2人の上級技術者が担当すると，期間は12人月÷2人＝6か月

以上，全工程の開発期間は3＋4＋6＝13か月です。次に，各工程ごとに上級技術者を1人追加して割り当てると，

・設計：6人月÷上級技術者**3**人＝2か月

・プログラム作成と単体テスト：12人月÷(上級技術者**3**人＋初級技術者2人÷2)＝3か月

・結合テスト：12人月÷上級技術者**3**人＝4か月

となり，開発期間は2＋3＋4＝9か月になるので，4(＝13－9)か月短縮できます。

参考　工程別生産性と全体生産性の関係

工程別の生産性	全体の生産性

・設計工程：Xステップ／人月
・製造工程：Yステップ／人月
・試験工程：Zステップ／人月

$$\Rightarrow \quad \frac{1}{\dfrac{1}{X} + \dfrac{1}{Y} + \dfrac{1}{Z}}$$

プログラムステップ数をAとしたとき，設計から試験工程における総人月数(工数)は，

$$\frac{A}{X} + \frac{A}{Y} + \frac{A}{Z} \quad [人月]$$

生産性は「開発規模÷開発工数」で求められるので，全体の開発生産性は，

$$\frac{A}{\dfrac{A}{X} + \dfrac{A}{Y} + \dfrac{A}{Z}} = \frac{1}{\dfrac{1}{X} + \dfrac{1}{Y} + \dfrac{1}{Z}} \quad [ステップ／人月]$$

解答 問1：ア　問2：エ

進捗とコストの管理(EVM)

重要度
★★★

EVMの三つの基本指標(PV，EV，AC)の意味を理解し，
SV，CV，及びEACを求められるようにしておきましょう。

問1

プロジェクトマネジメントにおいてパフォーマンス測定に使用するEVMの管理対象の組みはどれか。

 コスト，スケジュール   **イ** コスト，リスク

ウ スケジュール，品質   **エ** 品質，リスク

問2

ある組織では，プロジェクトのスケジュールとコストの管理にアーンドバリューマネジメントを用いている。期間10日間のプロジェクトの，5日目の終了時点の状況は表のとおりである。この時点でのコスト効率が今後も続くとしたとき，完成時総コスト見積り(EAC)は何万円か。

管理項目	金額（万円）
完成時総予算（BAC）	100
プランドバリュー（PV）	50
アーンドバリュー（EV）	40
実コスト（AC）	60

ア 110   **イ** 120
ウ 135   **エ** 150

問1 解説

EVM(Earned Value Management：アーンドバリューマネジメント)は，プロジェクトの費用(コスト実績)と進捗(作業実績)を可視化し，プロジェクトの現状や将来の見込みについて評価する手法です。EVMでは，次の三つの基本指標を用いて，コスト差異とスケジュール差異を把握します。したがって，管理対象は**ア**のコストとスケジュールです。

- PV(Planned Value：プランドバリュー，出来高計画値)
- EV(Earned Value：アーンドバリュー，出来高実績値)
- AC(Actual Cost：実コスト)

例えば下図の場合，現時点において，EV(アーンドバリュー)がAC(実コスト)を上回っているので，コスト差異(CV)はプラスであり，予算超過はしていない(予算の範囲内である)ことが把握できます。また，EV(アーンドバリュー)がPV(プランドバリュー)を下回っているので，スケジュール差異(SV)はマイナスであり，作業が遅延していることが把握できます。なお，作業の遅延日数は，現在の時間から，PVの曲線上で現在のEV値と同じ高さにある時間(図中のa)を引くことで求められます。

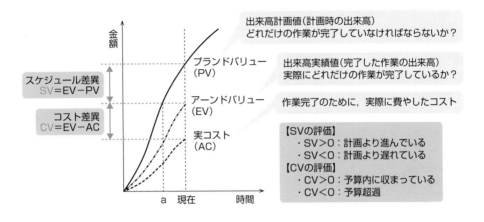

　コスト効率とは，「EV(アーンドバリュー)÷AC(実コスト)」で算出される値です。どれだけのコストを費やしてどれだけの実績値を生み出せたのかを意味します。EVMでは，これを**CPI**(Cost Performance Index：コスト効率指数)で表します。また，プロジェクトの完成時総コスト見積り(完成時予測総コスト)を**EAC**(Estimate At Completion)といい，現在のコスト効率が今後も続く場合には，次の式で算出します。　Check!

> EAC＝実コスト＋(完成時総予算－アーンドバリュー)÷コスト効率指数
> 　　＝AC＋(BAC－EV)÷CPI　←残っている作業を完了するために必要なコスト
> 　　＝AC＋(BAC－EV)÷(EV÷AC)

　問題文に与えられたそれぞれの値を上の式に代入すると，完成時総コスト見積り(EAC)は，次のように求めることができます。

$$EAC = 60 + (100 - 40) \div (40 \div 60)$$
$$= 60 + 60 \div (40 \div 60)$$
$$= 60 + 60 \times (60 \div 40)$$
$$= 150 [万円]$$

解答 問1:ア　問2:エ

12

マネジメント

リスクマネジメント

マイナス及びプラスのリスクへの対応戦略とコンティンジェンシ計画，さらにリスクへの予備を押さえましょう。

問1

プロジェクトマネジメントにおけるリスクの対応例のうち，PMBOKのリスク対応戦略の一つである転嫁に該当するものはどれか。

ア あるサブプロジェクトの損失を，他のサブプロジェクトの利益と相殺する。

イ 個人情報の漏えいが起こらないように，システムテストで使用する本番データの個人情報部分はマスキングする。

ウ 損失の発生に備えて，損害賠償保険を掛ける。

エ 取引先の業績が悪化して，信用に不安があるので，新規取引を止める。

問2

PMBOKガイド第6版によれば，リスクにはマイナスの影響を及ぼすリスク（脅威）とプラスの影響を及ぼすリスク（好機）がある。プラスの影響を及ぼすリスクに対する"強化"の戦略はどれか。

ア いかなる積極的行動も取らないが，好機が実現したときにそのベネフィットを享受する。

イ 好機が確実に起こり，発生確率が100％にまで高まると保証することによって，特別の好機に関連するベネフィットを捉えようとする。

ウ 好機のオーナーシップを第三者に移転して，好機が発生した場合にそれがベネフィットの一部を共有できるようにする。

エ 好機の発生確率や影響度，又はその両者を増大させる。

問3

プロジェクトのコンティンジェンシー計画において決定することとして，適切なものはどれか。

ア あらかじめ定義された，ある条件のときにだけ実行する対応策

イ 活動リストの活動ごとに必要な資源

ウ プロジェクトに適用する品質の要求事項及び規格

エ プロジェクトのステークホルダの情報及びコミュニケーションのニーズ

プロジェクト目標にマイナスの影響を及ぼすリスクへの対応戦略には，次の四種類があります。選択肢のうち，"転嫁"に該当するのは**ウ**です。**ア**は"受容"，**イ**は"軽減"，**エ**は"回避"に該当します。

回避	リスクの発生要因を取り除く，又はリスクの影響を避けるためにプロジェクト計画を変更する
転嫁	リスクの影響や責任の一部又は全部を第三者へ移す。例えば，保険をかけたり，保証契約を締結するといった，主に財務的な対応戦略をとる
軽減	リスクの発生確率と発生した場合の影響度を許容できる程度まで低下させる
受容	リスクの軽減や回避のための具体策は取らず，リスクが発生した時点で対処する

プラスの影響を及ぼすリスクに対する対応戦略には，次の四種類があります。選択肢のうち，"強化"に該当するのは**エ**です。**ア**は"受容"，**イ**は"活用"，**ウ**は"共有"の戦略です。

活用	リスク（好機）を確実に実現できるよう対応をとる
共有	好機を得やすい能力の最も高い第三者と組む
強化	好機の発生確率やプラスの影響を増大・最大化させる対応をとる
受容	特に対応を行わない

マイナスの影響を及ぼすリスクの受容には，消極的な受容と積極的な受容があります。消極的な受容では，特に何もしないでリスクが発生したときにその対応を考えますが，積極的な受容では，リスクが発生した場合に備えてコンティンジェンシー計画を作成します。

コンティンジェンシー計画とは，予測はできるが発生することが確実ではないリスクに対して，そのリスクが万が一顕在化してもプロジェクトを成功させることができるように，あらかじめ策定しておく対策や手続きのことです。したがって，コンティンジェンシー計画において決定することとして適切なのは**ア**です。

参考 リスクへの予備 Check!

リスクに対処するための予備（予備の費用や時間）には，次の二種類があります。
・**コンティンジェンシー予備**：事前に認識されたリスクへの予備
・**マネジメント予備**：特定できない未知のリスクへの予備

解答 問1：ウ 問2：エ 問3：ア

12

マネジメント

品質マネジメント

重要度
★☆☆

出題率は低いですが，品質マネジメントで用いられる，主な図法は押さえておいた方がよいでしょう。

問1

プロジェクト品質マネジメントの活動を品質計画，品質保証，品質管理に分類したとき，品質保証の活動として適切なものはどれか。

ア　プロジェクトで定めた品質基準に対して不満足な結果が発生したときに，その原因を取り除くための方法を決める。

イ　プロジェクトで定めた品質基準を確実に満たすための，計画的かつ体系的な活動を行う。

ウ　プロジェクトの遂行結果が，定められた品質基準に適合しているかどうかを監視する。

エ　プロジェクトの遂行結果に対する適切な品質基準を設定し，それを満たす手順を定める。

問2

プロジェクトで発生している品質問題を解決するために，図を作成して原因の傾向を分析したところ，発生した問題の80％以上が少数の原因で占められていることが判明した。作成した図はどれか。

ア　管理図　　　イ　散布図　　　ウ　特性要因図　　　エ　パレート図

問1　解説

プロジェクト品質マネジメントで実施される活動(プロセス)には，品質基準を定める"品質計画"，定められた品質基準に適合しているかを監視・確認する"品質管理"，そして品質基準を満足していることを保証する"品質保証"の三つがあります。

品質保証では，プロジェクトの成果物及びその作業が定められた品質基準を満たしていることを保証するための，計画的かつ体系的な，プロジェクトの遂行成果の評価活動を行います。したがって，イが品質保証の活動です。

ア，エ：品質計画の活動です。品質計画では，プロジェクト及び成果物の品質要求事項や品質基準を定め，プロジェクトでそれを順守するための方法(必要な作業手順や運用基準など)を文書化します。

ウ：品質管理の活動です。品質管理では，品質活動の遂行結果が品質マネジメント計画どおりの品質(定められた品質基準)を確保しているか否かを監視し，不適合があった場合には品質改善を行います。

「発生した問題の80%以上が少数の原因で占められていることが判明した」という記述から，作成した図はパレート図です。

パレート図は，重点的に管理・対応すべき重要項目を絞り込むために使用される図です。プロジェクトで発生している問題を原因別に分類し，件数の大きい順に棒グラフとして並べ，その累積比率(%)を折れ線グラフで描くことによって，全体の大部分(80%以上)を占める，真っ先に対応しなければならない原因を容易に把握することができます。

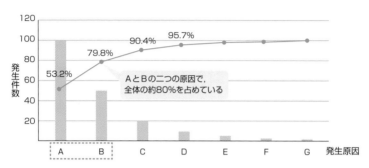

ア：管理図は，観測値の時間経過に伴う推移を示す図です。観測値の変動が許容範囲内かどうか，又はパフォーマンスが予測どおりであるかの判断に用いられます。許容範囲となる上方管理限界(UCL)と下方管理限界(LCL)は，通常，中央線(平均値)CLと標準偏差σ(シグマ)を用いて「CL±3σ」に設定されます。

イ：散布図は，二つの変数(要素)間の関係を示す図です。一方の変数の変化が，他方の変数の変化と，どのように関係するかの確認のために用いられます。

ウ：特性要因図は，原因と問題の関連を体系的にまとめた図です。問題に対してどの原因が影響しているのか，問題の本質を検討するのに用いられます。

参考 品質マネジメントで用いられる主な図法 Check!

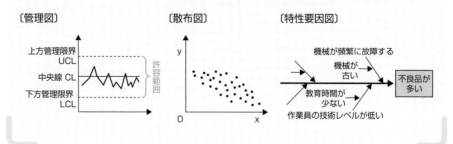

〔管理図〕　〔散布図〕　〔特性要因図〕

解答　問1：イ　問2：エ

サービスマネジメント I

重要度
★★★

出題が多いのは，SLM，SLA，インシデント管理，問題管理，容量・能力管理，サービス継続管理です。

問1

ITサービスマネジメントにおけるサービスレベル管理プロセスの活動はどれか。

ア　ITサービスの提供に必要な予算に対して，適切な資金を確保する。

イ　現在の資源の調整と最適化，及び将来の資源要件に関する予測を記載した計画を作成する。

ウ　災害や障害などで事業が中断しても，要求されたサービス機能を合意された期間内に確実に復旧できるように，事業影響度の評価や復旧優先順位を明確にする。

エ　提供するITサービス及びサービス目標を特定し，サービス提供者が顧客との間で合意文書を交わす。

問2

サービスマネジメントの容量・能力管理における，オンラインシステムの容量・能力の利用の監視についての注意事項のうち，適切なものはどれか。

ア　SLAの目標値を監視しきい値に設定し，しきい値を超過した場合には対策を講ずる。

イ　応答時間やCPU使用率などの複数の測定項目を定常的に監視する。

ウ　オンライン時間帯に性能を測定することはサービスレベルの低下につながるので，測定はオフライン時間帯に行う。

エ　容量・能力及びパフォーマンスに関するインシデントを記録する。

問3

サービスマネジメントにおける問題管理の目的はどれか。

ア　インシデントの解決を，合意したサービス目標の時間枠内に達成することを確実にする。

イ　インシデントの未知の根本原因を特定し，インシデントの発生又は再発を防ぐ。

ウ　合意した目標の中で，合意したサービス継続のコミットメントを果たすことを確実にする。

エ　変更の影響を評価し，リスクを最小とするように実施し，レビューすることを確実にする。

サービスレベル管理(SLM：Service Level Management)は，ITサービスに関する品質（サービスレベル）を定義し，合意し，記録及び管理するプロセスです。主な活動は，次のとおりです。**エ**がサービスレベル管理プロセスの活動です。

・提供する各サービスについて，サービスの要求事項に基づき，サービスレベル目標，及び作業負荷の限度や例外を含めた**SLA**(Service Level Agreement：サービスレベル合意書)を顧客と合意する。

・あらかじめ定めた間隔でサービスレベル目標に照らしたパフォーマンスやSLAの作業負荷限度と比較した実績，周期的な変化を監視し，レビューし，報告する。

・サービスレベル目標が達成されていない場合は，改善のための機会を特定する。

ア：サービスの予算業務及び会計業務プロセスの活動です。

イ：容量・能力管理プロセスの活動です。

ウ：サービス継続管理プロセスの活動です。

容量・能力管理では，容量・能力の利用(すなわち，CPU使用率，メモリ使用率，ディスク使用率，ネットワーク使用率，応答時間など)を常時監視し，容量・能力及びパフォーマンスデータを分析し，改善の機会を特定します。**イ**が適切な記述です。

ア：しきい値を超過する前に対策を講ずるべきです。

ウ：オフライン時間帯に測定したのでは，実際の利用状況を把握できません。

エ：インシデントを記録するのは，インシデント管理です。

問題管理では，問題を特定するために，インシデントのデータや傾向を分析し，根本原因の究明を行います。そして，インシデントの発生や再発を防止するための考え得る処置を決定します。したがって，**イ**が問題管理の目的です。

ア：インシデント管理の目的です。**インシデント管理**では，原因究明ではなくサービスの回復に主眼を置いた活動を行います。発生したインシデントを記録し，分類し，影響及び緊急度を考慮して優先度付けを行い，必要に応じてエスカレーションし解決します。そして，とった処置とともにインシデントの記録を更新します。

ウ：サービス継続管理の目的です。

エ：変更管理の目的です。

解答 問1：エ　問2：イ　問3：イ

サービスマネジメントⅡ

重要度
★★☆

ここでは，イベント管理やサービスデスクのほか，ITIL 2011 editionの五つのフェーズを押さえましょう。

問1

ITIL 2011 editionによれば，インシデントに対する一連の活動のうち，イベント管理プロセスが分担する活動はどれか。

ア インシデントの発生後に，その原因などをエラーレコードとして記録する。

イ インシデントの発生後に，問題の根本原因を分析して記録する。

ウ インシデントの発生時に，ITサービスを迅速に復旧するための対策を講じる。

エ インシデントの発生を検出して，関連するプロセスに通知する。

問2

ITIL 2011 editionに示されるサービスデスク組織の構造とその特徴のうち，"フォロー・ザ・サン"の説明として，最も適切なものはどれか。

ア サービスデスクを1拠点又は少数の場所に集中することによって，サービス要員を効率的に配置したり，大量のコールに対応したりすることができる。

イ サービスデスクを利用者の近くに配置することによって，言語や文化の異なる利用者への対応，専門要員によるVIP対応などができる。

ウ サービス要員が複数の地域や部門に分散していても，通信技術を利用することによって，単一のサービスデスクがあるようにサービスを提供することができる。

エ 時差がある分散拠点にサービスデスクを配置し，各サービスデスクが連携してサービスを提供することによって，24時間対応のサービスが提供できる。

問1 解説

イベント管理プロセスは，サービスオペレーション（次ページの「参考」を参照）に属するプロセスです。**イベント**とは，構成品目やITサービスの"状態変化"に関する通知のことで，その重要度には「情報，警告，例外」の三つがあります。**イベント管理プロセス**では，情報システム全体から発生するこれらのイベントを監視し記録し，"例外"イベント，すなわち通常のオペレーションとは見なされない，インシデントとして管理すべきと判断されたイベントが検出された際には，それを直接処置するのではなく，インシデント管理などの関連する適切なプロセスへ通知します。したがって，イベント管理プロセスが分担する活動

は**エ**です。なお，**構成品目**とは，ITサービス提供のために管理する必要がある要素のことです。通常，**CI**(Configuration Item)と呼ばれます。

ア，**イ**：問題管理プロセスが分担する活動です。**問題管理**では，問題の根本原因を分析し，原因が特定されたか，又はサービスへの影響を低減もしくは除去する方法が見つかった問題を，"**既知の誤り**"として既知のエラーDBに登録します。既知のエラーDBは，必要に応じて他のサービスマネジメント活動で利用します。

ウ：インシデント管理プロセスが分担する活動です。

問2 解説

　ITサービスの利用者からの問合せやクレーム，障害報告などを受ける単一の窓口機能を担うのが**サービスデスク**です。サービスデスクでは，受け付けた事象を適切な部署へ引き継いだり，対応結果の記録及び記録の管理などを行います。

　ITIL 2011 editionに示されている"**フォロー・ザ・サン**"とは，24時間対応でサービスを継続的に提供するために，時差がある分散拠点にサービスデスクを配置する形態です。つまり，**エ**がフォロー・ザ・サンの説明です。**ア**は中央サービスデスク，**イ**はローカルサービスデスク，**ウ**はバーチャルサービスデスクの説明です。

参考 ITIL 2011 editionのサービスライフサイクル ☞Check!

　ITIL(Information Technology Infrastructure Library)は，世界で活用されているITサービスマネジメントのフレームワークです。ITIL 2011 editionでは，ITサービスのライフサイクルを五つのフェーズに分類し，各フェーズごとに実行プロセスを編成しています。

＊"実行"段階のフェーズのみ，実行プロセスを記載しています。

戦略	サービスストラテジ	ITサービス及びITサービスマネジメントに対する全体的な戦略を確立する
実行	サービスデザイン	事業要件を取り入れ，事業が求める品質，信頼性及び柔軟性に応えるサービスと，それを支えるプラクティスや管理ツールを作り出す
		実行プロセス：サービスカタログ管理，サービスレベル管理，キャパシティ管理，可用性管理，ITサービス継続性管理など
	サービストランジション	開発したITサービスを，事業のニーズを満たすかどうかをテストし，本番環境に展開(導入)する
		実行プロセス：変更管理，リリース管理及び展開管理，サービス資産管理及び構成管理など
	サービスオペレーション	ITサービスを効果的かつ効率的に提供しサポートする
		実行プロセス：イベント管理，インシデント管理，問題管理など
改善	継続的サービス改善	サービスの効率性，有効性及び費用対効果を向上させるため，サービス提供者のパフォーマンスを継続的に測定し，サービスの改善を行う

12

マネジメント

解答 問1：エ 問2：エ

サービスの運用（データ復旧）

重要度
★★★

問1，2は定期に出題されています。フルバックアップ及び差分バックアップによる復旧方法を理解しましょう。

問1

フルバックアップ方式と差分バックアップ方式を用いた運用に関する記述のうち，適切なものはどれか。

ア 障害からの復旧時に差分バックアップのデータだけ処理すればよいので，フルバックアップ方式に比べて復旧時間が短い。

イ フルバックアップのデータで復元した後に，差分バックアップのデータを反映させて復旧する。

ウ フルバックアップ方式と差分バックアップ方式を併用して運用することはできない。

エ フルバックアップ方式に比べ，差分バックアップ方式はバックアップに要する時間が長い。

問2

データの追加・変更・削除が，少ないながらも一定の頻度で行われるデータベースがある。このデータベースのフルバックアップを磁気テープに取得する時間間隔を今までの2倍にした。このとき，データベースのバックアップ又は復旧に関する記述のうち，適切なものはどれか。

ア フルバックアップ1回当たりの磁気テープ使用量が約2倍になる。

イ フルバックアップ1回当たりの磁気テープ使用量が約半分になる。

ウ フルバックアップ取得の平均実行時間が約2倍になる。

エ ログ情報によって復旧するときの処理時間が平均して約2倍になる。

問3

目標復旧時点(RPO)を24時間に定めているのはどれか。

ア 業務アプリケーションをリリースするための中断時間は，24時間以内とする。

イ 業務データの復旧は，障害発生時点から24時間以内に完了させる。

ウ 障害発生時点の24時間前の業務データの復旧を保証する。

エ 中断したITサービスを24時間以内に復旧させる。

問1 解説

　フルバックアップ方式とはデータベース全体（全てのデータ）の複製を取る方式であり，**差分バックアップ方式**とは直前のフルバックアップから追加・更新されたデータの複製を取る方式のことです。差分バックアップ方式を用いた障害復旧は，まず，フルバックアップファイルをリストアした後に，直近の差分バックアップファイルのデータを加え，その後，更新後ログを用いたロールフォワード処理を行います。

問2 解説

　「データの追加・変更・削除が少ない」とあるので，フルバックアップ間隔を今までの2倍にしても，バックアップデータ量は今までとあまり変わらないと考えられます。つまり，磁気テープ使用量や平均実行時間が2倍になったり半分になることはありません。しかし，データ復旧の際には，フルバックアップファイルをリストアした後に，更新後のログ情報を用いたロールフォワード処理を行う必要があり，バックアップ間隔が2倍になると更新後ログ情報も約2倍になるため，ログ情報による復旧時間の平均は約2倍になります。

問3 解説

　目標復旧時点（RPO：Recovery Point Objective）とは，システムを再稼働する際，障害発生前のどれだけ最新の状態に復旧できるかを示すもので，データ損失の最大許容範囲を意味します。目標復旧時点（RPO）が24時間に定められている場合には，障害発生時点の24時間前のデータの復旧を保証しなければなりません。

　なお，目標復旧時点（RPO）の類語に**目標復旧時間（RTO：Recovery Time Objective）**があります。目標復旧時間（RTO）は，代替手段も含めて業務を再開させるまでの最大許容時間を意味します。

12

マネジメント

参考 差分バックアップ方式を用いた障害復旧 Check!

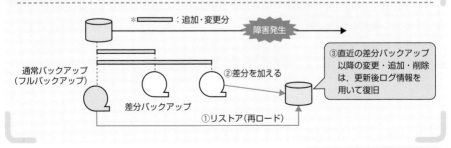

解答 問1：イ　問2：エ　問3：ウ

システム監査

重要度
★★★

システム監査の概要を理解し，監査手続，監査証跡，監査調書といったよく出る用語を押さえておきましょう。

問1

情報システムの可監査性を説明したものはどれか。

ア コントロールの有効性を監査できるように，情報システムが設計・運用されていること
イ システム監査人が，監査の目的に合致した有効な手続を行える能力をもっていること
ウ 情報システムから入手した監査証拠の十分性と監査報告書の完成度が保たれていること
エ 情報システム部門の積極的な協力が得られること

問2

システム監査における"監査手続"として，最も適切なものはどれか。

ア 監査計画の立案や監査業務の進捗管理を行うための手順
イ 監査結果を受けて，監査報告書に監査人の結論や指摘事項を記述する手順
ウ 監査項目について，十分かつ適切な証拠を入手するための手順
エ 監査テーマに合わせて，監査チームを編成する手順

問3

監査証拠の入手と評価に関する記述のうち，システム監査基準(平成30年)に照らして，**適切でないもの**はどれか。

ア アジャイル手法を用いたシステム開発プロジェクトにおいては，管理用ドキュメントとしての体裁が整っているものだけが監査証拠として利用できる。
イ 外部委託業務実施拠点に対する現地調査が必要と考えたとき，委託先から入手した第三者の保証報告書に依拠できると判断すれば，現地調査を省略できる。
ウ 十分かつ適切な監査証拠を入手するための本調査の前に，監査対象の実態を把握するための予備調査を実施する。
エ 一つの監査目的に対して，通常は，複数の監査手続を組み合わせて監査を実施する。

　情報システムの**可監査性**(Auditability)とは，処理の正当性や内部統制を効果的に監査又はレビューできるように情報システムが設計・運用されている度合いのことです。つまり，可監査性とは，監査の実施が可能であるという情報システムの性質を意味します。

> 補足　可監査性を担保するためには，処理の正当性が確保されていることを事後的かつ継続的に点検・評価できる手段が必要です。この手段の一つに監査証跡があります。**監査証跡**は，情報システムの処理内容(入力から出力)を時系列で追跡できる一連の仕組みと記録です。代表的なものに，オペレーションログやアクセスログといった各種ログがあります。これらのログは，監査意見を裏付ける**監査証拠**としても用いることができます。

問2　解説

　監査手続とは，「監査項目について，十分かつ適切な証拠を入手するための手順」です。

　システム監査では，まず，監査の目的や監査項目を明らかにした上で実施すべき監査手続の概要を明示した監査計画を策定します。そして，その計画に基づく監査手続の実施(すなわち，予備調査及び本調査)により**監査証拠**を入手し，入手した監査証拠に基づいて監査の結論を監査報告書にまとめます。ちなみに，システム監査基準(平成30年)の【基準8：監査証拠の入手と評価】には，「システム監査人は，システム監査を行う場合，適切かつ慎重に監査手続を実施し，監査の結論を裏付けるための監査証拠を入手しなければならない」と記載されています。

> 補足　**システム監査基準**については，「12-17 監査報告とフォローアップ」の「参考」を参照。

問3　解説

　システム監査基準(平成30年)の【基準8：監査証拠の入手と評価】には，アジャイル手法を用いたシステム開発プロジェクトなど，精緻な管理ドキュメントの作成に重きが置かれない場合の監査証拠の入手に関して，「必ずしも管理用ドキュメントとしての体裁が整っていなくとも監査証拠として利用できる場合がある。例えば，ホワイトボードに記載されたスケッチの画像データや開発現場で作成された付箋紙などが利用できる」旨が記載されています。このことから，**ア**は適切な記述ではありません。

参考　監査調書　👆Check!

　監査調書とは，システム監査人が行った監査業務の実施記録であり，監査意見表明の根拠となるべき監査証拠やその他関連資料をまとめたものです。監査調書は，監査の結論の基礎，すなわち監査結果の裏付けとなるものなので，秩序ある形式で適切に保管しなければなりません。

解答　問1：ア　問2：ウ　問3：ア

12 ▶ 16 システム監査技法

重要度 ★★★　ここでは，監査手続の実施に際して利用される代表的な監査技法を押さえておきましょう。

問1

システム監査基準(平成30年)におけるウォークスルー法の説明として，最も適切なものはどれか。

ア あらかじめシステム監査人が準備したテスト用データを監査対象プログラムで処理し，期待した結果が出力されるかどうかを確かめる。

イ 監査対象の実態を確かめるために，システム監査人が，直接，関係者に口頭で問い合わせ，回答を入手する。

ウ 監査対象の状況に関する監査証拠を入手するために，システム監査人が，関連する資料及び文書類を入手し，内容を点検する。

エ データの生成から入力，処理，出力，活用までのプロセス，及び組み込まれているコントロールを，システム監査人が，書面上で，又は実際に追跡する。

問2

販売管理システムにおいて，起票された受注伝票の入力が，漏れなく，かつ，重複することなく実施されていることを確かめる監査手続として，適切なものはどれか。

ア 受注データから値引取引データなどの例外取引データを抽出し，承認の記録を確かめる。

イ 受注伝票の入力時に論理チェック及びフォーマットチェックが行われているか，テストデータ法で確かめる。

ウ 販売管理システムから出力したプルーフリストと受注伝票との照合が行われているか，プルーフリストと受注伝票上の照合印を確かめる。

エ 並行シミュレーション法を用いて，受注伝票を処理するプログラムの論理の正当性を確かめる。

問1 解説

ウォークスルー法は，監査手続の実施に際して利用される代表的な監査技法であり，「データの生成から入力，処理，出力，活用までのプロセス，及び組み込まれているコントロールを，書面上で，又は実際に追跡する技法」のことです。

ア：テストデータ法の説明です。

イ：インタビュー法の説明です。

ウ：ドキュメントレビュー法の説明です。

問2 解説

　販売管理システムなどITを利用した業務処理では，データ入力における正確性を確保する必要があり，これを確認するため突合・照合法を利用します。

　突合・照合法とは，関連する複数の証拠資料を突き合わせる技法のことです。販売管理システムにおいては，システムに入力したデータをプリントアウトしたプルーフリストと受注伝票とを照合することで，起票された受注伝票が漏れなく，かつ重複することなく入力されていることが確認できます。したがって，適切なのは**ウ**です。

ア：例外取引の妥当性を確認する監査手続きです。

イ：**テストデータ法**は，あらかじめシステム監査人が準備したテスト用データを監査対象プログラムで処理し，期待した結果が出力されるかどうかを確かめる技法です。

エ：**並行シミュレーション法**は，システム監査人が準備した監査用プログラムと監査対象プログラムに同一のデータを入力し，両者の実行結果を比較することによって，監査対象プログラムの処理の正確性を検証する技法です。

参考 チェックしておきたい監査技法 👉Check!

チェックリスト法	システム監査人が，あらかじめ監査対象に応じて調整して作成したチェックリスト(通例，チェックリスト形式の質問書)に対して，関係者から回答を求める技法
現地調査法	システム監査人が，被監査部門等に直接赴き，対象業務の流れ等の状況を，自ら観察・調査する技法
コンピュータ支援監査技法	監査対象ファイルの検索，抽出，計算等，システム監査上使用頻度の高い機能に特化した，しかも非常に簡単な操作で利用できるシステム監査を支援する専用のソフトウェアや表計算ソフトウェア等を利用してシステム監査を実施する技法
監査モジュール法	システム監査人が指定した抽出条件に合致したデータをシステム監査用のファイルに記録し，レポートを出力するモジュールを，本番プログラムに組み込む技法
ペネトレーションテスト法	システム監査人が一般ユーザのアクセス権限又は無権限で，テスト対象システムへの侵入を試み，システム資源がそのようなアクセスから守られているか否かを確認する。サイバー攻撃を想定した情報セキュリティ監査などに用いられる

※出典：システム監査基準(平成30年)

補足 テストデータ法やコンピュータ支援監査技法，監査モジュール法など，コンピュータを利用した監査技法は，システムのバックアップ状況を確認して復元性を確保した上で利用されます。

12

マネジメント

解答 問1：エ 問2：ウ

監査報告とフォローアップ

フォローアップに関する問題がよく出題されます。システム監査人が採るべき行動を押さえておきましょう。

問1

事業継続計画(BCP)について監査を実施した結果，適切な状況と判断されるものはどれか。

ア　従業員の緊急連絡先リストを作成し，最新版に更新している。

イ　重要書類は複製せずに1か所で集中保管している。

ウ　全ての業務について優先順位なしに同一水準のBCPを策定している。

エ　平時にはBCPを従業員に非公開としている。

問2

システム監査のフォローアップにおいて，監査対象部門による改善が計画よりも遅れていることが判明した際に，システム監査人が採るべき行動はどれか。

ア　遅れの原因に応じた具体的な対策の実施を，監査対象部門の責任者に指示する。

イ　遅れの原因を確かめるために，監査対象部門に対策の内容や実施状況を確認する。

ウ　遅れを取り戻すために，監査対象部門の改善活動に参加する。

エ　遅れを取り戻すための監査対象部門への要員の追加を，人事部長に要求する。

問3

システム監査基準(平成30年)に基づいて，監査報告書に記載された指摘事項に対応する際に，**不適切なもの**はどれか。

ア　監査対象部門が，経営者の指摘事項に対するリスク受容を理由に改善を行わないこととする。

イ　監査対象部門が，自発的な取組によって指摘事項に対する改善に着手する。

ウ　システム監査人が，監査対象部門の改善計画を作成する。

エ　システム監査人が，監査対象部門の改善実施状況を確認する。

システム管理基準(平成30年)では，**事業継続計画**(BCP：Business Continuity Plan)を，「事業の中断・阻害に対応し，事業を復旧，再開し，あらかじめ定められた事業の許容水準/レベルに復旧するように導く文書化された手順のこと」と定義し，「情報システムにかかわる業務継続計画について，経営環境及び業務の変化等に対応して，実現可能性を保持するため，適時に見直しを行う必要がある」と規定しています。このことから，**ア**の「従業員の緊急連絡先リストを作成し，最新版に更新している」ことは，適切な状況と判断できます。

イ：重要書類を複製せずに1か所で集中保管した場合，万が一その保管場所が災害にあってしまうと重要書類を一度に失ってしまう可能性があるため，適切な状況とはいえません。重要書類は複製を作成し2か所以上で保管する必要があります。

ウ：事業継続及び早期の事業再開の観点から，重要度・緊急度に応じて優先度付けを行い段階的に復旧範囲を拡大していくことも考慮すべきです。

エ：BCPを有効に機能させるためには，平時から従業員にBCPを周知徹底し，確実に実行できるようにしておく必要があります。

システム監査人が行う**フォローアップ**とは，監査対象部門の責任において実施される改善を事後的に確認するという性質のものです。対象部門へ指示を出したり，改善の実施に参加することはありません。システム監査人は，独立かつ客観的な立場で改善の実施状況を確認します。したがって，システム監査人が採るべき行動として適切なのは，**イ**だけです。

なお，システム監査人の独立性と客観性については，システム監査基準(平成30年)の，【基準4：システム監査人としての独立性と客観性の保持】に，「システム監査人は，監査対象の領域又は活動から，独立かつ客観的な立場で監査が実施されているという外観に十分に配慮しなければならない。また，システム監査人は，監査の実施に当たり，客観的な視点から公正な判断を行わなければならない」と記載されています。

12

マネジメント

システム監査の結果，判明した問題点を**指摘事項**として記載した場合，その指摘事項を改善するために必要な事項を**改善勧告**として記載します。この場合，システム監査人は，当該改善事項が適切かつ適時に実施されているかどうかを確認(**フォローアップ**)する必要があります。ただし，改善の実施そのものに責任をもつことはありません。

この観点から，不適切なのは**ウ**です。システム監査人による改善計画の策定及びその実行への関与は，独立性と客観性を損なうことになります。

ア：指摘事項に対するリスクを受容し，改善や追加的な措置を行わないという意思決定が

される場合もあります。システム監査基準(平成30年)の【基準12：改善提案のフォローアップ】には，「監査対象部門による所要の措置には，改善提案のもととなった指摘事項の重要性に鑑み，当該指摘事項に関するリスクを受容すること，すなわち改善提案の趣旨を踏まえた追加的な措置を実施しないという意思決定が含まれる場合もある」と記載されています。

イ：監査報告書の発行前に，監査の指導機能により，監査対象部門の自発的な取り組みによって発見された不備への改善が実施される場合もあります。

エ：システム監査人は，監査対象部門の改善実施状況を確認する必要があります。

参考　システム監査基準・システム管理基準の改訂

　システム監査基準及びシステム管理基準(以下，本基準という)は，昭和60年(1985年)1月に策定され，その後，何回か改訂が行われてきましたが，本基準が参照する国際基準の改訂や技術の進展に伴う状況の変化などを踏まえ，令和5年に新たに改訂・見直しが行われました。

　今回の改訂では，システム監査を取り巻く環境の変化へのより迅速な対応が可能となるよう実施方法などの実践部分が「ガイドライン」に別冊化されました。

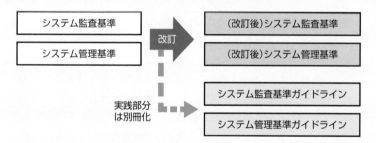

　令和6年春期試験からは，令和5年4月26日に公表された最新版からの出題となります。ただし，今後の試験について，IPA(独立行政法人 情報処理推進機構)から，「改訂後のシステム監査基準及びシステム管理基準との整合を高めることを目的として表記の変更等を行うものの，試験で問う知識・技能の範囲そのものに変更はない」と発表されているため，今後しばらくの間は，前版であるシステム監査基準(平成30年)及びシステム管理基準(平成30)に基づいた過去問題で試験対策が可能と考えられます。

> 補足　**システム監査基準**は，システム監査を効果的かつ効率的に行うための，システム監査のあるべき体制や実施方法などを示したものです。また，**システム管理基準**は，システム監査基準に基づくシステム監査において，ITシステムのガバナンス，マネジメント，コントロールを検証・評価する際の判断の尺度(すなわち，システム監査上の判断尺度)として利用される基準及び規程です。なお，情報セキュリティの監査に際しては，システム管理基準とともに**情報セキュリティ管理基準**も判断尺度として参照されます。

解答　問1：ア　問2：イ　問3：ウ

第 13 章

システム戦略・経営戦略

13 ▶ 1　情報化投資 Ⅰ

重要度 ★★☆

IT投資マネジメントに関する出題は若干少なくなりましたが，問3のROIは頻出です。押さえておきましょう。

問1

IT投資マネジメントを，プロジェクト単位での最適化を目的とする個別プロジェクトマネジメントと企業レベルの最適化を目的とする戦略マネジメントの二つに分類した場合，戦略マネジメントでの実施項目はどれか。

ア 実施中のプロジェクトの評価を行い，全社IT統括部門に進捗状況などを報告した上で，必要に応じて実施計画を修正する。

イ 全社IT投資計画を基にプロジェクトの実施計画を策定し，投資目的・目標の設定と，投資額の見積りを行い，予算の配分を判断する。

ウ 全社規模でのIT投資評価の方法や，複数のプロジェクトから成るIT投資ポートフォリオの選択基準を決定し，全社IT投資テーマを起案する。

エ プロジェクトが完了してから一定期間が経過した後，実施計画段階で設定した効果目標が達成されているか否かを実績に基づいて検証する。

問2

リスクや投資価値の類似性で分けたカテゴリごとの情報化投資について，最適な資源配分を行う際に用いる手法はどれか。

ア 3C分析
イ ITポートフォリオ
ウ エンタープライズアーキテクチャ
エ ベンチマーキング

問3

情報化投資計画において，投資価値の評価指標であるROIを説明したものはどれか。

ア 売上増やコスト削減などによって創出された利益額を投資額で割ったもの

イ 売上高投資金額比，従業員当たりの投資金額などを他社と比較したもの

ウ 現金流入の現在価値から，現金流出の現在価値を差し引いたもの

エ プロジェクトを実施しない場合の，市場での競争力を表したもの

IT投資マネジメントは，戦略マネジメントと個別プロジェクトマネジメントの二階層で構成されます。戦略マネジメントは，企業・事業レベルでの戦略の立案と実行を統合的に管理するプロセスなので，**ウ**が戦略マネジメントでの実施項目です。

ア：個別プロジェクトマネジメントの実施段階で実施される項目です。

イ：個別プロジェクトマネジメントの計画段階で実施される項目です。

エ：個別プロジェクトマネジメントの評価・改善段階で実施される項目です。

情報化投資のバランスを管理し全体最適を図るための手法にITポートフォリオがあります。ITポートフォリオでは，IT投資を投資リスクや投資価値が類似するものごとに分類し，その分類単位ごとの投資割合を管理することで，例えば，リスクの高い戦略的投資に重点的に投資するのか，あるいは比較的リスクの低い業務効率化投資を優先するのか，といった形で経営戦略とIT投資の整合性を図ります。

ア：3C分析は環境分析手法の一つで，「顧客・市場(Customer)，競合(Competitor)，自社(Company)」の観点から自社を取り巻く業界環境を分析する手法です。3C分析では，市場規模や成長性，ニーズ，購買行動などを把握する顧客・市場分析と競争状況や競争相手について把握する競合分析を行った後，自社を客観的に評価し(自社分析)，自社の弱みや強み，また自社が成功できる要因を見つけます。

ウ：エンタープライズアーキテクチャは，各業務と情報システムを，「ビジネス，データ，アプリケーション，テクノロジ」の四つの体系で整理・分析し，全体最適化の観点から見直すための技法です(「13-3 エンタープライズアーキテクチャ」を参照)。

エ：ベンチマーキングとは，自社の製品，サービス及び業務プロセスなどを，最強の競合相手又は先進企業と比較分析することをいいます。

ROI(Return On Investment：投資利益率)とは，情報化投資による利益を投資額で割った比率のことです。「利益額÷投資額」で算出され，投資したお金に対してどれだけの利益が生み出されたかの尺度です。**ア**が正しい記述です。

イ：ベンチマーク評価の説明です。ベンチマーク評価では，評価の視点をビジネスの視点に置き，自社のIT投資の効果検証，自社のIT能力(すなわち，情報システムのパフォーマンス)を他社と比較し評価します。

ウ：NPV(Net Present Value：正味現在価値)の説明です。NPVについては，次節を参照。

エ：機会損失に関する説明です。

解答 問1:ウ 問2:イ 問3:ア

13 ▶ 2 情報化投資 Ⅱ

重要度 ★★★
前節のROIと同様，NPVもよく出題されます。NPVの意味と算出方法，又PBP，DPPを確認しておきましょう。

問1

IT投資効果の評価方法において，キャッシュフローベースで初年度の投資によるキャッシュアウトを何年後に回収できるかという指標はどれか。

ア IRR(Internal Rate of Return)　　**イ** NPV(Net Present Value)

ウ PBP(Pay Back Period)　　**エ** ROI(Return On Investment)

問2

投資効果を正味現在価値法で評価するとき，最も投資効果が大きい（又は損失が小さい）シナリオはどれか。ここで，期間は3年間，割引率は5%とし，各シナリオのキャッシュフローは表のとおりとする。

単位　万円

シナリオ	投資額	回収額		
		1年目	2年目	3年目
A	220	40	80	120
B	220	120	80	40
C	220	80	80	80
投資をしない	0	0	0	0

ア A

イ B

ウ C

エ 投資をしない

問1 解説

初年度の投資によるキャッシュアウト（すなわち，投資額）を何年後に回収できるかという指標は，**ウ**のPBP(Pay Back Period)です。PBPは，将来得られる回収額の累計が投資額と等しくなる期間のことです。

PBPを基にIT投資効果の評価を行う方法をPBP法といい，PBPが基準年数よりも短ければ投資を行い，そうでなければ見送ります。なお，お金の時間価値を考慮し，将来得られる回収額を現在価値に割り引いて算出した回収期間で評価する方法もあります。この回収期間をDPP(Discounted Payback Period：割引回収期間)といい，DPPによりIT投資効果を評価する方法をDPP法といいます。ここで現在価値とは，「将来のお金の，現時点での

価値」を表したものです。例えば，100万円を利率5%で運用すれば，1年後には105万円になるため，1年後の105万円は現在の100（＝105／1.05）万円と同じ価値と考えることができます。このとき105万円を将来価値といい，その現在価値は100万円であるといいます。

ア：IRR（Internal Rate of Return）は，NPVがゼロになる割引率（内部収益率）のことです。

イ：NPV（Net Present Value）は，投資対象が生み出す将来のキャッシュインを現在価値に換算して，その合計金額から投資額を引いた金額のことです。**正味現在価値**ともいいます。

エ：ROI（Return On Investment）は，情報戦略の投資対効果を評価するときの指標で，利益額を分子に，投資額を分母にして算出される比率のことです。

問2 解説

お金には時間価値があるため数年間にわたる投資計画では，将来のキャッシュインを現在価値に割り引いた上で投資評価を行うのが一般的です。その代表的な方法が，**正味現在価値（NPV：Net Present Value）法**です。

本問における各シナリオの正味現在価値（NPV）を，割引率を5%として計算すると次のようになります。

- シナリオA：$(40／1.05)+(80／1.05^2)+(120／1.05^3)-220=-5.7$万円
- シナリオB：$(120／1.05)+(80／1.05^2)+(40／1.05^3)-220=1.4$万円
- シナリオC：$(80／1.05)+(80／1.05^2)+(80／1.05^3)-220=-2.1$万円

正味現在価値（NPV）は，投資によって得られる利益の大きさを表すので，シナリオBが，最も投資効果が大きいことになります。

別解

本問の場合，各シナリオの投資額及び回収額の合計が同じなので，より早く大きく回収できるシナリオBのNPVが最も高くなると判断できます。

参考 NPV算出方法 Check!

下表に示すキャッシュフローにおいて，投資効果を**正味現在価値法**で評価する場合のNPV算出式は次のようになります。ここで，割引率は5%とします。

単位 万円

投資額	回収額（キャッシュイン）		
	1年目	2年目	3年目
220	120	80	40

利子率を5%として複利計算すると，
1年後の120万円は現在の
約114.3万円と同じ価値

$$NPV=\frac{120}{1.05}+\frac{80}{1.05^2}+\frac{40}{1.05^3}-220$$

$$≒1.4（万円）$$

解答 問1：ウ 問2：イ

エンタープライズアーキテクチャ

重要度 ★★★ 定期的に出題されているテーマです。エンタープライズアーキテクチャの四つの体系と成果物を押さえましょう。

問1

エンタープライズアーキテクチャを説明したものはどれか。

ア 企業が競争優位性の構築を目的にIT戦略の策定・実行をコントロールし，あるべき方向へ導く組織能力のことである。

イ 業務を管理するシステムにおいて，承認された業務が全て正確に処理，記録されていることを確保するために，業務プロセスに組み込まれた内部統制のことである。

ウ 組織全体の業務とシステムを統一的な手法でモデル化し，業務とシステムを同時に改善することを目的とした，業務とシステムの最適化手法である。

エ プロジェクトの進捗や作業のパフォーマンスを，出来高の価値によって定量化し，プロジェクトの現在及び今後の状況を評価する手法である。

問2

エンタープライズアーキテクチャを構成する四つの体系のうち，ビジネスアーキテクチャを策定する場合の成果物はどれか。

ア 業務流れ図 イ 実体関連ダイアグラム
ウ 情報システム関連図 エ ソフトウェア構成図

問3

エンタープライズアーキテクチャにおいて，業務と情報システムの理想を表すモデルはどれか。

ア EA参照モデル イ To-Beモデル
ウ ザックマンモデル エ データモデル

問1 解説

エンタープライズアーキテクチャ（EA：Enterprise Architecture）は，組織全体の業務とシステムを，「ビジネスアーキテクチャ，データアーキテクチャ，アプリケーションアー

キテクチャ，テクノロジアーキテクチャ」の四つの体系で分析・整理し，全体最適化の観点から両者を同時に改善することを目的とした，組織の設計・管理手法です。したがって，**ウ**がエンタープライズアーキテクチャの説明です。**ア**はITガバナンス，**イ**はIT業務処理統制，**エ**はEVM（アーンドバリューマネジメント）の説明です。

ビジネスアーキテクチャ（**BA**）では，組織全体の業務機能の構成や情報の流れをモデル化します。BAの成果物の一つに**業務流れ図**（**WFA**：Work Flow Architecture）があります。業務流れ図は，業務処理過程の中で，個々のデータが処理される組織・場所・順序をわかりやすく記述したものです。

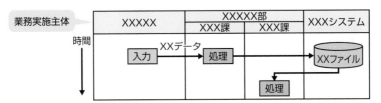

業務と情報システムの理想（あるべき姿）を表すモデルを**To-Beモデル**といいます。これに対して現状を表すモデルを**As-Isモデル**といい，エンタープライズアーキテクチャでは，両者を比較することで現状における課題，及び全体最適化の目標を明確にします。

参考　エンタープライズアーキテクチャの四つの体系 Check!

① ビジネスアーキテクチャ（**BA**：Business Architecture，業務体系）
　ビジネス戦略に必要な業務プロセスや情報の流れを体系的に示したもの
　成果物：業務説明書，機能構成図（DMM），機能情報関連図（DFD），業務流れ図（WFA）
② データアーキテクチャ（**DA**：Data Architecture，データ体系）
　業務に必要なデータの内容，データ間の関連や構造などを体系的に示したもの
　成果物：情報体系整理図（UMLクラス図），実体関連ダイアグラム（ERD），データ定義表
③ アプリケーションアーキテクチャ（**AA**：Application Architecture，適用処理体系）
　業務プロセスを支援するシステムの機能や構成などを体系的に示したもの
　成果物：情報システム関連図，情報システム機能構成図
④ テクノロジアーキテクチャ（**TA**：Technology Architecture，技術体系）
　情報システムの構築・運用に必要な技術的構成要素を体系的に示したもの
　成果物：ネットワーク構成図，ソフトウェア構成図，ハードウェア構成図

13

システム戦略・経営戦略

解答　問1：ウ　問2：ア　問3：イ

業務プロセス

重要度
★★☆

BPRやBPOを問う問題が多いです。また，業務プロセスを可視化する手法としては，BPMNも押さえましょう。

問1

ビジネスプロセスを根本的に考え直し，抜本的にデザインし直すことによって，企業のコスト，品質，サービス，スピードなどのパフォーマンスを劇的に改善するものはどれか。

ア アライアンス

イ コアコンピタンス

ウ ゴーイングコンサーン

エ リエンジニアリング

問2

BPOを説明したものはどれか。

ア 災害や事故で被害を受けても，重要事業を中断させない，又は可能な限り中断期間を短くする仕組みを構築すること

イ 社内業務のうちコアビジネスでない事業に関わる業務の一部又は全部を，外部の専門的な企業に委託すること

ウ 製品の基準生産計画，部品表及び在庫情報を基に，資材の所要量と必要な時期を求め，これを基準に資材の手配，納入の管理を支援する生産管理手法のこと

エ プロジェクトを，戦略との適合性や費用対効果，リスクといった観点から評価を行い，情報化投資のバランスを管理し，最適化を図ること

問3

業務プロセスを可視化する手法としてUMLを採用した場合の活用シーンはどれか。

ア 対象をエンティティとその属性及びエンティティ間の関連で捉え，データ中心アプローチの表現によって図に示す。

イ データの流れによってプロセスを表現するために，データ送出し，データ受取り，データ格納域，データに施す処理を，データの流れを示す矢印でつないで表現する。

ウ 複数の観点でプロセスを表現するために，目的に応じたモデル図法を使用し，オブジェクトモデリングのために標準化された記述ルールで表現する。

エ プロセスの機能を網羅的に表現するために，一つの要件に対して発生する事象を条件分岐の形式で記述する。

「ビジネスプロセスを根本的に考え直し，抜本的にデザインし直す」ことを，**ビジネスプロセス・リエンジニアリング**（BPR：Business Process Reengineering）といいます。BPRは，業務プロセスの最適化を図る手法の一つです。既存の業務プロセスを見直し，仕事のやり方を抜本的に変更するとともに，組織構造や管理体制，情報システムなども再設計・再構築し，劇的なパフォーマンス向上を図ります。

ア：**アライアンス**は"提携，同盟"という意味で，企業同士の業務提携を意味します。

イ：**コアコンピタンス**は，他社にはまねのできない企業独自のノウハウや技術など核となる能力，又は他社との差別化の源泉となる経営資源のことです。

ウ：**ゴーイングコンサーン**は，「企業は永遠に継続するもの」という前提のことです。

BPOは"Business Process Outsourcing：ビジネス・プロセス・アウトソーシング"の略です。アウトソーシングとは，社内業務の一部又は全部を一括して外部の企業に委託することをいいます。したがって，**イ**がBPOの説明です。**ア**はBCM（Business Continuity Management：事業継続マネジメント），**ウ**はMRP（Material Requirements Planning：資材所要量計画），**エ**はITポートフォリオの説明です。

UML（Unified Modeling Language）は，オブジェクトモデルを表現するために標準化された表記法で，システムの静的な構造を表す6種類のダイアグラムと，振舞いを表す7種類のダイアグラムがあります。業務プロセスを可視化する場合は，どのような観点でプロセスを表現するのか，その目的に応じたダイアグラムを使用します。したがって，**ウ**が適切な記述です。**ア**はE-R図，**イ**はDFD（Data Flow Diagram），**エ**はBPMNの活用シーンです。

参考 チェックしておきたい関連用語 ☞Check!

- **BPM**（Business Process Management）：企業内の業務の流れを可視化し，「分析→設計→実行→モニタリング→評価」というサイクルを繰り返すことで継続的な業務改善を図る。
- **BPMN**（Business Process Model and Notation）：業務プロセスを可視化する手法の一つ。イベント・アクティビティ・分岐・合流を示すオブジェクトと，フローを示す矢印などで構成された図によって業務プロセスを表現する。
- **RPA**（Robotic Process Automation）：デスクワーク（主に定型的な事務作業）を，AIなどの技術を備えたソフトウェア・ロボットに代替させることによって，自動化や効率化を図る。

13

システム戦略・経営戦略

解答 問1：エ 問2：イ 問3：ウ

ソリューションサービス

重要度
★★☆

SOAの出題が多いですが，CRMソリューションや解説文中にある色強調の用語も押さえておくとよいでしょう。

問1

SOAの説明はどれか。

ア 会計，人事，製造，購買，在庫管理，販売などの企業の業務プロセスを一元管理することによって，業務の効率化や経営資源の全体最適を図る手法

イ 企業の業務プロセス，システム化要求などのニーズと，ソフトウェアパッケージの機能性がどれだけ適合し，どれだけかい離しているかを分析する手法

ウ 業務プロセスの問題点を洗い出して，目標設定，実行，チェック，修正行動のマネジメントサイクルを適用し，継続的な改善を図る手法

エ 利用者の視点から各業務システムの機能を幾つかの独立した部品に分けることによって，業務プロセスとの対応付けや他のソフトウェアとの連携を容易にする手法

問2

A社は，ソリューションプロバイダから，顧客に対するワントゥワンマーケティングを実現する統合的なソリューションの提案を受けた。この提案が該当するソリューションとして，最も適切なものはどれか。

ア CRMソリューション　　　　　**イ** HRMソリューション

ウ SCMソリューション　　　　　**エ** 財務管理ソリューション

問3

クラウドコンピューティング環境では，インターネット上にあるアプリケーションやサーバなどの情報資源を，物理的な存在場所を意識することなく利用することが可能である。次のサービスのうち，このクラウドコンピューティング環境で提供されるサービスとして，最も適切なものはどれか。

ア SaaS　　　　　　　　　　　**イ** エスクロー

ウ システムインテグレーション　　**エ** ハウジング

　SOA(Service Oriented Architecture)は，業務上の一処理に相当するソフトウェアの機能を"サービス"と呼ばれる単位で実装し，それらを組み合わせて柔軟なシステムを構築しようという考え方であり，ビジネスの変化へ対応するためのシステムアーキテクチャです。システムを"サービス"の組合せによって構築することで，柔軟性のあるシステム開発が可能となり，業務プロセスの変更や拡張，また他のソフトウェアとの連携を容易に行えるようになります。**エ**が適切な記述です。

ア：ERP(Enterprise Resource Planning：企業資源計画)の説明です。

イ：フィット＆ギャップ分析の説明です。

ウ：BPM(Business Process Management)の説明です。

　ワントゥワンマーケティングは，市場シェアの拡大(新規顧客の獲得)よりも，既存顧客との好ましい関係を維持することを重視し，長期にわたって自社製品を購入する顧客の割合を高めるというマーケティングコンセプトです。このワントゥワンマーケティングの考え方に近い管理手法が**CRM**(Customer Relationship Management)です。

　CRMは顧客関係管理とも呼ばれ，企業内の全ての顧客チャネルで情報を共有し，サービスのレベルを引き上げて顧客満足度を高め，顧客ロイヤルティの獲得及び顧客生涯価値(すなわち，一人の顧客が生涯にわたって企業にもたらす利益)の最大化に結び付けるという考え方です。したがって，ワントゥワンマーケティングを実現する統合的なソリューションは**ア**のCRMソリューションです。

　クラウドコンピューティング環境で提供されるサービスは**SaaS**です。SaaSは"Software as a Service"の略で，インターネット経由でアプリケーションソフトウェアの機能を，必要なときだけ利用者に提供するサービスのことです。

イ：エスクロー(**エスクローサービス**)とは，インターネットオークションなどで，売り手と買い手の取引を安全に行うために，第三者の仲介業者が決済や商品の受渡しを行うサービスのことです。

ウ：**システムインテグレーション**とは，情報システムの企画，構築，運用・保守などの業務を一括して請け負う事業(サービス)のことです。

エ：**ハウジング**とは，顧客のサーバや通信機器を設置するために，事業者が所有する高速回線や耐震設備が整った施設を提供するサービスのことです。なお，事業者が所有するサーバの一部を顧客に貸し出し，顧客が自社のサーバとして利用するサービスを**ホスティングサービス**といいます。

解答　問1：エ　問2：ア　問3：ア

13 ▶ 6 クラウドサービス

重要度
★★☆

ここでは，クラウドサービス(SaaS, PaaS, IaaS)の特徴のほか，「参考」に示した用語も確認しておきましょう。

問1

JIS X 9401:2016(情報技術－クラウドコンピューティング－概要及び用語)の定義によるクラウドサービス区分の一つであり，クラウドサービスカスタマの責任者が表中の項番1と2の責務を負い，クラウドサービスプロバイダが項番3～5の責務を負うものはどれか。

項番	責務
1	アプリケーションに対して，データのアクセス制御と暗号化の設定を行う。
2	アプリケーションに対して，セキュアプログラムと脆弱性診断を行う。
3	DBMSに対して，修正プログラム適用と権限設定を行う。
4	OSに対して，修正プログラム適用と権限設定を行う。
5	ハードウェアに対して，アクセス制御と物理セキュリティ確保を行う。

ア HaaS　**イ** IaaS　**ウ** PaaS　**エ** SaaS

問2

クラウドサービスの利用手順を，“利用計画の策定”，“クラウド事業者の選定”，“クラウド事業者との契約締結”，“クラウド事業者の管理”，“サービスの利用終了”としたときに，“利用計画の策定”において，利用者が実施すべき事項はどれか。

ア クラウドサービスの利用目的，利用範囲，利用による期待効果を検討し，クラウドサービスに求める要件やクラウド事業者に求めるコントロール水準を定める。

イ クラウド事業者がSLAなどを適切に遵守しているかモニタリングし，また，自社で構築しているコントロールの有効性を確認し，改善の必要性を検討する。

ウ クラウド事業者との間で調整不可となる諸事項については，自社による代替策を用意した上で，クラウド事業者との間でコントロール水準をSLAなどで合意する。

エ 複数あるクラウド事業者のサービス内容を比較検討し，自社が求める要件及びコントロール水準が充足できるかどうかを判定する。

JIS X 9401:2016ではクラウドサービスのうち，SaaS，PaaS，IaaSの三つのサービス区分を次のように定義しています。

SaaS	Software as a Service。クラウドサービスカスタマが，クラウドサービスプロバイダのアプリケーションを使うことができる形態
PaaS	Platform as a Service。クラウドサービスカスタマが，クラウドサービスプロバイダによってサポートされる一つ以上のプログラム言語と一つ以上の実行環境とを使ってカスタマが作った又はカスタマが入手したアプリケーションを配置し，管理し，及び実行することができる形態
IaaS	Infrastructure as a Service。クラウドサービスカスタマが，演算リソース，ストレージ又はネットワークリソースを供給及び利用できる形態。クラウドサービスカスタマは，システムの基盤となる物理的リソース・仮想化リソースの管理又は制御を行わないが，物理的リソース・仮想化リソースを利用するオペレーティングシステム，ストレージ及び配置されたアプリケーションの制御を行う

＊HaaS(Hardware as a Service)は，JIS X 9401:2016には定義されていません。

クラウドサービスカスタマ(利用者側)とクラウドサービスプロバイダ(サービス提供側)が実施する管理作業分担を整理すると下図のようにようになります。

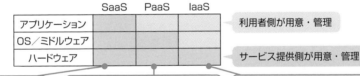

"利用計画の策定"において，利用者が実施すべき事項は**ア**です。**イ**は"クラウド事業者の管理"，**ウ**は"クラウド事業者との契約締結"，**エ**は"クラウド事業者の選定"で実施すべき事項です。

参考 チェックしておきたい関連用語

- **CASB**：Cloud Access Security Brokerの略。クラウドサービスの利用状況の可視化，及び監視・制御する仕組み。
- **プロビジョニング**：利用者の需要を予想し，ネットワーク設備やシステムリソースなどを計画的に調達して強化し，利用者の要求に応じたサービスを提供できるように備えること。

解答　問1:ウ　問2:ア

13

システム戦略・経営戦略

13 ▸ 7 経営戦略手法 I

重要度 ★★★ PPMは頻出です。またアンゾフの成長マトリクスも定期的に出題されるので押さえておきましょう。

問1

PPMにおいて，投資用の資金源と位置付けられる事業はどれか。

ア 市場成長率が高く，相対的市場占有率が高い事業
イ 市場成長率が高く，相対的市場占有率が低い事業
ウ 市場成長率が低く，相対的市場占有率が高い事業
エ 市場成長率が低く，相対的市場占有率が低い事業

問2

アンゾフの成長マトリクスを説明したものはどれか。

ア 外部環境と内部環境の観点から，強み，弱み，機会，脅威という四つの要因について情報を整理し，企業を取り巻く環境を分析する手法である。
イ 企業のビジョンと戦略を実現するために，財務，顧客，内部ビジネスプロセス，学習と成長という四つの視点から事業活動を検討し，アクションプランまで具体化していくマネジメント手法である。
ウ 事業戦略を，市場浸透，市場拡大，製品開発，多角化という四つのタイプに分類し，事業の方向性を検討する際に用いる手法である。
エ 製品ライフサイクルを，導入期，成長期，成熟期，衰退期という四つの段階に分類し，企業にとって最適な戦略を立案する手法である。

問1 解説

PPM(Product Portfolio Management：プロダクトポートフォリオマネジメント)は，市場成長率と相対的市場占有率(あるいは，市場占有率)の二つの軸を基に，事業や製品群を次ページ図のように四つの象限に分類して，自社の置かれた位置を分析・評価し，経営資源配分の優先順位とそのバランスを決定するための手法です。

投資用の資金源と位置付けられる事業は，**ウ**の「市場成長率が低く，相対的市場占有率が高い事業」です。ここに位置付けられる事業(金のなる木)は，資金創出効果が大きく，企業の支柱となる資金源です。"金のなる木"から得た収益を，"問題児"に投入し"花形"に育てるといった投資戦略が原則です。

	高		
市場成長率	花形 **ア**	問題児 **イ**	
	金のなる木 **ウ**	負け犬 **エ**	
低			

高　　　　相対的市場占有率　　　　低
（市場占有率）

花形	現在，大きな資金の流入をもたらしてはいるが，市場の成長に合わせた継続的な投資も必要
問題児	資金投下を行えば将来の資金源になる期待がもてる
金のなる木	大きな追加投資の必要がなく，現在，企業の主たる資金源の役割を果たしている
負け犬	資金投下の必要性は低く，将来的には撤退の対象となる

問2　解説

　アンゾフの成長マトリクス（単に成長マトリクスともいう）は，製品と市場の視点から，事業の成長戦略を下図に示した四つのタイプに分類し，どのような製品を，どの市場に投入していけば事業が成長・発展できるのか，事業の方向性を分析・検討する際に用いられる手法です。したがって，**ウ** が正しい記述です。

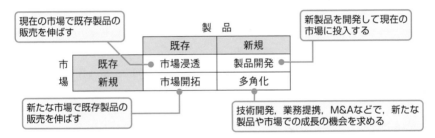

現在の市場で既存製品の販売を伸ばす

新製品を開発して現在の市場に投入する

製　品

市場		既存	新規
	既存	市場浸透	製品開発
	新規	市場開拓	多角化

新たな市場で既存製品の販売を伸ばす

技術開発，業務提携，M&Aなどで，新たな製品や市場での成長の機会を求める

ア：SWOT分析の説明です。SWOT分析については，次節を参照。

イ：バランススコアカードの説明です。「13-11 ビジネス戦略と目標・評価」を参照。

エ：プロダクトライフサイクル（PLC：Product Life Cycle）戦略の説明です。

参考　プロダクトライフサイクルと戦略 　Check!

導入期	先進的な消費者に対し製品を販売する時期。この時期は，需要は部分的で新規需要開拓が勝負。製品の認知度を高める戦略がとられる
成長期	市場が製品の価値を理解し始め，売上が急激に増加する時期。市場が活性化し新規参入企業によって競争が激化してくる。この時期は売上も伸びるが，投資も必要
成熟期	需要の伸びが鈍化してくる時期。製品の品質改良などによって，シェアの維持，利益の確保が行われる
衰退期	需要が減ってきて，売上と利益が徐々に減少する時期。追加投資を控えて市場から撤退する，又は代替市場への進出などが検討される

13

システム戦略・経営戦略

解答　問1：ウ　問2：ウ

経営戦略手法 II

ここでは問1，2，3で問われている用語のほか，「参考」に示した用語も押さえておくとよいでしょう。

問1

経営戦略に用いられるSWOT分析はどれか。

ア 競争環境における機会・脅威と強み・弱みを分析する。

イ 競争に影響する要因と，他社の動き，自社の動きを分析する。

ウ 市場に対するマーケティングツールの最適な組合せを分析する。

エ 市場の成長性と占有率の観点から各事業の位置付けを分析する。

問2

バリューチェーンの説明はどれか。

ア 企業活動を，五つの主活動と四つの支援活動に区分し，企業の競争優位の源泉を分析するフレームワーク

イ 企業の内部環境と外部環境を分析し，自社の強みと弱み，自社を取り巻く機会と脅威を整理し明確にする手法

ウ 財務，顧客，内部ビジネスプロセス，学習と成長の四つの視点から企業を分析し，戦略マップを策定するフレームワーク

エ 商品やサービスを，誰に，何を，どのように提供するかを分析し，事業領域を明確にする手法

問3

企業の競争戦略におけるフォロワ戦略はどれか。

ア 上位企業の市場シェアを奪うことを目標に，製品，サービス，販売促進，流通チャネルなどのあらゆる面での差別化戦略をとる。

イ 潜在的な需要がありながら，大手企業が参入してこないような専門特化した市場に，限られた経営資源を集中する。

ウ 目標とする企業の戦略を観察し，迅速に模倣することで，開発や広告のコストを抑制し，市場での存続を図る。

エ 利潤，名声の維持・向上と最適市場シェアの確保を目標として，市場内の全ての顧客をターゲットにした全方位戦略をとる。

SWOT分析は，自社の経営資源(商品力，技術力，販売力，財務，人材など)に起因する事項を「強み」と「弱み」に，また経営環境(市場や経済状況，新製品や新規参入，国の政策など)から自社が受ける影響を「機会」と「脅威」に分類することで自社の置かれている状況を分析・評価する手法です。SWOT分析によって，事業機会や事業課題を発見します。

アがSWOT分析の説明です。**イ**はマイケル・ポーターの競争戦略，**ウ**はマーケティングミックス，**エ**はPPM(プロダクトポートフォリオマネジメント)の説明です。

バリューチェーンとは，企業活動を，購買物流，製造，出荷物流，販売・マーケティング，サービスという五つの主活動と，人事・労務管理などの四つの支援活動に分類し，個々の活動が生み出す価値とそれに要するコストを把握することによって，企業が提供する製品やサービスの利益がどの活動で生み出されているかを分析するフレームワークです。

アがバリューチェーンの説明です。**イ**はSWOT分析，**ウ**はバランススコアカード(BSC：Balanced Score Card)，**エ**はCFT分析(下記「参考」を参照)の説明です。

米国の経営学者フィリップ・コトラーは，市場における企業の競争上の地位は，「リーダ，チャレンジャ，フォロワ，ニッチャ」の四つに分類することができ，それぞれに応じた適切な戦略があるとしています。**フォロワ戦略**は文字通りフォロワがとる戦略で，**ウ**の「目標とする企業の戦略を観察し，迅速に模倣することで，開発や広告のコストを抑制し，市場での存続を図る」という模倣戦略です。**ア**はチャレンジャ戦略，**イ**はニッチ戦略(集中戦略)，**エ**はリーダ戦略です。

13

システム戦略・経営戦略

参考 チェックしておきたい関連用語 Check!

- **CFT分析**：事業ドメインを設定する際に用いられるフレームワーク。**事業ドメイン**とは，事業を展開する領域のこと。CFT分析では，誰に対して(**C**ustomer：顧客)，どのような価値を(**F**unction：機能)，どのような技術によって(**T**echnology：技術)提供するかを，CFTの三つの軸で分析し事業ドメインの設定を行う。
- **ファイブフォース分析**：五つの競争要因「新規参入の脅威，サプライヤの交渉力，買い手の交渉力，代替商品の脅威，競争業者間の敵対関係」から企業を取り巻く競争環境(すなわち，業界構造)を分析する手法。業界の競争状態を分析し，その業界の収益性や成長性，魅力の度合いを検討する。

解答 問1：ア 問2：ア 問3：ウ

マーケティング I

重要度
★★★
4P・4Cは定期的に出題されます。また，問3は高度問題ですが，押さえておいた方がよいでしょう。

問1

売り手側でのマーケティング要素4Pは，買い手側での要素4Cに対応するという考え方がある。4Pの一つであるプロモーションに対応する4Cの構成要素はどれか。

ア 顧客価値(Customer value)
イ 顧客コスト(Customer cost)
ウ コミュニケーション(Communication)
エ 利便性(Convenience)

問2

顧客の購買行動を分析する手法の一つであるRFM分析で用いる指標で，Rが示すものはどれか。ここで，括弧内は具体的な項目の例示である。

ア Reaction(アンケート好感度)
イ Recency(最終購買日)
ウ Request(要望)
エ Respect(ブランド信頼度)

問3

高度

AIDMAモデルの活用方法はどれか。

ア 消費者が製品を購入するまでの心理の過程を，注意，興味，欲求，記憶，行動に分け，各段階のコミュニケーション手段を検討する。
イ 製品と市場の視点から，事業拡大の方向性を市場浸透・製品開発・市場開拓・多角化に分けて，戦略を検討する。
ウ 製品の相対的市場占有率と市場成長率から，企業がそれぞれの事業に対する経常資源の最適配分を意思決定する。
エ 製品の導入期・成長期・成熟期・衰退期の各段階に応じて，製品の改良，新品種の追加，製品破棄などを計画する。

問1 　解説

市場のニーズを満たし自社のマーケティング目標を達成するためのマーケティング要素の組合せを**マーケティングミックス**といい，最も代表的なのが，売り手側の視点から見た**マーケティングの4P**です。ターゲット市場に対し，「なに(製品)を，いくら(価格)で，ど

こ(流通)で，どのように(プロモーション)売るか」を決定し，販売戦略を展開します。

　売り手側でのマーケティング要素4Pを，買い手側の視点(顧客志向)で捉え直したものが買い手側での要素4Cです。これを**マーケティングの4C**といい，4Pのプロモーションに対応するのはコミュニケーションです。

売り手側の視点：4P		買い手側の視点：4C	
消費者に購買意欲を起こさせる行動(販売促進)	製品(Product)	⟷ 顧客価値(Customer value)	双方の声が届いているかという観点での顧客とのコミュニケーション(対話)
	価格(Price)	⟷ 顧客コスト(Customer cost)	
	流通(Place)	⟷ 利便性(Convenience)	
	プロモーション(Promotion)	⟷ コミュニケーション(Communication)	

問2　解説

　RFM分析は，「最近来店してくれた顧客は誰か：“Recency(最終購買日)”」，「頻繁に購入してくれる顧客は誰か：“Frequency(購買頻度)”」，「一番お金を使ってくれる顧客は誰か：“Monetary(累計購買金額)”」という三つの側面(指標)から顧客のセグメンテーションを行い，それぞれのセグメントに対してマーケティング施策を講じる手法です。

問3　解説

　消費者が製品を購入するまでの過程には，「製品を知り，理解し，欲しいと感じ，購入する」といった心理の過程が存在します。そのため，想定消費者の現在の心理段階を知り，それに見合ったプロモーション戦略をとる必要があります。このプロモーション戦略に用いられるモデルを**消費者行動モデル**といい，代表的なのが**AIDMAモデル**です。AIDMAモデルでは，消費者が製品を購入するまでの心理の過程を，「認知・注意(Attention)，興味・関心(Interest)，欲求(Desire)，記憶(Memory)，行動(Action)」の5段階としています。

　したがって，**ア**がAIDMAモデルの活用方法です。**イ**はアンゾフの成長マトリクス，**ウ**はPPM，**エ**はプロダクトライフサイクルの活用方法です。

参考　価格設定法も知っておこう！

ターゲットリターン価格設定	目標とする投資収益率(ROI)を実現するように価格を設定する
実勢価格設定	競合の価格を十分に考慮した上で価格を設定する
需要価格設定(知覚価値法)	リサーチなどによる消費者の値頃感に基づいて価格を設定する
需要価格設定(差別価格法)	客層，時間帯，場所など市場セグメントごとの需要を把握し，セグメントごとに最適な価格を設定する
コストプラス価格設定	製造原価又は仕入原価に一定の(希望)マージンを織り込んだ価格を設定する

解答　問1：ウ　問2：イ　問3：ア

13

システム戦略・経営戦略

マーケティングⅡ

重要度
★★★

マーケティングに関しては，近年，新出用語が多く出題されています。色強調した用語を押さえておきましょう。

問1

コンジョイント分析の説明はどれか。

ア　顧客ごとの売上高，利益額などを高い順に並べ，自社のビジネスの中心をなしている顧客を分析する手法

イ　商品がもつ価格，デザイン，使いやすさなど，購入者が重視している複数の属性の組合せを分析する手法

ウ　同一世代は年齢を重ねても，時代が変化しても，共通の行動や意識を示すことに注目した，消費者の行動を分析する手法

エ　ブランドがもつ複数のイメージ項目を散布図にプロットし，それぞれのブランドのポジショニングを分析する手法

問2

プライスライニング戦略はどれか。

ア　消費者が選択しやすいように，複数の価格帯に分けて商品を用意する。

イ　商品の品質の良さやステータスを訴えるために意図的に価格を高く設定する。

ウ　商品本体の価格を安く設定し，関連消耗品の販売で利益を得る。

エ　新商品に高い価格を設定して早い段階で利益を回収する。

問3

バイラルマーケティングの説明はどれか。

ア　顧客の好みや欲求の多様化に対応するために，画一的なマーケティングを行うのではなく，顧客一人ひとりの興味関心に合わせてマーケティングを行う手法

イ　市場全体をセグメント化せずに一つとして捉え，一つの製品を全ての購買者に対し，画一的なマーケティングを行う手法

ウ　実店舗での商品販売，ECサイトなどのバーチャル店舗販売など複数のチャネルを連携させ，顧客がチャネルを意識せず購入できる利便性を実現する手法

エ　人から人へ，プラスの評価が口コミで爆発的に広まりやすいインターネットの特長を生かす手法

コンジョイント分析とは，商品がもついくつかの属性(例えば，価格や色，デザイン，品質など)を組み合わせた評価項目を提示し，回答者にランク付けしてもらい，その選好を分析する手法です。コンジョイント分析によって，購入者がどの属性を重視しているのか，またどの属性の組合せが最も好まれるかといったことを調べることができます。**イ**がコンジョイント分析の説明です。

ア：ABC分析(パレート分析ともいう)の説明です。

ウ：世代別の消費動向を分析するコーホート分析(同世代分析)の説明です。

エ：多変量解析の一つであるコレスポンデンス分析の説明です。

プライスライニング戦略は寿司屋やカツ丼店などでよくとられている戦略で，消費者が選択しやすいように，例えば，「松」「竹」「梅」の三種類の価格帯に分けて商品を用意するという戦略です。**ア**がプライスライニング戦略の説明です。

イ：**名声価格戦略**の説明です。この戦略は，「高額だからこそ買う」といった顧客の心理を刺激しコントロールする戦略です。

ウ：**キャプティブ価格戦略**の説明です。キャプティブ(Captive)とは"捕虜"という意味です。この戦略は，主商品の価格を低く設定して顧客を取り込み，付随商品のランニングで利益を得るという戦略です。

エ：**スキミング価格戦略**の説明です。この戦略は，高価格でも購入する消費者(例えば，先進的な消費者)層をターゲットにして，新商品の導入期に短期間で利益を回収しようという戦略です。**スキミングプライシング**ともいいます。

バイラルマーケティングとは，人から人へと"口コミ"で評判が伝わることを積極的に利用して，商品の告知や顧客の獲得を低コストで効率的に行うマーケティング手法です。**エ**がバイラルマーケティングの説明です。**ア**はワントゥワンマーケティング，**イ**はマスマーケティング，**ウ**はオムニチャネルの説明です。

参考 **CXとCEMも知っておこう！** 👆Check!

CX(Customer Experience：**カスタマーエクスペリエンス**)とは，商品やサービスの購入前の段階から，購入後の利用やサポートを通じて，顧客が得られる経験・体験価値(満足や感動)のことです。CXを高めるため，主語・主体を「顧客」として戦略的にマネジメントすることを**CEM**(Customer Experience Management：**顧客経験管理**)といいます。

13

システム戦略・経営戦略

解答 問1：イ 問2：ア 問3：エ

ビジネス戦略と目標・評価

重要度
★★★

バランススコアカードは頻出です。バランススコアードの目的と四つの視点を確認しておきましょう。

問1

バランススコアカードで使われる戦略マップの説明はどれか。

ア 切り口となる二つの要素をX軸，Y軸として，市場における自社又は自社製品のポジションを表現したもの

イ 財務，顧客，内部ビジネスプロセス，学習と成長の四つの視点を基に，課題，施策，目標の因果関係を表現したもの

ウ 市場の魅力度，自社の優位性の二つの軸から成る四つのセルに自社の製品や事業を分類して表現したもの

エ どのような顧客層に対して，どのような経営資源を使用し，どのような製品・サービスを提供するのかを表現したもの

問2

情報システム投資の効果をモニタリングする指標のうち，バランススコアカードの内部ビジネスプロセスの視点に該当する指標はどれか。

ア 売上高，営業利益率など損益計算書や貸借対照表上の成果に関する指標

イ 顧客満足度の調査結果や顧客定着率など顧客の囲い込み効果に関する指標

ウ 人材のビジネススキル，ITリテラシなど組織能力に関する指標

エ 不良率，納期遵守率など業務処理の信頼性やサービス品質に関する指標

問3

新規ビジネスを立ち上げる際に実施するフィージビリティスタディはどれか。

ア 新規ビジネスに必要なシステム構築に対するIT投資を行うこと

イ 新規ビジネスの採算性や実行可能性を，調査・分析し，評価すること

ウ 新規ビジネスの発掘のために，アイディアを社内公募すること

エ 新規ビジネスを実施するために必要な要員の教育訓練を行うこと

バランススコアカード(BSC：Balanced Score Card)は，企業目標と，それを達成させる主要な要因，評価指標，アクションプランを記載したカード，あるいはこのカードを利用した，目標設定及び実績評価(管理)の手法です。

企業活動を，「財務，顧客，内部ビジネスプロセス，学習と成長」の四つの視点で捉え，相互の適切な関係を考慮しながら各視点それぞれについて，達成すべき具体的な目標及びその目標を実現する施策(行動)を策定します。そして，達成度を定期的に評価していくことでビジネス戦略の実現を目指します。

例 バランススコアカードのイメージ

視点	戦略目標 (KGI)	重要成功要因 (CSF)	業績評価指標 (KPI)	アクションプラン
財務	利益率向上	既存顧客の契約高の 維持及び向上	・当期純利益率 ・保有契約高	効率の良い営業活動
顧客	戦略目標を達成するた めに必要な具体的要因	設定したKGI・CSFの 達成度を評価する指標	戦略目標達成のために どんな行動をおこすか
内部ビジネスプロセス			
学習と成長			

従業員の能力や勤務態度，やる気，
またそれを育てる環境など

*KGI(Key Goal Indicator：重要目標達成指標)
　CSF(Critical Success Factors：重要成功要因)
　KPI(Key Performance Indicator：重要業績評価指標)

問2 解説

バランススコアカードの内部ビジネスプロセスの視点に該当する指標は**エ**です。**ア**は財務の視点，**イ**は顧客の視点，**ウ**は学習と成長の視点に該当する指標です。

問3 解説

フィージビリティスタディとは，新しい事業(新製品・サービスなど)やプロジェクトの計画に対して，その実行可能性や採算性を調査・分析し，評価すること，あるいはそれに取り組む過程のことです。実現性可能性調査ともいいます。**イ**が正しい記述です。

参考 **ビジネスモデルキャンバスも知っておこう！** Check!

ビジネスモデルキャンバスとは，企業がどのように価値を創造し，顧客に届け，収益を生み出しているかを，「顧客セグメント，価値提案，チャネル，顧客との関係，収益の流れ，リソース，主要活動，パートナ，コスト構造」の九つのブロックを用いて図示し，分析する手法です。

13

システム戦略・経営戦略

解答 問1:イ 問2:エ 問3:イ

技術開発戦略

重要度
★★☆

ここでは，"技術のSカーブ"，技術経営における三つの
障壁，そしてTLOの役割を確認しておきましょう。

問1

"技術のSカーブ"の説明として，適切なものはどれか。

ア 技術の期待感の推移を表すものであり，黎明期，流行期，反動期，回復期，安定期に分類される。

イ 技術の進歩の過程を表すものであり，当初は緩やかに進歩するが，やがて急激に進歩し，成熟期を迎えると進歩は停滞気味になる。

ウ 工業製品において生産量と生産性の関係を表すものであり，生産量の累積数が増加するほど生産性は向上する傾向にある。

エ 工業製品の故障発生の傾向を表すものであり，初期故障期間では故障率は高くなるが，その後の偶発故障期間での故障率は低くなり，製品寿命に近づく摩耗故障期間では故障率は高くなる。

問2

技術経営における"魔の川"の説明として，適切なものはどれか。

ア 研究の開始までに横たわる障壁

イ 研究の結果を基に製品開発までの間に横たわる障壁

ウ 事業化から市場での成功までの間に横たわる障壁

エ 製品開発から事業化までの間に横たわる障壁

問3

TLO(Technology Licensing Organization)の役割として，適切なものはどれか。

ア TLO自らが研究開発して取得した特許の，企業へのライセンス

イ 企業から大学への委託研究の問合せ及び申込みの受付

ウ 新規事業又は市場への参入のための，企業の合併又は買収の支援

エ 大学の研究成果の特許化及び企業への技術移転の促進

技術のSカーブとは，「技術は，理想とする技術を目指す過程において，導入期，成長期，成熟期，衰退期，そして次の技術フェーズに移行するという進化の過程をたどる」という，技術の進歩の過程を表したものです（下図）。**イ**が正しい記述です。**ア**はハイプ曲線，**ウ**は経験曲線（ラーニングカーブ），**エ**はバスタブ曲線の説明です。

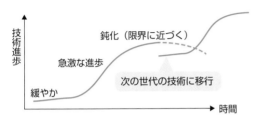

|補足| 技術の成熟などによって，製品は必ずコモディティ化します。コモディティ化とは，他社製品との差別化が価格以外で困難になることをいい，この様相が見え始めたら，技術の次なるSカーブを意識した研究を始めます。

研究開発型事業は，「研究 → 開発 → 製品化（事業化）→ 市場形成」という段階を経て，技術・製品価値創出（Value Creation）を価値収益化（Value Capture）につなげます。しかし，この過程において乗り越えなければならないとされる**三つの障壁**（下表），すなわち**技術経営**（MOT：Management Of Technology）における課題があるとされています。技術経営とは，技術に立脚する事業を行う企業・組織が，持続的発展のために，技術がもつ可能性を見極めて事業に結びつけ，経済的価値を創出していくマネジメントのことです。

魔の川	基礎研究と開発段階の間にある障壁。例えば，研究の結果を基に製品を開発しても，製品のコモディティ化が進んでしまったため，他社との差別化ができず収益化が望めないといった状況（**イ**が該当）
死の谷	製品開発に成功しても資金がつきるなどの理由で次の段階である製品化・事業化に発展できない状況，あるいはその障壁（**エ**が該当）
ダーウィンの海	市場に出された製品が他企業との競争や顧客の受容という荒波にもまれ，より大きな市場を形成できないといった，製品化されてから製品の市場形成の間にある障壁（**ウ**が該当）

TLO（Technology Licensing Organization：技術移転機関）とは，大学などの研究機関が保持する研究成果を特許化し，それを企業へ技術移転する法人のことです。研究機関発の新規産業を生み出し，それにより得られた収益の一部を研究者に戻すことにより，研究資金を生み出し，研究の更なる活性化をもたらすという知的創造サイクル（知的創造 → 権利取得 → 権利活用）の原動力としての中核をなすのがTLOです。**エ**がTLOの役割です。

解答　問1：イ　問2：イ　問3：エ

13

システム戦略・経営戦略

経営管理システム

重要度
★★☆

SCMやSFAを問う問題が多いですが，CRMや「参考」に示したSECIモデルも重要です。押さえておきましょう。

問1

サプライチェーンマネジメントを説明したものはどれか。

ア 購買，生産，販売及び物流を結ぶ一連の業務を，企業間で全体最適の視点から見直し，納期短縮や在庫削減を図る。

イ 個人がもっているノウハウや経験などの知的資産を共有して，創造的な仕事につなげていく。

ウ 社員のスキルや行動特性を管理し，人事戦略の視点から適切な人員配置・評価などを行う。

エ 多様なチャネルを通して集められた顧客情報を一元化し，活用することで，顧客との関係を密接にしていく。

問2

SFAを説明したものはどれか。

ア 営業活動にITを活用して営業の効率と品質を高め，売上・利益の大幅な増加や，顧客満足度の向上を目指す手法・概念である。

イ 卸売業・メーカが小売店の経営活動を支援することによって，自社との取引量の拡大につなげる手法・概念である。

ウ 企業全体の経営資源を有効かつ総合的に計画して管理し，経営の効率向上を図るための手法・概念である。

エ 消費者向けや企業間の商取引を，インターネットなどの電子的なネットワークを活用して行う手法・概念である。

問1 解説

サプライチェーンマネジメント（SCM：Supply Chain Management）は，部品や資材の調達から製品の生産，流通，販売までの，企業間を含めた一連の業務を適切に計画・管理し，最適化することで，リードタイム（納期）の短縮，在庫コストや流通コストの削減を目指す経営手法です。したがって，**ア**が正しい記述です。なお，部品や資材の調達から販売までの一連の業務や企業のつながりをサプライチェーン（供給連鎖）といいます。

イ：ナレッジマネジメント（KM：Knowledge Management）の説明です。

ウ：ヒューマンリソースマネジメント（HRM：Human Resource Management）の説明です。

エ：CRM（Customer Relationship Management）の説明です。CRMは，顧客や市場から集められた様々な情報を一元化し，活用することで顧客との密接な関係を構築・維持し，企業収益の拡大を図る経営手法です。顧客関係管理とも呼ばれ，その目的は，顧客ロイヤルティ（企業や製品・サービスに対する顧客の信頼度，愛着度）の獲得と顧客生涯価値（LTV：Life Time Value，1人の顧客が生涯にわたって企業にもたらす利益）の最大化です。

問2 ▶ 解説

　SFA（Sales Force Automation）は，営業活動にモバイル技術やインターネット技術といったITを活用して，営業の効率と品質を高め，売上・利益の大幅な増加や，顧客満足度の向上を目指す手法・概念，あるいは，そのための情報システムです。SFAでは，営業担当者個人が保有する有用な営業情報を，一元管理し営業部門全体で共有化することで営業活動の促進を図ります。**ア**が正しい記述です。

イ：RSS（Retail Support System：リテールサポートシステム）の説明です。

ウ：ERP（Enterprise Resource Planning：企業資源計画）の説明です。

エ：EC（Electronic Commerce：電子商取引）の説明です。

参考　SECIモデル（知識創造プロセス）　Check!

　ナレッジマネジメントを実現するフレームワークに**SECIモデル**があります。SECIモデルは，知識には暗黙知と形式知があり，これを個人や組織の間で相互に変換・移転することによって新たな知識が創造されていくことを示した知識創造のプロセスモデルです。

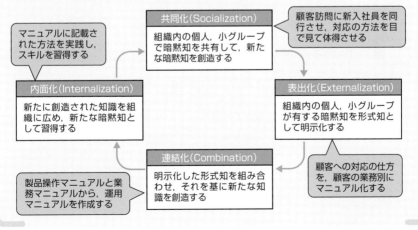

解答　問1：ア　問2：ア

ビジネスシステム

重要度
★★★

このテーマからは，近年，新出用語が多く出題されています。色強調した用語を押さえておきましょう。

問1

サイバーフィジカルシステム(CPS)の説明として，適切なものはどれか。

ア 1台のサーバ上で，複数のOSを動かし，複数のサーバとして運用する仕組み

イ 仮想世界を現実かのように体感させる技術であり，人間の複数の感覚を同時に刺激することによって，仮想世界への没入感を与える技術のこと

ウ 現実世界のデータを収集し，仮想世界で分析・加工して，現実世界側にリアルタイムにフィードバックすることによって，付加価値を創造する仕組み

エ 電子データだけでやり取りされる通貨であり，法定通貨のように国家による強制通用力をもたず，主にインターネット上での取引などに用いられるもの

問2

各種センサーを取り付けた航空機のエンジンから飛行中に収集したデータを分析し，仮想空間に構築したエンジンのモデルに反映してシミュレーションを行うことによって，各パーツの消耗状況や交換時期を正確に予測できるようになる。このように産業機器などにIoT技術を活用し，現実世界や物理的現象をリアルタイムに仮想空間で忠実に再現することを表したものはどれか。

ア サーバ仮想化 　　　　**イ** スマートグリッド
ウ スマートメーター 　　　**エ** デジタルツイン

問3

店内に設置した多数のネットワークカメラから得たデータを，インターネットを介してIoTサーバに送信し，顧客の行動を分析するシステムを構築する。このとき，IoTゲートウェイを店舗内に配置し，映像解析処理を実行して映像から人物の座標データだけを抽出することによって，データ量を減らしてから送信するシステム形態をとった。このようなシステム形態を何と呼ぶか。

ア MDM 　　　　　　　　　**イ** SDN
ウ エッジコンピューティング 　**エ** デュプレックスシステム

　サイバーフィジカルシステム(CPS)とは，現実世界(フィジカル空間)にある多様なデータを収集し，コンピュータ上で再現した仮想空間(サイバー空間)で分析及び知識化を行い，そこで創出した情報や価値を現実世界にフィードバックすることによって，産業の活性化や社会問題の解決を図るといった付加価値を創造する仕組みのことです。例えば，現実世界の都市の構造や活動状況のデータによって仮想世界を構築し，災害の発生や時間軸を自由に操作して，現実世界では実現できないシミュレーションを行い，災害軽減対策に役立てるといった活用例があります。以上，**ウ**が正しい記述です。

　アはサーバ仮想化，**イ**はVR(Virtual Reality：バーチャルリアリティ)，**エ**は仮想通貨(暗号資産)の説明です。

　産業機器などにIoT技術を活用し，現実世界や物理的現象をリアルタイムに仮想空間で忠実に再現することを**デジタルツイン**といいます。デジタルツインでは，IoT技術を活用して現実世界の情報をセンサーデータとして収集し，それを用いて仮想空間(デジタル空間)上に現実世界と同等な世界を構築します。これにより，現実世界では実施できないようなシミュレーションや将来予測を行います。

ア：サーバ仮想化とは，1台の物理サーバ上で複数の仮想的なサーバを運用する技術です。

イ：**スマートグリッド**とは，通信と情報処理技術によって，発電と電力消費を総合的に制御し，再生可能エネルギーの活用，安定的な電力供給，最適な需給調整を図るシステムのことです。

ウ：**スマートメーター**とは，通信機能や機器の管理機能を備えた高機能な電力量計です。

　問題文に示されたシステム形態を**エッジコンピューティング**といいます。エッジコンピューティングとは，演算処理のリソースをユーザや端末の近傍に置くことによって，アプリケーション処理の低遅延化や通信トラフィックの最適化を行うコンピューティングモデルです。モノから発生する膨大なデータを全てIoTサーバで処理するのではなく，ユーザや端末の近くで分散処理することによって，IoTサーバへの負荷や通信トラフィックを解消します。

ア：MDM(Mobile Device Management)は，従業員が利用するスマートフォンなどのモバイルデバイスを統合的に管理し，企業のセキュリティを維持・向上させる仕組みです。

イ：SDNについては，「9-13 ネットワークの仮想化技術」の問1を参照。

エ：**デュプレックスシステム**は，現用系と，現用系の故障に備え待機している待機系の2系統で構成されるシステムです。

13

システム戦略・経営戦略

解答　問1：ウ　問2：エ　問3：ウ

e-ビジネス I

重要度
★★★

EDIは定期的に出題されています。ここでは，オープンAPI，XBRL，そして「参考」のebXMLも押さえましょう。

問1

EDIを実施するための情報表現規約で規定されるべきものはどれか。

ア 企業間の取引の契約内容
イ システムの運用時間
ウ 伝送制御手順
エ メッセージの形式

問2

業務システムの構築に際し，オープンAPIを活用する構築手法の説明はどれか。

ア 構築するシステムの概要や予算をインターネットなどにオープンに告知し，アウトソース先の業者を公募する。

イ 構築テーマをインターネットなどでオープンに告知し，不特定多数から資金調達を行い開発費の不足を補う。

ウ 接続仕様や仕組みが外部企業などに公開されている他社のアプリケーションソフトウェアを呼び出して，適宜利用し，データ連携を行う。

エ 標準的な構成のハードウェアに仮想化を適用し，必要とするCPU処理能力，ストレージ容量，ネットワーク機能などをソフトウェアで構成し，運用管理を行う。

問3

XBRLで主要な取扱いの対象とされている情報はどれか。

ア 医療機関のカルテ情報
イ 企業の顧客情報
ウ 企業の財務情報
エ 自治体の住民情報

問1 解説

経済産業省では，EDI（Electronic Data Interchange）を「異なる組織間で，取引のためのメッセージを，通信回線を介して標準的な規約（可能な限り広く合意された各種規約）を用いて，コンピュータ（端末を含む）間で交換すること」と定義しています。EDIを活用した電子商取引を実施する際に必要となる取決めには，次の四つがあります。情報表現規約は

データ形式に関する規約なので，規定されるべきものは**エ**のメッセージの形式です。

1. 情報伝達規約	通信回線の種類や伝送手順などに関する取決め
2. 情報表現規約	対象となる情報データのフォーマット（形式）に関する取決め
3. 業務運用規約	システムの運用に関する取決め
4. 取引基本規約	双方の企業がEDIで取引を行うことに合意する契約

問2 解説

オープンAPIとは，外部企業との間の安全なデータ連携を可能にする取組みであり，企業が自社サービスの接続仕様や仕組み（API：Application Programming Interface）を外部の企業などに公開することをいいます。オープンAPIは，オープンイノベーションの促進や既存ビジネスの拡大，サービス開発の効率化といった効果をもたらします。例えば，サービス開発の効率化の側面では，接続仕様や仕組み（API）が公開されている他社のアプリケーションソフトウェアを活用してシステムを構築することによって，システム開発の生産性を高めることができます。**ウ**がオープンAPIを活用する構築手法です。

ア：公募型プロポーザルの説明です。

イ：クラウドファンディングの説明です。

エ：SDIあるいはIaCの説明だと思われます。SDI（Software-Defined Infrastructure）は，あらかじめ標準的な構成のハードウェアを用意しておき，そこから必要となるシステム資源（CPUの処理能力，ストレージ容量，ネットワーク機能など）を，アプリケーションソフトウェアから指定・要求するだけで自由に構成し，また構成変更ができるIT基盤技術です。IaC（Infrastructure as Code）は，インフラの構成をコードで記述しておき，それを実行することでその構成や管理を自動化する手法のことです。

問3 解説

XBRL（eXtensible Business Reporting Language）とは，企業の財務情報を電子データとして記述するための国際的な標準言語です。財務報告用の情報の作成・流通・利用ができるように標準化されているため，XBRLを用いることによって，適用業務パッケージやプラットフォームに依存せずに財務情報の利用が可能となります。

参考 ebXMLも知っておこう！ Check!

ebXMLは，XMLを用いたWebサービス間の通信プロトコルや取引情報フォーマットなどを定義する一連の仕様です。従来のEDIやWeb-EDIをXML化しただけでなく，取引企業同士のアプリケーションが，情報交換により合意されたビジネスプロセスを遂行するために必要な標準仕様が定められています。

解答 問1：エ 問2：ウ 問3：ウ

e-ビジネスⅡ

重要度
★★★

このテーマからは前節の用語のほか，新出用語も多く出題されています。「参考」も含め押さえておきましょう。

 問1

レコメンデーション（お勧め商品の提案）の例のうち，協調フィルタリングを用いたものはどれか。

ア 多くの顧客の購買行動の類似性を相関分析などによって求め，顧客Aに類似した顧客Bが購入している商品を顧客Aに勧める。

イ カテゴリ別に売れ筋商品のランキングを自動抽出し，リアルタイムで売れ筋情報を発信する。

ウ 顧客情報から，年齢，性別などの人口動態変数を用い，"20代男性"，"30代女性"などにセグメント化した上で，各セグメント向けの商品を提示する。

エ 野球のバットを購入した人に野球のボールを勧めるなど商品間の関連に着目して，関連商品を提示する。

 問2

アグリゲーションサービスに関する記述として，適切なものはどれか。

ア 小売販売の会社が，店舗やECサイトなどあらゆる顧客接点をシームレスに統合し，どの顧客接点でも顧客に最適な購買体験を提供して，顧客の利便性を高めるサービス

イ 物品などの売買に際し，信頼のおける中立的な第三者が契約当事者の間に入り，代金決済等取引の安全性を確保するサービス

ウ 分散的に存在する事業者，個人や機能への一括的なアクセスを顧客に提供し，比較，まとめ，統一的な制御，最適な組合せなどワンストップでのサービス提供を可能にするサービス

エ 本部と契約した加盟店が，本部に対価を支払い，販売促進，確立したサービスや商品などを使う権利をもらうサービス

問1 　解説

レコメンデーション（お勧め商品の提案）とは，ECサイトなどが，過去の顧客の閲覧情報や商品の購入履歴といった様々なデータの分析結果を基に，ECサイトを訪れている顧客に，興味や関心がありそうな商品をお勧めする仕組みのことです。

協調フィルタリングは，レコメンデーションを実現する代表的な手法で，「嗜好などが似ている別の顧客が求めた商品をお勧めする」というものです。協調フィルタリングでは，多くの顧客の購買行動から顧客間の類似性を相関係数で求めたり，コサイン類似度で求めたりした結果を基に，レコメンド（お勧め）の対象となる顧客に類似した別の顧客が購入したり，チェックしたりした商品を，お勧め商品として提示します。**ア**が協調フィルタリングを用いたレコメンデーションです。

イ：ポピュラリティ（人気ランキング）のレコメンデーションです。

ウ：ルールベースのレコメンデーションです。「このセグメントの顧客には，この商品を提示する」という，あらかじめ決められたルールに基づいて商品を提示します。

エ：コンテンツベースのレコメンデーションです。顧客が購入した商品と類似度の高い商品や関連する商品を提示します。

問2　解説

　アグリゲーションは"集合"又は"集合体"という意味で，「複数のものをまとめる」あるいは「複数のものをまとめたもの」を指します。**アグリゲーションサービス**とは，複数の企業が提供するサービスを集約し，それを統一的に利用することができるようにしたサービス形態のことです。例えば，ABCネット銀行のWebサイトで，abc証券の預り残高（口座サマリー）を閲覧できるというように，銀行や証券会社，クレジット会社など複数の企業から受けているサービスを一つのWebサイトで利用できるといったサービスが，アグリゲーションサービスに該当します。**ウ**がアグリゲーションサービスの説明です。

ア：オムニチャネルに関する記述です。

イ：エスクローサービスに関する記述です。

エ：フランチャイズ契約に関する記述です。

参考　チェックしておきたい関連用語 Check!

- **ロングテール**：インターネットショッピングで，売上の全体に対して，あまり売れない商品群の売上合計が無視できない割合になっていること。
- **シェアリングエコノミー**：ソーシャルメディアのコミュニティ機能などを活用して，個人が所有している遊休資産を個人間で貸し借りする仕組み。
- **フィルターバブル**：利用者の属性・行動などに応じ，好ましいと考えられる情報がより多く優先的に表示され，泡（バブル）に包まれたように，自分の見たい情報しか見えなくなること。なお，総務省の「情報通信白書（令和元年版）」では，フィルターバブルを次のように定義している。『アルゴリズムがネット利用者個人の検索履歴やクリック履歴を分析し学習することで，個々のユーザにとっては望むと望まざるとにかかわらず見たい情報が優先的に表示され，利用者の観点に合わない情報からは隔離され，自身の考え方や価値観の「バブル（泡）」の中に孤立するという情報環境を指す』。

解答　問1：ア　問2：ウ

問1

"情報システム・モデル取引・契約書＜第二版＞"によれば，ウォーターフォールモデルによるシステム開発において，ユーザ(取得者)とベンダー(供給者)間で請負型の契約が適切であるとされるフェーズはどれか。

システム化計画	要件定義	システム外部設計	システム内部設計	ソフトウェア設計，プログラミング，ソフトウェアテスト	システム結合	システムテスト	受入・導入支援

ア　←───→ ア

イ　　←─────────────────────────────────────→ イ

ウ　　←──────────────────────────→ ウ

エ　　　　　←──────────────→ エ

ア　システム化計画フェーズから導入・受入支援フェーズまで

イ　要件定義フェーズから導入・受入支援フェーズまで

ウ　要件定義フェーズからシステム結合フェーズまで

エ　システム内部設計フェーズからシステム結合フェーズまで

問2

システムを委託する側のユーザ企業と，受託する側のSI事業者との間で締結される契約形態のうち，レベニューシェア型契約はどれか。

ア　SI事業者が，ユーザ企業に対して，クラウドサービスを活用したシステム開発と運用に関わるSEサービスを月額固定料金で課金する。

イ　SI事業者が，ユーザ企業に対して，ネットワーク経由でアプリケーションサービスを提供する際に，サービスの利用時間に応じて加算された料金を課金する。

ウ　開発したシステムによって将来，ユーザ企業が獲得する売上や利益をSI事業者にも分配することを条件に，開発初期のSI事業者への委託金額を抑える。

エ　システム開発に必要な工数と人員の単価を掛け合わせた費用をSI事業者が見積もり，システム構築費用としてシステム完成時にユーザ企業に請求する。

"情報システム・モデル取引・契約書＜第二版＞"は，情報システムの信頼性向上・取引の可視化に向けた取引・契約のあり方を示したものです。経済産業省から報告書として公表されています。本モデル取引・契約書によれば，請負型の契約が適切であるとされるフェーズは，システム内部設計フェーズからシステム結合フェーズまでです。

各フェーズにおける推奨される契約類型（準委任型／請負型）　Check!

システム化計画	要件定義	システム外部設計	システム内部設計	ソフトウェア設計，プログラミング，ソフトウェアテスト	システム結合	システムテスト	導入・受入支援
準委任		準委任・請負		請負		準委任・請負	準委任

請負型の契約ではベンダーは仕事（受託業務）の完成の義務を負うのに対し，準委任型の契約ではベンダーは善良な管理者の注意をもって委任事務を処理する義務を負うものの，仕事の完成についての義務は負いません。この観点から，請負型の契約が適するのは，業務に着手する前の段階でベンダーにとって成果物の内容が具体的に特定できるフェーズ（システム内部設計からシステム結合）です。

レベニューシェア型契約とは成功報酬型の契約の一種です。受託側は無償もしくは安価でシステム開発業務を請負い，開発したシステムから得られた収益を，契約時に決めた配分率で委託側から受け取ります。つまり，得られた収益を委託側と受託側で分け合うという契約がレベニューシェア型契約です。委託側には初期投資を抑えられるといったメリットがあり，受託側にはその後の保守も請け負うことで長期・継続的に収入を得られるというメリットがあります。以上，**ウ**がレベニューシェア型契約です。

参考　多段階契約

"情報システム・モデル取引・契約書＜第二版＞"では，多段階契約の考え方を採用しています。多段階契約とは，工程ごとに個別契約を締結することをいいます。契約作業の手間は増大しますが，多段階契約を採用することで以下のようなメリットがあります。

・開発途中で発生する仕様変更の影響を極力抑えることができる。
・前工程の遂行の結果，後工程の見積前提条件に変更が生じた場合に，各工程の開始のタイミングで再見積りが可能となる。
・工程ごとに異なるベンダーに分割発注することが可能となる。

試験では，「多段階契約の考え方を採用する目的はどれか？」と問われることがあります。上記三つのメリットを押さえておきましょう。

13

システム戦略・経営戦略

解答　問1：エ　問2：ウ

13 ▶ 18 調達の実施

重要度 ★★★

RFIとRFPの違いを確認しましょう。また「参考」に示したファウンドリとファブレスも押さえておきましょう。

問1

情報システムの調達の際に作成されるRFIの説明はどれか。

ア 調達者から供給者候補に対して，システム化の目的や業務内容などを示し，必要な情報の提供を依頼すること

イ 調達者から供給者候補に対して，対象システムや調達条件などを示し，提案書の提出を依頼すること

ウ 調達者から供給者に対して，契約内容で取り決めた内容に関して，変更を要請すること

エ 調達者から供給者に対して，双方の役割分担などを確認し，契約の締結を要請すること

問2

組込み機器の開発を行うために，ベンダーに見積りを依頼する際に必要なものとして，適切なものはどれか。ここで，システム開発の手順は共通フレーム2013に沿うものとする。

ア 納品書　　**イ** 評価仕様書　　**ウ** 見積書　　**エ** 要件定義書

問1 解説

　RFI(Request For Information：情報提供依頼書)とは，調達者から供給者候補に対して，システム化の目的や業務概要などを示し，システム化に当たって，現在の状況において利用可能な技術・製品，供給者における導入実績など実現手段に関する情報の提供を依頼すること，又はその依頼文書のことです。**ア**が正しい記述です。

イ：**RFP**(Request For Proposal：提案依頼書)の説明です。RFPは，システムの調達のために，調達者から供給者候補に対して，調達するシステムの概要や依頼事項(機能要件及び非機能要件)，調達条件，契約事項(契約類型：準委任／請負，損害賠償責任，他)などを提示し，指定した期限内で実現策の提案を依頼すること，又はその依頼文書のことです。なお，RFPの作成に先だって，RFIを供給者候補に提示し，必要な情報の提供を求める場合があります。

ウ：RFC(Request For Change：変更依頼書)の説明です。

エ：契約締結依頼に関する記述です。なお，双方の役割分担など開発作業時の作業にかかわる環境条件については，通常，RFP(提案依頼書)に記載されます。

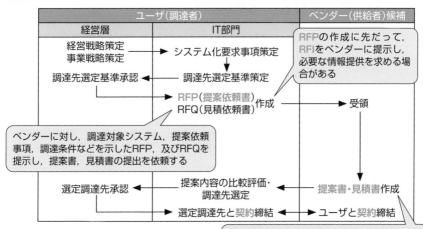

問2 解説

　ベンダーが見積書を作成するためには,開発対象となる組込み機器の概要や依頼事項(機能要件及び非機能要件)など,様々な情報が必要です。とりわけ依頼事項においては,ベンダーが責任をもって見積りを出すのに十分な要件が明らかになっていなければいけません。したがって,見積依頼の際には,開発依頼する組込み機器の概要,並びに機能要件及び非機能要件を明確に記した**要件定義書**を提示する必要があります。

　ちなみに,共通フレーム2013によれば,ベンダー(供給者)への見積り依頼に際して,取得者(調達者)は取得の要件を文書化することが望ましいとし,その取得文書の一例として提案依頼書(RFP)を挙げています。

参考 ファウンドリとファブレス Check!

　半導体産業において,他社からの製造委託を受けて半導体製品の製造を行うサービスを**ファウンドリサービス**といいます。**ファウンドリ**企業は,発注元の設計図に基づいて半導体製品の製造だけを専門に行うため,多くの企業から様々な製品の製造を請け負うことで生産規模が確保でき,また部品などを大量購入することによって調達コストの削減ができるため低コスト化が実現できます。

　一方,製品の企画・設計を行い,他の企業に生産委託する企業形態を**ファブレス**といいます。ファブレス企業のメリットとしては,生産設備である工場をもたないので設備投資や人件費を抑えられ,また需給変動や製品ライフサイクルに伴うリスクが低減できる点が挙げられます。

解答 問1:ア　問2:エ

試験に出題されているそのほかの用語

　本章「システム戦略・経営戦略」分野から出題される問題は，他の分野に比べて多岐にわたります。そこで，これまで学習した用語以外で，試験に出題されているものをいくつかピックアップし，「問題文と解答」形式にまとめました。参考にしてください。

※問題文の昇順に掲載

問題	解答
IoTを支える技術の一つである**エネルギーハーベスティング**を説明したものはどれか。	周囲の環境から振動，熱，光，電磁波などの微小なエネルギーを集めて電力に変換して，IoTデバイスに供給する技術
M&Aの際に，買収対象企業の経営実態，資産や負債，期待収益性といった企業価値などを買手が詳細に調査する行為はどれか。	デューデリジェンス
インターネット広告の効果指標として用いられる**コンバージョン率**の説明はどれか。	Webサイト上の広告をクリックして訪れた人のうち会員登録や商品購入などに至った顧客数の割合を示す指標
オープンデータの説明はどれか。	営利・非営利の目的を問わず二次利用が可能という利用ルールが定められており，編集や加工をする上で機械判読に適し，原則無償で利用できる形で公開された官民データ
テレワークで活用している**VDI**に関する記述として，適切なものはどれか。	PC環境を仮想化してサーバ上に置くことで，社外から端末の種類を選ばず自分のデスクトップPC環境として利用できるシステム
バックキャスティングの説明として，適切なものはどれか。	前提として認識すべき制約を受け入れた上で未来のありたい姿を描き，予想される課題や可能性を洗い出し解決策を検討することによって，ありたい姿に近づける思考方法
ビッグデータの利活用を促す取組の一つである**情報銀行**の説明はどれか。	事業者が，個人との契約などに基づき個人情報を預託され，当該個人の指示又は指定した条件に基づき，データを他の事業者に提供できるようにする取組
企業システムにおける**SoE**（Systems of Engagement）の説明はどれか。	データの活用を通じて，消費者や顧客企業とのつながりや関係性を深めるためのシステム
個人が，インターネットを介して提示された単発の仕事を受託する働き方や，それによって形成される経済形態を表すものはどれか。	ギグエコノミー
国や地方公共団体などが，環境への配慮を積極的に行っていると評価されている製品・サービスを選んでいる。この取組を何というか。	グリーン購入
新しい事業に取り組む際の手法として，E.リースが提唱した**リーンスタートアップ**の説明はどれか。	実用最小限の製品・サービスを短期間で作り，構築・計測・学習というフィードバックループで改良や方向転換をして，継続的にイノベーションを行う手法

第 **14** 章

企業活動と法務

行動科学

重要度
★★★

近年出題が増えてきました。SL理論，PM理論，そして，高度試験では頻出のXY理論を押さえておきましょう。

問1

ハーシィ及びブランチャードが提唱したSL理論の説明はどれか。

ア 開放の窓，秘密の窓，未知の窓，盲点の窓の四つの窓を用いて，自己理解と対人関係の良否を説明した理論

イ 教示的，説得的，参加的，委任的の四つに，部下の成熟度レベルによって，リーダーシップスタイルを分類した理論

ウ 共同化，表出化，連結化，内面化の四つのプロセスによって，個人と組織に新たな知識が創造されるとした理論

エ 生理的，安全，所属と愛情，承認と自尊，自己実現といった五つの段階で欲求が発達するとされる理論

問2

リーダシップ論のうち，PM理論の特徴はどれか。

ア 優れたリーダシップを発揮する，リーダ個人がもつ性格，知性，外観などの個人的資質の分析に焦点を当てている。

イ リーダシップのスタイルについて，目標達成能力と集団維持能力の二つの次元に焦点を当てている。

ウ リーダシップの有効性は，部下の成熟（自律性）の度合いという状況要因に依存するとしている。

エ リーダシップの有効性は，リーダがもつパーソナリティと，リーダがどれだけ統制力や影響力を行使できるかという状況要因に依存するとしている。

問3

高度

ダグラス・マグレガーが説いた行動科学理論において，"人間は本来仕事が嫌いである。したがって，報酬と制裁を使って働かせるしかない"とするのはどれか。

ア X理論　　**イ** Y理論　　**ウ** 衛生要因　　**エ** 動機づけ要因

SL理論は，唯一最適な部下の指導・育成のスタイルは存在せず，環境や条件などの状況の変化に応じてリーダシップのスタイルも変化すべきとする**コンティンジェンシー理論**（状況適合理論，条件適合理論ともいう）を，部下の成熟度に着目し発展させたものです。SL理論では，リーダシップを，"タスク志向"と"人間関係志向"の強弱で四つに分類し，部下の成熟度レベルによって，有効なリーダシップのスタイルが，「教示的 → 説得的 → 参加的 → 委任的」と変化するとしています（下図参照）。したがって，**イ**が適切な記述です。**ア**はジョハリの窓，**ウ**はSECIモデル，**エ**はマズローの欲求5段階説の説明です。

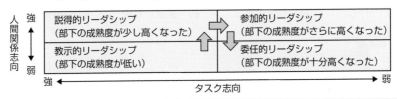

部下の成熟度が低いので，リーダがタスク志向のリーダシップで引っ張っていく。成熟度が上がるにつれ，リーダと部下の人間関係が培われ，タスク志向から人間関係志向のリーダシップに移行していく。更に成熟度が進むと，部下は自主的に行動でき，リーダシップはタスク志向，人間関係志向のいずれもが弱まっていく。

PM理論とは，リーダシップは，P機能（Performance function：目標達成機能）とM機能（Maintenance function：集団維持機能）の2軸で分類できるという理論です。例えば，「目標達成を急ぐあまり，一部のメンバの意見を中心にまとめてしまう傾向があり，他のメンバから抵抗を受けることが多い」リーダは，P機能が大きくM機能が小さいPm型。「メンバの参加を促し目標達成に導くので，決定事項に対するメンバの納得度が高い」リーダは，P機能，M機能がともに大きいのでPM型のリーダに分類できます。

以上，**イ**が適切な記述です。**ア**は特性理論，**ウ**はSL理論，**エ**は「リーダシップの有効性は… 状況要因に依存する」という点からコンティンジェンシー理論の特徴です。

本問題は，X理論Y理論（通称，**XY理論**）に関する問題です。**X理論**とは，人間は本来仕事が嫌いで，責任を回避し，安全を好むため，仕事に従事させるためには，強制・命令・報酬が必要であるという考え方です。一方，**Y理論**は，人間は仕事好きで，目標のために進んで働き，条件次第で自ら進んで責任を取ろうとするため，経営者は企業の目標と社員の目標が共有・共通する条件や環境を作り出すことが責務であるとした考え方です。問題文に示されたものはX理論です。

解答 問1：イ　問2：イ　問3：ア

14

企業活動と法務

線形計画法

重要度
★★☆

線形計画法の解法を理解するとともに，問1の選択肢に
出てくる用語も押さえておきましょう。

問1

"1次式で表現される制約条件の下にある資源を，どのように配分したら1次式で表される
効果の最大が得られるか"という問題を解く手法はどれか。

ア 因子分析法 　 **イ** 回帰分析法 　 **ウ** 実験計画法 　 **エ** 線形計画法

問2

表のような製品A，Bを製造，販売する場合，考えられる営業利益は最大で何円になるか。
ここで，機械の年間使用可能時間は延べ15,000時間とし，年間の固定費は製品A，Bに関係な
く15,000,000円とする。

製品	販売単価	販売変動費／個	製造時間／個
A	30,000円	18,000円	8時間
B	25,000円	10,000円	12時間

ア 3,750,000

イ 7,500,000

ウ 16,250,000

エ 18,750,000

問1 解説

"限られた資源をどのように配分したら最大の効果(利益)が得られるか"といった問題を
解く手法を線形計画法(LP：Linear Programming)といいます。線形計画法では，1次不等式，
又は1次等式を満足するいくつかの変数x_1，x_2，…，x_nに対し，与えられた1次式「$c_1x_1 +
c_2x_2 + \cdots + c_nx_n$」の値を最大(あるいは最小)にせよといった問題を解決します。

ア：因子分析法は，測定された変数間の相関関係を基に，共通して存在する潜在的な因子
　　(仮定される変数)を導出する手法です。

イ：回帰分析法とは，二つのデータ(XとY)間に相関関係が認められた場合に，XとYの関
　　係を表す式「Y＝f(X)」を統計的手法によって推定する手法です。XとYの関係が，Y＝
　　aX＋bといった式で表されるとき，これを線形回帰といい，このときのY＝aX＋bを回
　　帰直線(回帰式)といいます。なお，XとYの間の相関関係の度合いは相関係数r($-1 \leq r
　　\leq 1$)で表され，その符号($+$，$-$)は回帰直線の傾きと一致します。また，全ての点(X,
　　Y)が回帰直線上にある場合，相関係数rは± 1となり，これを完全相関といいます。

ウ：実験計画法については，「11-6 ブラックボックステスト」の「参考」を参照。

製品Aの製造個数をx，製品Bの製造個数をyとしたときの，機械の年間使用時間における制約条件及び営業利益zは，次のようになります。

制約条件：$8x + 12y \leqq 15{,}000 \quad (x \geqq 0, \ y \geqq 0)$

営業利益：$z = (30{,}000 - 18{,}000)x + (25{,}000 - 10{,}000)y - 15{,}000{,}000$
$= 12{,}000x + 15{,}000y - 15{,}000{,}000$

この営業利益zを最大にする製造個数の組合せ(x, y)は，制約条件を満たす領域（下図の網掛け部分）の頂点$(0, 1250)$か$(1875, 0)$のいずれかです。そこで，この2点の値を営業利益zの式に代入すると，$(x, y) = (1875, 0)$のとき最大利益7,500,000円になることがわかります。

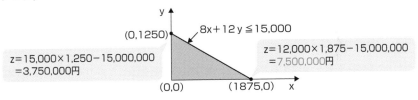

$z = 15{,}000 \times 1{,}250 - 15{,}000{,}000$
$= 3{,}750{,}000$円

$8x + 12y \leqq 15{,}000$

$z = 12{,}000 \times 1{,}875 - 15{,}000{,}000$
$= 7{,}500{,}000$円

コラム　こんな問題も出る?!

線形計画法の問題ではありませんが，次の問題も時々出題されています。チャレンジしてみましょう。

問　A社で行っている四つの仕事a～d間の段取り時間は表のとおりである。合計の段取り時間が最小になるように仕事を行った場合の合計段取り時間は何時間か。仕事はどの順序で行ってもよく，a～dを一度ずつ行うものとし，FROMからTOへの段取り時間で検討する。

FROM ＼ TO	仕事a	仕事b	仕事c	仕事d
仕事a		2	1	2
仕事b	1		1	2
仕事c	3	2		2
仕事d	4	3	2	

ア 4　　**イ** 5
ウ 6　　**エ** 7

答え：**ア**

段取り時間が最小である「1」に着目し，a→cの順で仕事を行う場合と，b→a，b→cの順で行う場合それぞれの場合について考えると，「b→a→c→d」の順で仕事を行ったときの合計段取り時間が最小の4時間になることがわかります。

解答　問1：エ　問2：イ

14▶3 在庫問題

重要度 ★★☆

定期発注方式及び発注点方式の特徴，並びに経済的発注量（EOQ）の求め方を理解しておきましょう。

 問1

定期発注方式の特徴はどれか。

ア ABC分析におけるC品目に適用すると効果的である。

イ 発注時に需要予測が必要である。

ウ 発注のタイミングは発注対象を消費する速度に依存する。

エ 発注量には経済的発注量を用いると効果的である。

問2

図は，定量発注方式を運用する際の費用と発注量の関係を示したものである。図中の③を表しているものはどれか。ここで，1回当たりの発注量をQ，1回当たりの発注費用をC，1単位当たりの年間保管費用をH，年間需要量をRとする。また，選択肢ア～エのそれぞれの関係式は成り立っている。

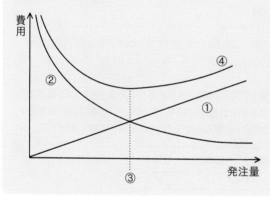

ア 経済的発注量 $= \sqrt{\dfrac{2RC}{H}}$

イ 総費用 $= \dfrac{Q}{2} \times H + \dfrac{R}{Q} \times C$

ウ 年間発注費用 $= \dfrac{R}{Q} \times C$

エ 平均年間保管費用 $= \dfrac{Q}{2} \times H$

問1 解説

定期発注方式は，発注間隔（発注日）をあらかじめ決めておき，発注ごとに，その時点での在庫量と今後の需要予測量を基に発注量を決める方式です。したがって，**イ**が定期発注法の特徴です。

なお，発注量は一般に，「（調達期間＋発注間隔）の需要予測量－在庫量－注文残＋安全在庫量」により算出します。**安全在庫量**とは，在庫切れをできるだけ発生させないために

もつ余分在庫のことです。

ア：ABC分析とは，重要性や需要変動，在庫コストの観点から在庫品目をABCの三つに クラス分けする手法です。ABC分析の結果，Cクラスの品目には定量発注方式あるい は2ビン法を適用し，Aクラスの品目には定期発注方式を適用します。なお，**2ビン法** とは，二つの棚を用意し一方の棚の在庫がなくなったら他方の棚の在庫を使い，その 間に発注するという方式です。二棚法ともいいます。

ウ，**エ**：定量発注方式の特徴です。

問2　解説

定量発注方式は，在庫量が，あらかじめ決められた発注点を下回ったときに発注する方 式です。**発注点方式**ともいいます。定量発注方式では，発注量に，総費用が最小になるよ う求められた**経済的発注量**(**EOQ**：Economic Order Quantity)が用いられます。ここで，図 の①，②，④のグラフが何を表すのか考えます。なお，横軸は1回当たりの発注量です。

年間の総需要量に対して1回当たりの発注量を多くするほど，発注回数が少なくなるの で年間発注費用は減少しますが，平均保管量(発注量の1/2として計算)が多くなるので平 均年間保管費用は増加します。このことから，②が年間発注費用，①が平均年間保管費用 を表します。④は，①の平均年間保管費用と②の年間発注費用の和，つまり総費用です。

図中の③は，①の平均年間保管費用と②の年間発注費用が等しくなる発注量であり，こ のとき④の総費用が最小になります。したがって，③は経済的発注量です。

では，1回当たりの発注量をQ，1回当たりの発注費用をC，1単位当たりの年間保管費 用をH，年間需要量をRとしたときの，平均年間保管費用，年間発注費用，及び総費用， 並びに経済的発注量を求めてみます。

・**平均年間保管費用**

平均保管量×1単位当たりの年間保管費用

＝(1回当たりの発注量÷2)×1単位当たりの年間保管費用＝(Q÷2)×H

・**年間発注費用**

発注回数×1回当たりの発注費

＝(年間需要量÷1回当たりの発注量)×1回当たりの発注費＝(R÷Q)×C

・**総費用**

平均年間保管費用＋年間発注費用＝(Q÷2)×H＋(R÷Q)×C

・**経済的発注量**

経済的発注量は「平均年間保管費用＝年間発注費用」となる発注量なので，次の式を満 たすQを求めます。

$$(Q÷2)×H=(R÷Q)×C$$
$$Q^2=(2×R×C)÷H$$
$$Q=\sqrt{(2×R×C)÷H}$$

解答　問1：イ　問2：ア

資材所要量計画

重要度
★★☆

部品の正味所要量の求め方を確認し、また問2ではMRP
の処理手順、及び選択肢の用語を押さえておきましょう。

問1

構成表の製品Aを300個出荷しようとするとき、部品bの正味所要量は何個か。ここで、A,
a, b, cの在庫量は在庫表のとおりとする。また、他の仕掛残、注文残、引当残などはない
ものとする。

構成表　　　　　　　　　　　　　　単位 個

品名	構成部品		
	a	b	c
A	3	2	0
a		1	2

在庫表　　　　単位 個

品名	在庫量
A	100
a	100
b	300
c	400

ア 200　　**イ** 600　　**ウ** 900　　**エ** 1,500

問2

(1)～(3)の手順に従って処理を行うものはどれか。

(1)今後の一定期間に生産が予定されている製品の種類と数量及び部品構成表を基にして、
　　その構成部品についての必要量を計算する。
(2)引当可能な在庫量から各構成部品の正味発注量を計算する。
(3)製造／調達リードタイムを考慮して構成部品の発注時期を決定する。

ア CAD　　**イ** CRP　　**ウ** JIT　　**エ** MRP

問1　解説

　製品Aの在庫量が100個なので、300個出荷するためには200個製造する必要があります。
製品Aを200個製造するために必要となる部品a及びbの、在庫量を考慮した正味所要量は、

　　　部品a：$3 \times 200 - 100 = 500$個　　　部品b：$2 \times 200 - 300 = \underline{100}$個

です。次に、部品aを500個製造するために必要となる、部品bの正味所要量は、

　　　部品b：$1 \times 500 = \underline{500}$個

です。以上から、部品bの合計正味所要量は、$100 + 500 = 600$個になります。

　問題文に示されている手順に従って処理を行うのは，MRP(Material Requirements Planning：資材所要量計画)です。MRPは，生産計画(基準生産計画)及び部品構成表を基に，必要となる構成部品の総所要量を算出し，在庫情報から正味所要量を求め，製造時間や調達期間から逆算して各構成部品の手配(発注，製造)を決定するという生産管理手法です。つまり，生産計画を達成するため，「何が，いつ，いくつ必要なのか」を割り出し，それに基づいて構成部品の発注，製造をコントロールすることによって，在庫不足の解消と在庫圧縮を実現するというものです。

〔MRPの計算手順〕

- **ア**：CAD(Computer Aided Design)は，製品の形状モデルや建築設計図，回路図などの設計をコンピュータを用いて行うこと，あるいはそれを支援するシステムのことです。
- **イ**：CRP(Continuous Replenishment Program：連続自動補充プログラム)は，小売業者から得られた在庫情報や出荷情報を基に，納入業者(メーカや卸売業など)が自社の判断で商品納入をコントロールする仕組みです。
- **ウ**：JIT(Just In Time)とは，中間在庫を極力減らすため，「必要なものを，必要なときに，必要な量だけ生産する」というものです。この考えを基に，全ての工程が後工程からの指示や要求に従って生産する方式を**JIT生産方式**といいます。また，JIT生産を実現するため，後工程が自工程の生産に合わせて，カンバンと呼ばれる生産指示票を前工程に渡し，必要な部品を前工程から調達する方式を**かんばん方式**といいます。

参考 チェックしておきたいエンジニアリングシステム Check!

- **PDM**(Product Data Management)：製品の図面や部品構成データ，仕様書データなどの設計及び開発の段階で発生する情報を一元管理することによって，設計業務及び開発業務の効率向上を図るシステム。PDMをベースに，製品のライフサイクル全体(企画・設計から製造，販売，保守，リサイクルに至るプロセス)を通して，製品に関連する情報を一元管理し，開発時期の短縮，コスト低減，商品力向上を図る**PLM**(Product Life cycle Management)の実現を支援する。
- **FMS**(Flexible Manufacturing System)：柔軟性を持たせた生産の自動化を行うことで製造工程の省力化と効率化を実現するシステム。産業用ロボットなどの自動製造機械や，自動搬送装置，倉庫などをネットワークで接続し集中管理することによって，一つの生産ラインで製造する製品を固定化せず，製品の変更や多品種少量生産に対応できる。

14

企業活動と法務

解答 問1：イ　問2：エ

検査手法（OC曲線）

重要度
★☆☆

OC曲線問題でよく出題されるのは問1です。問2は高度問題ですが，可能な範囲で理解しておくとよいでしょう。

問1

横軸にロットの不良率，縦軸にロットの合格率をとり，抜取検査でのロットの品質とその合格率との関係を表したものはどれか。

ア OC曲線　　**イ** バスタブ曲線　　**ウ** ポアソン分布　　**エ** ワイブル分布

問2

高度

合格となるべきロットが，抜取検査で誤って不合格となる確率のことを何というか。

ア 合格品質水準　　**イ** 消費者危険　　**ウ** 生産者危険　　**エ** 有意水準

問1　解説

横軸にロットの不良率，縦軸にロットの合格確率をとり，抜取検査におけるロットの不良率に対する，そのロットが合格する確率を表したものを**OC曲線**（Operating Characteristic curve：**検査特性曲線**）といいます。OC曲線により，ある不良率をもったロットがどの程度の確率で合格するかを見ることができます。

イ：**バスタブ曲線**は，横軸に経過時間，縦軸に故障率をとり，時間経過に対する製品の故障率の推移を表したもので**故障率曲線**とも呼ばれるグラフです。故障パターンは，時間の経過により初期故障期，偶発故障期，摩耗故障期の三つの期間に分けられます。

ウ：**ポアソン分布**は，二項分布B(n, p)において，平均npを一定とし，nを無限大とした場合の確率分布です。つまり，非常に大きなサンプルにおいて，発生する確率pが極めて小さい場合の確率分布です。例えば，1個当たりの故障率が50FITである（10^9時間に50回の故障が起きる）素子を2,000個使った装置を1年間，修理しながら連続運転したときの故障回数の分布はポアソン分布に近似します。

エ：**ワイブル分布**は，時間経過に対する故障率の推移（変化）を表す確率分布です。ワイブル分布の時間tに対する故障率を式で表すと，

$$\lambda(t) = \frac{m}{\alpha^m} t^{m-1} \quad (m：形状パラメータ，\ \alpha：尺度パラメータ)$$

となり，故障パターンは，m＜1なら減少故障率で初期故障型，m＝1なら一定故障率で偶発故障型，m＞1なら増加故障率で摩耗故障型となります。

　抜取検査において，本来なら合格となるべきロットが不合格となってしまう確率を**生産者危険**といいます。

　下図は，ロット（母集団）の中から大きさ50のサンプルを抜き取り，サンプル中の不良個数が合格判定個数3以下のときロットを合格とし，合格判定個数を超えたときロットを不合格とする**抜取検査**における**OC曲線**です。

　このOC曲線から，例えば，不良率が5％，10％であるロットが合格する確率は，それぞれ76％，25％です。ここで仮に，**合格品質水準**（AQL：Acceptable Quality Level）が5％であった場合（不良率が5％以下のロットを合格とする場合），実際の不良率が5％であっても，そのロットの合格確率は76％しかなく24％の確率で不合格になります。このように，本来，合格となるべきロットが抜取検査で不合格となる確率を**生産者危険**といいます。一方，不合格とすべき不良率10％のロットの合格確率は25％です。このように，本来，不合格となるべきロットが合格になってしまう確率を**消費者危険**といいます。

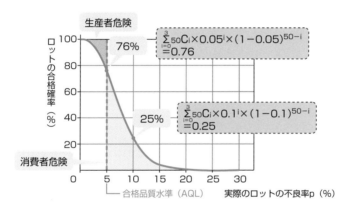

参考　二項分布 B(n, p)

　1回の試行に対して単に**二つの事象**だけが起こる場合について，ある事象が起こる確率をpとしたとき，その事象がn回の独立試行の中でr回起こる確率$P(r)$は，

$$P(r) = {}_nC_r \times p^r \times (1-p)^{n-r}$$

と表されます。この確率分布を**二項分布**といい，$B(n, p)$と表します。例えば，硬貨を5回（5枚）投げて，表がr回（r枚）出る確率は，${}_5C_r \times (1/2)^r \times (1/2)^{5-r}$と表されます。

　そこで，サンプル50個のうち不良品がr個ある確率は二項分布に従い，例えば，不良率がpであるとき，不良数が3個以下である確率は，次の式で求めることができます。

$$_{50}C_0 \times p^0 \times (1-p)^{50-0} + {}_{50}C_1 \times p^1 \times (1-p)^{50-1} + {}_{50}C_2 \times p^2 \times (1-p)^{50-2} + {}_{50}C_3 \times p^3 \times (1-p)^{50-3}$$
$$= \sum_{i=0}^{3} {}_{50}C_i \times p^i \times (1-p)^{50-i}$$

14 ▶ 6 業務分析手法

重要度 ★★★ デルファイ法やクラスタ分析法の問題が多いですが，選択肢にある手法も問われます。押さえておきましょう。

問1

予測手法の一つであるデルファイ法の説明はどれか。

ア 現状の指標の中に将来の動向を示す指標があることに着目して予測する。

イ 将来予測のためのモデル化した連立方程式を解いて予測する。

ウ 同時点における複数の観測データの統計比較分析によって将来を予測する。

エ 複数の専門家へのアンケートの繰返しによる回答の収束によって将来を予測する。

問2

観測データを類似性によって集団や群に分類し，その特徴となる要因を分析する手法はどれか。

ア クラスタ分析法 　 イ 指数平滑法 　 ウ デルファイ法 　 エ モンテカルロ法

問3

高度

問題解決に当たって，現実にとらわれることなく理想的なシステムを想定した上で，次に，理想との比較から現状の問題点を洗い出し，具体的な改善策を策定する手法はどれか。

ア 系統図法 　 イ 親和図法 　 ウ 線形計画法 　 エ ワークデザイン法

問1 解説

デルファイ法は，複数の専門家からの意見収集，得られた意見の統計的集約，集約された意見のフィードバックを繰り返して，最終的に意見の収束を図る予測技法です。ほかの技法では答えが得られにくい，未来予測のような問題に多く用いられます。

ア，イ：現状の指標から将来の動向を示す指標を求めることで将来を予測する手法は回帰分析です。現状のデータから回帰モデル(例えば，$y = a + bx$)のパラメータを推定する連立方程式(正規方程式)を解き，回帰モデルを用いて将来予測を行います。

ウ：ある時点における同種多数の指標の関係を分析することによって，将来を予想する手法はクロスセクション法(横断面分析)です。

問2 解説

　異質なものが混ざり合った調査対象の中から，互いに似たものを集めた集団（クラスタ）を作り，その特徴となる要因を分析する手法を**クラスタ分析法**といいます。

イ：**指数平滑法**は，在庫管理の定期発注方式における需要予測などに用いられる手法です。当期（t期とする）の需要予測値F_tと需要実績値D_t，そして平滑化定数α（$0 < \alpha < 1$）を用いて，翌期（$t+1$期）の需要予測値F_{t+1}を「$F_{t+1} = F_t + \alpha (D_t - F_t)$」で算出します。

ウ：**デルファイ法**については，問1の解説を参照。

エ：**モンテカルロ法**は乱数を応用して，求める解や法則性の近似を得る手法です。一般に，確率を伴わない問題を，確率問題に置き換えて解決する方法として知られています。また現在では，AIの強化学習など様々な分野に応用されています。

問3 解説

　問題解決に当たって，まず理想を想定した上で，現状を理想に合うように改善していく手法を**ワークデザイン法**といいます。

　従来の代表的な問題解決技法では，まず現状の分析から始めるという分析的アプローチをとりますが，ワークデザイン法では，本来の理想はどんな形か，果たしたい目標は何かという目的を明確化することから始め，目的を果たすため現状を改善したり，あるいは新たな仕組みを構築することによって問題解決を図っていく演繹的アプローチをとります。

ア：**系統図法**は，目的とそれを達成するための手段を段階的に展開し，問題解決の最適な手段や方策を見つけ出す方法です。目的に対するいくつかの手段を導き出し，さらにその手段を実施するためのいくつかの手段を考えるという操作を順に行っていきます。

イ：**親和図法**は，収集した情報を相互の関連によってグループ化し，解決すべき問題点を明確にする手法です。錯綜した問題点や，まとまっていない意見，アイディアなどを整理し，まとめるために用いられます。

ウ：**線形計画法**については，「14-2 線形計画法」を参照。

参考 円周率πの近似値をモンテカルロ法で求める方法　Check!

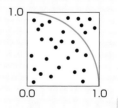

① 0.0～1.0までの**乱数**を二つ発生させ，この二つをx座標，y座標とした位置に打点する作業をN回繰り返す。

② 四分円内（円周上含む）の点を数える（p個とする）。

③ 繰返し回数Nを多くすると，次の比例式が成り立つことからπの近似値を求める。

$$N : p = 1 : \frac{1}{4} \pi r^2 \quad （半径r=1）$$

解答 問1：エ　問2：ア　問3：エ

ゲーム理論（意思決定に用いる手法）

重要度
★★★

問1, 2は従来からの頻出問題。問3は近年よく出題される問題です。どちらの問題もしっかり理解しておきましょう。

問1

経営会議で来期の景気動向を議論したところ，景気は悪化する，横ばいである，好転するという三つの意見に完全に分かれてしまった。来期の投資計画について，積極的投資，継続的投資，消極的投資のいずれかに決定しなければならない。表の予想利益については意見が一致した。意思決定に関する記述のうち，適切なものはどれか。

予想利益（万円）		景気動向		
		悪化	横ばい	好転
投資計画	積極的投資	50	150	500
	継続的投資	100	200	300
	消極的投資	400	250	200

ア 混合戦略に基づく最適意思決定は，積極的投資と消極的投資である。
イ 純粋戦略に基づく最適意思決定は，積極的投資である。
ウ マクシマックス原理に基づく最適意思決定は，継続的投資である。
エ マクシミン原理に基づく最適意思決定は，消極的投資である。

問2

いずれも時価100円の株式A～Dのうち，一つの株式に投資したい。経済の成長を高，中，低の三つに区分したときのそれぞれの株式の予想値上がり幅は，表のとおりである。マクシミン原理に従うとき，どの株式に投資することになるか。

単位 円

株式＼経済の成長	高	中	低
A	20	10	15
B	25	5	20
C	30	20	5
D	40	10	−10

ア A **イ** B **ウ** C **エ** D

ビッグデータ分析の手法の一つであるデシジョンツリーを活用してマーケティング施策の判断に必要な事象を整理し，発生確率の精度を向上させた上で二つのマーケティング施策a，bの選択を行う。マーケティング施策を実行した場合の利益増加額(売上増加額-費用)の期待値が最大となる施策と，そのときの利益増加額の期待値の組合せはどれか。

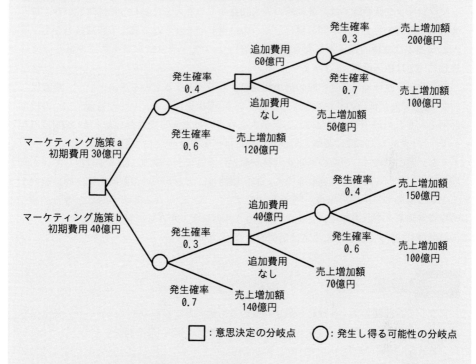

□：意思決定の分岐点　　○：発生し得る可能性の分岐点

	施策	利益増加額の期待値（億円）
ア	a	70
イ	a	160
ウ	b	82
エ	b	162

将来の起こりうる状態に対する発生確率が不確定である場合の意思決定の判断基準に，マクシマックス原理とマクシミン原理(マキシミン原理ともいう)があります。本問では，来期の景気が"悪化"，"横ばい"，"好転"となる確率が不確定であるため，マクシマックス原理かマクシミン原理のいずれかに基づく意思決定を行うことになります。

マクシマックス原理では，各戦略の最大利益のうち最大となるものを選ぶという，最も楽観的な選択をします。本問の場合，三つの投資計画それぞれの最大予想利益のうち，最大となるのは積極的投資をしたときの500万円なので，「マクシマックス原理に基づく最適意思決定は積極投資」となります。

マクシミン原理では，各戦略の最小利益のうち最大となるものを選ぶという，最も保守的な(最悪でも最低限の利益を確保しようという)選択をします。本問の場合，三つの投資計画それぞれの最小予想利益のうち，最大となるのは消極的投資をしたときの200万円なので，「マクシミン原理に基づく最適意思決定は消極的投資」となり **エ** が適切です。

なお，**混合戦略**は，複数の戦略を利益が最大になるような確率に従って選択していく戦略なので，本問の場合には適しません。**純粋戦略**は，どれか一つの戦略を確定的に選択するというもので，本問の場合，"悪化"，"横ばい"，"好転"となる確率が同じと考え，三つの投資計画それぞれの期待利益を求め，そのうちの最大となるものを選択します。つまり，「純粋戦略に基づく最適意思決定は消極的投資」となります。

マクシミン原理では，各戦略の最小利益のうち最大となるものを選ぶという，最も保守的な選択をします。問題文に与えられた表から，株式A～Dの最小利益を見ると，

　　株式A：経済の成長率が「中」のときの10円
　　株式B：経済の成長率が「中」のときの5円
　　株式C：経済の成長率が「低」のときの5円
　　株式D：経済の成長率が「低」のときの-10円

となるので，マクシミン原理に従う場合，株式Aに投資することになります。

図中の□印は，意思決定を行う点を表し，これをデシジョンポイントといいます。また○印は，発生し得る可能性の分岐点であり，結果が不確定な点(不確定点)を表します。

デシジョンツリーを用いた意思決定問題では，不確定点における期待値を求め，デシジョンポイントで何を選択すればよいかを判断します。

まず，施策a，bそれぞれのデシジョンポイント(右図中の α 及び β)で選択される施策を

考えます。

施策aのデシジョンポイントαでは，追加費用を60億円払った場合の利益増加額が，（0.3 ×200億円＋0.7×100億円）－ 60億円＝70億円であるのに対し，追加費用なしの場合は50 億円なので，「追加費用60億円」を選択します。

施策bのデシジョンポイントβでは，追加費用を40億円払った場合の利益増加額が，（0.4 ×150億円＋0.6×100億円）－ 40億円＝80億円であるのに対し，追加費用なしの場合は70 億円なので，「追加費用40億円」を選択します。

次に，デシジョンポイントγにおいて，施策a，bそれぞれの利益増加額を算出すると，
・施策a：（0.4×70億円＋0.6×120億円）－ 30億円＝70億円
・施策b：（0.3×80億円＋0.7×140億円）－ 40億円＝82億円

となります。したがって，利益増加額の期待値が最大となる施策はb，そのときの利益増加額の期待値は82億円なので**ウ**が正しい組合せです。

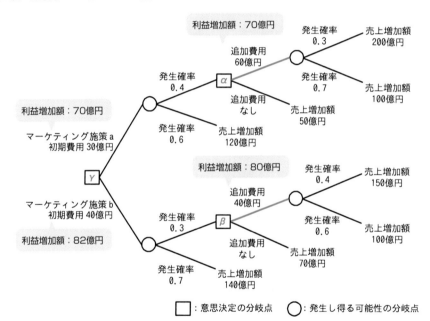

□：意思決定の分岐点　　○：発生し得る可能性の分岐点

コラム こんな問題も出る?!

問 ゲーム理論を使って検討するのに適している業務はどれか。

ア イベント会場の入場ゲート数の決定　　**イ** 売れ筋商品の要因の分析

ウ 競争者がいる地域での販売戦略の策定　　**エ** 新規開発商品の需要の予測

答え：**ウ**

解答　問1：エ　問2：ア　問3：ウ

売上と利益の関係

重要度
★★★

売上高や利益の算出は基本事項です。何を求めるのかを明確にしてから計算に取りかかりましょう。

問1

会社の固定費が150百万円，変動費率が60%のとき，利益50百万円が得られる売上高は何百万円か。

| ア | 333 | イ | 425 | ウ | 458 | エ | 500 |

問2

表の事業計画案に対して，新規設備投資に伴う減価償却費（固定費）の増加1,000万円を織り込み，かつ，売上総利益を3,000万円とするようにしたい。変動費率に変化がないとすると，売上高の増加を何万円にすればよいか。

単位 万円

売上高		20,000
売上原価	変動費	10,000
	固定費	8,000
	計	18,000
売上総利益		2,000
⋮		⋮

| ア | 2,000 | イ | 3,000 |
| ウ | 4,000 | エ | 5,000 |

問3

今年度のA社の販売実績と費用（固定費，変動費）を表に示す。来年度，固定費が5%上昇し，販売単価が5%低下すると予測されるとき，今年度と同じ営業利益を確保するためには，最低何台を販売する必要があるか。

販売台数	2,500台
販売単価	200千円
固定費	150,000千円
変動費	100千円／台

| ア | 2,575 | イ | 2,750 |
| ウ | 2,778 | エ | 2,862 |

費用を固定費と変動費に分類すると，以下の基本式で利益を計算することができます。

利益＝売上高－（固定費＋変動費）

また変動費率は，売上高に対する変動費の比率なので，変動費率が60％ということは，「変動費÷売上高＝0.6」ということです。この式から，変動費は「変動費＝売上高×0.6」で求められることになります。

以上のことを基に，利益50百万円が得られる売上高を求めると次のようになります。

50＝売上高－（150＋売上高×0.6）

200＝0.4×売上高

売上高＝500［百万円］

売上総利益は，「売上総利益＝売上高－（変動費＋固定費）」で求められます。ここで，売上総利益が3,000万円となる売上高をSとしたときの変動費，及び固定費を整理します。

・変動費：変動費率には変化がないとするので，

変動費率＝変動費÷売上高＝10,000÷20,000＝0.5

であり，売上高をSとしたときの変動費はS×0.5になります。

・固定費：減価償却費（固定費）の増加1,000万円を織り込むので，9,000万円になります。

以上のことを基に，売上総利益が3,000万円となる売上高Sを求めると，

3,000＝S－（S×0.5＋9,000）

S＝24,000［万円］

となるので，売上高の必要増加額は4,000万円です。

今年度の営業利益は，次のとおりです。

営業利益＝販売台数×販売単価－（固定費＋変動費×販売台数）

＝2,500×200－（150,000＋100×2,500）＝100,000［千円］

来年度，固定費が5％上昇し，販売単価が5％低下すると，

固定費＝150,000×1.05＝157,500［千円］

販売単価＝200×0.95＝190［千円］

となります。そこで，今年度と同じ営業利益が確保できる販売台数をNとすると，

100,000＝N×190－（157,500＋100×N）

257,500＝90×N

N＝2,861.111…［台］

となり，最低販売台数は2,862台です。

14

企業活動と法務

解答　問1：エ　問2：ウ　問3：エ

損益分岐点

重要度

ここでは，損益分岐点売上高，安全余裕率，及び限界利益率を求められるようにしておきましょう。

問1

損益計算資料から求められる損益分岐点売上高は，何百万円か。

単位 百万円

売上高	500
材料費（変動費）	200
外注費（変動費）	100
製造固定費	100
純利益	100
販売固定費	80
利益	20

- ア 225
- イ 300
- ウ 450
- エ 480

問2

損益分岐点分析でA社とB社を比較した記述のうち，適切なものはどれか。

単位 万円

	A社	B社
売上高	2,000	2,000
変動費	800	1,400
固定費	900	300
営業利益	300	300

- ア 安全余裕率はB社の方が高い。
- イ 売上高が両社とも3,000万円である場合，営業利益はB社の方が高い。
- ウ 限界利益率はB社の方が高い。
- エ 損益分岐点売上高はB社の方が高い。

問1 解説

損益分岐点は，売上高と総費用（変動費＋固定費）が一致する，つまり利益0（ゼロ）となる点です。損益分岐点売上高は，次の式で求めることができます。

Check!

$$損益分岐点売上高 = \frac{固定費}{1 - 変動費率} = \frac{固定費}{1 - \dfrac{変動費}{売上高}}$$

損益計算資料から，売上高は500百万円，変動費は300（＝200＋100）百万円，固定費は180（＝100＋80）百万円です。したがって，損益分岐点売上高は，次のようになります。

変動費率＝変動費÷売上高＝300÷500＝0.6

損益分岐点売上高＝固定費÷（1－変動費率）＝180÷（1－0.6）＝450［百万円］

問2　解説

- **損益分岐点売上高**：固定費÷（1－変動費率）
  - 〔A社〕損益分岐点売上高＝900÷（1－（800÷2,000））＝1,500［万円］
  - 〔B社〕損益分岐点売上高＝300÷（1－（1,400÷2,000））＝1,000［万円］
- **安全余裕率**：（売上高－損益分岐点売上高）÷売上高×100
  安全余裕率は，売上高が損益分岐点売上高をどのくらい上回っているのかを示す比率。
  - 〔A社〕安全余裕率＝（2,000－1,500）÷2,000×100＝25［％］
  - 〔B社〕安全余裕率＝（2,000－1,000）÷2,000×100＝50［％］
- **限界利益率**：（売上高－変動費）÷売上高×100
  限界利益率は，売上高に対する限界利益（売上高から変動費のみを引いた値）の割合。
  - 〔A社〕限界利益率＝（2,000－800）÷2,000×100＝60［％］
  - 〔B社〕限界利益率＝（2,000－1,400）÷2,000×100＝30［％］
- **売上高が3,000万円である場合の営業利益**
  営業利益の算式は「営業利益＝売上高－（変動費＋固定費）」。なお，このときの変動費は「売上高（＝3,000）×変動費率」で計算される値。
  - 〔A社〕営業利益＝3,000－（3,000×（800÷2,000）＋900）＝900［万円］
  - 〔B社〕営業利益＝3,000－（3,000×（1,400÷2,000）＋300）＝600［万円］

以上から，**ア**が正しい記述です。

参考　損益分岐点図表

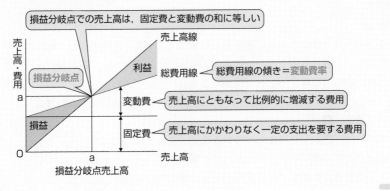

損益分岐点での売上高は，固定費と変動費の和に等しい

売上高線

損益分岐点

利益

総費用線 ← 総費用線の傾き＝変動費率

変動費 ← 売上高にともなって比例的に増減する費用

損益

固定費 ← 売上高にかかわりなく一定の支出を要する費用

売上高・費用

a

0　　a　　売上高

損益分岐点売上高

14

企業活動と法務

解答　問1：ウ　問2：ア

y

427

関連法規（労働関連）

重要度 ★★★ 派遣契約と請負契約の違いを理解し，適法な行為と不適法となる行為の判断ができるようにしておきましょう。

問1

請負契約の下で，自己の雇用する労働者を契約先の事業所などで働かせる場合，適切なものはどれか。

ア 勤務時間，出退勤時刻などの労働条件は，契約先が調整する。
イ 雇用主が自らの指揮命令の下に当該労働者を業務に従事させる。
ウ 当該労働者は，契約先で働く期間は，契約先との間にも雇用関係が生じる。
エ 当該労働者は，契約先の指示によって配置変更が行える。

問2

図のような契約の下で，A社，B社，C社の開発要員がプロジェクトチームを組んでソフト開発業務を実施するとき，適法な行為はどれか。

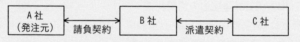

| A社
（発注元） | 請負契約 | B社 | 派遣契約 | C社 |

ア A社の担当者がB社の要員に直接作業指示を行う。
イ A社のリーダがプロジェクトチーム全員の作業指示を行う。
ウ B社の担当者がC社の要員に業務の割り振りや作業スケジュールの指示を行う。
エ B社の担当者が業務の進捗によってC社の要員の就業条件の調整を行う。

問1 解説

請負契約とは，請負者が発注者に対し仕事を完成することを約束し，発注者がその仕事の完成に対し報酬を支払うことを約束する契約です。本問では，請負者が雇用する労働者を契約先（発注者）の事業所などで働かせる場合について問われていますが，請負契約は，請負者が当該労働者（請負者が雇用する労働者）に対して，請負事業の指揮命令をするというものなので，**イ**が適切な記述です。

ア：勤務時間，出退勤時刻などの労働条件は，雇用主（請負者）が指示します。
ウ：当該労働者と契約先（発注者）との間に雇用関係は発生しません。
エ：当該労働者の配置などの決定及び変更は雇用主（請負者）が行います。

　派遣契約(労働者派遣契約)とは，派遣元企業が雇用する労働者を，その雇用契約の下に派遣先企業の指揮命令で労働させることができる契約で，この派遣契約における派遣元と派遣先で交わされるものが**労働者派遣契約**です。派遣労働者は，雇用条件などは派遣元と結びますが，その他の業務上の指揮命令は派遣先から出されることになります。派遣契約と請負契約の最大の違いは，指揮命令者がどちらなのかという点です。つまり，派遣契約では，派遣先の企業に派遣労働者への指揮命令を認めていますが，請負契約ではこれを認めていません。

　本問においては，B社とC社の契約は派遣契約であり，C社がB社に要員を派遣することになります。この場合，**ウ**のB社の担当者がC社の要員に業務の割振りや作業スケジュールの指示を行うのは適法な行為です。

ア，**イ**：A社とB社の契約は請負契約なので，A社(発注元)の担当者あるいはリーダがB社(請負者)の要員に作業指示を行うことはできません。

エ：C社の要員の雇用主はあくまでC社なので，就業条件の調整に関しては雇用主であるC社が行います。

〔派遣契約と請負契約の違い〕

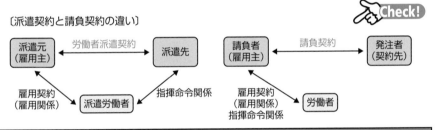

労働者派遣契約(主な契約の内容)	
・従事する業務の内容	・期間及び派遣就業をする日
・労働に従事する事業所の名称，所在地	・開始及び終了の時刻並びに休憩時間
・派遣労働者を直接指揮命令する者に関する事項	・安全及び衛生に関する事項　など

14

企業活動と法務

参考　偽装請負　Check!

　問2の**ア**のように，発注者(発注元)であるA社の担当者が請負契約のB社の要員に直接作業指示を行うなど，発注者の指揮命令下で労働者を業務に従事させているような場合は，「労働者派遣」と判断され，職業安定法違反となります。このような行為を**偽装請負**といいます。実際，請負契約をしていても，雇用する労働者を発注者の会社に常駐させて，その指揮命令下で業務に従事させるというケースが多くあります。発注者の会社に常駐すること自体は違法ではありませんが，このようなケースは偽装請負となります。

解答　問1：イ　問2：ウ

関連法規（知的財産権）

重要度 ★★★　著作権問題のポイントを押さえましょう。また，「参考」に示したパテントプールも押さえておくとよいでしょう。

問1

　A社は顧客管理システムの開発を，情報システム子会社であるB社に委託し，B社は要件定義を行った上で，ソフトウェア設計・プログラミング・ソフトウェアテストまでを，協力会社であるC社に委託した。C社では自社の社員Dにその作業を担当させた。このとき，開発したプログラムの著作権はどこに帰属するか。ここで，関係者の間には，著作権の帰属に関する特段の取決めはないものとする。

ア A社　　**イ** B社　　**ウ** C社　　**エ** 社員D

問2

　プログラムの著作物について，著作権法上，適法である行為はどれか。

ア 海賊版を複製したプログラムと事前に知りながら入手し，業務で使用した。
イ 業務処理用に購入したプログラムを複製し，社内教育用として各部門に配布した。
ウ 職務著作のプログラムを，作成した担当者が独断で複製し，他社に貸与した。
エ 処理速度を向上させるために，購入したプログラムを改変した。

問1　解説

　著作権は知的財産権の一つで，小説，論文，プログラム，音楽，絵画，写真など著作者が創作した著作物を保護する権利です。言い換えれば，著作物を創作した者に対して与えられる権利が著作権です。

　プログラムの著作権は，委託側と受託側の間で著作物の権利に関する特段の取決めがない限り，委託を受けて開発を行った受託側に帰属します。また，法人に雇用される社員が，法人の業務として作成したプログラムの著作権は，法人と当該社員の間に著作物の権利に関する特段の取決めがなければ，法人に帰属します。

　本問においては，顧客システムの開発をA社がB社に委託し，B社はソフトウェア設計・プログラミング・ソフトウェアテストまでをC社に委託し，さらにC社は自社の社員Dにその作業を担当させています。この場合，実際にプログラム開発を行ったのは社員Dですが，社員DはC社の社員なので，プログラムの著作権はC社に帰属することになります。

　次ページに，プログラムの著作権の帰属に関するポイントをまとめておきます。ここで，

関係者の間には，著作物の権利に関する特段の取決めはないものとします。

- ・開発を委託したプログラムの著作権は，それを受託した企業に帰属する。
- ・法人の発意に基づき，その法人の従業員が職務上作成したプログラムの著作権は，その法人に帰属する。
- ・労働者派遣契約によって派遣された派遣労働者が，派遣先企業の指示の下に開発したプログラムの著作権は，派遣先企業に帰属する。

問2　解説

　著作権法第20条(同一性保持権)において，プログラムの著作物を電子計算機においてより効果的に利用し得るようにするために必要な改変は認められています。したがって，**エ**の「処理速度を向上させるために，購入したプログラムを改変した」という行為は，適法行為です。なお，**同一性保持権**とは，著作物やその題号(タイトル)について，著作者の意に反して勝手にこれらを変更したり改変したりされない権利のことです。

ア：海賊版を複製したプログラム(違法コピープログラム)であることを事前に知りながら入手して業務で使用する行為は，著作権法違反となります。

イ：私的使用のための複製や学校その他の教育機関における複製などは著作権法上で認められていますが，社内教育用としての複製は認められていません。

ウ：職務上作成したプログラムの著作権は，特段の契約などがない限り会社に帰属するため，プログラム作成者であっても，それを独断で複製し他社に貸与することは著作権法違反となります。

参考　パテントプールも知っておこう！

　パテントプールは，直訳すると，"パテント(特許)のプール(貯水池)"という意味です。パテントプールの定義はいくつかありますが，公正取引委員会では，パテントプールを，「特許等の複数の権利者が，それぞれの所有する特許等又は特許等のライセンスをする権利を一定の企業体や組織体に集中し，当該企業体や組織体を通じてパテントプールの構成員等が必要なライセンスを受けるものをいう」としています。つまり，パテントプールとは，「複数の，特許権利者が自身の特許権をもち寄り，特許権を一括して管理する仕組み」のことです。

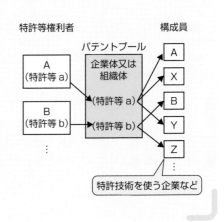

14

企業活動と法務

解答　問1：ウ　問2：エ

関連法規（セキュリティ関連）

重要度
★★☆

ここでは，電子署名法，不正アクセス禁止法，特定電子メール法の概要を押さえましょう。

問1

電子署名法に関する記述のうち，適切なものはどれか。

ア 電子署名には，電磁的記録ではなく，かつ，コンピュータで処理できないものも含まれる。

イ 電子署名には，民事訴訟法における押印と同様の効力が認められる。

ウ 電子署名の認証業務を行うことができるのは，政府が運営する認証局に限られる。

エ 電子署名は共通鍵暗号技術によるものに限られる。

問2

不正アクセス禁止法で規定されている，"不正アクセス行為を助長する行為の禁止"規定によって規制される行為はどれか。

ア 業務その他正当な理由なく，他人の利用者IDとパスワードを正規の利用者及びシステム管理者以外の者に提供する。

イ 他人の利用者IDとパスワードを不正に入手する目的で，フィッシングサイトを開設する。

ウ 不正アクセスの目的で，他人の利用者IDとパスワードを不正に入手する。

エ 不正アクセスの目的で，不正に入手した他人の利用者IDとパスワードをPCに保管する。

問3

企業が，"特定電子メールの送信の適正化等に関する法律"に定められた特定電子メールに該当する広告宣伝メールを送信する場合に関する記述のうち，適切なものはどれか。

ア SMSで送信する場合はオプトアウト方式を利用する。

イ オプトイン方式，オプトアウト方式のいずれかを企業が自ら選択する。

ウ 原則としてオプトアウト方式を利用する。

エ 原則としてオプトイン方式を利用する。

電子署名及び認証業務に関する法律(**電子署名法**)によって,電子署名された電子文書は,押印された文書やサインされた文書と同様の効力が認められ,同等に通用可能なものとされています。したがって,**イ**が適切な記述です。

ア:電子署名法では"電子署名"を,「電磁的記録に記録することができる情報について行われる措置」と定めているので,コンピュータで処理できないものは含まれません。

ウ:電子署名の認証業務とは,電子署名が本人のものであること等を証明する業務のことです。民間組織でも認証業務を行うことは可能です。なお,認証業務のうち,一定の要件を充たすもの(すなわち,省令で定められた基準に適合するもの)を特定認証業務といい,これを行おうとする者は,主務大臣の認定を受けることができます。

エ:電子署名法には,使用する電子署名の方式(暗号化技術)についての規定はありません。ただし,"電子署名及び認証業務に関する法律施行規則"によると,特定認証業務の基準に採用されている認証技術は公開鍵暗号を用いた技術となっています。

問2 解説

"不正アクセス行為を助長する行為の禁止"規定は,**不正アクセス禁止法**の第5条に該当します。第5条では,「何人も,業務その他正当な理由による場合を除いては,アクセス制御機能に係る他人の識別符号を,当該アクセス制御機能に係るアクセス管理者及び当該識別符号に係る利用権者以外の者に提供してはならない」と定めています。したがって,**ア**が当該規定により規制される行為です。

イ:同法第7条の"識別符号の入力を不正に要求する行為の禁止"規定によって規制される行為です。

ウ:不正アクセス禁止法第4条の"他人の識別符号を不正に取得する行為の禁止"規定によって規制される行為です。

エ:不正アクセス禁止法第6条の"他人の識別符号を不正に保管する行為の禁止"規定によって規制される行為です。

問3 解説

特定電子メールの送信の適正化等に関する法律(**特定電子メール法**)では,第3条"特定電子メールの送信の制限"において,「送信者は,あらかじめ,特定電子メールの送信をするように求める旨又は送信をすることに同意する旨を送信者又は送信委託者に対し通知した者以外の者に対し,特定電子メールの送信をしてはならない」と定めています。このため,広告宣伝メールを送信する際は,メール送信に先だって相手の同意を得なければなりません。したがって,**エ**の「原則として**オプトイン**(事前に同意した相手に対してのみ広告宣伝メールを送信する)方式を利用する」が適切です。

解答 問1:イ 問2:ア 問3:エ

14

企業活動と法務

その他の法律

その他の法律としては，製造物責任法や下請代金支払遅延等防止法，不正競争防止法などが出題されています。

問1

ソフトウェアやデータに欠陥がある場合に，製造物責任法の対象となるものはどれか。

ア　ROM化したソフトウェアを内蔵した組込み機器

イ　アプリケーションのソフトウェアパッケージ

ウ　利用者がPCにインストールしたOS

エ　利用者によってネットワークからダウンロードされたデータ

問2

ユーザから請負うソフトウェア開発を下請業者に委託する場合，下請代金支払遅延等防止法で禁止されている行為はどれか。

ア　交通費などの経費について金額を明記せず，実費負担とする旨を発注書面に記載する。

イ　下請業者に委託する業務内容は決まっているが，ユーザ側との契約代金が未定なので，下請代金の取決めはユーザとの契約決定後とする。

ウ　発注書面を交付する代わりに，下請業者の承諾を得て，必要な事項を記載した電子メールで発注を行う。

エ　ユーザの事情で下請予定の業務内容の一部が未定なので，その部分及び下請代金は別途取り決める。

問3

不正競争防止法で禁止されている行為はどれか。

ア　競争相手に対抗するために，特定商品の小売価格を安価に設定する。

イ　自社製品を扱っている小売業者に，指定した小売価格で販売するよう指示する。

ウ　他社のヒット商品と商品名や形状は異なるが同等の機能をもつ商品を販売する。

エ　広く知られた他人の商品の表示に，自社の商品の表示を類似させ，他人の商品と誤認させて商品を販売する。

問1 解説

製造物責任法（Product Liability：PL法）は，製造物の欠陥によって身体・財産への被害が生じた場合における製造業者の損害賠償責任を定めた法律です。製造物責任法では，製造物を「製造又は加工された動産」とし，ソフトウェアやデータは無形のため製造物にあたらないとされていますが，ソフトウェアを内蔵した製品（組込み機器）は製造物責任法の対象となります。したがって，**ア**が製造物責任法の対象となります。

問2 解説

親事業者が下請事業者にソフトウェア開発などの業務委託をする場合，優越的地位にあるのは親事業者です。**下請代金支払遅延等防止法**は，優越的地位にある親事業者が一方的な都合で下請代金を発注後に減額したり，支払遅延するといった優越的地位の濫用行為を規制し，下請事業者の利益を保護するために制定された法律です。

下請代金支払遅延等防止法では，発注書面に，下請代金の額として正式単価を具体的な金額で記載することが義務づけられています。ただし，具体的な金額を記載することが困難なやむを得ない事情がある場合には，下請代金の具体的な金額を自動的に確定する算定方法を記載することとしています。したがって，**イ**は禁止行為です。

問3 解説

不正競争防止法は，事業者間における公正な競争を確保するため，不適切な競争行為の防止を目的に設けられた法律です。不正競争防止法では，例えば，他社の商品を模倣した商品を販売する行為や，市場において広く知られている他社の商品表示と類似の商品表示を用いた新商品を販売する行為は，違法行為としています。つまり，**エ**の行為は，不正競争防止法により禁止されています。

参考 製造物責任法における免責と時効 Check!

・製造物を引き渡した時点における科学又は技術の水準によっては，欠陥があることを認識することが不可能であったことを証明できれば，損害賠償責任は問われない。
・製造物が他の製造物の部品として使用された場合において，当該部品の欠陥がもっぱらそれを組み込んだ他の製造物の製造業者が行った設計に関する指示のみに起因し，欠陥の発生について過失がなかったことを証明できれば，部品製造業者には損害賠償責任は生じない。
・損害賠償の請求権は，製造物を引き渡した時から十年を経過すると時効により消滅する。
・損害及び賠償義務者を知った時から三年間行使しないと損害賠償の請求権は消滅する。

解答 問1：ア 問2：イ 問3：エ

共通フレーム2013

重要度
★☆☆

共通フレームの目的，及び企画プロセス，要件定義プロセスの目的と各プロセスで行う作業を押さえましょう。

問1

共通フレーム2013によれば，システム化構想の立案で作成されるものはどれか。

ア 企業で将来的に必要となる最上位の業務機能と業務組織を表した業務の全体像

イ 業務手順やコンピュータ入出力情報など実現すべき要件

ウ 日次や月次で行う利用者業務やコンピュータ入出力作業の業務手順

エ 必要なハードウェアやソフトウェアを記述した最上位レベルのシステム方式

問2

共通フレーム2013によれば，要件定義プロセスで行うことはどれか。

ア システム化計画の立案　　　**イ** システム方式設計

ウ ソフトウェア詳細設計　　　**エ** 利害関係者の識別

問3

高度

共通フレーム2013におけるシステム開発プロセスのアクティビティであるシステム適格性確認テストの説明として，最も適切なものはどれか。

ア システムが運用環境に適合し，利用者の用途を満足しているかどうかを，実運用環境又は疑似運用環境において評価する。

イ システムが業務運用時に使いやすいかどうかを定期的に評価する。

ウ システムの投資効果及び業務効率の実績を評価する。

エ システム要件について実装の適合性をテストし，システムの納入準備ができているかどうかを評価する。

問1 ▶ 解説

　共通フレーム2013(SLCP-JCF2013：Software Life Cycle Process - Japan Common Frame 2013)は，国際規格ISO/IEC 12207との整合性を取りながら，日本のソフトウェア産業の特性を加味して作成されている，取得者と供給者の取引内容を明確化するための

"共通の物差し"です。合意プロセス，テクニカルプロセス，運用・サービスプロセスなど八つの大きなプロセスから構成されていて，問題文にある，「システム化構想の立案」は，テクニカルプロセスの中の，企画プロセスの下位プロセスです(次ページ「参考」を参照)。

システム化構想の立案プロセスは，経営上のニーズ・課題を実現・解決するために，置かれた経営環境を踏まえて，新たな業務の全体像とそれを実現するためのシステム化構想及び推進体制を立案することを目的とするプロセスです。下記①～⑦のタスク(作業)が規定されていて，⑥の"業務の新全体像の作成"タスクにおいて，「企業で将来的に必要となる最上位の業務機能と業務組織のモデルを検討し，目標とする業務の新しい全体像を作成する」ことが規定されています。したがって，**ア**が正しい記述です。

① 経営上のニーズ，課題の確認　　⑤ 対象となる業務の明確化
② 事業環境，業務環境の調査分析　⑥ 業務の新全体像の作成
③ 現行業務，システムの調査分析　⑦ 対象の選定と投資目標の策定
④ 情報技術動向の調査分析

イ，**ウ**は要件定義プロセス，**エ**はシステム開発プロセスのシステム方式設計プロセスで行われる作業です。

補足 企画プロセスの下位プロセスには，システム化構想の立案プロセスの他に，システム化計画の立案プロセスがあります。システム化計画の立案プロセスは，システム化構想を具現化するために，運用や効果等の実現性を考慮したシステム化計画及びプロジェクト計画を具体化し，利害関係者の合意を得ることを目的とするプロセスです。

問2　解説

要件定義プロセスはテクニカルプロセスを構成するプロセスの一つであり，利用者及び他の利害関係者が必要とするシステムに対する要件を定義することを目的とするプロセスです。主なアクティビティ(活動)には，"利害関係者の識別"，"要件の識別"，"要件の評価"，"要件の合意"があります。

アは企画プロセス，**イ**はシステム開発プロセス，**ウ**はソフトウェア実装プロセスで行われるアクティビティ(活動)です。

問3　解説

システム適格性確認テストは，システムに対して指定された適格性確認要件に従って行われるテストです。システム要件について実装の適合性をテストし，システムの納入準備ができていることを確実にします。したがって，**エ**が適切な記述です。

なお，その他の選択肢はいずれも運用プロセスのアクティビティで実施される評価で，

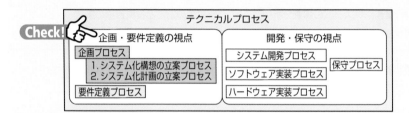

アは"運用テスト及びサービスの提供開始"アクティビティ，**イ**は"システム運用の評価"アクティビティ，**ウ**は"投資効果及び業務効果の評価"アクティビティで実施されます。

参考 テクニカルプロセスの構成

テクニカルプロセスは，組織及びプロジェクトの担当部門が技術的な決定及び行動の結果生じる利益を最適化し，リスクを軽減できるようにするアクティビティを定義したプロセスです。「企画・要件定義の視点」での二つのプロセスと，「開発・保守の視点」での四つのプロセスから構成されます。

Check!

テクニカルプロセス	
企画・要件定義の視点	**開発・保守の視点**
企画プロセス 　　1. システム化構想の立案プロセス 　　2. システム化計画の立案プロセス 要件定義プロセス	システム開発プロセス　　保守プロセス ソフトウェア実装プロセス ハードウェア実装プロセス

・企画プロセス：経営・事業の目的，目標を達成するために必要なシステムに関係する要求の集合とシステム化の方針，及びシステムを実現するための実施計画を得ることを目的とするプロセス。企業がシステム化にかかわるプロジェクトを発足させ，システム化構想及びシステム化計画の一連の作業を実施していくための作業項目が規定されている。

・要件定義プロセス：利用者及び他の利害関係者が必要とするシステムに対する要件を定義することを目的とするプロセス。このプロセスでは，システムのライフサイクルを通じて，システムに関わり合いをもつ利害関係者を識別し，利害関係者のニーズ・要望，並びに課せられる制約条件を識別・抽出・分析し，業務要件や制約条件，運用シナリオなどの具体的な内容を定義する。

① 業務要件の定義	新しい業務のあり方や運用をまとめた上で，業務上実現すべき要件を明らかにする。業務要件には，業務内容（手順，入出力情報など），業務特性（ルール，制約など），外部環境と業務の関係，授受する情報などがある
② 組織及び環境要件の具体化	組織の構成，要員，規模などの組織に対する要件を具体化し，新業務を遂行するために必要な事務所や事務用の諸設備などに関する導入方針，計画及びスケジュールを明確にする
③ 機能要件の定義	①で明確にした業務要件を実現するために必要なシステム機能を明らかにする。具体的には，業務を構成する機能間の情報（データ）の流れを明確にし，対象となる人の作業及びシステム機能の実現範囲を定義する
④ 非機能要件の定義	③で明確にした機能要件以外の要件（非機能要件）を明確にする。非機能要件には，可用性，性能，保守性，セキュリティなどの品質要件，システム開発方式や開発基準・標準などの技術要件，運用・移行要件などがある

index

439

445

●**大滝 みや子**（おおたき みやこ）
IT企業にて地球科学分野を中心としたソフトウェア開発に従事した後，日本工学院八王子専門学校 ITスペシャリスト科の教員を経て，現在は資格対策書籍の執筆に専念するかたわら，IT企業における研修・教育を担当するなど，IT人材育成のための活動を幅広く行っている。「応用情報技術者 合格教本」，「応用情報技術者 試験によくでる問題集【午後】」，「要点・用語早わかり 応用情報技術者 ポケット攻略本（改訂4版）」，「［改訂新版］基本情報技術者【科目B】アルゴリズム×擬似言語 トレーニングブック」（以上，技術評論社），「かんたんアルゴリズム解法－流れ図と擬似言語（第4版）」（リックテレコム）など，著書多数。

◆カバーデザイン　　　小島 トシノブ（NONdesign）
◆本文デザイン　　　　株式会社明昌堂，SeaGrape
◆本文レイアウト　　　SeaGrape

令和06-07年
おうようじょうほう ぎ じゅつしゃ し けん　　　もんだいしゅう　 ご ぜん
応用情報技術者 試験によくでる問題集【午前】
2010年　4月15日　初　版　第1刷発行
2024年　1月　9日　第8版　第1刷発行
2024年　8月28日　第8版　第2刷発行

著　者　大滝 みや子
発行者　片岡 巌
発行所　株式会社技術評論社
　　　　東京都新宿区市谷左内町21-13
　　　　電話　03-3513-6150　販売促進部
　　　　　　　03-3513-6166　書籍編集部
印刷／製本　昭和情報プロセス株式会社

定価はカバーに表示してあります。

ISBN978-4-297-13867-7　C3055
Printed in Japan

●お問い合わせについて
　本書に関するご質問は，FAXか書面でお願いいたします。電話での直接のお問い合わせにはお答えできませんので，あらかじめご了承ください。また，下記のWebサイトでも質問用フォームを用意しておりますので，ご利用ください。
　ご質問の際には，書籍名と質問される該当ページ，返信先を明記してください。e-mailをお使いになられる方は，メールアドレスの併記をお願いいたします。ご質問の際に記載いただいた個人情報は質問の返答以外の目的には使用いたしません。
　お送りいただいたご質問には，できる限り迅速にお答えするよう努力しておりますが，場合によってはお時間をいただくこともございます。なお，ご質問は，本書に記載されている内容に関するもののみとさせていただきます。

◆お問い合わせ先
〒162-0846　東京都新宿区市谷左内町21-13
株式会社技術評論社　書籍編集部
「令和06-07年　応用情報技術者
　　試験によくでる問題集【午前】」係
FAX：03-3513-6183
Web：https://gihyo.jp/book/